Die Grundlehren der mathematischen Wissenschaften

in Einzeldarstellungen
mit besonderer Berücksichtigung
der Anwendungsgebiete

Band 51

Herausgegeben von   J. L. Doob   A. Grothendieck   E. Heinz
F. Hirzebruch   E. Hopf   W. Maak
S. MacLane   W. Magnus   J. K. Moser
M. M. Postnikov   F. K. Schmidt
D. S. Scott   K. Stein

Geschäftsführende Herausgeber   B. Eckmann und B. L. van der Waerden

B. L. van der Waerden

Einführung in die algebraische Geometrie

Mit 17 Abbildungen

Zweite Auflage

Springer-Verlag
Berlin Heidelberg New York 1973

Geschäftsführende   B. Eckmann
Herausgeber   Eidgenössische Technische Hochschule Zürich

B. L. van der Waerden
Mathematisches Institut der Universität Zürich

AMS Subject Classifications (1970)
14-01, 14-03

ISBN-13: 978-3-642-86499-5   e-ISBN-13: 978-3-642-86498-8
DOI: 10.1007/978-3-642-86498-8

Vorwort zur ersten Auflage

Bei der Lektüre des wertvollen Ergebnisse-Heftes „Algebraic surfaces" von O. ZARISKI nahm der Gedanke, eine Einführung in die algebraische Geometrie zu schreiben, bei mir festere Formen an. Eine solche Einführung sollte die „Elemente" der algebraischen Geometrie im klassischen Sinne des Wortes enthalten, d. h. sie sollte die notwendige Grundlage für jede mehr in die Tiefe gehende Theorie bieten. Auch Herr GEPPERT, der in dieser Sammlung ein Buch über algebraische Flächen zu schreiben beabsichtigt, empfand die Notwendigkeit einer solchen Einführung, auf die er sich dann beziehen könnte, und ermutigte mich, dieses Buch zu schreiben.

Die Erfahrung meiner mehrfach gehaltenen Vorlesungen über algebraische Kurven und Flächen kam mir bei der Ausführung sehr zustatten; ich konnte dabei eine von den Herren Dr. M. DEURING und Dr. V. GARTEN angefertigte Vorlesungsausarbeitung benutzen. Daneben wurde viel Material aus meiner Aufsatzreihe „Zur algebraischen Geometrie" in den Mathematischen Annalen entlehnt.

Bei der Auswahl des Stoffes waren nicht ästhetische Gesichtspunkte, sondern ausschließlich die Unterscheidung: notwendig — entbehrlich maßgebend. Alles das, was unbedingt zu den „Elementen" gerechnet werden muß, hoffe ich, aufgenommen zu haben. Die Idealtheorie, die mich bei meinen früheren Untersuchungen leitete, hat sich für die Grundlegung als entbehrlich herausgestellt; an ihre Stelle sind die weitertragenden Methoden der italienischen Schule getreten. Zur Erläuterung der Methoden und zur Vorbereitung der Problemstellungen wurden reichlich geometrische Einzelfragen behandelt; jedoch habe ich auch hier ein gewisses Maß einzuhalten versucht, da sonst der Umfang leicht ins Uferlose angewachsen wäre.

Bei der Durchsicht der Korrekturen haben mich die Herren Prof. H. GEPPERT, Dr. O.-H. KELLER, Dr. H. REICHARDT und Prof. G. SCHAAKE unterstützt und auf manche Verbesserungen hingewiesen, wofür ihnen hier aufs beste gedankt sei. Die Skizzen zu den Zeichnungen hat Herr Dr. REICHARDT gemacht. Der Verlag hat dem Buche die bekannte tadellose Ausführung gegeben und ist meinen Sonderwünschen bereitwilligst entgegengekommen.

Leipzig, im Februar 1939.

B. L. VAN DER WAERDEN.

Vorwort zur zweiten Auflage

Von verschiedenen Seiten wurde eine Neuauflage meiner „Einführung" von 1939 angeregt. Trotz der radikalen Erneuerung der Grundbegriffe der algebraischen Geometrie sei mein Buch, so meinte man, als Einführung immer noch gut geeignet.

Dem heutigen Leser wird allerdings auffallen, daß die Terminologie des Buches von der jetzt üblichen verschieden ist. Insbesondere ist zu bemerken, daß ein und derselbe Ausdruck „algebraische Mannigfaltigkeit", dem damals üblichen Sprachgebrauch entsprechend, in zwei verschiedenen Bedeutungen benutzt wird, für die man heute die besseren Bezeichnungen „Varietät" und „Zykel" hat. Eine *Varietät* ist eine Punktmenge, nämlich die Menge aller Lösungen eines algebraischen Gleichungssystems in einem „Universalkörper" im Sinne von ANDRÉ WEIL[1]). Statt des Universalkörpers kann man auch einen „wachsenden Körper" K' nehmen (siehe § 27 dieses Buches). Ein *Zykel* andererseits ist eine formale Summe von absolut irreduziblen Varietäten derselben Dimension mit ganzzahligen Koeffizienten (Beispiel: eine doppelt gezählte Gerade in der Ebene).

Die konsequente Verwendung dieser Begriffe würde eine durchgehende Umarbeitung des ganzen Buches und damit eine unabsehbare Verzögerung des Druckes bedingen. Aus diesem Grunde habe ich mich zu einem unveränderten Neudruck entschlossen. Der Leser selbst möge sich jeweils überlegen, ob von Varietäten oder von Zykeln die Rede ist. Zum Beispiel handelt das Kapitel „Lineare Scharen" (Kap. VII) von Zykeln der Dimension d-1 auf einer Varietät von der Dimension d, und in § 36 und § 37 ist statt „Mannigfaltigkeit M" immer „Zykel M" zu lesen.

Einige Schreibfehler und unvollständige Zitate wurden korrigiert. Ferner wurden zwei Ergänzungen hinzugefügt, nämlich

erstens ein Abdruck meiner Abhandlung „Zur algebraischen Geometrie 20", Math. Annalen **193** (1971), S. 89—108,

zweitens ein Abdruck eines historischen Überblicks über die Entwicklung der allgebraischen Geometrie von SEVERI bis ANDRÉ WEIL,

---

[1]) Ein Universalkörper ist eine algebraisch abgeschlossene Erweiterung von unendlichem Transzendenzgrad über dem Grundkörper K. Siehe A. WEIL: Foundations of Algebraic Geometry (1st ed., 1946).

den ich zuerst am Internationalen Mathematikerkongreß in Nice 1970 vorgetragen habe und der dann in erweiterter Form im Archive for History of Science **7** (1971) publiziert wurde.

Zürich, Februar 1973

B. L. VAN DER WAERDEN

Inhaltsverzeichnis.

ANHANG

Einleitung.

Die algebraische Geometrie ist entstanden durch die organische Verschmelzung der in Deutschland hoch entwickelten Theorie der algebraischen Kurven und Flächen mit der mehrdimensionalen Geometrie der italienischen Schule. Funktionentheorie und Algebra standen an ihrer Wiege. Der Schöpfer der algebraischen Geometrie im engeren Sinn war MAX NOETHER; ihre Entfaltung zur vollen Blüte war das Werk der italienischen Geometer SEGRE und SEVERI, ENRIQUES und CASTELNUOVO. Eine zweite Blüte erlebt die algebraische Geometrie in unseren Tagen, seit die Topologie sich in ihren Dienst gestellt hat, während gleichzeitig von der Algebra aus die Überprüfung der Grundlagen vorgenommen wird.

Weiter als bis zu diesen Grundlagen soll dieses Büchlein nicht gehen. Ihre algebraische Begründung ist jetzt soweit gediehen, daß es ohne weiteres möglich wäre, die Theorie „von oben herab" darzustellen. Von einem beliebigen Grundkörper ausgehend, könnte man die Theorie der algebraischen Mannigfaltigkeiten im n-dimensionalen Raum, sowie die Theorie der algebraischen Funktionenkörper einer Veränderlichen entwickeln. Durch Spezialisierung würde man dann die ebenen algebraischen Kurven, die Raumkurven und Flächen erhalten. Der Anschluß an die Funktionentheorie und an die Topologie könnte nachträglich hergestellt werden, indem man den Körper der komplexen Zahlen zum Grundkörper wählt.

Hier wurde diese Darstellungsart nicht gewählt, vielmehr wird weitgehend die historische Entwicklung, wenn auch im einzelnen etwas abgekürzt und umgebogen, zum Vorbild genommen. Es wird danach gestrebt, immer zuerst das nötige Anschauungsmaterial bereitzustellen, bevor die allgemeinen Begriffe entwickelt werden. Zunächst kommen die elementaren Gebilde im projektiven Raum (lineare Teilräume, Quadriken, rationale Normkurven, Kollineationen und Korrelationen) heran, dann die ebenen algebraischen Kurven (mit gelegentlichen Ausblicken auf Flächen und Hyperflächen), dann erst die Mannigfaltigkeiten im n-dimensionalen Raum. Der Grundkörper ist anfangs der Körper der komplexen Zahlen; erst später werden je nach Bedarf allgemeinere Grundkörper eingeführt, jedoch immer nur solche, die den Körper aller algebraischen Zahlen umfassen. Es wird jedesmal versucht, mit elementaren Hilfsmitteln möglichst weit vorzudringen, auch wenn die betreffenden Sätze sich später als Spezialfälle von allgemeineren Sätzen noch einmal ergeben. Als Beispiel nenne ich die elementare Theorie der Punktgruppen auf Kurven 3. Ordnung, in der weder von elliptischen Funktionen noch vom NOETHERschen Fundamentalsatz Gebrauch gemacht wird.

Diese Behandlungsweise hat den Vorteil, daß die schönen Methoden und Ergebnisse der klassischen Geometer, von PLÜCKER und HESSE, CAYLEY und CREMONA bis zur CLEBSCHschen Schule, wieder zu ihrem vollen Recht kommen. Auch wird der Anschluß an die funktionentheoretische Betrachtungsweise gleich zu Anfang der Kurventheorie hergestellt, indem der Begriff des Zweiges einer ebenen algebraischen Kurve mit Hilfe der PUISEUxschen Reihenentwicklung erklärt wird. Der oft gehörte Vorwurf, daß diese Methode nicht rein algebraisch sei, ist leicht zu entkräften. Ich weiß sehr wohl, daß die Bewertungstheorie eine schönere und allgemeinere algebraische Begründung ermöglicht, aber es scheint mir zum richtigen Verständnis wichtig, daß der Lernende zuerst einmal mit den PUISEUxschen Reihen vertraut wird und die Singularitäten der algebraischen Kurven anschaulich vor sich sieht.

Erst das Kap. 4 bringt die allgemeine Theorie der algebraischen Mannigfaltigkeiten. Im Zentrum stehen hier die Zerlegung in irreduzible Mannigfaltigkeiten sowie der Begriff des allgemeinen Punktes und der Dimension.

Einen wichtigen Spezialfall der algebraischen Mannigfaltigkeiten bilden die algebraischen Korrespondenzen zwischen zwei Mannigfaltigkeiten, denen das Kap. 5 gewidmet ist. Schon die einfachsten Sätze über irreduzible Korrespondenzen, insbesondere das Prinzip der Konstantenzählung, gestatten zahlreiche Anwendungen. Im Kap. 6 wird, an die Theorie der algebraischen Korrespondenzen anschließend, der allgemeine Multiplizitätsbegriff entwickelt und auf verschiedene Probleme, insbesondere Schnittprobleme angewandt. Das Kap. 6 bringt die Grundzüge der für die italienische Behandlungsweise der birationalen Invarianten algebraischer Mannigfaltigkeiten grundlegenden Theorie der linearen Scharen. Im Kap. 7 wird der NOETHERsche Fundamentalsatz mit seinen n-dimensionalen Verallgemeinerungen und verschiedenen Folgerungen, darunter der BRILL-NOETHERsche Restsatz, dargestellt. Das Kap. 8 schließlich bringt einen kurzen Abriß der Theorie der „unendlich benachbarten Punkte" auf ebenen Kurven.

Wer mit der n-dimensionalen projektiven Geometrie (Kap. 1) und mit den Grundbegriffen der Algebra (Kap. 2) einigermaßen vertraut ist, kann die Lektüre des Buches ebensogut mit dem Kap. 4 wie mit dem Kap. 3 anfangen: die beiden sind voneinander unabhängig. Die Kap. 5 und 6 beruhen im wesentlichen nur auf dem Kap. 4. Erst vom Kap. 7 an werden alle vorhergehenden benutzt.

Erstes Kapitel.

Projektive Geometrie
des n-dimensionalen Raumes.

Nur die ersten sieben Paragraphen und der § 10 dieses Kapitels werden in diesem Buch dauernd benötigt. Die übrigen Paragraphen verfolgen nur den Zweck, Anschauungsmaterial und einfache Beispiele zu bringen, die ohne höhere algebraische Hilfsmittel behandelt werden können, und dadurch die spätere allgemeine Theorie der algebraischen Mannigfaltigkeiten vorzubereiten.

§ 1. Der projektive Raum S_n und seine linearen Teilräume.

Man hat es schon lange in der projektiven Geometrie der Ebene und des Raumes für zweckmäßig befunden, den Bereich der reellen Punkte zu dem der komplexen Punkte zu erweitern. Während ein reeller Punkt der projektiven Ebene durch drei *reelle* homogene Koordinaten (y_0, y_1, y_2) gegeben wird, die nicht alle Null sind und mit einem Faktor $\lambda \neq 0$ multipliziert werden dürfen, wird ein „komplexer Punkt" durch drei *komplexe* Zahlen (y_0, y_1, y_2) gegeben, die wiederum nicht alle Null sind und mit einem Faktor $\lambda \neq 0$ multipliziert werden dürfen.

Man kann den Begriff eines komplexen Punktes nach VON STAUDT rein geometrisch definieren[1]). Es ist aber viel einfacher, den Begriff algebraisch zu erklären und unter einem komplexen Punkt der Ebene einfach die Gesamtheit aller Zahlentripel $(y_0 \lambda, y_1 \lambda, y_2 \lambda)$ zu verstehen, die durch Multiplikation mit einem beliebigen Faktor λ aus einem festen Tripel komplexer Zahlen (y_0, y_1, y_2), die nicht alle Null sind, entstehen. Analog wird ein komplexer Punkt des Raumes als Gesamtheit von proportionalen Zahlenquadrupeln erklärt. Diese algebraische Definition werden wir im folgenden zugrunde legen.

Hat man sich einmal so weit von der geometrischen Anschauung entfernt, daß man Punkte als rein algebraische Gebilde betrachtet, so steht nichts mehr der n-dimensionalen Verallgemeinerung im Wege. Man versteht unter einem *komplexen Punkt des n-dimensionalen Raumes* die Gesamtheit aller Zahlen-$(n+1)$-tupel $(y_0 \lambda, y_1 \lambda, \ldots, y_n \lambda)$, welche aus einem festen $(n+1)$-tupel komplexer Zahlen $(y_0, y_1, \ldots, y_n)$, die nicht alle Null sind, durch Multiplikation mit einem beliebigen Faktor λ

---

[1]) Vgl. die ausführliche Darstellung von G. JUEL, Vorlesungen über projektive Geometrie, Berlin 1934, in dieser Sammlung erschienen.

entstehen. Die Gesamtheit der so definierten Punkte heißt *der n-dimensionale komplexe projektive Raum* S_n.

Man kann die Verallgemeinerung aber noch weiter treiben. Man kann nämlich an Stelle des Körpers der komplexen Zahlen einen beliebigen *kommutativen Körper* K im Sinne der Algebra betrachten, von welchem nur vorausgesetzt wird, daß er ebenso wie der Körper der komplexen Zahlen algebraisch abgeschlossen ist, d. h. daß jedes nicht konstante Polynom $f(x)$ im Körper K vollständig in Linearfaktoren zerfällt. Beispiele von algebraisch abgeschlossenen Körpern sind: Der Körper der algebraischen Zahlen, der Körper der komplexen Zahlen, der Körper der algebraischen Funktionen von k Unbestimmten. Alle diese Körper führen zu projektiven Räumen, die in ihren Eigenschaften so sehr übereinstimmen, daß wir sie alle gemeinsam behandeln können.

Es ist nun zweckmäßig, den Begriff des projektiven Raumes mit dem des Vektorraumes in Zusammenhang zu bringen. Ein n-tupel $(y_1, \ldots, y_n)$ von Elementen des Körpers K heißt ein *Vektor*. Die Gesamtheit aller Vektoren heißt *der n-dimensionale Vektorraum* E_n. Vektoren können in bekannter Weise addiert, subtrahiert und mit Körperelementen multipliziert werden. Irgend m Vektoren $\overset{1}{v}, \ldots, \overset{m}{v}$ heißen *linear unabhängig*, wenn aus $\overset{1}{v} \gamma_1 + \cdots + \overset{m}{v} \gamma_m = 0$ stets $\gamma_1 = \cdots = \gamma_m = 0$ folgt. Je n linear unabhängige Vektoren $\overset{1}{v}, \ldots, \overset{n}{v}$ spannen den ganzen Vektorraum auf, d. h. jeder Vektor v läßt sich als Linearkombination $\overset{1}{v} \gamma_1 + \cdots + \overset{n}{v} \gamma_n = v$ schreiben. Die Gesamtheit aller Linearkombinationen von m linear unabhängigen Vektoren $\overset{1}{v}, \ldots, \overset{m}{v}$ $(m \leq n)$ heißt *ein m-dimensionaler linearer Teilraum* E_m des Vektorraumes E_n. Die *Dimension m* ist von der Wahl der Basisvektoren $\overset{1}{v}, \ldots, \overset{m}{v}$ unabhängig[1]).

Insbesondere besteht ein eindimensionaler Teilraum aus allen Vektoren $\overset{1}{v} \lambda$ wo $\overset{1}{v} = (y_1, \ldots, y_n)$ ein fester von Null verschiedener Vektor ist. Ein Punkt des projektiven Raumes S_n nach der obigen Definition ist also nichts anderes als ein eindimensionaler Teilraum oder *Strahl* des E_{n+1}. *Der S_n ist die Gesamtheit aller Strahlen eines Vektorraumes E_{n+1}.*

Ein Teilraum S_m des S_n kann nun definiert werden als die Gesamtheit aller Strahlen eines Teilraumes E_{m+1} des E_{n+1}. S_m besteht also aus allen Punkten y, deren Koordinaten $(y_0, \ldots, y_n)$ linear von den Koordinaten von $m + 1$ linear unabhängigen Punkten $\overset{0}{y}, \ldots, \overset{m}{y}$ abhängen:

$$(1) \qquad y_k = \overset{0}{y}_k \gamma_0 + \overset{1}{y}_k \gamma_1 + \cdots + \overset{m}{y}_k \gamma_m \qquad (k = 0, 1, \ldots, n).$$

Die Körperelemente $\gamma_0, \ldots, \gamma_m$ können als *homogene Koordinaten* (oder *Parameter*) in dem Teilraum S_m bezeichnet werden. Die Punkte

---

[1]) Für den Beweis s. etwa B. L. VAN DER WAERDEN: Moderne Algebra I, § 28 oder II, § 105.

$\overset{0}{y}, \ldots, \overset{m}{y}$ sind die *Grundpunkte* dieses Koordinatensystems. Dadurch, daß jeder Punkt des Teilraumes durch $m+1$ homogene Koordinaten $\gamma_0, \ldots, \gamma_m$ bestimmt wird, rechtfertigt sich nachträglich die Bezeichnung S_m für den Teilraum. Die eindimensionalen Teilräume heißen *Geraden*, die zweidimensionalen *Ebenen*, die $(n-1)$-dimensionalen *Hyperebenen* des S_n. Ein S_0 ist ein Punkt.

Die Formeln (1) gelten auch dann noch, wenn $m = n$ ist, wenn also S_m mit dem ganzen Raum S_n zusammenfällt. Die Parameter $\gamma_0, \ldots, \gamma_m$ sind dann neue Koordinaten für den Punkt y, die mit den alten Koordinaten y_k durch die lineare Transformation (1) zusammenhängen. Diese schreiben wir jetzt so [1]:

$$y_k = \sum \overset{i}{y}_k \gamma_i.$$

Da die Punkte $\overset{0}{y}, \ldots, \overset{m}{y}$ linear unabhängig vorausgesetzt waren, so kann man diese Gleichungen nach den γ_i auflösen

$$\gamma_i = \sum \vartheta_i^k y_k.$$

Die γ_k heißen *allgemeine projektive Koordinaten* (in der Ebene: Dreieckskoordinaten; im Raum: Tetraederkoordinaten). Ist speziell $\left(\overset{i}{y}_k\right)$ die Einheitsmatrix, so werden die γ_k gleich den ursprünglichen y_k.

d unabhängige homogene lineare Gleichungen in den Koordinaten $y_0, \ldots, y_n$ definieren einen S_{n-d} des S_n; denn bekanntlich setzen sich ihre Lösungen linear aus $n-d+1$ linear unabhängigen Lösungen zusammen. Insbesondere definiert eine einzige lineare Gleichung

$$(2) \qquad u^0 y_0 + u^1 y_1 + \cdots + u^n y_n = 0$$

eine Hyperebene. Die Koeffizienten $u^0, u^1, \ldots, u^n$ heißen die *Koordinaten* der Hyperebene u. Sie sind nur bis auf einen gemeinsamen Faktor $\lambda \neq 0$ bestimmt, da die Gleichung (2) ja mit einem solchen Faktor λ multipliziert werden darf.

Die linke Seite der Gleichung (2) bezeichnen wir ein für allemal mit u_y oder $(u y)$. Wir setzen also

$$(u y) = u_y = \sum u^i y_i = u^0 y_0 + u^1 y_1 + \cdots + u^n y_n.$$

Jeder lineare Raum S_d in S_n kann durch $n-d$ linear unabhängige lineare Gleichungen definiert werden. Denn wenn S_d durch die Punkte $\overset{0}{y}, \overset{1}{y}, \ldots, \overset{d}{y}$ bestimmt wird, so haben die $d+1$ linearen Gleichungen

$$\left(u\overset{0}{y}\right) = 0, \quad \left(u\overset{1}{y}\right) = 0, \ldots, \left(u\overset{d}{y}\right) = 0$$

in den unbekannten $u^0, u^1, \ldots, u^n$ genau $n-d$ linear unabhängige

---

[1] Ein Σ-Zeichen ohne nähere Angaben bedeutet hier und im folgenden, daß über jeden zweimal (vorzugsweise einmal oben und einmal unten) vorkommenden Index summiert wird.

Lösungen. Jede dieser Lösungen definiert eine Hyperebene, und der Durchschnitt dieser $n-d$ Hyperebenen ist ein S_d, der die Punkte $\overset{0}{y}, \overset{1}{y}, \ldots, \overset{d}{y}$ enthält, also mit dem gegebenen S_d identisch sein muß.

Aufgaben. 1. n linear unabhängige Punkte $\overset{1}{y}, \ldots, \overset{n}{y}$ bestimmen eine Hyperebene u. Man zeige, daß die Koordinaten u^ν dieser Hyperebene proportional den n-reihigen Unterdeterminanten der Matrix $\left(\overset{i}{y_k}\right)$ sind.

2. n linear unabhängige Hyperebenen $u_1, \ldots, u_n$ bestimmen einen Punkt y. Man zeige, daß die Koordinaten y_ν dieses Punktes proportional zu den n-reihigen Unterdeterminanten der Matrix $\left(\overset{k}{u_i}\right)$ sind.

3. Durch die Angabe der Grundpunkte $\overset{0}{y}, \ldots, \overset{m}{y}$ in einem Raum S_m sind die Koordinaten $\gamma_0, \ldots, \gamma_m$ eines Punktes y noch nicht eindeutig bestimmt, da man die Koordinaten der Grundpunkte noch mit beliebigen von Null verschiedenen Faktoren $\lambda_0, \ldots, \lambda_m$ multiplizieren kann. Man zeige, daß die Koordinaten $\gamma_0, \ldots, \gamma_m$ für jeden Punkt y bis auf einen gemeinsamen Faktor $\lambda \neq 0$ eindeutig bestimmt werden, sobald noch der „Einheitspunkt" e gegeben ist, der die Koordinaten $\gamma_0 = 1, \ldots, \gamma_m = 1$ hat. Kann der Einheitspunkt beliebig in S_m gewählt werden?

4. Man zeige, daß ein S_{m-1} in S_m durch eine lineare Gleichung in den Koordinaten $\gamma_0, \ldots, \gamma_m$ gegeben wird.

5. Man zeige, daß der Übergang von einem Parametersystem $\gamma_0, \ldots, \gamma_m$ in einem S_m zu einem anderen (durch andere Grundpunkte definierten) Parametersystem für die Punkte desselben S_m durch *eine* lineare Parametertransformation

$$\gamma_i' = \Sigma \, \alpha_i^k \gamma_k$$

vermittelt wird.

§ 2. Die projektiven Verknüpfungssätze.

Aus den Definitionen des §1 folgen unmittelbar die beiden zueinander dualen Verknüpfungssätze:

I. *$m+1$ Punkte in S_n, die nicht in einem S_q mit $q < m$ liegen, bestimmen einen S_m.*

II. *d Hyperebenen in S_n, die keinen S_q mit $q > n-d$ gemeinsam haben, bestimmen einen S_{n-d}.*

Wir beweisen nun weiter:

III. *Ein S_p und ein S_q in S_n haben, falls $p+q \geq n$ ist, einen linearen Raum S_d von der Dimension $d \geq p+q-n$ als Durchschnitt.*

Beweis. S_p wird durch $n-p$ unabhängige lineare Gleichungen, S_q durch $n-q$ lineare Gleichungen definiert. Insgesamt sind das $2n-p-q$ lineare Gleichungen. Falls diese unabhängig sind, so definieren sie einen linearen Raum von der Dimension $n-(2n-p-q) = p+q-n$. Sind sie abhängig, so kann man einige von ihnen weglassen, und die Dimension des Schnittraumes erhöht sich.

IV. *Ein S_p und ein S_q, die einen S_d gemeinsam haben, liegen in einem S_m mit $m \leq p+q-d$.*

Beweis. Der Schnittraum S_d wird durch $d+1$ linear unabhängige Punkte bestimmt, Um S_p zu bestimmen, hat man zu diesen $d+1$ Punkten noch $p-d$ hinzuzunehmen, damit man $p+1$ linear unabhängige

Punkte erhält. Um S_q zu bestimmen, hat man in der gleichen Weise $q-d$ Punkte hinzuzunehmen. Alle diese

$$(d+1) + (p-d) + (q-d) = p+q-d+1$$

Punkte bestimmen, falls sie linear unabhängig sind, einen S_{p+q-d}, sonst einen S_m mit $m < p+q-d$. Der so bestimmte S_m mit $m \leq p+q-d$ enthält alle Bestimmungspunkte von S_p und von S_q, also S_p und S_q selber.

Ist kein Schnittraum S_d vorhanden, so lehrt die gleiche Schlußweise:

V. *Ein S_p und ein S_q liegen immer in einem S_m mit $m \leq p+q+1$.*

Mit Hilfe von III kann man IV und V verschärfen zu

VI. *Ein S_p und ein S_q, deren Durchschnitt ein S_d bzw. deren Durchschnitt leer ist, liegen in einem eindeutig bestimmten S_{p+q-d} bzw. in einem eindeutig bestimmten S_{p+q+1}.*

Beweis. Zunächst sei der Durchschnitt S_d. Nach IV liegen S_p und S_q in einem S_m mit $m \leq p+q-d$. Nach III ist andererseits

$$d \geq p+q-m, \quad \text{also} \quad m \geq p+q-d.$$

Daraus folgt $m = p+q-d$. Wären S_p und S_q noch in einem anderen S_m enthalten, so hätte der Durchschnitt dieser beiden S_m eine kleinere Dimension, was nach dem eben bewiesenen nicht möglich ist.

Nun sei der Durchschnitt leer. Nach V liegen S_p und S_q in einem S_m mit $m \leq p+q+1$. Wäre $m \leq p+q$, so hätten S_p und S_q nach III einen nicht leeren Durchschnitt. Also ist $m = p+q+1$. Genau so wie im ersten Fall ergibt sich weiter, daß S_m einzig ist.

Der durch VI definierte Raum S_{p+q-d} bzw. S_{p+q+1} heißt der *Verbindungsraum* von S_p und S_q.

Aufgaben. 1. Man leite aus I, II, III, VI durch Spezialisierung die Verknüpfungsaxiome für die Ebene S_2, für den Raum S_3 und den Raum S_4 her.

2. Wenn man alle Punkte eines Raumes S_m des S_n auf einen anderen S_m' des S_n projiziert, indem man sie alle mit einem festen S_{n-m-1} verbindet und die Verbindungs-S_{n-m} immer mit S_m' schneidet, so entsteht dadurch eine eineindeutige Abbildung der Punkte von S_m auf die Punkte von S_m', vorausgesetzt daß S_{n-m-1} weder mit S_m noch mit S_m' Punkte gemeinsam hat.

§ 3. Das Dualitätsprinzip. Weitere Begriffe. Doppelverhältnisse.

Ein Raum S_p heißt mit einem S_q *inzident*, wenn S_p in S_q oder S_q in S_p enthalten ist. Insbesondere ist ein Punkt y mit einer Hyperebene u inzident, wenn die Relation $(u\,y) = 0$ gilt.

Da eine Hyperebene, ebenso wie ein Punkt des S_n, durch $n+1$ homogene Koordinaten $u^0, \ldots, u^n$ bzw. $y_0, \ldots, y_n$ gegeben wird, die mit einem Faktor $\lambda \neq 0$ multipliziert werden dürfen, und da in der Inzidenzrelation $(u\,y) = 0$ die u und die y in der gleichen Weise vorkommen, so gilt *das n-dimensionale Dualitätsprinzip, welches besagt, daß in jeder richtigen Aussage über die Inzidenz von Punkten und Hyperebenen diese beiden Begriffe vertauscht werden können, ohne daß die Richtigkeit der Aussage dadurch beeinflußt wird.* Z. B. können in der Ebene die Begriffe Punkt und Gerade, im Raum die Begriffe Punkt und Ebene in jedem Satz, der nur von der Inzidenz von Punkten und Geraden bzw. Ebenen handelt, vertauscht werden.

Man kann das Dualitätsprinzip auch so formulieren: Jeder aus Punkten und Hyperebenen bestehenden Figur läßt sich eine aus Hyperebenen und Punkten bestehende Figur zuordnen, welche die gleichen Inzidenzen wie die ursprüngliche aufweist. Jedem Punkt y kann man nämlich eine Hyperebene mit denselben Koordinaten $y_0, \ldots, y_n$ und jeder Hyperebene u einen Punkt mit denselben Koordinaten $u^0, \ldots, u^0$ zuordnen. Die Relationen $(u\,y) = 0$ bleiben dabei erhalten. Die Zuordnung selbst ist eine besondere *Korrelation* oder *Dualität*. Der Raum der Punkte $(u^0, \ldots, u^n)$ heißt auch der zum ursprünglichen S_n *duale Raum*.

Wir wollen nun untersuchen, was einem linearen Raum S_m in der Dualität entspricht. S_m wird gegeben durch $n - m$ unabhängige lineare Gleichungen in den Punktkoordinaten y. Faßt man nun die y als Koordinaten einer Hyperebene auf, so hat man $n - m$ unabhängige lineare Gleichungen, welche ausdrücken, daß die Hyperebene y durch $n - m$ linear unabhängige Punkte gehen soll. Diese $n - m$ Punkte bestimmen einen S_{n-m-1}, und die linearen Gleichungen besagen, daß die Hyperebene y den Raum S_{n-m-1} enthalten soll. Somit entspricht jedem S_m in der Dualität ein S_{n-m-1}, und den Punkten des S_m entsprechen die Hyperebenen durch S_{n-m-1}.

Nun sei S_p in einem S_q enthalten, d. h. alle Punkte von S_p seien gleichzeitig Punkte von S_q. Dual entspricht dem S_p ein S_{n-p-1} und dem S_q ein S_{n-q-1}, so daß alle Hyperebenen durch S_{n-p-1} gleichzeitig durch S_{n-q-1} gehen. Das heißt aber offenbar, daß S_{n-q-1} in S_{n-p-1} enthalten ist. *Die Relation des Enthaltenseins von linearen Räumen kehrt sich also bei der Dualität um.*

Auf Grund dieser Betrachtung kann man das Dualitätsprinzip nicht nur auf Figuren aus Punkten und Hyperebenen, sondern unmittelbar auf Figuren aus beliebigen linearen Räumen $S_p, S_q, \ldots$ und Sätze über solche Figuren anwenden. Die Dualität ordnet jedem S_p einen S_{n-p-1} zu und alle Inzidenzrelationen der S_p bleiben erhalten: Wenn S_q in S_p enthalten ist, so ist der S_p entsprechende S_{n-p-1} in dem S_q entsprechenden S_{n-q-1} enthalten.

Zu den in § 1 erklärten Grundbegriffen der projektiven Geometrie treten noch eine Reihe von abgeleiteten Begriffen, von denen die wichtigsten hier zusammengestellt werden mögen.

Die Gesamtheit der Punkte einer Geraden heißt auch eine (lineare) *Punktreihe*. Die Gerade ist der *Träger* der Punktreihe. Dual dazu ist die Gesamtheit der Hyperebenen in S_n, die einen S_{n-2} enthalten. Man nennt diese Gesamtheit ein *Hyperebenenbüschel* ($n = 2$: Strahlenbüschel, $n = 3$: Ebenenbüschel) und den S_{n-2} den *Träger* des Büschels. Für das Büschel gilt, ebenso wie für die lineare Punktreihe, eine Parameterdarstellung

$$(1) \qquad u^k = \lambda_0 \, s^k + \lambda_1 \, t^k \, .$$

Die Gesamtheit der Punkte einer Ebene S_2 heißt ein ebenes *Punktfeld* mit dem *Träger* S_2. Dual dazu ist das *Netz* oder das *Bündel* von Hyperebenen in S_n, die einen S_{n-3}, den *Träger* des Bündels enthalten. Die Parameterdarstellung eines Netzes heißt

$$u^k = \lambda_0 r^k + \lambda_1 s^k + \lambda_2 t^k \, .$$

Die Gesamtheit aller linearen Räume durch einen Punkt y in S_n heißt ein *Stern* mit dem *Träger* y.

Sind u, v, x, y vier verschiedene Punkte einer Geraden und setzt man

$$(2) \qquad \begin{cases} x_k = u_k \, \lambda_0 + v_k \, \lambda_1 \\ y_k = u_k \mu_0 + v_k \mu_1, \end{cases}$$

so nennt man die Größe

$$(3) \qquad \begin{bmatrix} x & y \\ u & v \end{bmatrix} = \frac{\lambda_1 \, \mu_0}{\lambda_0 \, \mu_1}$$

das Doppelverhältnis der vier Punkte u, v, x, y. Das Doppelverhältnis ändert sich offenbar nicht, wenn die Koordinaten von u oder v, x oder y mit einem Faktor $\lambda \neq 0$ multipliziert werden; es hängt also tatsächlich nur von den vier Punkten, nicht von ihren Koordinaten ab.

Durch genau die gleichen Formeln (2), (3) definiert man auch das Doppelverhältnis von vier Hyperebenen eines Büschels (z. B. von vier Geraden eines ebenen Strahlenbüschels).

Aufgaben. 1. Dem Durchschnitt zweier linearer Räume entspricht dual der Vereinigungsraum und umgekehrt.

2. Man beweise durch Projektion eines S_n des S_{n+1} aus einem Punkt des S_{n+1} das folgende Übertragungsprinzip: Jedem richtigen Satz über die Inzidenz von Punkten, Geraden, ..., Hyperebenen eines S_n entspricht ein ebenso richtiger Satz über die Inzidenz von Geraden, Ebenen, ..., Hyperebenen eines Sternes in S_{n+1}.

3. Man beweise die Formeln

$$\begin{bmatrix} u & v \\ x & y \end{bmatrix} = \begin{bmatrix} x & y \\ u & v \end{bmatrix} = \begin{bmatrix} v & u \\ y & x \end{bmatrix} = \begin{bmatrix} y & x \\ v & u \end{bmatrix},$$

$$\begin{bmatrix} x & y \\ u & v \end{bmatrix} \begin{bmatrix} y & x \\ u & v \end{bmatrix} = 1,$$

$$\begin{bmatrix} x & y \\ u & v \end{bmatrix} + \begin{bmatrix} x & u \\ y & v \end{bmatrix} = 1 \, .$$

4. Sind a, b, c, d vier Punkte in einer Ebene, von denen nicht drei in einer Geraden liegen, so können ihre Koordinaten so normiert werden, daß

$$a_k + b_k + c_k + d_k = 0$$

ist. Die „Diagonalpunkte" p, q, r des „vollständigen Viereckes" $abcd$, d. h. die Schnittpunkte von ab mit cd, von ac mit bd und von ad mit bc, können dann durch

$$p_k = a_k + b_k = -c_k - d_k$$
$$q_k = a_k + c_k = -b_k - d_k$$
$$r_k = a_k + d_k = -b_k - c_k$$

dargestellt werden.

5. Mit Hilfe der Formeln und mit den Bezeichnungen von Aufgabe 4 beweise man den *Satz vom vollständigen Viereck*, der besagt, daß die Diagonalpunkte p und q harmonisch liegen zu den Schnittpunkten s und t von pq mit ab und bc, d. h. daß das Doppelverhältnis

$$\begin{bmatrix} p & q \\ s & t \end{bmatrix} = -1$$

ist.

6. Wie lautet in der projektiven Geometrie der Ebene der duale Satz zum Satz vom vollständigen Viereck?

§ 4. Mehrfach projektive Räume. Der affine Raum.

Die Gesamtheit der Punktepaare (x, y), wo x ein Punkt eines S_m und y ein Punkt eines S_n ist, ist der *zweifach projektive Raum* $S_{m, n}$. Ein *Punkt von* $S_{m, n}$ ist also ein Punktepaar (x, y). Analog definiert man drei- und mehrfach projektive Räume. Als Dimension des Raumes $S_{m, n}$ betrachtet man die Zahl $m + n$.

Der Zweck der Einführung der mehrfach projektiven Räume ist, alle Probleme, in denen Mannigfaltigkeiten von Punktepaaren, Punktetripeln usw. oder Gleichungen in mehreren homogenen Variabelnreihen vorkommen, analog behandeln zu können wie die entsprechenden Probleme über Mannigfaltigkeiten von Punkten und homogene Gleichungen in einer Variablenreihe.

Unter einer *algebraischen Mannigfaltigkeit* in einem mehrfach projektiven Raum $S_{m, n, \ldots}$ versteht man die Gesamtheit der Punkte $(x, y, \ldots)$ dieses Raumes, die einem System von Gleichungen $F(x, y, \ldots) = 0$ genügen, welche homogen in jeder einzelnen Variabelnreihe sind. Die Lösungen einer *einzigen* Gleichung $F(x, y, \ldots) = 0$ mit den Gradzahlen $g, h, \ldots$ bilden eine *algebraische Hyperfläche* in $S_{m, n, \ldots}$ mit den Gradzahlen $g, h, \ldots$.

Eine Hyperfläche im gewöhnlichen projektiven Raum S_n hat nur eine Gradzahl, den *Grad* oder die *Ordnung* der Hyperfläche. Eine Hyperfläche vom Grad 2, 3 oder 4 heißt auch eine quadratische, kubische oder biquadratische Hyperfläche. Eine Hyperfläche im S_2 oder im $S_{1,1}$ heißt eine *Kurve*, eine Hyperfläche im S_3 *Fläche*. Eine Kurve 2. Grades im S_2 heißt *Kegelschnitt*, eine Hyperfläche 2. Grades allgemein eine *Quadrik*.

Man kann die Punkte eines zweifach homogenen Raumes $S_{m, n}$ eineindeutig auf die Punkte einer algebraischen Mannigfaltigkeit $S_{m, n}$

im gewöhnlichen projektiven Raum S_{mn+m+n} abbilden. Zu diesem Zwecke setze man

$$(1) \qquad z_{ik} = x_i y_k \qquad (i = 0, 1, \ldots, m; \; k = 0, 1, \ldots, n)$$

und fasse die $(m+1)(n+1)$ Elemente z_{ik}, die nicht alle Null sind, als Koordinaten eines Punktes in S_{mn+m+n} auf. Aus den z_{ik} kann man rückwärts eindeutig bis auf einen gemeinsamen Faktor λ die x und y bestimmen. Denn wenn etwa $y_0 \neq 0$ ist, so sind $x_0, \ldots, x_m$ nach (1) proportional zu $z_{00}, z_{10}, \ldots, z_{m0}$. Die z_{ik} sind durch die $\binom{m+1}{2}\binom{n+1}{2}$ Gleichungen

$$(2) \qquad z_{ik} z_{jl} = z_{il} z_{jk} \qquad (i \neq j, \; k \neq l)$$

verbunden. Die Mannigfaltigkeit $S_{m,n}$ wird also durch ein System von $\binom{m+1}{2}\binom{n+1}{2}$ quadratische Gleichungen definiert. Sie heißt rational, weil ihre Punkte die rationale Parameterdarstellung (1) gestatten.

Der einfachste Fall der Abbildung (1) ist der Fall $m = 1$, $n = 1$. Die Gleichungen (2) definieren dann eine quadratische Fläche im dreidimensionalen Raum:

$$(3) \qquad z_{00} z_{11} = z_{01} z_{10},$$

und jede nichtsinguläre quadratische Gleichung (Gleichung einer Quadrik ohne Doppelpunkt) kann durch eine projektive Transformation auf die Gestalt (3) gebracht werden. Wir haben also eine Abbildung der Punktepaare zweier Geraden auf die Punkte einer beliebigen doppelpunktfreien Quadrik vor uns. Diese Abbildung wird mit Vorteil benutzt, um die Eigenschaften der Punkte, Geraden und Kurven auf der Quadrik zu studieren.

Aufgaben. 1. Auf der Mannigfaltigkeit $S_{m,n}$ liegen zwei Systeme von linearen Räumen S_m bzw. S_n, die erhalten werden, wenn die y oder die x konstant gehalten werden [speziell: zwei Scharen von Geraden auf der Fläche (3)]. Je zwei Räume aus verschiedenen Scharen haben einen Punkt, je zwei aus der gleichen Schar keinen Punkt gemeinsam.

2. Eine Gleichung $f(x, y) = 0$, die homogen in x_0, x_1 vom Grade l und homogen in y_0, y_1 vom Grade m ist, definiert eine *Kurve $C_{l,m}$* von den Gradzahlen (l, m) auf der quadratischen Fläche (3). Man zeige, daß eine Gerade auf der Fläche die Gradzahlen $(1, 0)$ oder $(0, 1)$, ein ebener Schnitt der Fläche die Gradzahlen $(1, 1)$, ein Schnitt mit einer quadratischen Fläche die Gradzahlen $(2, 2)$ hat.

3. Eine Kurve mit den Gradzahlen (k, l) auf der quadratischen Fläche (3) wird von einer Ebene im allgemeinen in $k + l$ Punkten geschnitten. Man beweise diese Behauptung und präzisiere dabei den Ausdruck „im allgemeinen" durch Aufzählung aller möglichen Fälle. (Man stelle die Gleichung der Kurve und die eines ebenen Schnittes auf und eliminiere x oder y aus diesen Gleichungen.)

Läßt man aus dem projektiven Raum S_n alle Punkte der Hyperebene $y_0 = 0$ weg, so entsteht der *affine Raum A_n*. Für die Punkte des affinen Raumes ist $y_0 \neq 0$, daher kann man die Koordinaten mit einem solchen

Faktor multiplizieren, daß $y_0 = 1$ wird. Die übrigen Koordinaten $y_1, \ldots, y_n$, die *inhomogenen Koordinaten* des Punktes y, sind dann eindeutig bestimmt. Jedem Punkt des affinen Raumes A_n ist also eineindeutig ein System von n Koordinaten $y_1, \ldots, y_n$ zugeordnet.

Zeichnet man im affinen Raum einen Punkt $(0, \ldots, 0)$ aus, so wird er zum Vektorraum E_n. Jedem Punkt $(y_1, \ldots, y_n)$ kann man dann nämlich eineindeutig den Vektor $(y_1, \ldots, y_n)$ zuordnen. (Umgekehrt kann man jeden Vektorraum gleichzeitig als affinen Raum auffassen.)

Der Vektorraum und der affine Raum sind vom algebraischen Standpunkt einfacher als der projektive Raum, da man ihre Punkte eineindeutig durch n Elemente $y_1, \ldots, y_n$ des Körpers K kennzeichnen kann. Geometrisch ist aber der projektive Raum S_n einfacher und interessanter.

Für die algebraische Behandlung des projektiven Raumes S_n ist es häufig zweckmäßig, ihn auf einen affinen Raum oder einen Vektorraum zurückzuführen. Nach dem obigen bestehen dazu zwei Möglichkeiten: Entweder man faßt die Punkte des S_n als Strahlen eines Vektorraumes E_{n+1} auf, oder man läßt aus S_n die Hyperebene $y_0 = 0$ weg und erhält dadurch einen affinen Raum A_n derselben Dimension n. Die Hyperebene $y_0 = 0$ nennt man auch die *uneigentliche Hyperebene*, die Punkte mit $y_0 \neq 0$ *eigentliche Punkte* des S_n. Durch passende Umnumerierung der Koordinaten $y_0, y_1, \ldots, y_n$ kann jeder vorgegebene Punkt y zu einem eigentlichen Punkt gemacht werden, denn mindestens ein y_j ist $\neq 0$.

Auch die mehrfach projektiven Räume lassen sich durch Weglassen der Punkte mit $x_0 = 0$ und der Punkte mit $y_0 = 0$ usw. in Räume überführen, deren Punkte eineindeutig durch inhomogene Koordinaten $x_1, \ldots, x_m, y_1, \ldots, y_n, \ldots$ usw. dargestellt werden können, und die wir daher wieder als affine Räume erkennen. Ein zweifach projektiver Raum $S_{m,n}$ ergibt in dieser Weise einen affinen Raum A_{m+n}. Das ist der Grund, warum wir $S_{m,n}$ als einen $(m+n)$-dimensionalen Raum betrachten.

Eine homogene Gleichung in den homogenen Koordinaten x, y geht durch die Substitution $x_0 = 1, y_0 = 1$ in eine nicht notwendig homogene Gleichung in den übrigen x und y über. Daher definiert man eine algebraische Mannigfaltigkeit bzw. eine Hyperfläche im affinen Raum als die Gesamtheit der Lösungen eines beliebigen Systemes von algebraischen Gleichungen bzw. einer einzigen solchen Gleichung in den inhomogenen Koordinaten.

Umgekehrt kann jede inhomogene Gleichung in $x_1, \ldots, x_m, y_1, \ldots, y_n, \ldots$ durch Einführung von $x_0, y_0, \ldots$ homogen gemacht werden. Jede algebraische Mannigfaltigkeit im affinen Raum A_n oder $A_{m+n+\cdots}$ gehört also zu mindestens einer algebraischen Mannigfaltigkeit im projektiven Raum S_n bzw. im mehrfach projektiven Raum $S_{m,n,\ldots}$.

§ 5. Projektive Transformationen.

Eine nichtsinguläre lineare Transformation des Vektorraumes E_{n+1}

$$(1) \qquad y_i' = \sum_0^n \alpha_i^k \, y_k$$

führt jeden linearen Teilraum E_m wieder in einen linearen Teilraum E_m' über, insbesondere jeden Strahl E_1 in einen Strahl E_1'. Sie induziert also eine eineindeutige Transformation der Punkte des projektiven Raumes S_n, welche durch die Formeln

$$(2) \qquad \varrho \, y_i' = \sum_0^n \alpha_i^k \, y_k \qquad\qquad (\varrho \neq 0)$$

gegeben wird. Eine solche Transformation (2) heißt eine *projektive Transformation* oder auch eine *lineare Kollineation.*

Eine projektive Transformation führt Geraden in Geraden, Ebenen in Ebenen, S_m in S_m' über und läßt alle Inzidenzrelationen (S_m liegt in S_q oder S_q enthält S_m) ungeändert. Dieser Satz läßt sich *nicht* umkehren: Nicht jede eineindeutige Punkttransformation, die Geraden in Geraden (und daher auch Ebenen in Ebenen usw.) überführt, ist eine projektive Transformation. Ein Gegenbeispiel bildet die antilineare Transformation $y_k' = \bar{y}_k$, die jeden Punkt in den konjugiert komplexen Punkt überführt. Die allgemeinste eineindeutige Punkttransformation, die Geraden in Geraden überführt, wird durch die Formeln

$$\varrho \, y_i' = \sum_0^n \alpha_i^k \, S \, y_k$$

gegeben, in denen S ein Automorphismus des Grundkörpers K bedeutet.

Eine projektive Transformation ist nach (2) durch eine nichtsinguläre quadratische Matrix $A = (\alpha_i^k)$ gegeben. Proportionale Matrices A und $\varrho A \, (\varrho \neq 0)$ definieren die gleiche projektive Transformation. Das Produkt zweier projektiver Transformationen ist wieder eine projektive Transformation, ihre Matrix die Produktmatrix. Die inverse einer projektiven Transformation ist wieder eine projektive Transformation, ihre Matrix ist die inverse Matrix A^{-1}. Die projektiven Transformationen von S_n in sich bilden somit eine Gruppe, die *projektive Gruppe* $PGL\,(n, \mathsf{K})$ [1]).

Die *projektive Geometrie* in S_n ist die Lehre von den Eigenschaften der Gebilde in S_n, die bei projektiven Transformationen invariant bleiben.

Führt man für die Punkte y und y' nach § 1 allgemeine projektive Koordinaten z und z' ein durch eine Koordinatentransformation

$$(3) \qquad \begin{cases} y_k = \sum \beta_k^l \, z_l \\ y_i' = \sum \gamma_i^j \, z_j', \end{cases}$$

---

[1]) PGL = projektiv generell linear. Für die Eigenschaften dieser Gruppe siehe B. L. VAN DER WAERDEN, Gruppen von linearen Transformationen. Berlin 1935.

so werden auf Grund von (2) und (3) die z'_j wieder lineare Funktionen der z_l:

$$(4) \qquad \varrho\, z'_j = \sum d^l_j\, z_l$$

mit der Matrix

$$D = \left(d^l_i\right) = C^{-1}\,A\,B\,.$$

Wird insbesondere für y und y' beide Male dasselbe Koordinatensystem gewählt, so wird $C = B$ und

$$D = B^{-1}\,A\,B\,.$$

Wir beweisen nun den

Hauptsatz über projektive Transformationen. *Eine projektive Transformation T des Raumes S_n ist eindeutig bestimmt durch Angabe von $n+2$ Punkten $\overset{0}{y},\ \overset{1}{y},\ \ldots,\ \overset{n}{y},\ \overset{*}{y}$ und deren Bildpunkten $T\overset{0}{y},\ T\overset{1}{y},\ \ldots,$ $T\overset{n}{y},\ T\overset{*}{y}$, vorausgesetzt, daß nicht $n+1$ von den Punkten y oder von ihren Bildpunkten in einer Hyperebene liegen.*

Beweis. Wir wählen die Punkte $\overset{0}{y},\ \ldots,\ \overset{n}{y}$ als Grundpunkte eines neuen Koordinatensystems für die Punkte y des S_n und ebenso die Punkte $T\overset{0}{y},\ \ldots,\ T\overset{n}{y}$ als Grundpunkte eines Koordinatensystems für die Bildpunkte $T\,y$. Die Matrix D der Transformation T wird dann notwendig eine Diagonalmatrix

$$D = \begin{pmatrix} \delta_0 & & & \\ & \delta_1 & & \\ & & \ddots & \\ & & & \delta_n \end{pmatrix}.$$

Die Bedingung, daß die Transformation T den gegebenen Punkt $\overset{*}{y}$ mit den Koordinaten z_k in den gegebenen Punkt $T\overset{*}{y}$ mit den Koordinaten z' überführen soll, heißt nun nach (4)

$$(5) \qquad \varrho\, z'_j = \delta_j\, z_j \qquad\qquad (j = 0, 1, \ldots, n).$$

Da die z sowohl wie die z' von Null verschieden sind, so sind durch (5) die δ_j bis auf einen gemeinsamen Faktor ϱ eindeutig festgelegt. Da es aber auf einen Faktor ϱ in (4) nicht ankommt, ist die Transformation T eindeutig bestimmt.

Aus dem Beweis folgt noch der folgende Zusatz: Zwei projektive Transformationen sind nur dann identisch, wenn ihre Matrices (α^k_i) und $('\alpha^k_i)$ sich nur um einen Zahlenfaktor λ unterscheiden: $'\alpha^k_i = \lambda\alpha^k_i$.

Die Definition der projektiven Transformation und die eben durchgeführten Beweise bleiben dieselben, wenn es sich nicht um eine projektive Transformation eines S_n in sich, sondern um eine projektive Transformation eines Raumes S_n in einen anderen S'_n handelt. Insbesondere wollen wir hier projektive Transformationen von S_m in S'_m betrachten, bei denen beide Räume in einem gemeinsamen Oberraum S_n enthalten sind. Wo in unseren Definitionen von Koordinaten y_k die Rede ist, hat man sich unter diesen Koordinaten jetzt Parameter $\gamma_0, \ldots, \gamma_m$ vorzustellen. Die Formel für eine projektive Transformation heißt also in unserem Falle

$$\varrho \gamma_i' = \sum \alpha_i^k \gamma_k.$$

Es gilt nun der

Projektionssatz. *S_m und S_m' seien zwei Teilräume gleicher Dimension von S_n. Ein dritter Teilraum S_{n-m-1} habe weder mit S_m noch mit S_m' Punkte gemeinsam. Werden die Punkte y von S_m auf S_m' projiziert, indem sie mit S_{n-m-1} jeweils durch einen S_{n-m} verbunden werden und dieser immer mit S_m' geschnitten wird, so ist diese Projektion eine projektive Transformation.*

Beweis. S_{n-m-1} habe die Gleichungen

$$(6) \qquad \left(\overset{0}{u} z\right) = 0, \ \left(\overset{1}{u} z\right) = 0, \ldots, \ \left(\overset{m}{u} z\right) = 0.$$

Alle Punkte eines Verbindungsraumes S_{n-m} sind Linearkombinationen von y und $n-m$ Punkten $\overset{1}{z}, \overset{2}{z}, \ldots, \overset{n-m}{z}$ von S_{n-m-1}, für welche (6) gilt. Das gilt insbesondere für den Schnittpunkt y' von S_{n-m} mit S_m'. Es ist also

$$(7) \qquad y_k' = \lambda y_k + \lambda_1 \overset{1}{z}_k + \lambda_2 \overset{2}{z}_k + \cdots + \lambda_{n-m} \overset{n-m}{z}_k.$$

Da $\lambda \neq 0$ ist, kann man $\lambda = 1$ wählen. Aus (6) und (7) folgt nun

$$(8) \qquad \begin{cases} \left(\overset{0}{u} y'\right) = \left(\overset{0}{u} y\right) = \beta_0 \\[4pt] \left(\overset{1}{u} y'\right) = \left(\overset{1}{u} y\right) = \beta_1 \\[4pt] \qquad \cdots \cdots \cdots \\[4pt] \left(\overset{m}{u} y'\right) = \left(\overset{m}{u} y\right) = \beta_m. \end{cases}$$

Vermöge der Parameterdarstellung von S_m sind die y_k und damit auch die β_i Linearkombinationen der Parameter $\gamma_0, \ldots, \gamma_m$ des Punktes y:

$$(9) \qquad \beta_i = \sum \delta_i^k \gamma_k.$$

Ebenso sind die y_k' und damit auch die β_i Linearkombinationen der Parameter $\gamma_0', \ldots, \gamma_m'$ des Punktes y':

$$(10) \qquad \beta_i = \sum \varepsilon_i^k \gamma_k'.$$

Die linearen Transformationen (9) und (10) sind umkehrbar, denn die Linearformen rechter Hand nehmen niemals gleichzeitig den Wert Null an, weil S_m und S_m' keinen Punkt mit S_{n-m-1} gemeinsam haben. Also sind die γ_k' lineare Funktionen der β_i und die β_i lineare Funktionen der γ_l, mithin die γ_k' lineare Funktionen der γ_l (und umgekehrt), womit der Projektionssatz bewiesen ist.

Eine nach dem Projektionssatz konstruierte projektive Transformation von S_m in S_m' heißt eine *Perspektivität*.

Aus dem Projektionssatz und dem Hauptsatz folgen die wichtigsten Sätze der projektiven Geometrie, z. B. der Satz von DESARGUES und der Satz von PAPPOS (vgl. die nachstehenden Aufgaben).

Aufgaben. 1. Eine projektive Transformation einer Geraden in sich, die drei verschiedene Punkte fest läßt, ist die Identität.

2. Eine projektive Beziehung zwischen zwei sich schneidenden Geraden, die den Schnittpunkt in sich überführt, ist eine Perspektivität.

3. Satz von DESARGUES. Wenn die sechs verschiedenen Punkte $A_1 A_2 A_3 B_1 B_2 B_3$ im Raume oder in der Ebene so liegen, daß die Geraden $A_1 B_1$, $A_2 B_2$, $A_3 B_3$ verschieden sind und durch einen Punkt P gehen, so schneiden sich $A_2 A_3$ und $B_2 B_3$, $A_3 A_1$ und $B_3 B_1$, $A_1 A_2$ und $B_1 B_2$ in drei Punkten C_1, C_2, C_3, die auf einer Geraden liegen.

(Man projiziere die Punktreihe $P A_2 B_2$ aus C_1 auf $P A_3 B_3$, dann aus C_2 auf $P A_1 B_1$ und schließlich aus C_3 auf $P A_2 B_2$ zurück und wende Aufgabe 1 an.)

4. Satz von PAPPOS. Wenn von sechs verschiedenen Punkten $A_1 A_2 A_3 A_4 A_5 A_6$ einer Ebene die Punkte mit geraden und mit ungeraden Nummern je auf zwei verschiedenen Geraden liegen, so liegen die drei Schnittpunkte P von $A_1 A_2$ und $A_4 A_5$, Q von $A_2 A_3$ und $A_5 A_6$, R von $A_3 A_4$ und $A_6 A_1$ auf einer Geraden.

(Man projiziere die Punktreihe $A_4 A_5$ aus A_1 auf $A_4 A_6$, dann von A_3 auf $A_5 A_6$, schließlich aus R auf $A_4 A_5$ zurück und wende Aufgabe 1 an.)

5. Eine projektive Beziehung zwischen zwei windschiefen Geraden g, h im Raum S_3 ist stets eine Perspektivität. (Man verbinde drei Punkte A_1, A_2, A_3 von g mit ihren Bildpunkten B_1, B_2, B_3 auf h und lege durch einen dritten Punkt von $A_1 B_1$ eine Gerade s, die $A_2 B_2$ und $A_3 B_3$ schneidet. Von s aus projiziere man g auf h.)

6. Auf Grund des Projektionssatzes gebe man eine Konstruktion für eine projektive Transformation, die drei gegebene Punkte einer Geraden in drei gegebene Punkte einer anderen Geraden überführt.

7. Die nach dem Hauptsatz eindeutig bestimmte projektive Transformation, die fünf gegebene Punkte A, B, C, D, E im Raum S_3 in fünf ebensolche Punkte überführt, ist geometrisch zu konstruieren. (Man projiziere den Raum aus $A B$ auf $C D$ und wende auf die erhaltene Punktreihe Aufgabe 6 an. Ebenso projiziere man aus $A C$ auf $B D$ usw.)

§ 6. Ausgeartete Projektivitäten.
Klassifikation der projektiven Transformationen.

Neben den eineindeutigen projektiven Transformationen ist es gelegentlich nützlich, auch ausgeartete projektive Transformationen zu betrachten. Diese werden durch dieselben Formeln (2) (§ 5) definiert, wobei die Matrix $A = (\alpha_i^k)$ aber einen Rang $r \leq n$ hat. Die Punkte y mögen dabei einem Raum S_n, die Bildpunkte y' einem Raum S_m angehören. Für gewisse Punkte y werden alle Koordinaten y_k' gleich Null; diese Punkte y, die einen S_{n-r} bilden, haben also keinen bestimmten Bildpunkt y'. Alle Bildpunkte y' sind nach (2) (§ 5) Linearkombinationen von n Punkten α^k mit Koordinaten α_i^k, unter denen r linear unabhängige vorkommen. Die Bildpunkte y' erfüllen somit einen Raum S_{r-1} im S_m. Also:

Eine ausgeartete projektive Transformation vom Range $r \leq n$ bildet den Raum S_n mit Ausnahme eines Teilraumes S_{n-r}, für dessen Punkte die Transformation unbestimmt wird, auf einen Bildraum S_{r-1} ab.

Ein Beispiel einer ausgearteten projektiven Transformation vom Range r erhält man, indem man alle Punkte von S_n aus einem S_{n-r} des S_n auf einen S_{r-1}, der S_{n-r} nicht trifft, projiziert. Die Projektion ist für die Punkte des S_{n-r} unbestimmt. Für die übrigen Punkte y und ihre Projektionen y' gelten, wie in § 5, Formeln der Gestalt (8) und (10) mit $m = r - 1$, wobei man (10) wieder nach γ'_k auflösen kann. Die Parameter γ'_k von y hängen also linear von $\beta_0, \ldots, \beta_m$ und diese nach (8) wieder linear von $y_0, \ldots, y_n$ ab. Somit ist in der Tat

$$(1) \qquad \gamma'_i = \sum \alpha_i^k y_k,$$

wobei die Matrix (α_i^k) den Rang $r = m + 1$ hat.

Man kann die Formeln noch etwas vereinfachen, indem man die β_i statt der γ'_k als Koordinaten in S_m betrachtet. Das ist erlaubt, weil die β_i nach (10), § 5, durch eine umkehrbare lineare Transformation mit den γ'_k verbunden sind. Die Formel für die Projektion lautet dann einfach

$$\beta_i = \left(\overset{i}{u} y \right) = \sum \overset{i}{u}{}^k y_k.$$

Darin sind nun die $\overset{i}{u}$ ganz beliebige Hyperebenen, die nur der Bedingung unterworfen sind, einen S_{n-m-1} zu bestimmen; d. h. $\left(\overset{i}{u}{}^k \right)$ ist eine *beliebige* Matrix (mit $m + 1$ Reihen und $n + 1$ Spalten) vom Range $m + 1$. Daraus folgt also: *Jede ausgeartete projektive Transformation vom Range $r = m + 1$ bedeutet Projektion des Raumes S_n aus einem Teilraum S_{n-m-1} auf einen zu diesem fremden Teilraum S_m des S_n.*

Eine projektive Transformation T von S_n in sich mit der Matrix A hat in bezug auf ein anderes Koordinatensystem, wie wir sahen, die Matrix $D = B^{-1} A B$. Durch passende Wahl von B kann man diese Matrix nun bekanntlich[1]) auf die „JORDANsche Normalform" bringen, die aus diagonal aneinandergereihten Kästchen der Gestalt

$$(2) \qquad \begin{pmatrix} \lambda & 1 & 0 & \cdots & 0 \\ 0 & \lambda & 1 & \ddots & \vdots \\ \vdots & & \ddots & \ddots & 0 \\ \vdots & & & \ddots & 1 \\ 0 & \cdots & & 0 & \lambda \end{pmatrix}$$

besteht, in denen in der Hauptdiagonale eine „charakteristische Wurzel" λ steht, während in der schrägen Reihe über der Hauptdiagonale eine beliebige von Null verschiedene Zahl steht, die gleich 1 gewählt werden kann. Hat das Kästchen (2) den Grad (= Reihenzahl) 1, so fehlen die Einsen über der Hauptdiagonale, und das Kästchen besteht nur aus dem Element λ. Die JORDANsche Normalform wird nach SEGRE durch ein Schema von ganzen Zahlen charakterisiert, welche die Grade (= Reihenzahlen) der Kästchen angeben. Kommen mehrere Kästchen

---

[1]) Siehe etwa B. L. VAN DER WAERDEN: Moderne Algebra II, § 109. Für eine rein geometrische Herleitung s. ST. COHN-VOSSEN: Math. Ann. Bd. 115 (1937) S. 80—86.

mit der gleichen Wurzel λ vor, so werden ihre Grade in eine runde Klammer eingeschlossen. Das ganze SEGREsche Symbol wird schließlich in eine eckige Klammer eingeschlossen. So gibt es z. B. im Fall der Ebene $(n=2)$ die folgenden möglichen Normalformen

$$\begin{pmatrix} \lambda_1 & 0 & 0 \\ 0 & \lambda_2 & 0 \\ 0 & 0 & \lambda_3 \end{pmatrix}, \begin{pmatrix} \lambda_1 & 0 & 0 \\ 0 & \lambda_1 & 0 \\ 0 & 0 & \lambda_2 \end{pmatrix}, \begin{pmatrix} \lambda_1 & 0 & 0 \\ 0 & \lambda_1 & 0 \\ 0 & 0 & \lambda_1 \end{pmatrix}, \begin{pmatrix} \boxed{\begin{matrix}\lambda_1 & 1 \\ 0 & \lambda_1\end{matrix}} & 0 \\ 0 & 0 & \lambda_2 \end{pmatrix}, \begin{pmatrix} \boxed{\begin{matrix}\lambda_1 & 1 \\ 0 & \lambda_1\end{matrix}} & 0 \\ 0 & 0 & \lambda_1 \end{pmatrix}, \begin{pmatrix} \lambda_1 & 1 & 0 \\ 0 & \lambda_1 & 1 \\ 0 & 0 & \lambda_1 \end{pmatrix}.$$

Ihre SEGREschen Symbole lauten $[111]$, $[(11)1]$, $[(111)]$, $[21]$, $[(21)]$, $[3]$.

Läßt man unter den Wurzeln λ auch den Wert 0 zu, so umfaßt die obige Klassifikation auch die ausgearteten projektiven Transformationen. Wir beschränken uns jedoch bei der folgenden Diskussion auf eineindeutige Transformationen.

Die JORDANsche Normalform hängt sehr eng mit der Frage nach den gegenüber T invarianten Punkten, Geraden usw. zusammen. Zu jedem Kästchen (2) mit e Zeilen gehören nämlich im Vektorraum die folgenden Basisvektoren:

$$\text{Ein „Eigenvektor"} \quad v_1 \text{ mit } A v_1 = \lambda v_1$$
$$\text{ein Vektor} \quad v_2 \text{ mit } A v_2 = \lambda v_2 + v_1$$
$$\cdots\cdots\cdots\cdots\cdots\cdots\cdots$$

usw.   bis v_e mit $A v_e = \lambda v_e + v_{e-1}$.

Der Strahl (v_1) ist somit invariant bei der Transformation T, ebenso die Räume (v_1, v_2), (v_1, v_2, v_3) usw. Im projektiven Raum ergeben sich also ein invarianter Punkt, eine invariante Gerade durch diesen Punkt, eine invariante Ebene durch diese Gerade usw. bis zu einem invarianten Raum S_{e-1}. Linearkombinationen von Eigenvektoren zum gleichen Eigenwert λ sind wieder Eigenvektoren. Nehmen wir also an, daß es zu einem Eigenwert λ etwa g Kästchen A_ν gibt, so gibt es auch g linear unabhängige Eigenvektoren zum Eigenwert λ, die einen Teilraum E_g aufspannen. Die Strahlen E_1 von E_g sind einzeln bei der Transformation T invariant und bilden zusammen einen punktweise invarianten linearen Raum S_{g-1} in S_n. Dasselbe wiederholt sich für jede charakteristische Wurzel λ. Andere invariante Punkte besitzt die Transformation nicht, da die Matrix A keine anderen Eigenvektoren hat.

Verschiedene Spezialfälle sind von Interesse:

1. Der „allgemeine Fall" $[111\ldots1]$, in dem D eine Diagonalmatrix mit lauter verschiedenen Wurzeln $\lambda_1, \ldots, \lambda_n$ in der Diagonalen ist. Die invarianten Punkte sind die Ecken des Grundsimplex des neuen Koordinatensystems, die invarianten linearen Räume die Seiten dieses Simplex.

2. Die „zentralen Kollineationen", die dadurch charakterisiert sind, daß sie alle Punkte einer Hyperebene in sich transformieren. Ihre SEGREschen Symbole sind $[(111\ldots1)1]$ oder $[(211\ldots1)]$. Es gibt

außer den Punkten der invarianten Hyperebene noch einen invarianten Punkt, das „Zentrum", mit der Eigenschaft, daß alle linearen Räume durch das Zentrum invariant sind. Das Zentrum liegt im Fall $[(11 \ldots 1)\,1]$ nicht, im anderen Fall wohl in der invarianten Hyperebene.

3. Die projektiven Transformationen mit der Periode 2 oder „Involutionen", deren Quadrat die Identität ist. Da die charakteristischen Wurzeln der Matrix A^2 die Quadrate der charakteristischen Wurzeln von A sind und da andererseits $A^2 = \mu E$ ist, so kann A nur zwei charakteristische Wurzeln $\lambda = \pm \sqrt{\mu}$ haben. Da man A mit einem Faktor multiplizieren darf, so kann $\mu = 1$ angenommen werden. Quadriert man nun die Kästchen (2), so ergibt sich, daß nur einreihige Kästchen vorkommen. D ist also eine Diagonalmatrix mit Elementen $+1$ und -1. Es gibt zwei Räume S_r und S_{n-r-1}, deren Punkte einzeln invariant bleiben. Die Verbindungslinie eines nicht invarianten Punktes y mit seinem Bildpunkt y' trifft S_r und S_{n-r-1} in zwei Punkten, zu denen y und y' harmonisch liegen. Dabei ist angenommen worden, daß die Charakteristik des Grundkörpers nicht gleich 2 ist.

Aufgaben. 1. Man gebe für alle Typen von projektiven Transformationen der Ebene in sich alle invarianten Punkte und Geraden an.

2. Eine zentrale Kollineation ist vollständig gegeben durch Angabe der invarianten Hyperebene S_{n-1} und von zwei Punkten x und y samt ihren Bildpunkten x' und y', wobei xy und $x'y'$ sich auf S_{n-1} schneiden müssen. Man gebe eine projektivgeometrische Konstruktion der Kollineation aus diesen Daten an.

3. Die Verbindungslinie eines nicht invarianten Punktes y mit seinem Bildpunkt y' in einer zentralen Kollineation geht immer durch das Zentrum.

4. Eine Involution in der Geraden besitzt immer zwei verschiedene Fixpunkte und besteht aus den Punktepaaren (y, y'), die zu diesen Fixpunkten harmonisch liegen.

§ 7. Plückersche S_m-Koordinaten.

Ein S_m in S_n sei durch $m+1$ Punkte gegeben. Als Beispiel nehmen wir $m = 2$ und nennen die $m+1$ Punkte x, y, z. Wir bilden nun

$$\pi_{ikl} = \sum \pm x_i y_k z_l = \begin{vmatrix} x_i & x_k & x_l \\ y_i & y_k & y_l \\ z_i & z_k & z_l \end{vmatrix}.$$

Die Größen π_{ikl} sind nicht alle $= 0$, da sonst die Punkte x, y, z linear abhängig wären. Bei Vertauschung von irgend zwei Indices wechselt π_{ikl} das Vorzeichen. Sind zwei Indices gleich, so wird $\pi_{ikl} = 0$. Es gibt somit soviel wesentlich verschiedene, nicht notwendig verschwindende π_{ikl}, wie es Kombinationen von 3 aus $n+1$ Indices gibt. Bei beliebigem m ist die Anzahl der $\pi_{ijk\ldots l}$ gleich $\binom{n+1}{m+1}$.

Wir zeigen nun, daß die π_{ikl} bis auf einen Proportionalitätsfaktor allein von der Ebene S_2, nicht von den darin gewählten Punkten x, y, z abhängen. Sind nämlich x', y', z' drei andere Bestimmungspunkte, so ist, da x', y', z' dem durch x, y, z bestimmten linearen Raum angehören,

$$x'_k = x_k \alpha_{11} + y_k \alpha_{12} + z_k \alpha_{13}$$
$$y'_k = x_k \alpha_{21} + y_k \alpha_{22} + z_k \alpha_{23}$$
$$z'_k = x_k \alpha_{31} + y_k \alpha_{32} + z_k \alpha_{33}$$

und daher nach dem Multiplikationssatz für Determinanten

$$\begin{vmatrix} x'_i & x'_k & x'_l \\ y'_i & y'_k & y'_l \\ z'_i & z'_k & z'_l \end{vmatrix} = \begin{vmatrix} x_i & x_k & x_l \\ y_i & y_k & y_l \\ z_i & z_k & z_l \end{vmatrix} \begin{vmatrix} \alpha_{11} & \alpha_{12} & \alpha_{13} \\ \alpha_{21} & \alpha_{22} & \alpha_{23} \\ \alpha_{31} & \alpha_{32} & \alpha_{33} \end{vmatrix}$$

oder

$$\pi'_{ikl} = \pi_{ikl}\, \alpha.$$

Wir zeigen zweitens, daß durch die Größen π_{ikl} die Ebene S_2 bestimmt ist. Zu diesem Zwecke stellen wir die notwendigen und hinreichenden Bedingungen dafür auf, daß ein Punkt ω der Ebene S_2 angehört. Sie bestehen darin, daß alle vierreihigen Unterdeterminanten der Matrix

$$\begin{pmatrix} \omega_0 & \omega_1 & \ldots & \omega_n \\ x_0 & x_1 & \ldots & x_n \\ y_0 & y_1 & \ldots & y_n \\ z_0 & z_1 & \ldots & z_n \end{pmatrix}$$

verschwinden. Entwickelt man eine solche Unterdeterminante nach der ersten Zeile, so erhält man die Bedingung

$$(1) \qquad \omega_i \pi_{jkl} - \omega_j \pi_{ikl} + \omega_k \pi_{ijl} - \omega_l \pi_{ijk} = 0.$$

Wir können die Bedingungen (1) als die *Gleichungen der Ebene S_2* in Punktkoordinaten ω_i auffassen. Durch seine Gleichungen ist aber ein linearer Raum eindeutig bestimmt.

Genau dieselben Überlegungen gelten für beliebiges $m \ (0 < m < n)$. Da die $\pi_{ik\ldots l}$ den Raum S_m eindeutig bestimmen, so können wir sie als Koordinaten des S_m auffassen. Sie heißen PLÜCKERsche S_m-*Koordinaten*. Es sind homogene Koordinaten, da sie nur bis auf einen Faktor λ bestimmt sind und nicht alle gleich Null sein können.

Halten wir in π_{ghl} alle Indices bis auf den letzten fest, lassen aber l alle Werte durchlaufen, so kann man diese π_{ghl} als Koordinaten eines Punktes π_{gh} auffassen. Dieser Punkt gehört dem Raum S_2 an, denn es ist

$$\pi_{ghl} = \begin{vmatrix} y_g & y_h \\ z_g & z_h \end{vmatrix} x_l + \begin{vmatrix} z_g & z_h \\ x_g & x_h \end{vmatrix} y_l + \begin{vmatrix} x_g & x_h \\ y_g & y_h \end{vmatrix} z_l.$$

Der Vektor π_{gh} ist also eine Linearkombination der Vektoren x, y und z. Außerdem ist $\pi_{ghg} = 0$ und $\pi_{ghh} = 0$. Der Punkt π_{gh} gehört also dem Raum S_{n-2} mit den Gleichungen $\omega_g = \omega_h = 0$ an. S_{n-2} ist eine Seite des Koordinatengrundsimplex. *Der Punkt π_{gh} ist somit Schnittpunkt des Raumes S_2 mit der Seite S_{n-2} des Koordinatensimplex.*

Das alles gilt natürlich nur dann, wenn nicht alle π_{ghl} (g und h fest, $l = 0, 1, \ldots, n$) gleich Null sind. Ist das doch der Fall, so kann man zeigen, daß S_2 und S_{n-2} mindestens einen S_1 gemeinsam haben, und umgekehrt. Wir gehen darauf nicht näher ein.

Es bestehen Relationen zwischen den π_{ikl}. Wir erhalten sie, indem wir zum Ausdruck bringen, daß die Punkte π_{ghl} jedenfalls dem Raum S_2 angehören, also die Gleichungen (1) erfüllen müssen; das ergibt

$$(2) \qquad \pi_{ghi}\pi_{jkl} - \pi_{ghj}\pi_{ikl} + \pi_{ghk}\pi_{ijl} - \pi_{ghl}\pi_{ijk} = 0.$$

Nun seien π_{ikl} irgendwelche Größen, die nicht alle Null sind, bei Vertauschung von zwei Indices das Vorzeichen wechseln und die Relationen (2) erfüllen. Wir wollen beweisen, daß dann die π_{ikl} die PLÜCKERschen Koordinaten einer Ebene sind.

Zum Beweis setzen wir etwa $\pi_{012} \neq 0$ voraus. Durch

$$x_i = \pi_{12i}$$
$$y_i = -\pi_{02i}$$
$$z_i = \pi_{01i}$$

sind drei Punkte definiert, welche eine Ebene mit den PLÜCKERschen Koordinaten

$$p_{ikl} = \pi_{012}^{-2} \cdot \begin{vmatrix} x_i & x_k & x_l \\ y_i & y_k & y_l \\ z_i & z_k & z_l \end{vmatrix}$$

aufspannen. (Wir werden gleich sehen, daß $p_{012} \neq 0$, mithin die drei Punkte linear unabhängig sind.) Für diese Ebene nun gelten ebenfalls die Relationen (2):

$$(3) \qquad p_{ghi}p_{jkl} - p_{ghj}p_{ikl} + p_{ghk}p_{ijl} - p_{ghl}p_{ijk} = 0.$$

Wir berechnen nun p_{01i}.

$$p_{01i} = \pi_{012}^{-2} \begin{vmatrix} x_0 & x_1 & x_i \\ y_0 & y_1 & y_i \\ z_0 & z_1 & z_i \end{vmatrix} = \pi_{012}^{-2} \begin{vmatrix} \pi_{120} & 0 & \pi_{12i} \\ 0 & -\pi_{021} & -\pi_{02i} \\ 0 & 0 & \pi_{01i} \end{vmatrix}$$

$$= \frac{\pi_{012}\pi_{012}\pi_{01i}}{\pi_{012}^2} = \pi_{01i}.$$

Ebenso findet man

$$p_{02i} = \pi_{02i} \quad \text{und} \quad p_{12i} = \pi_{12i}.$$

Wir sehen also, daß alle p_{ghi}, bei denen 2 Indices g und h die Werte 0, 1 oder 2 haben, mit den entsprechenden π_{ghi} übereinstimmen. Insbesondere ist $p_{012} = \pi_{012} \neq 0$. Wir wollen nun beweisen, daß allgemein

$$(4) \qquad p_{ghi} = \pi_{ghi}$$

gilt. Aus (2) und (3) folgt

$$(5) \qquad \pi_{ghi} = \pi_{012}^{-1}\left(\pi_{gh0}\pi_{i12} - \pi_{gh1}\pi_{i02} + \pi_{gh2}\pi_{i01}\right),$$

$$(6) \qquad p_{ghi} = p_{012}^{-1}\left(p_{gh0}p_{i12} - p_{gh1}p_{i02} + p_{gh2}\pi_{i01}\right).$$

Wenn nun einer der Indices g oder h gleich 0, 1 oder 2 ist, so stimmen die rechten Seiten von (5) und (6) überein. Also ist $p_{ghi} = \pi_{ghi}$, sobald einer der Indices g, h den Wert 0, 1 oder 2 hat. Nunmehr folgt auch dann, wenn keiner der Indices g, h, i den Wert 0, 1 oder 2 hat, die Übereinstimmung der rechten Seiten von (5) und (6). Also gilt (4) allgemein.

Wir fassen zusammen: *Notwendig und hinreichend dafür, daß die Größen π_{ikl} die* PLÜCKER*schen Koordinaten einer Ebene in S_n darstellen, ist, daß sie nicht sämtlich verschwinden, bei Vertauschung von irgend zwei Indices das Vorzeichen wechseln und die Relationen (2) erfüllen. Ist etwa $\pi_{012} \neq 0$, so sind alle π_{ikl} rational durch $\pi_{12i}, \pi_{02i}, \pi_{01i}$ ausdrückbar.*

Alle bisherigen Betrachtungen gelten ohne wesentliche Änderungen auch für die PLÜCKERschen Koordinaten der S_m in S_n. Die Relationen (3) heißen im allgemeinen Fall so:

$$(7) \qquad \pi_{g_0 g_1 \ldots g_d} \pi_{a_0 a_1 \ldots a_d} - \sum_{0}^{m} {}' \pi_{g_0 \ldots g_{\lambda-1} a_0 g_{\lambda+1} \ldots g_m} \pi_{g_\lambda a_1 \ldots a_m} = 0 \,,$$

im Fall einer Geraden $(m = 1)$ so:

$$(8) \qquad \pi_{gi} \pi_{kl} - \pi_{gk} \pi_{il} + \pi_{gl} \pi_{ik} = 0 \,.$$

Für weitere Einzelheiten über S_m-Koordinaten, insbesondere für die Einführung der dualen S_m-Koordinaten $\pi^{ij \cdots l}$ mit $n-m$ Indices und ihre Reduktion auf die π_{ikl}, verweise ich den Leser auf das Lehrbuch von R. WEITZENBÖCK[1]).

Faßt man die $\binom{n+1}{m+1}$ Größen $\pi_{ik \ldots l}$ als Koordinaten eines Punktes in einem Raum S_N,

$$N = \binom{n+1}{m+1} - 1$$

auf, so definieren die quadratischen Relationen (7) eine algebraische Mannigfaltigkeit M in diesem Raum. Jedem Punkt dieser Mannigfaltigkeit M entspricht umkehrbar eindeutig ein Teilraum S_m in S_n.

Der einfachste interessante Fall dieser Abbildung ist der Fall der Geraden S_1 im Raum S_3. In diesem Fall gibt es nur eine Relation (7), nämlich

$$(9) \qquad \pi_{01} \pi_{23} + \pi_{02} \pi_{31} + \pi_{03} \pi_{12} = 0 \,.$$

Sie definiert eine Hyperfläche 2. Grades M in S_5. *Die Geraden des Raumes S_3 lassen sich also eineindeutig auf die Punkte einer quadratischen Hyperfläche im S_5 abbilden.*

Einem Geradenbüschel entspricht in dieser Abbildung eine auf M liegende Gerade. Denn ist x das Zentrum des Büschels und $y = \lambda_1 y' + \lambda_2 y''$

---

[1]) WEITZENBÖCK, R.: Invariantentheorie, S. 117—120. Groningen 1923.

die Parameterdarstellung einer nicht durch x gehenden Geraden in der Ebene des Büschels, so erhält man die Plückerschen Koordinaten aller Geraden des Büschels in der Form

$$
\begin{aligned}
\pi_{kl} &= x_k(\lambda_1\, y_l' + \lambda_2\, y_l'') - x_l(\lambda_1\, y_k' + \lambda_2\, y_k'') \\
&= \lambda_1(x_k\, y_l' - x_l\, y_k') + \lambda_2(x_k\, y_l'' - x_l\, y_k'') \\
&= \lambda_1\, \pi_{kl}' + \lambda_2\, \pi_{kl}''.
\end{aligned}
$$

Umgekehrt: Wenn eine Gerade $\pi_{kl} = \lambda_1\, \pi_{kl}' + \lambda_2\, \pi_{kl}''$ ganz auf M liegt, also die π_{kl} identisch in λ_1, λ_2 die Bedingung (9) erfüllen, so folgt daraus ohne weiteres

$$
\pi_{01}'\pi_{23}'' + \pi_{02}'\pi_{31}'' + \pi_{03}'\pi_{12}'' + \pi_{23}'\pi_{01}'' + \pi_{31}'\pi_{02}'' + \pi_{12}'\pi_{03}'' = 0
$$

oder in Determinantenform, wenn

$$
\pi_{kl}' = x_k'\, y_l' - x_l'\, y_k' \quad \text{und} \quad \pi_{kl}'' = x_k''\, y_l'' - x_l''\, y_k''
$$

gesetzt wird,

$$
\begin{vmatrix}
x_0' & x_1' & x_2' & x_3' \\
y_0' & y_1' & y_2' & y_3' \\
x_0'' & x_1'' & x_2'' & x_3'' \\
y_0'' & y_1'' & y_2'' & y_3''
\end{vmatrix} = 0.
$$

Die Punkte x', y', x'', y'' liegen also in einer Ebene, die beiden Geraden π' und π'' schneiden sich und bestimmen somit ein Büschel. Einer auf M liegenden Geraden entspricht also stets ein Geradenbüschel.

Eine Ebene im Raum S_5 wird erhalten, indem ein fester Punkt P mit allen Punkten einer Geraden RS durch Geraden verbunden wird. Soll die Ebene ganz auf M liegen, so müssen mindestens die Geraden PR, PS und RS ganz auf M liegen. Den Punkten P, R, S müssen also drei sich gegenseitig schneidende Geraden π, ϱ, σ in S_3 entsprechen, die nicht einem Büschel angehören. Drei solche Geraden liegen aber entweder in einer Ebene oder sie gehen durch einen Punkt. Verbindet man nun die Gerade π mit allen Geraden des Büschels $\varrho\,\sigma$ durch je ein Büschel, so ist die Gesamtheit der so erhaltenen Geraden entweder ein Geradenfeld oder ein Geradenstern. Umgekehrt läßt sich jedes Geradenfeld und jeder Geradenstern so erhalten. *Also gibt es genau zwei Arten von auf M liegenden Ebenen: die eine Art entspricht den Geradenfeldern und die andere den Geradensternen von S_3.* Weiter gilt nach Felix Klein der Satz: Jeder projektiven Transformation des Raumes S_3 in sich entspricht eine projektive Transformation des Raumes S_5, welche die Hyperfläche M invariant läßt, und in dieser Weise erhält man auch alle projektiven Transformationen von M in sich, welche die beiden Scharen von Ebenen nicht vertauschen[1]).

---

[1]) Für den Beweis s. B. L. van der Waerden: Gruppen von linearen Transformationen. Ergebn. Math. Bd. IV 2 (1935), § 7.

Aufgaben. 1. Der Verbindungsraum eines S_m mit einem außerhalb S_m gelegenen Punkt ω hat die PLÜCKERschen Koordinaten

$$\varrho_{ijk\ldots l} = \omega_i \pi_{jk\ldots l} - \omega_j \pi_{ik\ldots l} + \omega_k \pi_{ij\ldots l} \cdots + (-1)^{m+1} \omega_l \pi_{ijk}\ldots.$$

2. Der Durchschnitt eines S_m mit einer ihn nicht enthaltenden Hyperebene u hat die PLÜCKERschen Koordinaten

$$\sigma_{k\ldots l} = \sum u^i \pi_{ik\ldots l}.$$

3. Die Bedingungen dafür, daß zwei Geraden π, ϱ des Raumes S_n sich schneiden oder zusammenfallen, lauten

$$\pi_{gi}\varrho_{kl} - \pi_{gk}\varrho_{il} + \pi_{gl}\varrho_{ik} + \pi_{kl}\varrho_{gi} - \pi_{il}\varrho_{gk} + \pi_{ik}\varrho_{gl} = 0.$$

4. Einer Regelschar in S_3 (bestehend aus allen Geraden, welche drei windschiefe Geraden schneiden) entspricht ein Kegelschnitt auf M, nämlich der Schnitt von M mit einer Ebene S_2 des Raumes S_5.

§ 8. Korrelationen, Nullsysteme und lineare Komplexe.

Eine (projektive) *Korrelation* ist eine Zuordnung, welche jedem Punkte y von S_n eine Hyperebene v von S_n zuordnet, deren Koordinaten durch

$$(1) \qquad \varrho v^i = \sum_k \alpha^{ik} y_k$$

gegeben sind, wobei die α^{ik} eine nicht singuläre Matrix bilden sollen. Die Zuordnung ist folglich eineindeutig; ihre Umkehrung wird durch

$$(2) \qquad \sigma y_k = \sum \beta_{kl} v^l$$

gegeben, wobei (β_{kl}) die inverse Matrix zu (α^{ik}) ist. Durchläuft der Punkt y eine Hyperebene u, ist also $\sum u^k y_k = 0$, so folgt aus (2)

$$\sum\sum u^k \beta_{kl} v^l = 0,$$

d. h. die Hyperebene v durchläuft den Stern mit dem Mittelpunkt

$$(3) \qquad x_l = \sum \beta_{kl} u^k.$$

Durchläuft umgekehrt die Hyperebene v einen Stern mit dem Mittelpunkt x, ist also $\sum v^i x_i = 0$, so folgt aus (1)

$$(4) \qquad \sum\sum \alpha^{ik} x_i y_k = 0,$$

und daher durchläuft dann der Punkt y eine Hyperebene u mit den Koordinaten

$$(5) \qquad u_k = \sum \alpha^{ik} x_i.$$

Das Produkt zweier Korrelationen ist offenbar eine projektive Kollineation. Das Produkt einer Kollineation und einer Korrelation ist eine Korrelation. Die projektiven Kollineationen und Korrelationen bilden also zusammen eine Gruppe.

Die Formeln (3), (5) definieren eine zweite eineindeutige Transformation, welche Hyperebenen u in Punkte x überführt und welche mit der ursprünglichen Transformation (1), (2) durch die folgende Eigenschaft verbunden ist: *Liegt y in u, so geht v durch x, und umgekehrt.*

Wir fassen die zusammengehörigen Transformationen $y \longleftrightarrow v$ und $u \longleftrightarrow x$ zusammen als eine Zuordnung auf, welche wir eine *vollständige Korrelation* oder auch eine *Dualität* nennen. *Eine vollständige Korrelation ordnet demnach eineindeutig jedem Punkte y von S_n eine Hyperebene v, jeder Hyperebene u einen Punkt x zu, so daß die Inzidenzrelation zwischen Punkt und Hyperebene dabei erhalten bleibt.*

Wie in § 3, wo wir eine spezielle Korrelation $v^i = y_i$ betrachteten, beweist man, daß eine Korrelation jedem Teilraum S_m von S_n einen Teilraum S_{n-m-1} zuordnet und daß die Relation des Enthaltenseins sich dabei umkehrt.

Eine Korrelation ist, ebenso wie eine projektive Transformation, eindeutig bestimmt, sobald die Bilder von $n+2$ gegebenen Punkten, von denen nie $n+1$ in einer Hyperebene liegen, bekannt sind. Der Beweis ist derselbe wie der des Hauptsatzes in § 5. Die Konstruktion einer Korrelation aus diesen Daten kann so geschehen, wie es für projektive Transformationen bei Aufgabe 7 (§ 5) angedeutet wurde.

Zwei Korrelationen sind, ebenso wie zwei projektive Transformationen, dann und nur dann identisch, wenn ihre Matrices sich nur um einen Zahlenfaktor λ unterscheiden:

$$\alpha'_{ik} = \lambda \alpha_{ik}.$$

Wir suchen nun insbesondere die *involutorischen* Korrelationen zu bestimmen, d. h. diejenigen, welche mit ihrer inversen Korrelation identisch sind. Da die inverse Korrelation zu (1) durch die Formel (5) gegeben wird, so ist für eine involutorische Korrelation notwendig und hinreichend, daß

$$(6) \qquad\qquad \alpha^{ki} = \lambda \alpha^{ik} \qquad\qquad (\lambda \neq 0)$$

ist. Aus (6) folgt unmittelbar

$$\alpha^{ik} = \lambda \alpha^{ki} = \lambda^2 \alpha^{ik},$$

also, da mindestens ein $\alpha^{ik} \neq 0$ ist,

$$\lambda^2 = 1.$$

Es gibt also zwei Fälle: den Fall $\lambda = 1$, in welchem die Matrix (α^{ik}) *symmetrisch* ist:

$$\alpha^{ki} = \alpha^{ik},$$

und den Fall $\lambda = -1$, in welchem die Matrix *antisymmetrisch* ist:

$$(7) \qquad\qquad \alpha^{ki} = -\alpha^{ik}.$$

Im ersten (symmetrischen) Fall heißt die Korrelation ein *Polarsystem* oder eine *Polarität*. Die symmetrische Matrix (α^{ik}) definiert in diesem Fall eine quadratische Form

$$\sum \sum \alpha^{ik} x_i x_k,$$

und die durch (1) gegebene Hyperebene ist die *Polare* des Punktes y in bezug auf diese Form.

Im antisymmetrischen Fall dagegen heißt die Korrelation ein *Nullsystem* oder eine *Nullkorrelation*. Eine nichtsinguläre antisymmetrische Matrix (α^{ik}) ist bekanntlich nur dann möglich, wenn die Reihenzahl $n+1$ der Matrix gerade, also die Dimension n ungerade ist. Aus (7) folgt insbesondere $\alpha^{ii}=0$, weiter folgt

$$\varrho \sum v^i y_i = \sum\sum \alpha^{ik} y_i y_k = 0,$$

also geht die Hyperebene v, die *Nullhyperebene* von y, durch den Punkt y, den *Nullpunkt* von v.

Diese letztere Eigenschaft ist auch charakteristisch für die Nullkorrelation. Denn wenn eine Korrelation jedem Punkte y eine durch y gehende Hyperebene zuordnet, so gilt das insbesondere für den Punkt $(1, 0, \ldots, 0)$, woraus $\alpha^{00}=0$ folgt. Ebenso wird $\alpha^{ii}=0$ für jedes i gezeigt. Macht man nun dasselbe für den Punkt $(1, 1, 0, \ldots, 0)$, so folgt

$$\alpha^{01} + \alpha^{10} = 0, \quad \text{also} \quad \alpha^{01} = -\alpha^{10},$$

und ebenso wieder $\alpha^{ik} = -\alpha^{ki}$.

Zu den bisher betrachteten nichtsingulären Nullkorrelationen nehmen wir nun auch die ausgearteten hinzu, bei denen die antisymmetrische Matrix (α^{ik}) singulär ist und dementsprechend die Nullhyperebene eines Punktes auch einmal unbestimmt werden kann. Zwei Punkte x, y heißen *konjugiert* für ein Nullsystem oder Polarsystem, wenn der eine in der Null-(Polar-)hyperebene des anderen liegt. Dafür ist die Gleichung (4) maßgebend, welche bei Vertauschung von x und y ihre Bedeutung nicht ändert. Die Konjugiertheitsrelation ist also symmetrisch in den beiden Punkten x und y: Wenn x in der Nullhyperebene von y liegt, so y in der Nullhyperebene von x.

Wir betrachten nun die Gesamtheit aller Geraden g, die durch einen Punkt y gehen und in der (bzw. einer) Nullhyperebene dieses Punktes liegen. Ist x ein zweiter Punkt einer solchen Geraden, so gilt (4), wofür man wegen (7) auch schreiben kann

$$(8) \qquad \sum_{i<k} \alpha^{ik} (x_i y_k - x_k y_i) = 0.$$

Die eingeklammerten Größen sind die PLÜCKERschen Koordinaten π_{ik} der Geraden g; (8) ist also gleichbedeutend mit

$$(9) \qquad \sum_{i<k} \alpha^{ik} \pi_{ik} = 0.$$

In dieser Form sieht man, daß die Eigenschaft der Geraden g ganz unabhängig ist von der Wahl des Punktes y auf der Geraden. Die Gesamtheit aller Geraden g, deren PLÜCKERsche Koordinaten einer linearen Gleichung (9) genügen, nennt man einen *linearen Geradenkomplex*.

Geht man umgekehrt von einem linearen Geradenkomplex (9) aus, so liegen alle Komplexgeraden durch einen Punkt y in einer Hyperebene, deren Gleichung durch (8) gegeben wird, sofern (8) nicht identisch in x erfüllt ist. Schreibt man (8) in der Form (4) mit $\alpha^{ki} = -\alpha^{ik}$, so erhält man für die Koordinaten v^k der Ebene die Gleichung (1) zurück. Also:

Zu jedem linearen Geradenkomplex (9) gehört ein (eventuell ausgeartetes) Nullsystem (1) und umgekehrt, derart, daß die Komplexgeraden durch einen Punkt y gerade die Nullhyperebene von y erfüllen. Ist die Nullhyperebene von y unbestimmt, so sind alle Geraden durch y Komplexstrahlen und umgekehrt.

Die *projektive Klassifikation* der Nullsysteme und damit auch der linearen Komplexe ist eine sehr einfache Angelegenheit. Ist P_0 ein Punkt, dessen Nullhyperebene nicht unbestimmt ist und P_1 ein Punkt, der nicht zu P_0 konjugiert ist, d. h. nicht in der Nullhyperebene von P_0 liegt, so ist die Nullhyperebene von P_1 ebenfalls nicht unbestimmt und, da sie nicht durch P_0 geht, von der von P_0 verschieden. Die beiden Nullhyperebenen schneiden sich also in einem Raum S_{n-2}. Die Verbindungsgerade von $P_0 P_1$ trifft die Nullhyperebene von P_0 nur in P_0 und die von P_1 nur in P_1, also hat sie mit S_{n-2} überhaupt keinen Punkt gemeinsam.

Wir wählen nun P_0 und P_1 als Grundpunkte eines neuen Koordinatensystems, während die übrigen Grundpunkte in S_{n-2} gewählt werden. Sollten in S_{n-2} je zwei Punkte konjugiert sein, so wählen wir $P_2, \ldots, P_n$ beliebig: diese Punkte sind dann alle untereinander und zu P_0 und P_1 konjugiert. Ist das nicht der Fall, so wählen wir P_2 und P_3 so in S_{n-2}, daß sie nicht zueinander konjugiert sind. Die Nullhyperebenen von P_2 und P_3 enthalten S_{n-2} nicht, also schneiden sie S_{n-2} je nach einem S_{n-3}. Diese beiden S_{n-3} in S_{n-2} sind verschieden und schneiden sich daher nach einem S_{n-4}, welcher (wie oben) mit der Verbindungsgeraden $P_2 P_3$ keine Punkte gemeinsam hat.

So fahren wir fort. Die Grundpunkte $P_4, \ldots, P_n$ werden in S_{n-4} gewählt. Sind alle Punkte von S_{n-4} untereinander konjugiert, so wählen wir $P_4, \ldots, P_n$ willkürlich in S_{n-4}, sonst wählen wir P_4 und P_5 so, daß sie nicht konjugiert sind, bilden wieder die Durchschnitte ihrer Polarhyperebenen mit S_{n-4}, usw.

Wir erhalten so schließlich ein System von linear unabhängigen Grundpunkten $P_0, P_1, \ldots, P_{2r-1}, \ldots, P_n$, derart, daß

$$P_0 \text{ und } P_1$$
$$P_2 \text{ und } P_3$$
$$\cdots \cdots$$
$$P_{2r-2} \text{ und } P_{2r-1}$$

nicht konjugiert, alle übrigen Paare von Grundpunkten dagegen konjugiert sind. Es sind also $\alpha^{01}, \alpha^{23}, \ldots, \alpha^{2r-2, 2r-1}$ von Null verschieden, alle anderen Null. Bei passender Wahl des Einheitspunktes wird

$\alpha^{01} = \alpha^{23} = \cdots = \alpha^{2r-2, 2r-1} = 1$. Die Gleichung (2) des zum Nullsystem gehörenden Geradenkomplexes heißt nunmehr

$$\pi_{01} + \pi_{23} + \cdots + \pi_{2r-2\,2r-1} = 0.$$

Die Matrix (α^{ik}) hat den Rang $2r$ $(0 < 2r \leq n+1)$; also ist die Zahl r eine projektive Invariante des Nullsystems. Damit ist die projektive Klassifikation der linearen Komplexe beendigt:

Der Rang der antisymmetrischen Matrix (α^{ik}) eines Nullsystems ist immer eine gerade Zahl $2r$. Durch Angabe des Ranges ist das Nullsystem und damit auch der zugehörige lineare Komplex bis auf projektive Transformationen eindeutig bestimmt.

Im Fall $n = 1$ gibt es nur ein Nullsystem: die Identität, die jedem Punkt der Geraden sich selbst zuordnet. — Im Fall $n = 2$ gibt es nur singuläre Nullsysteme vom Rang 2, welche jedem Punkt seine Verbindungsgerade mit einem festen Punkte O zuordnet. Der zugehörende lineare Komplex ist ein Geradenbüschel mit dem Zentrum O.

Im Fall des gewöhnlichen Raumes $(n = 3)$ gibt es *singuläre* (oder *spezielle*) lineare Komplexe vom Rang 2 und *reguläre* (oder nicht spezielle) lineare Komplexe vom Rang 4. Ein singulärer linearer Komplex hat die Gleichung $\pi_{01} = 0$ und besteht daher aus allen den Geraden, die eine feste Gerade, die *Achse* des singulären Komplexes, schneiden. Ein regulärer linearer Komplex hat die Gleichung $\pi_{01} + \pi_{23} = 0$ und gehört zu einem nichtsingulären Nullsystem.

Man erhält ein nichtsinguläres Nullsystem in S_3 durch folgende projektive Konstruktion: Jeder Ecke eines räumlichen Fünfseits wird die Ebene durch diese und die zwei benachbarten Ecken zugeordnet. Diese 5 Ebenen mögen alle voneinander verschieden sein. Durch diese 5 Punkte und 5 zugeordnete Ebenen ist dann eine Korrelation K bestimmt. Diese ist eine Nullkorrelation, in welcher alle Paare aufeinanderfolgender Ecken als konjugierte Punktepaare erscheinen. Beweis: Es gibt mindestens einen linearen Komplex $\sum \alpha^{ik} \pi_{ik} = 0$, welcher die 5 Seiten des Fünfecks enthält; denn diese 5 Seiten ergeben nur 5 lineare Bedingungen für die sechs Größen α^{ik}. Ist Γ ein solcher Komplex, so ist Γ nicht singulär, denn es gibt keine Achse, welche alle 5 Seiten trifft. Also definiert Γ eine Nullkorrelation. Die Nullebene einer Ecke muß die beiden durch diese Ecke gehenden Seiten enthalten, weil diese Komplexgeraden sind. Also stimmt die Nullkorrelation in den 5 Punkten und 5 zugeordneten Ebenen mit der Korrelation K überein und ist somit mit ihr identisch.

Ein anschauliches Bild von einem Nullsystem erhält man, indem man einen festen Körper einer gleichmäßigen Schraubenbewegung (Translation längs einer Achse a, verbunden mit einer Rotation um a, alles mit konstanter Geschwindigkeit) unterwirft und dann jedem Punkte y diejenige Ebene zuordnet, welche in diesem Punkte senkrecht auf dem Geschwindigkeitsvektor steht. Als Gleichung für diese Ebene findet man, wenn die Achse a als z-Achse genommen wird und wenn ϱ das Verhältnis von Translations- zu Drehgeschwindigkeit ist:

$$(x_1 y_2 - x_2 y_1) - \varrho\,(x_3 y_0 - x_0 y_3)' = 0.$$

Diese Gleichung hat in der Tat die Gestalt (8).

Aufgaben. 1. Man zeige, daß die Gleichung eines nichtsingulären Nullsystems durch eine orthogonale Koordinatentransformation stets auf die Gestalt (8) gebracht werden kann und daß daher jedes solche Nullsystem zu einer Schraubung gehört.

2. Aufgabe 1 ist auf $2n + 1$ Dimensionen zu erweitern.

3. Ein Nullsystem $\sum a^{ik}\,\pi_{ik} = 0$ in S_3 ist dann und nur dann speziell, wenn

$$\alpha^{01}\alpha^{23} + \alpha^{02}\alpha^{31} + \alpha^{03}\alpha^{12} = 0$$

gilt; denn genau in diesem Fall bedeutet (9) die Bedingung dafür, daß die Gerade π eine gegebene Gerade schneidet.

4. Ein linearer Komplex vom Rang 2 in S_n besteht immer aus denjenigen Geraden, welche einen gegebenen S_{n-2} schneiden.

5. Eine Nullkorrelation bestimmt nicht nur einen linearen Geradenkomplex, sondern auch (dual dazu) einen linearen Komplex von Räumen S_{n-2}, den Durchschnitten von je zwei konjugierten Hyperebenen.

§ 9. Quadriken in S_r und die auf ihnen liegenden linearen Räume.

Unter einer *Quadrik* $\mathfrak{Q}_{r-1}$ wird im folgenden eine quadratische Hyperfläche eines Raumes S_r verstanden. Eine Quadrik $\mathfrak{Q}_0$ ist also ein Punktepaar, eine Quadrik $\mathfrak{Q}_1$ ein Kegelschnitt, eine Quadrik $\mathfrak{Q}_2$ eine quadratische Fläche. Die Gleichung einer Quadrik nehmen wir in der Form

$$(1) \qquad \sum_{j,\,k=0}^{r} a^{jk}\, x_j\, x_k = 0 \qquad\qquad (a^{jk} = a^{kj})$$

an.

Schneiden wir die Quadrik (1) mit einer Geraden

$$(2) \qquad x_k = \lambda_1\, y_k + \lambda_2\, z_k,$$

indem wir (2) in (1) einsetzen, so erhalten wir eine quadratische Gleichung für $\lambda_1 : \lambda_2$:

$$(3) \qquad \lambda_1^2 \sum_{j,\,k} a^{jk}\, y_j\, y_k + 2\,\lambda_1\,\lambda_2 \sum_{j,\,k} a^{jk}\, y_j\, z_k + \lambda_2^2 \sum_{j,\,k} a^{jk}\, z_j\, z_k = 0.$$

Es gibt also, wenn die Gerade nicht ganz auf der Quadrik liegt, zwei (verschiedene oder zusammenfallende) Schnittpunkte.

Ist in (3) der mittlere Koeffizient gleich Null:

$$(4) \qquad \sum_{j,\,k} a^{jk}\, y_j\, z_k = 0,$$

so sind die beiden Wurzeln $\lambda_1 : \lambda_2$ der Gleichung (3) entgegengesetzt gleich, d. h. die beiden Schnittpunkte liegen harmonisch zu den beiden Punkten y, z oder sie fallen im Punkte y oder im Punkte z zusammen.

Die Gleichung (4) definiert, wenn y festgehalten wird und z variiert, eine Hyperebene mit den Koordinaten

$$(5) \qquad u^k = \sum_j a^{kj}\, y_j,$$

die *Polare* von y in dem durch die Quadrik definierten Polarsystem. Der Punkt y heißt, falls er durch u eindeutig bestimmt wird, der *Pol* von u. Die Punkte z, die der Gleichung (4) genügen, also in der Polare von y liegen, heißen zu y *konjugiert* in bezug auf die Quadrik. Ist z zu y konjugiert, so auch y zu z.

Ist die Polare von y unbestimmt:

$$(6) \qquad \sum_j a^{kj}\, y_j = 0 \qquad\qquad (k = 0, 1, \ldots, r)$$

so verschwinden in (3) die ersten beiden Glieder identisch, also hat jede Gerade durch y zwei in y zusammenfallende Schnittpunkte mit der Quadrik oder liegt ganz auf der Quadrik. Der Punkt y heißt in diesem Fall ein *Doppelpunkt* der Quadrik. Die Quadrik ist dann ein *Kegel* mit der *Spitze* y, d. h. sie besteht aus lauter *erzeugenden Geraden* durch den Punkt y.

Ist die Determinante $|a^{jk}|$ des Gleichungssystems (6) von Null verschieden, so ist die Quadrik frei von Doppelpunkten. Das Polarsystem (5) ist in diesem Fall eine nicht singuläre Korrelation. Diese ordnet nicht nur jedem Punkte y eindeutig eine Polare u, sondern auch umgekehrt jeder Hyperebene u eindeutig einen *Pol* y und allgemein jedem Raum S_p einen *Polarraum* S_{r-p-1} zu. Diese Zuordnung ist involutorisch, d. h. der Polarraum von S_{r-p-1} ist wieder S_p. Denn wenn alle Punkte von S_{r-p-1} zu allen Punkten von S_p konjugiert sind, so sind auch alle Punkte von S_p zu allen Punkten von S_{r-p-1} konjugiert.

Ist y kein Doppelpunkt, aber ein Punkt der Quadrik, so nennt man diejenigen Geraden durch y, welche die Quadrik in y doppelt schneiden oder auf ihr liegen, die *Tangenten* der Fläche im Punkte y. Die Bedingung dafür ist, daß in (3) außer dem ersten Glied auch das zweite verschwindet, also daß z in der Polarhyperebene von y liegt. Die Tangenten liegen somit alle in der Polarhyperebene von y, welche daher auch die *tangierende Hyperebene* oder *Tangentialhyperebene* der Quadrik im Punkte y heißt. Die Tangentialhyperebene enthält insbesondere alle auf der Quadrik liegenden und durch y gehenden Geraden, also auch alle auf der Quadrik liegenden und durch y gehenden linearen Räume.

Liegt der Punkt y außerhalb der Quadrik, so liegen in der Polare von y alle die Punkte z, die von y durch zwei Punkte der Fläche harmonisch getrennt werden, sowie auch alle Berührungspunkte z von durch y gehenden Tangenten. Letztere erzeugen einen Kegel mit der Spitze y, dessen Gleichung durch Nullsetzen der Diskriminante der quadratischen Gleichung (3) gefunden wird:

$$\left(\sum a^{jk} y_j y_k\right)\left(\sum a^{jk} z_j z_k\right) - \left(\sum a^{jk} y_j z_k\right)^2 = 0.$$

Ist (a'_{jk}) die inverse Matrix der nichtsingulären Matrix (a^{ik}), so kann man mit ihrer Hilfe die Gleichung (5) nach y auflösen:

$$(7) \qquad y_j = \sum a'_{jk} u^k.$$

Die Hyperebene u ist dann und nur dann eine tangierende Hyperebene, wenn sie durch ihren Pol y geht, also wenn

$$(8) \qquad \sum_{j,k} a'_{jk} u^j u^k = 0$$

ist. Die Tangentialhyperebenen einer doppelpunktfreien Quadrik bilden also eine Quadrik im dualen Raum oder, wie man auch sagt, eine *Hyperfläche zweiter Klasse*.

Die Gleichung (1) kann bekanntlich durch eine Koordinatentransformation immer auf die Gestalt

$$x_0^2 + x_1^2 + \cdots + x_{\varrho-1}^2 = 0$$

gebracht werden; dabei ist ϱ der Rang der Matrix (a^{jk}). *Zwei Quadriken gleichen Ranges sind also immer projektiv äquivalent.* Eine Quadrik vom Rang 2 zerfällt in zwei Hyperebenen, während eine Quadrik vom Rang 1 eine doppelt gezählte Hyperebene ist.

Der Durchschnitt der Quadrik $\mathfrak{Q}_{r-1}$ mit einem Teilraum S_p von S_n:

$$(9) \qquad x_k = \lambda_0 \overset{0}{y}_k + \lambda_1 \overset{1}{y}_k + \cdots + \lambda_p \overset{p}{y}_k$$

wird gefunden, indem man (9) in (1) einsetzt. Es ergibt sich eine homogene quadratische Gleichung in $\lambda_0, \ldots, \lambda_p$. Daher ist der Durchschnitt eine Quadrik $\mathfrak{Q}_{p-1}$ des Raumes S_p, sofern nicht der Raum S_p ganz in der gegebenen Quadrik $\mathfrak{Q}_{r-1}$ enthalten ist.

Aufgaben. 1. Eine von der Identität verschiedene involutorische projektive Transformation der Geraden S_1 in sich (eine *Involution*) besteht aus allen Punktepaaren, die mit einem gegebenen Punktepaar harmonisch sind. Eine ausgeartete Involution besteht aus den Punktepaaren, die einen festen Punkt enthalten.

2. Die in bezug auf eine Quadrik $\mathfrak{Q}_{r-1}$ konjugierten Punktepaare einer gegebenen nicht auf $\mathfrak{Q}_{r-1}$ liegenden Geraden des Raumes S_r bilden eine Involution.

3. Verbindet man alle Punkte einer Quadrik $\mathfrak{Q}_{r-1}$ mit einem festen außerhalb des Raumes S_r gelegenen Punkt B, so erhält man eine Quadrik $\mathfrak{Q}_r$ mit einem Doppelpunkt in B.

4. Man gebe eine affine Klassifikation der Quadriken $\mathfrak{Q}_{r-1}$.

Das bisherige war nur die auf der Hand liegende mehrdimensionale Verallgemeinerung bekannter Tatsachen aus der analytischen Geometrie der Kegelschnitte und der quadratischen Flächen. Wir kommen nun zur Diskussion der linearen Räume, die auf den Quadriken liegen. Wir betrachten dabei ausschließlich doppelpunktfreie Quadriken.

Auf einer quadratischen Fläche $\mathfrak{Q}_2$ in S_3 liegen bekanntlich zwei Scharen von Geraden. Auf einer Quadrik $\mathfrak{Q}_4$ in S_5 liegen, wie wir in § 7 mit Hilfe der Liniengeometrie zeigten, zwei Scharen von Ebenen. Wir wollen nun allgemein zeigen, daß auf einer Quadrik $\mathfrak{Q}_{2n}$ zwei Scharen von S_n liegen, auf einer Quadrik $\mathfrak{Q}_{2n+1}$ dagegen nur eine Schar von S_n

liegt, und daß die Quadrik in beiden Fällen keine linearen Räume von höherer Dimension enthalten kann.

Was ist dabei unter einer Schar zu verstehen? Wenn wir schon den Begriff einer irreduziblen algebraischen Mannigfaltigkeit hätten, könnten wir eine Schar als eine solche irreduzible Mannigfaltigkeit erklären. Wir wollen aber von unseren Scharen noch etwas mehr beweisen als die Irreduzibilität und den stetigen Zusammenhang: wir werden nämlich für die S_n einer jeden Schar eine rationale Parameterdarstellung angeben, so daß zu jedem Wertsystem der Parameter genau ein Element S_n der Schar gehört und daß die ganze Schar durch die Parameterdarstellung erschöpft wird. In diesem Sinne werden wir die Existenz *einer rationalen Schar von S_n auf $\mathfrak{Q}_{2n+1}$ bzw. von zwei zueinander fremden rationalen Scharen von S_n auf $\mathfrak{Q}_{2n}$* beweisen. Außerdem werden wir zeigen, daß auf $\mathfrak{Q}_{2n}$ zwei Räume S_n, die einen S_{n-1} zum Durchschnitt haben, stets zu *verschiedenen* Scharen gehören.

Wir wenden zum Beweis aller dieser Behauptungen eine vollständige Induktion nach n an. Für $n=0$ besteht eine Quadrik $\mathfrak{Q}_0$ aus zwei getrennten Punkten, während eine Quadrik $\mathfrak{Q}_1$, also ein Kegelschnitt, eine einzige rationale Schar von Punkten enthält. Bringt man nämlich die Gleichung des Kegelschnittes auf die Gestalt

$$x_1^2 - x_0 x_2 = 0,$$

so werden alle Punkte des Kegelschnittes durch die Parameterdarstellung

$$\left\{ \begin{aligned} x_0 &= t_1^2 \\ x_1 &= t_1 t_2 \\ x_2 &= t_2^2 \end{aligned} \right.$$

erfaßt.

Nun mögen unsere Behauptungen für die Quadriken $\mathfrak{Q}_{2n-2}$ und $\mathfrak{Q}_{2n-1}$ als richtig angenommen werden. Wir betrachten eine Quadrik $\mathfrak{Q}_{2n}$. (Der Fall $\mathfrak{Q}_{2n+1}$ kann ganz analog behandelt werden, was aber dem Leser überlassen bleiben möge.)

Wir wollen nun zunächst beweisen, daß die auf $\mathfrak{Q}_{2n}$ liegenden und durch einen festen Punkt A von $\mathfrak{Q}_{2n}$ gehenden Räume S_n zwei zueinander fremde rationale Scharen bilden. Diese Räume liegen alle in der tangierenden Hyperebene α. Ist nun ω ein fester, in α enthaltener, nicht durch A gehender Raum S_{2n-1} (einen solchen gibt es, weil α ein S_{2n} ist), so ist der Durchschnitt von $\mathfrak{Q}_{2n}$ mit ω eine *doppelpunktfreie* Quadrik $\mathfrak{Q}_{2n-2}$. Hätte nämlich $\mathfrak{Q}_{2n-2}$ einen Doppelpunkt D, so wäre dieser konjugiert zu allen Punkten von ω und zu A, also würde die Polare von D mit α zusammenfallen, was nicht geht, da α nur den einen Pol A hat. Die Verbindungsgeraden von A mit den Punkten von $\mathfrak{Q}_{2n-2}$ liegen ganz auf $\mathfrak{Q}_{2n}$, da sie diese Quadrik in A berühren und außerdem noch je einen Punkt von ihr enthalten. Verbindet man also einen auf $\mathfrak{Q}_{2n-2}$ liegenden Raum S_{n-1} mit A, so liegt der Verbindungsraum S_n ganz auf $\mathfrak{Q}_{2n}$.

Umgekehrt: Liegt ein S_n auf $\mathfrak{Q}_{2n}$ und geht er durch A, so liegt er auch in der tangierenden Hyperebene α und hat daher mit ω einen S_{n-1} gemeinsam, der auf $\mathfrak{Q}_{2n-2}$ liegt. — Nach der Induktionsvoraussetzung liegen auf $\mathfrak{Q}_{2n-2}$ zwei rationale Scharen von S_{n-1} und keine Räume von höherer Dimension; also gehen durch A auf $\mathfrak{Q}_{2n}$ auch zwei rationale Scharen von Räumen S_n, nämlich die Verbindungsräume von A mit jenen S_{n-1}, und keine Räume von höherer Dimension als n. Weiter gehören nach der Induktionsvoraussetzung zwei Räume S_{n-1} auf $\mathfrak{Q}_{2n-2}$, die einen S_{n-2} gemeinsam haben, stets zu verschiedenen Scharen. Daraus folgt, daß zwei durch A gehende Räume S_n, die einen S_{n-1} gemeinsam haben, auch zu verschiedenen Scharen ge-

hören. Wir nennen diese Scharen $\Sigma_1(A)$ und $\Sigma_2(A)$.

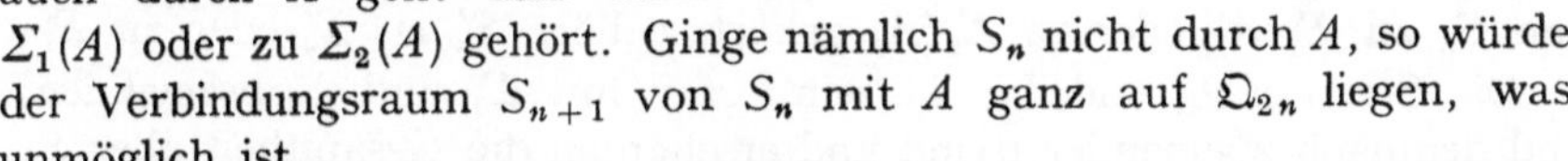

Es sei noch bemerkt, daß jeder in α und auf $\mathfrak{Q}_{2n}$ liegende Raum S_n auch durch A geht und daher zu $\Sigma_1(A)$ oder zu $\Sigma_2(A)$ gehört. Ginge nämlich S_n nicht durch A, so würde der Verbindungsraum S_{n+1} von S_n mit A ganz auf $\mathfrak{Q}_{2n}$ liegen, was unmöglich ist.

Um nun von dem Punkt A loszukommen und die beiden Scharen von S_n auf der ganzen Quadrik zu erfassen, verfahren wir folgendermaßen. Wir wählen einen der durch A gehenden, auf der Quadrik liegenden Räume S_n aus und legen durch ihn alle möglichen Räume S_{n+1}. Diese liegen nicht auf $\mathfrak{Q}_{2n}$ und schneiden daher $\mathfrak{Q}_{2n}$ jeweils nach einer Quadrik $\mathfrak{Q}_n$, welche einen S_n als Bestandteil enthält und daher in zwei S_n zerfällt. Diese können unmöglich zusammenfallen, denn dann wäre jeder Punkt des S_n Doppelpunkt von $\mathfrak{Q}_n$ und daher mit allen Punkten des S_{n+1} konjugiert, also würde S_n in dem Polarraum von S_{n+1} liegen, was nicht geht, da dieser Polarraum doch nur ein S_{n-1} ist. Wir bezeichnen die zwei Räume S_n, in die die Quadrik $\mathfrak{Q}_n$ zerfällt, mit S_n und S_n'. Sind S_n und S_{n+1} gegeben, so läßt sich S_n' rational berechnen, indem man durch einen Punkt B von S_n, der nicht auf S_n' liegt, $(n+1)$ willkürliche Geraden legt, welche nicht in S_n liegen und zusammen S_{n+1} aufspannen, und indem man diese mit der Quadrik $\mathfrak{Q}_{2n}$ zum Schnitt bringt und durch ihre von B verschiedenen Schnittpunkte $B_1, \ldots, B_{n+1}$ den linearen Raum S_n' bestimmt. Alle diese Schritte sind rational. Lassen wir nun S_n die ganze Schar $\Sigma_2(A)$ durchlaufen und lassen auch S_{n+1} alle Räume durch S_n durchlaufen, so erhalten wir eine rationale Schar von Räumen S_n'. Diese bezeichnen wir mit Σ_1'. Lassen wir ebenso S_n die ganze Schar $\Sigma_1(A)$ durchlaufen, so erhalten wir eine zweite rationale Schar von Räumen S_n, die wir mit Σ_2' bezeichnen.

Es war keine Indexverwechslung, sondern Absicht, daß wir Σ_1' aus $\Sigma_2(A)$ und Σ_2' aus $\Sigma_1(A)$ abgeleitet haben. Wählen wir nämlich den Raum S_{n+1} speziell einmal in α, so liegen S_n und S_n' beide in α und gehen daher durch A. (Ginge nämlich S_n' nicht durch A, so wäre A kein Doppelpunkt der aus S_n und S_n' bestehenden Quadrik $\mathfrak{Q}_n$, und eine willkürliche Gerade g durch A in S_{n+1} würde $\mathfrak{Q}_n$ und daher auch $\mathfrak{Q}_{2n}$ in zwei verschiedenen Punkten treffen, was nicht geht, da g in α liegt und somit Tangente von $\mathfrak{Q}_{2n}$ in A ist.) S_n und S_n' haben, da sie in S_{n+1} liegen, einen Durchschnitt S_{n-1} und gehören daher zu verschiedenen Scharen; wenn also S_n zu $\Sigma_2(A)$ gehört, gehört S_n' zu $\Sigma_1(A)$, und umgekehrt. Die durch A gehenden Räume der Schar Σ_1' gehören demnach zur Schar $\Sigma_1(A)$, und die durch A gehenden Räume der Schar Σ_2' zu $\Sigma_2(A)$.

Wir zeigen nun, daß jeder auf $\mathfrak{Q}_{2n}$ liegende Raum S_n' zu einer und nur einer der Scharen Σ_1', Σ_2' gehört. Für die durch A gehenden Räume ist das nach dem Vorangehenden schon klar: Sie gehören zu Σ_1', wenn sie zu $\Sigma_1(A)$ gehören, und zu Σ_2', wenn sie zu $\Sigma_2(A)$ gehören. Ist nun S_n' ein nicht durch A gehender Raum auf $\mathfrak{Q}_{2n}$, so ist der Verbindungsraum von S_n' mit A ein S_{n+1}', dessen Durchschnitt mit $\mathfrak{Q}_{2n}$ eine Quadrik $\mathfrak{Q}_n$ ist, die in S_n' und einen weiteren S_n durch A zerfällt. Je nachdem, ob nun S_n zu $\Sigma_1(A)$ oder zu $\Sigma_2(A)$ gehört, gehört S_n' zu Σ_2' oder zu Σ_1'.

Die Scharen Σ_1' und Σ_2', die wir fortan mit Σ_1 und Σ_2 bezeichnen, sind demnach zueinander fremd und erschöpfen die Gesamtheit aller S_n der Quadrik $\mathfrak{Q}_{2n}$. Ein stetiger Übergang von der einen Schar zur anderen ist unmöglich, da die Scharen sonst ein Element gemeinsam haben müßten. Wären wir von einem anderen Punkt A' statt von A ausgegangen, so hätten wir demzufolge dieselben Scharen erhalten, nur in anderer Parameterdarstellung.

Haben zwei auf $\mathfrak{Q}_{2n}$ liegende Räume S_n', S_n'' einen Durchschnitt S_{n-1}, so kann man den Punkt A stets in diesem Durchschnitt wählen und schließt dann aus den vorhergehenden Betrachtungen, daß S_n' und S_n'' zu verschiedenen Scharen $\Sigma_1(A)$ und $\Sigma_2(A)$, also auch zu verschiedenen Scharen Σ_1, Σ_2 gehören. Damit sind alle unsere Behauptungen für $\mathfrak{Q}_{2n}$ bewiesen, vorausgesetzt, daß sie für $\mathfrak{Q}_{2n-2}$ gelten. Die Induktion ist somit vollständig.

Zuletzt beweisen wir, daß *zwei Räume S_n', S_n'' derselben Schar immer einen Durchschnitt von der Dimension $n-2k$, zwei Räume von verschiedenen Scharen dagegen immer einen Durchschnitt von der Dimension $n-2k-1$ haben, wobei k eine ganze Zahl ist.* Dabei wird ein leerer Durchschnitt als einer von der Dimension -1 betrachtet.

Wir wenden wieder vollständige Induktion nach n an. Für $n=0$ ist die Behauptung trivial, da dann jede Schar aus einem einzigen S_0 besteht und der Durchschnitt eines S_0 mit sich selbst die Dimension 0, mit einem anderen S_0 aber die Dimension -1 besitzt. Wir nehmen also an, die Behauptung sei für die S_{n-1} auf $\mathfrak{Q}_{2n-2}$ richtig.

Projiziert man wie oben die beiden Scharen von S_{n-1} auf $\mathfrak{Q}_{2n-2}$ aus dem Punkt A, so erhält man die beiden Scharen $\Sigma_1(A)$ und $\Sigma_2(A)$

von Räumen S_n durch A. Bei der Projektion erhöhen sich die Dimensionen der Durchschnittsräume wie die der Räume S_{n-1} selbst um Eins: aus einem Durchschnitt von der Dimension $(n-1)-2k$ wird ein solcher von der Dimension $n-2k$. Also gilt unsere Behauptung für die Räume der Scharen $\Sigma_1(A)$ und $\Sigma_2(A)$. Und da der Punkt A beliebig gewählt werden kann, gilt die Behauptung für je zwei Räume S_n, die einen Punkt gemeinsam haben.

Nun seien S_n' und S_n'' zwei Räume, die keinen Punkt gemeinsam haben. Wir wählen A in S_n''. Der Verbindungsraum S_{n+1} von A mit S_n' hat mit S_n'' nur den Punkt A gemeinsam. Er schneidet $\mathfrak{Q}_{2n}$ nach einer Quadrik $\mathfrak{Q}_n$, die in S_n' und einen weiteren S_n zerfällt, der durch A geht. Für S_n und S_n'' ist, da beide durch A gehen, unsere Behauptung schon bewiesen, d. h. ihr nur aus dem Punkt A bestehender Durchschnitt hat die Dimension $n-2k$, wenn S_n und S_n'' zur gleichen Schar, und die Dimension $n-2k-1$, wenn S_n und S_n'' zu verschiedenen Scharen gehören. Im ersten Fall gehören aber S_n' und S_n'' zu verschiedenen Scharen und ihr Durchschnitt hat in der Tat die Dimension $-1 = 0-1 = (n-2k)-1$; im zweiten Fall gehören umgekehrt S_n' und S_n'' zur gleichen Schar, und ihr Durchschnitt hat die Dimension $-1 = 0-1 = (n-2k-1)-1 = n-2(k+1)$. In beiden Fällen erweist sich somit die Behauptung als richtig.

§ 10. Abbildung von Hyperflächen auf Punkte. Lineare Scharen.

Die mehrdimensionalen Räume sind nicht nur an sich interessant, sondern sie bilden auch ein unentbehrliches Hilfsmittel beim Studium der Systeme von algebraischen Kurven der Ebene und Flächen des gewöhnlichen Raumes. Das beruht auf folgendem:

Man kann die ebenen algebraischen Kurven und die algebraischen Flächen des S_3, allgemein die Hyperflächen g-ten Grades eines gegebenen Raumes S_n eineindeutig abbilden auf die Punkte eines projektiven Raumes S_N, wobei

$$N = \binom{g+n}{n} - 1$$

gesetzt ist. Eine solche Hyperfläche wird nämlich durch eine Gleichung

$$a_0 x_0^g + a_1 x_0^{g-1} x_1 + \cdots + a_N x_n^g = 0$$

gegeben, deren linke Seite noch mit einem von Null verschiedenen Faktor λ multipliziert werden darf und deren Koeffizienten nicht alle Null sein dürfen. Die Anzahl der Koeffizienten ist bekanntlich[1] gleich

$$\binom{g+n}{n} = \binom{g+n}{g} = N+1.$$

____

[1] Der Beweis ergibt sich sehr leicht durch vollständige Induktion nach $n+g$, indem man die Form g-ten Grades $f_g(x_0, \ldots, x_n)$ auf die Gestalt $f_g(x_0, \ldots, x_{n-1}) + x_n f_{g-1}(x_0, \ldots, x_n)$ bringt.

Die Koeffizienten $a_0, \ldots, a_N$ kann man also als Koordinaten eines Punktes a im Raum S_N auffassen, womit die angekündigte Abbildung geleistet ist. Handelt es sich um Kurven vom Grade g in der Ebene, so ist

$$N = \binom{g+2}{2} - 1 = \frac{1}{2}\, g\,(g+3).$$

Die Kurven vom Grade g in S_2 lassen sich also eineindeutig auf Punkte eines Raumes von der Dimension $\frac{1}{2}g\,(g+3)$ abbilden.

Einem linearen Teilraum S_r von S_N entspricht in der Abbildung ein System von Hyperflächen, das man eine *lineare Schar* von der *Dimension r* nennt. Spezialfälle sind: die eindimensionale lineare Schar oder das *Büschel*, dessen Elemente durch

$$a_k = \lambda_1 b_k + \lambda_2 c_k$$

gegeben sind, und die zweidimensionale lineare Schar oder das *Netz*, dessen Elemente durch

$$a_k = \lambda_0 b_k + \lambda_1 c_k + \lambda_2 d_k$$

gegeben sind.

Man kann diese Gleichungen auch anders schreiben. Sind $B=0$ und $C=0$ zwei Hyperflächen, die ein Büschel bestimmen, so werden die Gleichungen der Hyperflächen des Büschels offenbar durch

$$\lambda_1 B + \lambda_2 C = 0$$

gegeben. Analog definiert die Formel

$$(1) \qquad \lambda_0 B_0 + \lambda_1 B_1 + \cdots + \lambda_r B_r = 0$$

eine r-dimensionale lineare Schar, falls die Formen $B_0, \ldots, B_r$ linear unabhängig sind.

Vermöge der Abbildung der Punkte des S_N auf Hyperflächen und der linearen Teilräume auf lineare Scharen kann man alle Sätze, die sich auf lineare Räume in S_N beziehen, ohne weiteres auf lineare Scharen von Hyperflächen übertragen. In dieser Weise erhält man unter anderem den Satz: *$N-r$ linear-unabhängige lineare Gleichungen in den Koordinaten $a_0, \ldots, a_N$ einer Hyperfläche definieren eine lineare Schar von der Dimension r.*

Zum Beispiel bilden die Hyperflächen, die durch $N-r$ gegebene Punkte gehen, eine lineare Schar von der Dimension r, vorausgesetzt, daß diese Punkte den Hyperflächen *unabhängige* lineare Bedingungen auferlegen. Um sich in jedem besonderen Fall zu überzeugen, ob das der Fall ist, bringt man die gegebenen Punkte in eine bestimmte Reihenfolge: $P_1, \ldots, P_{N-r}$, und stellt fest, ob es eine Hyperfläche vom Grad g gibt, die durch $P_1, \ldots, P_{k-1}$, aber nicht durch P_k geht. Ist das für jeden Wert von k mit $1 < k \leq N-r$ der Fall, so sind die linearen Bedingungen, die die Punkte den Hyperflächen auferlegen, unabhängig. Sehr häufig kann man, indem man die Reihenfolge der Punkte geschickt wählt, die Hyperflächen durch $P_1, \ldots, P_{k-1}$ als zerfallende wählen.

Nach dieser Methode beweist man z. B. ohne Mühe, daß eine Anzahl von höchstens fünf Punkten in der Ebene, von denen nicht vier in einer Geraden liegen, den Kegelschnitten der Ebene immer unabhängige Bedingungen auferlegen. Denn man kann durch $k - 1\,(\leqq 4)$ Punkte immer ein Geradenpaar legen, welches nicht durch einen vorgegebenen k-ten Punkt geht, es sei denn, daß dieser k-te Punkt mit drei anderen auf einer Geraden liegt. Daraus folgt:

Drei gegebene Punkte bestimmen immer ein Kegelschnittnetz. Vier Punkte, die nicht in einer Geraden liegen, bestimmen immer ein Kegelschnittbüschel. Fünf gegebene Punkte, von denen nicht vier in einer Geraden liegen, bestimmen einen einzigen Kegelschnitt.

Aufgaben. 1. Man beweise nach derselben Methode, daß acht Punkte in der Ebene, von denen nicht fünf in einer Geraden und nicht acht auf einem Kegelschnitt liegen, stets ein Büschel von Kurven 3. Ordnung bestimmen. [Als Hilfskurven durch $k - 1$ gegebene Punkte verwende man solche Kurven 3. Ordnung, die in einen Kegelschnitt und eine Gerade oder in drei Geraden zerfallen.]

2. Sind a, b, c, d vier gegebene nicht kollineare Punkte der Ebene und bezeichnet $(x\,y\,z)$ immer die Determinante aus den Koordinaten der drei Punkte x, y, z, so wird das Büschel der durch a, b, c, d gehenden Kegelschnitte durch die Gleichung

$$\lambda_1\,(a\,b\,x)\,(c\,d\,x) + \lambda_2\,(a\,c\,x)\,(b\,d\,x) = 0$$

gegeben.

3. Der Kegelschnitt durch fünf gegebene Punkte wird in den Bezeichnungen der Aufgabe 2 durch die Gleichung

$$(a\,b\,x)\,(c\,d\,x)\,(a\,c\,e)\,(b\,d\,e) - (a\,c\,x)\,(b\,d\,x)\,(a\,b\,e)\,(c\,d\,e) = 0$$

gegeben.

4. Sieben Punkte im Raum S_3, von denen nicht vier in einer Geraden, nicht sechs auf einem Kegelschnitt und nicht sieben in einer Ebene liegen, bestimmen stets ein Netz von Flächen 2. Ordnung.

[Als Hilfsflächen durch $k - 1$ Punkte verwende man wieder zerfallende Flächen, oder, sofern das nicht geht, Kegel.]

Durch $\frac{1}{2}g\,(g + 3)$ Punkte der Ebene geht „im allgemeinen", d. h. wenn diese Punkte unabhängige Bedingungen für die Kurven g-ter Ordnung darstellen, eine einzige Kurve g-ter Ordnung. Ausnahmefälle sind diejenigen, in denen der Punkt P_k allen Kurven g-ter Ordnung durch $P_1, \ldots, P_{k-1}$ angehört, was offenbar nur für besondere Lagen des Punktes P_k in bezug auf $P_1, \ldots, P_{k-1}$ vorkommen kann.

Wenn die Hyperflächen $B_0, \ldots, B_r$, welche eine lineare Schar (1) bestimmen, einen oder mehrere Punkte oder eine ganze Mannigfaltigkeit gemeinsam haben, so gehören diese Punkte oder diese Mannigfaltigkeit offenbar allen Hyperflächen der Schar an. Diese Punkte heißen dann *Basispunkte*, die Mannigfaltigkeit die *Basismannigfaltigkeit* der Schar. Insbesondere kann es vorkommen, daß alle Formen $B_0, \ldots, B_m$ einen Faktor A gemeinsam haben; in diesem Falle enthalten alle Hyperflächen (1) derSchar die Hyperfläche $A = 0$ als *festen Bestandteil*. Zum Beispiel bilden die Kegelschnitte der Ebene, welche ein gegebenes Dreieck zum Polardreieck haben, ein Netz ohne Basispunkte, während die Kegelschnitte durch drei gegebene Punkte ein Netz mit drei Basispunkten oder auch (falls die drei Punkte in einer Geraden liegen) ein Netz mit einem festen Bestandteil bilden.

Ein Büschel von Quadriken werde durch

$$(2) \qquad a^{jk} = \lambda_1 \, b^{jk} + \lambda_2 \, c^{jk}$$

gegeben, wobei die Gleichung einer Quadrik in der Form

$$\sum_j \sum_k a^{jk} \, x_j \, x_k = 0$$

angenommen wird. Ist D die Determinante der Matrix (a^{jk}), so lautet die Bedingung für einen Doppelpunkt

$$(3) \qquad\qquad D = 0 .$$

Wegen (2) ist D eine Form $(n+1)$-ten Grades in λ_1 und λ_2. Die Gleichung (3) ist also entweder identisch in λ_1, λ_2 erfüllt oder sie hat $n+1$ (nicht notwendig verschiedene) Wurzeln. Es gibt also mindestens einen und höchstens $n+1$ Kegel in dem Büschel (2), oder aber alle Hyperflächen des Büschels sind Kegel.

Im Fall eines Kegelschnittbüschels folgt daraus, daß ein Kegelschnittbüschel mindestens einen zerfallenden Kegelschnitt enthält. Stellt man alle möglichen Lagen auf, welche ein Geradenpaar in bezug auf einen anderen Kegelschnitt haben kann, so erhält man ohne Mühe eine vollständige Klassifikation der Kegelschnittbüschel (und ihrer Basispunkte). Da ein Geradenpaar vier (nicht notwendig verschiedene) Schnittpunkte mit einem anderen Kegelschnitt oder einen Bestandteil mit ihm gemeinsam hat, so hat ein Kegelschnittbüschel entweder einen festen Bestandteil oder vier (nicht notwendig verschiedene) Basispunkte. Sind die vier Basispunkte wirklich verschieden, so wird das Büschel nach dem obigen durch diese vier Punkte bestimmt: Es besteht aus allen Kegelschnitten durch diese vier Punkte. Die drei zerfallenden Kegelschnitte des Büschels sind dann die drei Paare von Gegenseiten eines vollständigen Vierecks.

Im übrigen möge für die Theorie der Büschel von Quadriken auf die klassische Arbeit von CORRADO SEGRE[1]) verwiesen werden.

Wir werden später sehen, daß ein Büschel von Kurven n-ter Ordnung in der Ebene n^2 (nicht notwendig verschiedene) Basispunkte oder aber einen festen Bestandteil hat. Ebenso besitzt ein Netz von Flächen n-ter Ordnung im Raum S_3 entweder n^3 Basispunkte oder eine Basiskurve oder einen festen Bestandteil.

Zum Beispiel hat ein Büschel von ebenen Kurven 3. Ordnung im allgemeinen neun Basispunkte, von denen nach Aufgabe 1 unter geeigneten Voraussetzungen je acht schon das Büschel bestimmen. Ebenso

---

[1]) SEGRE, C.: Studio sulle quadriche in uno spazio lineare ad un numero qualunque di dimensione. Torino Mem. 2ᵃ Serie 36.

hat ein Netz von quadratischen Flächen im Raum im allgemeinen acht Basispunkte, von denen unter geeigneten Voraussetzungen je sieben das Netz und damit auch den achten Punkt bestimmen.

Aufgaben. 5. Es gibt folgende Typen von Kegelschnittbüscheln:

I. Büschel mit vier verschiedenen Basispunkten und drei zerfallenden Exemplaren, deren Doppelpunkte ein gemeinsames Polardreieck für alle Kurven des Büschels bilden.

II. Büschel mit drei verschiedenen Basispunkten und einer gemeinsamen Tangente in einem dieser Punkte. Zwei zerfallende Exemplare.

III. Büschel mit zwei verschiedenen Basispunkten und festen Tangenten in diesen Punkten. Zwei zerfallende Exemplare, darunter eine Doppelgerade.

IV. Büschel mit zwei verschiedenen Basispunkten mit gegebener Tangente und gegebener Krümmung in einem dieser Punkte. Eine zerfallende Kurve.

V. Büschel mit einem vierfachen Basispunkt und einer zerfallenden Kurve (nämlich einer Doppelgeraden).

VI. Büschel von zerfallenden Kegelschnitten mit einem festen Bestandteil.

VII. Büschel von zerfallenden Kegelschnitten mit festem Doppelpunkt (Involution von Geradenpaaren).

§ 11. Kubische Raumkurven.

1. Die rationale Normkurve. Wendet man die in § 10 besprochene Abbildung speziell auf Hyperflächen in S_1, d. h. also auf Gruppen von n Punkten in einer Geraden an, so erhält man eine Abbildung dieser Punktgruppen auf Punkte eines Raumes S_n. Wir betrachten, um etwas bestimmtes vor Augen zu haben, den Fall $n = 3$, obwohl die meisten der folgenden Ausführungen für beliebige n gelten.

Die zu untersuchenden Punkttripel seien durch Gleichungen

$$(1) \qquad f(x) = a_0\, x_1^3 - 3\, a_1\, x_1^2\, x_2 + 3\, a_2\, x_1\, x_2^2 - a_3\, x_2^3 = 0$$

gegeben; sie werden daher auf Punkte (a_0, a_1, a_2, a_3) in S_3 abgebildet. Besondere Beachtung verdienen die Tripel, die aus drei zusammenfallenden Punkten bestehen; für sie ist

$$f(x) = (x_1\, t_2 - x_2\, t_1)^3 = x_1^3\, t_2^3 - 3\, x_1^2\, x_2\, t_1\, t_2^2 + 3\, x_1\, x_2^2\, t_1^2\, t_2 - x_2^3\, t_1^3,$$

also hat der Bildpunkt die Koordinaten

$$(2) \qquad \left\{ \begin{aligned} y_0 &= t_2^3 \\ y_1 &= t_1\, t_2^2 \\ y_2 &= t_1^2\, t_2 \\ y_3 &= t_1^3. \end{aligned} \right.$$

Durch (2) wird die t-Gerade S_1 auf eine Kurve im Raum S_3 (bzw. im Raum S_n) abgebildet, die man allgemein (für beliebige n) *rationale Normkurve*, im Fall $n = 3$ speziell *kubische Raumkurve* nennt[1]). Die projektiv Transformierten einer solchen Kurve heißen wieder kubische Raumkurven.

Das Wort „kubisch" deutet darauf hin, daß eine beliebige Ebene u die Kurve in drei (nicht notwendig verschiedenen) Punkten schneidet.

---

[1]) Im Fall $n = 2$ wird die Normkurve ein Kegelschnitt.

Setzt man nämlich (2) in die Gleichung der Ebene u ein, so erhält man eine Gleichung 3. Grades

$$(3) \qquad u_0\, t_2^3 + u_1\, t_1\, t_2^2 + u_2\, t_1^2\, t_2 + u_3\, t_1^3 = 0,$$

welche drei Punkte auf der t-Achse definiert.

Sind q, r, s diese drei Punkte, so gilt bei geeigneter Wahl der willkürlichen Faktoren identisch in t_1, t_2

$$u_0\, t_2^3 + u_1\, t_1\, t_2^2 + u_2\, t_1^2\, t_2 + u_3\, t_1^3 = (q_1\, t_2 - q_2\, t_1)\, (r_1\, t_2 - r_2\, t_1)\, (s_1\, t_2 - s_2\, t_1),$$

also durch Koeffizientenvergleich

$$(4) \qquad \begin{cases} u_0 = q_1\, r_1\, s_1 \\ u_1 = q_1\, r_1\, s_2 + q_1\, r_2\, s_1 + q_2\, r_1\, s_1 \\ u_2 = q_1\, r_2\, s_2 + q_2\, r_1\, s_2 + q_2\, r_2\, s_1 \\ u_3 = q_2\, r_2\, s_2. \end{cases}$$

Vermöge (4) entspricht jedem Punkttripel q, r, s der t-Achse eine eindeutig bestimmte Ebene u, welche die Kurve in den Punkten Q, R, S mit Parameterwerten q, r, s schneidet. Es sind also nicht nur die Punkte von S_3, sondern auch gleichzeitig die Ebenen von S_3 eineindeutig auf die Punkttripel der Parametergeraden S_1 abgebildet.

Fallen insbesondere die Punkte Q und R zusammen, so heißt u eine Tangentialebene im Punkte Q. Da die u für festes $Q = R$ linear von den Parametern s abhängen, bilden die Tangentialebenen ein Büschel, dessen Träger durch Q geht und die *Tangente* im Punkt Q heißt. Fallen Q, R, S alle drei zusammen, so heißt u die *Schmiegungsebene* im Punkte Q.

Satz. *Jede Kurve, die eine rationale Parameterdarstellung durch Funktionen 3. Grades*

$$(5) \qquad y_k = a_k\, t_1^3 + b_k\, t_1^2\, t_2 + c_k\, t_1\, t_2^2 + d_k\, t_2^3$$

gestattet, ist projektiv äquivalent der kubischen Raumkurve oder einer Projektion der kubischen Raumkurve auf einen Raum S_2 oder S_1.

Beweis. Die projektive Transformation

$$y_k' = a_k\, y_0 + b_k\, y_1 + c_k\, y_2 + d_k\, y_3$$

führt offensichtlich die Kurve (2) in die Kurve (5) über. Ist diese Transformation ausgeartet, so kommt sie nach § 6 einer Projektion auf einen Teilraum S_{r-1} gleich.

Projiziert man die kubische Raumkurve aus einem Punkt der Kurve auf eine Ebene S_2, so erhält man, wie wir noch sehen werden, einen Kegelschnitt. Projiziert man aus einem außerhalb der Kurve gelegenen Punkt, so erhält man eine ebene Kurve, die von jeder Geraden offenbar in drei Punkten geschnitten wird, also (vgl. später, § 17) eine ebene Kurve 3. Ordnung. Projiziert man schließlich auf eine Gerade, so erhält man diese Gerade selbst, mehrmals überdeckt. Andere Projektionen kommen nicht in Betracht.

2. Das mit der Kurve verbundene Nullsystem. Da jedem Punkt von S_3 eineindeutig ein Punkttripel von S_1 und jedem solchen Punkttripel wieder eine Ebene entspricht, so gibt es auch eine eineindeutige Abbildung der Punkte von S_3 auf die Ebenen u. Ihre Gleichungen erhält man, wenn man eine und dieselbe Form $f(x)$ einmal als Form (1) und einmal als Form (3) (mit x_1, x_2 statt t_1, t_2) schreibt und die Koeffizienten vergleicht. Schreibt man z_0, z_1, z_2, z_3 statt a_0, a_1, a_2, a_3, so erhält man die Gleichungen

$$(6) \qquad \begin{cases} u_0 = -z_3 \\ u_1 = 3\,z_2 \\ u_2 = -3\,z_1 \\ u_3 = z_0\,. \end{cases}$$

Da die Matrix dieser linearen Transformation schiefsymmetrisch ist, so stellt sie ein *Nullsystem* dar[1]).

Nimmt man für z in (6) speziell einen Punkt y der Kurve in der Parameterdarstellung (2), so sieht man sofort, daß die Ebene u die Schmiegungsebene in diesem Punkt ist. Also: *Das Nullsystem ordnet jedem Punkt der Kurve seine Schmiegungsebene zu.* Daraus ergibt sich eine einfache Konstruktion des Nullpunktes einer Ebene, die keine Tangentialebene ist: In den drei Schnittpunkten der Ebene mit der Kurve bringe man die Schmiegungsebene an. Sie schneiden sich im Nullpunkt der Ebene. Da jeder Punkt als Nullpunkt seiner Nullebene erhalten werden kann, so folgt: *Durch jeden Punkt gehen drei (nicht notwendig verschiedene) Schmiegungsebenen der kubischen Raumkurve. Die Verbindungsebene ihrer Schmiegungspunkte ist die Nullebene des Punktes.*

3. Die Sehnen der Kurve. Zu den Sehnen, die zwei Kurvenpunkte verbinden, rechnen wir im folgenden stillschweigend auch die Tangenten der Kurve hinzu. Wir beweisen nun:

Durch jeden Punkt außerhalb der Kurve geht genau eine Sehne.

Beweis. Wir legen durch den gegebenen Punkt A alle möglichen Ebenen u. Dann ist

$$a_0\,u_0 + a_1\,u_1 + a_2\,u_2 + a_3\,u_3 = 0,$$

also nach (4), wenn Q, R, S die Schnittpunkte der Ebene mit der Kurve sind,

$$(7) \qquad \begin{aligned} & a_0\,q_1\,r_1\,s_1 + a_1(q_1\,r_1\,s_2 + q_1\,r_2\,s_1 + q_2\,r_1\,s_1) \\ & \qquad + a_2(q_1\,r_2\,s_2 + q_2\,r_1\,s_2 + q_2\,r_2\,s_1) + a_3\,q_2\,r_2\,s_2 = 0. \end{aligned}$$

Bei gegebenen Q und R bestimmt die lineare Gleichung (7) im allgemeinen eindeutig das Verhältnis $s_1 : s_2$ und damit die Ebene u. Ist aber $A\,Q\,R$ eine Sehne, so kommt jeder beliebige Punkt S der Kurve als dritter

---

[1]) Legt man, wie am Anfang dieses Paragraphen, eine beliebige Zahl n als Dimension des Raumes zugrunde, so erhält man für gerade n ein Polarsystem, für ungerade n ein Nullsystem.

Schnittpunkt mit einer durch APQ gehenden Ebene in Frage; also ist dann (7) identisch in s_1 und s_2 erfüllt. Das ergibt:

$$(8) \quad \begin{cases} a_0 q_1 r_1 + a_1 (q_1 r_2 + q_2 r_1) + a_2 q_2 r_2 = 0 \\ a_1 q_1 r_1 + a_2 (q_1 r_2 + q_2 r_1) + a_3 q_2 r_2 = 0. \end{cases}$$

Aus diesen zwei Gleichungen kann man die Verhältnisse

$$q_1 r_1 : (q_1 r_2 + q_2 r_1) : q_2 r_2,$$

also die Verhältnisse der Koeffizienten der quadratischen Gleichung, deren Wurzeln $q_1 : q_2$ und $r_1 : r_2$ sind, eindeutig bestimmen. Daraus folgt die Behauptung.

Andererseits liegen in jeder Ebene offenbar drei (nicht notwendig verschiedene) Sehnen. Man sagt deshalb, daß die Sehnen einer kubischen Raumkurve „eine Kongruenz vom Feldgrad 3 und vom Bündelgrad 1" bilden (vgl. später, § 34).

4. Projektive Erzeugung der kubischen Raumkurve. Es seien QR und $Q'R'$ zwei Sehnen der Kurve. Durch (4) ist das Ebenenbüschel dargestellt, das man erhält, wenn man alle Punkte S der Kurve aus QR projiziert. Wie man sieht, sind s_1 und s_2 projektive Parameter des Büschels. Dasselbe gilt aber auch für jede andere Sehne $Q'R'$. Also: *Verbindet man irgend zwei Sehnen (oder Tangenten) mit allen Punkten der Kurve durch Ebenen, so erhält man zwei projektiv aufeinander bezogene Ebenenbüschel.*

Zwei projektive Ebenenbüschel erzeugen bekanntlich eine quadratische Fläche, die durch ihre Trägergeraden geht. *Also kann man durch irgend zwei Sehnen der kubischen Raumkurve eine Fläche 2. Ordnung legen, welche die Kurve enthält.* Nehmen wir zunächst die beiden Sehnen als windschief an, so enthält die Fläche zwei verschiedene Scharen von Geraden, und die beiden Sehnen gehören, da sie windschief sind, zur gleichen Schar. Jede Ebene durch eine der Sehnen schneidet die Kurve außer in den Endpunkten der Sehne nur noch einmal, also hat jede Gerade der anderen Schar nur einen Schnittpunkt mit der Kurve. Irgendeine Ebene durch eine solche Sekante schneidet die Raumkurve außer im Schnittpunkt der Sekante mit der Kurve noch zweimal, also ist jede Gerade der ersten Schar wieder eine Sehne.

Legen wir zweitens die beiden Sehnen durch den gleichen Punkt der Kurve, so wird die sie enthaltende Quadrik ein Kegel. *Also wird die kubische Raumkurve aus jedem ihrer Punkte durch einen quadratischen Kegel projiziert.*

Betrachten wir nun drei Sehnen, von denen die dritte nicht zu der durch die ersten beiden bestimmten Regelschar gehören soll, so ergeben sich drei projektiv aufeinander bezogene Ebenenbüschel, derart, daß je drei entsprechende Ebenen sich immer in einem Punkt der Kurve schneiden. *Also wird eine kubische Raumkurve durch Schnitt von drei zueinander projektiven Ebenenbüscheln erzeugt.*

Umgekehrt: *Drei projektive Ebenenbüschel erzeugen im allgemeinen eine kubische Raumkurve. Ausnahmen treten ein: 1. wenn entsprechende Ebenen der drei Büschel immer eine Gerade gemeinsam haben, 2. wenn die Schnittpunkte entsprechender Ebenentripel in einer festen Ebene liegen.*

Beweis. Es seien

$$(9) \qquad \left\{ \begin{array}{l} \lambda_1 l_1 + \lambda_2 l_2 = 0 \\ \lambda_1 m_1 + \lambda_2 m_2 = 0 \\ \lambda_1 n_1 + \lambda_2 n_2 = 0 \end{array} \right.$$

die Gleichungen der drei projektiven Ebenenbüschel. Rechnet man aus diesen drei Gleichungen die Koordinaten des Schnittpunktes der drei zugeordneten Ebenen aus, so werden diese durch dreireihige Determinanten, also durch Formen 3. Grades in λ_1 und λ_2 dargestellt:

$$(10) \qquad y_0 : y_1 : y_2 : y_3 = \varphi_0(\lambda) : \varphi_1(\lambda) : \varphi_2(\lambda) : \varphi_3(\lambda).$$

Sind die vier Formen $\varphi_0, \varphi_1, \varphi_2, \varphi_3$ linear unabhängig, so ist die durch (10) dargestellte Kurve nach dem Satz in Nr. 1 dieses Paragraphen eine kubische Raumkurve. Besteht aber eine lineare Abhängigkeit:

$$c_0 \varphi_0 + c_1 \varphi_1 + c_2 \varphi_2 + c_3 \varphi_3 = 0,$$

so heißt das, daß alle Punkte y in einer festen Ebene liegen. Diese Ebene schneidet dic drei projektiven Ebenenbüschel nach drei projektiven Geradenbüscheln, die in ihr einen Kegelschnitt oder eine Gerade erzeugen. Sind aber die dreireihigen Unterdeterminanten, von denen die Rede war, identisch Null, so gehen je drei zugeordnete Ebenen durch eine Gerade; diese Geraden bilden dann im allgemeinen eine quadratische Fläche.

Nehmen wir einmal an, die Gleichungen (9) definieren wirklich eine kubische Raumkurve. Die Gleichungen dieser Kurve werden dann durch Nullsetzen der zweireihigen Unterdeterminanten der Matrix

$$\begin{pmatrix} l_1 & m_1 & n_1 \\ l_2 & m_2 & n_2 \end{pmatrix}$$

gefunden. Die kubische Raumkurve ist also der vollständige Schnitt von drei quadratischen Flächen. Je zwei von diesen drei Flächen, z. B.

$$l_1 m_2 - l_2 m_1 = 0, \qquad l_1 n_2 - l_2 n_1 = 0$$

haben außer der Raumkurve noch die Gerade $l_1 = l_2 = 0$ miteinander gemeinsam.

Aufgaben. 1. Der Restschnitt von zwei nicht zerfallenden quadratischen Kegeln mit verschiedenen Spitzen, die eine Erzeugende gemeinsam haben, aber sich nicht längs dieser berühren, ist immer eine kubische Raumkurve.

2. Die quadratischen Flächen, die eine gegebene kubische Raumkurve enthalten, bilden ein Netz.

3. Eine kubische Raumkurve ist durch sechs ihrer Punkte eindeutig bestimmt.

4. Durch sechs Punkte, von denen nicht vier in einer Ebene liegen, geht immer eine kubische Raumkurve. (Bei Aufgaben 3 und 4 benutze man zwei Kegel, die je einen der sechs Punkte zur Spitze haben und durch die fünf übrigen gehen.)

Zweites Kapitel.

Algebraische Funktionen.

Die algebraische Geometrie arbeitet, wie ihr Name sagt, gleicherweise mit geometrischen und mit algebraischen Begriffen und Methoden. Während im vorigen Kapitel die Grundbegriffe der projektiven Geometrie zusammengestellt wurden, sollen in diesem Kapitel die nötigen algebraischen Begriffe und Sätze erörtert werden. Die Beweise der angeführten Sätze findet der Leser z. B. in meiner in dieser Sammlung erschienenen „Modernen Algebra"[1]).

§ 12. Begriff und einfachste Eigenschaften der algebraischen Funktionen.

K sei ein beliebiger kommutativer Körper, etwa der Körper der komplexen Zahlen. Die Elemente von K heißen *Konstanten*. $u_1, \ldots, u_n$ seien Unbestimmte oder allgemeiner irgendwelche Größen eines Erweiterungskörpers von K, zwischen denen keine algebraische Relation mit konstanten Koeffizienten stattfindet. Der Körper der rationalen Funktionen von $u_1, \ldots, u_n$ heiße $K(u)$ oder P.

Als *algebraische Funktion* von $u_1, \ldots, u_n$ bezeichnen wir jedes Element ω eines Erweiterungskörpers von $K(u)$, welches einer algebraischen Gleichung $f(\omega) = 0$ mit (nicht sämtlich verschwindenden) Koeffizienten aus $K(u)$ genügt. Unter den Polynomen $f(z)$ mit der Eigenschaft $f(\omega) = 0$ gibt es ein Polynom kleinsten Grades $\varphi(z)$, von welchem in der Algebra folgende Eigenschaften bewiesen werden (vgl. Moderne Algebra I, Kap. 4):

1. $\varphi(z)$ ist bis auf einen Faktor aus $K(u)$ eindeutig bestimmt.

2. $\varphi(z)$ ist irreduzibel.

3. Jedes Polynom $f(z)$ aus $P[z]$ mit der Eigenschaft $f(\omega) = 0$ ist durch $\varphi(z)$ teilbar.

4. Zu einem gegebenen nicht konstanten irreduziblen Polynom $\varphi(z)$ gibt es einen Erweiterungskörper $P(\omega)$, in welchem $\varphi(z)$ eine Nullstelle ω besitzt.

5. Der Körper $P(\omega)$ ist durch $\varphi(z)$ bis auf Isomorphie eindeutig bestimmt, d. h. sind ω_1 und ω_2 zwei Nullstellen desselben über P irreduziblen Polynoms $\varphi(z)$, so ist $P(\omega_1) \cong P(\omega_2)$, und dieser Isomorphismus läßt alle Elemente von P fest und führt ω_1 in ω_2 über.

---

[1]) WAERDEN, B. L. VAN DER: Moderne Algebra I, 2. Aufl., 1937; II, 1. Aufl., 1931; insbesondere Kap. 4, 5 und 11.

Zwei solche Nullstellen eines über P irreduziblen Polynoms heißen *konjugiert* in bezug auf P. Allgemeiner heißen zwei Systeme von algebraischen Größen $\omega_1, \ldots, \omega_n$ und $\omega_1', \ldots, \omega_n'$ zueinander konjugiert, wenn es einen Isomorphismus $\mathsf{P}(\omega_1, \ldots, \omega_n) \cong \mathsf{P}(\omega_1', \ldots, \omega_n')$ gibt, welcher alle Elemente von P fest läßt und jedes ω_ν in ω_ν' überführt.

Die Teilbarkeitsaussage 3. läßt sich in unserem Fall $\mathsf{P} = \mathsf{K}(u)$ noch verschärfen. $f(z)$ und $\varphi(z)$ brauchen nur rational von $u_1, \ldots, u_n$ abzuhängen; macht man sie aber durch Multiplikation mit einer rationalen Funktion von $u_1, \ldots, u_n$ allein *ganzrational* in $u_1, \ldots, u_n$ und setzt außerdem voraus, daß $\varphi(z)$ *primitiv* in $u_1, \ldots, u_n$ ist, d. h. kein von $u_1, \ldots, u_n$ allein abhängiges Polynom als Faktor enthält, was man offenbar immer erreichen kann, so wird $\varphi(z)$ ein *irreduzibles Polynom in* $u_1, \ldots, u_n, z$, und $f(z)$ wird *im Polynombereich* $\mathsf{K}[u_1, \ldots, u_n, z]$ *durch* $\varphi(z)$ *teilbar*. Dies alles folgt aus einem bekannten Hilfssatz von GAUSS (vgl. Moderne Algebra I, § 23).

Sind $\omega_1, \ldots, \omega_n$ algebraische Funktionen, so bilden alle rationalen Funktionen von $\omega_1, \ldots, \omega_n$ und $u_1, \ldots, u_n$ einen Körper $\mathsf{P}(\omega_1, \ldots, \omega_n)$ $= \mathsf{K}(u_1, \ldots, u_n, \omega_1, \ldots, \omega_n)$, dessen Elemente sämtlich algebraische Funktionen von $u_1, \ldots, u_n$ sind: einen *algebraischen Funktionenkörper*. Ferner gilt der *Transitivitätssatz:* Algebraische Erweiterung eines algebraischen Funktionenkörpers ergibt wieder einen algebraischen Funktionenkörper. Wird die Erweiterung durch Adjunktion von *endlich vielen* algebraischen Funktionen erzeugt, so heißt sie eine *endliche algebraische Erweiterung*.

Jedes Polynom $f(z)$ mit Koeffizienten aus P besitzt einen *Zerfällungskörper*, d. h. einen algebraischen Erweiterungskörper von P, in welchem $f(z)$ vollständig in Linearfaktoren zerfällt. Dieser Zerfällungskörper ist wieder bis auf Isomorphie eindeutig bestimmt. Zerfällt $f(z)$ in lauter verschiedene Linearfaktoren, so heißen $f(z)$ sowie die Nullstellen von $f(z)$ *separabel*. Ein algebraischer Erweiterungskörper von P, dessen Elemente sämtlich separabel über P sind, heißt *separabel über* P. Wir werden uns in diesem Buch nur mit separablen Erweiterungskörpern befassen. Wenn der Körper P den Körper der rationalen Zahlen umfaßt (Körper der Charakteristik Null), sind alle algebraischen Erweiterungskörper von P separabel.

Für separable Erweiterungskörper gilt der *Satz vom primitiven Element:* Die Adjunktion von endlich vielen algebraischen Größen $\omega_1, \ldots, \omega_r$ läßt sich durch die Adjunktion einer einzigen Größe

$$\vartheta = \omega_1 + \alpha_2 \omega_2 + \cdots + \alpha_r \omega_r \qquad (\alpha_2, \ldots, \alpha_r \text{ aus } \mathsf{P})$$

ersetzen, d. h. $\omega_1, \ldots, \omega_r$ lassen sich rational durch ϑ ausdrücken.

Wenn eine separable algebraische Funktion ω mit allen ihren Konjugierten in bezug auf P identisch ist, so ist sie rational, d. h. sie gehört zu P. Denn die irreduzible Gleichung, deren Wurzel ω ist, hat nur eine einfache Wurzel und kann daher nur linear sein.

Der Transzendenzgrad. Sind $\omega_1, \ldots, \omega_m$ Elemente eines algebraischen Funktionenkörpers oder überhaupt eines Erweiterungskörpers von K, so nennt man sie *algebraisch unabhängig*, wenn jedes Polynom f mit Koeffizienten aus K und mit der Eigenschaft $f(\omega_1, \ldots, \omega_m) = 0$ notwendig identisch verschwindet. Algebraisch unabhängige Elemente kann man wie Unbestimmte behandeln, da ihre algebraischen Eigenschaften dieselben sind. Sind $\omega_1, \ldots, \omega_m$ nicht algebraisch unabhängig, aber auch nicht alle algebraisch über K, so kann man immer ein solches algebraisch unabhängiges Teilsystem $\omega_{i_1}, \ldots, \omega_{i_d}$ finden, daß alle ω_k algebraische Funktionen von $\omega_{i_1}, \ldots, \omega_{i_d}$ sind. Die Anzahl d dieser algebraisch unabhängigen Elemente heißt der *Transzendenzgrad* (oder die *Dimension*) des Systems $\{\omega_1, \ldots, \omega_m\}$ in bezug auf K. Sind $\omega_1, \ldots, \omega_m$ alle algebraisch in bezug auf K, so hat das System $\{\omega_1, \ldots, \omega_m\}$ den Transzendenzgrad Null.

In der Algebra wird bewiesen, daß der Transzendenzgrad d unabhängig von der Auswahl der algebraisch unabhängigen Elemente $\omega_{i_1}, \ldots, \omega_{i_d}$ ist (vgl. Moderne Algebra I, § 64). Wenn $\omega_1, \ldots, \omega_m$ algebraische Funktionen von $\vartheta_1, \ldots, \vartheta_n$ sind, während auch umgekehrt $\vartheta_1, \ldots, \vartheta_n$ algebraisch von $\omega_1, \ldots, \omega_m$ abhängen, so haben die Systeme $\{\omega_1, \ldots, \omega_m\}$ und $\{\vartheta_1, \ldots, \vartheta_n\}$ den gleichen Transzendenzgrad.

Ein Polynom $f(z_1, \ldots, z_n)$ aus $\mathsf{P}[z_1, \ldots, z_n]$ heißt *absolut irreduzibel*, wenn es bei jeder Erweiterung des Grundkörpers P irreduzibel bleibt. Es gilt der Satz: Eine endliche algebraische Erweiterung von P genügt, um ein gegebenes Polynom f in absolut irreduzible Faktoren zu zerlegen.

Beweis. Der Grad von f sei kleiner als c. Wir ersetzen in $f(z_1, \ldots, z_n)$ jedes z_ν durch $t^{c^{\nu-1}}$, bilden also

$$F(t) = f(t, t^c, t^{c^2}, \ldots, t^{c^{n-1}}).$$

Jedem Glied $z_1^{b_1} z_2^{b_2} \ldots z_n^{b_n}$ von $f(z_1, \ldots, z_n)$ entspricht dann ein Glied

$$t^{b_1 + b_2 c + \cdots + b_n c^{n-1}}$$

von $F(t)$. Verschiedene Glieder von f ergeben verschiedene Glieder von F, da eine ganze Zahl nur in einer Weise als $b_1 + b_2 c + \cdots + b_n c^{n-1}$ mit $b_\nu < c$ geschrieben werden kann. Die Koeffizienten der Glieder von f sind also auch Koeffizienten in $F(t)$. Zerfällt f in irgendeinem Erweiterungskörper von P, so zerfällt auch $F(t)$ im gleichen Körper, denn aus

$$f(z) = g(z) h(z)$$

folgt

$$f(t, t^c, t^{c^2}, \ldots) = g(t, t^c, t^{c^2}, \ldots)\, h(t, t^c, t^{c^2}, \ldots)$$

oder

$$F(t) = G(t) H(t),$$

und die Koeffizienten von $g(z)$ und $h(z)$ sind auch Koeffizienten von $G(t)$ und $H(t)$. Nun genügt eine endliche Erweiterung von P, um $F(t)$ vollständig in Linearfaktoren zu zerlegen. In diesem Erweiterungskörper liegen dann auch die Koeffizienten der Faktoren $G(t)$ und $H(t)$, also auch die von $g(z)$ und $h(z)$. Damit ist die Behauptung bewiesen.

§ 13. Die Werte der algebraischen Funktionen.
Stetigkeit und Differenzierbarkeit.

Es sei ω eine algebraische Funktion von $u_1, \ldots, u_n$, definiert durch eine rational irreduzible Gleichung

$$(1) \qquad \varphi(u, \omega) = a_0(u)\,\omega^g + a_1(u)\,\omega^{g-1} + \cdots + a_g(u) = 0.$$

Dabei werden $a_0, \ldots, a_g$ als Polynome in den u ohne gemeinsamen Teiler vorausgesetzt.

Unter einem Wert ω' der Funktion ω für besondere Werte u' der Unbestimmten u verstehen wir jede Lösung ω' der Gleichung $\varphi(u', \omega') = 0$. Zu jedem Wertsystem u' der u gehören, wenn $a_0(u') \neq 0$ ist, g Werte ω', die wir mit $\omega^{(1)}, \ldots, \omega^{(g)}$ bezeichnen und die durch

$$(2) \qquad \varphi(u', z) = a_0(u') \prod_1^g (z - \omega^{(\nu)})$$

definiert sind.

Nur dann sind einige von den Wurzeln $\omega^{(\nu)}$ einander gleich, wenn $D(u') = 0$ ist, wo $D(u)$ die Diskriminante der Gleichung (1) ist. $D(u)$ ist nicht identisch Null in den u. Diejenigen Werte u', für welche $a_0(u')\,D(u') = 0$ ist, heißen *kritische Werte* für die Funktion ω. Zu ihnen gehören im allgemeinen weniger als g verschiedene, unter Umständen sogar überhaupt keine Werte ω'.

Satz. *Jede richtige algebraische Relation* $f(u, \omega) = 0$ *bleibt richtig bei Ersetzung der* u *durch irgendwelche Werte* u' *und von* ω *durch einen der zugehörigen Werte* ω'.

Beweis. Aus $f(u, \omega) = 0$ folgt nach § 12 die Teilbarkeit

$$f(u, \omega) = \varphi(u, \omega)\,g(u, \omega)$$

und daraus durch Einsetzen von u' und ω' die Behauptung

$$f(u', \omega') = 0.$$

Wir nehmen nun an, der Grundkörper K, dem die Werte u' und ω' entnommen werden, sei der Körper der komplexen Zahlen. Wir untersuchen die stetige Abhängigkeit der Funktionswerte ω' von den Argumentwerten u'. Wir beschränken uns dabei zunächst auf die Werte u' in einer Umgebung $U(a)$ einer nicht kritischen Stelle a (eine Stelle bedeutet hier einfach ein Wertsystem $a_1, \ldots, a_n$ der unabhängigen Variablen $u_1, \ldots, u_n$), setzen also $|u_i' - a_i| < \delta$ voraus, wobei δ eine noch zu bestimmende positive Zahl ist.

Zu der Stelle a gehören, da a nicht kritisch sein sollte, g verschiedene Werte $b^{(1)}, \ldots, b^{(g)}$ der Funktion ω, die als Punkte in einer komplexen Zahlenebene gedeutet werden können. Um diese Punkte schlagen wir mit einem beliebig kleinen Radius ε Kreise $K_1, \ldots, K_g$, welche keine inneren Punkte gemeinsam haben sollen.

Zu jeder Stelle u' in einer genügend kleinen Umgebung $U(a)$ gehören g Werte $\omega^{(1)}, \ldots, \omega^{(g)}$ der Funktion ω. Nun kann man den *Satz von der Stetigkeit der algebraischen Funktionen* folgendermaßen aussprechen:

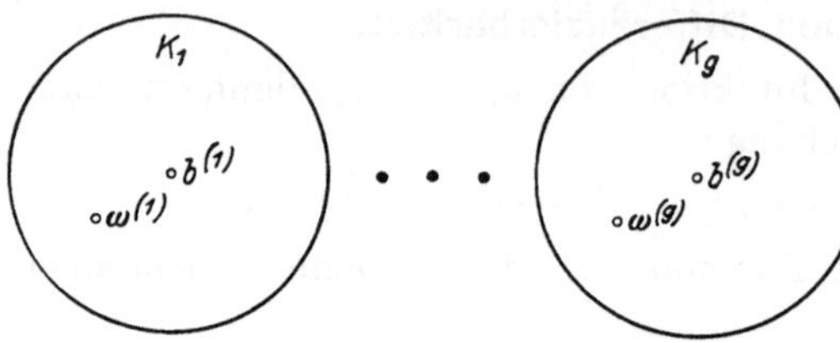

Bei passender Wahl der Umgebung $U(a)$ (also der Zahl δ) liegt in jedem der Kreise K_ν genau ein Wert $\omega^{(\mu)}$, so daß man die $\omega^{(\nu)}$ so numerieren kann, daß $\omega^{(\nu)}$ in K_ν liegt. Bei dieser Numerierung ist jedes $\omega^{(\nu)}$ eine eindeutige und in der ganzen Umgebung $U(a)$ stetige Funktion von u'.

Beweis. Aus (2) folgt, indem man $z = b^{(1)}$ einsetzt und den absoluten Betrag bildet,

$$\left| \frac{\varphi(u', b^{(1)})}{a_0(u')} \right| = \prod_1^g \left| b^{(1)} - \omega^{(\nu)} \right|.$$

Nun ist $\dfrac{\varphi(u', b^{(1)})}{a_0(u')}$ eine stetige Funktion von u', die für $u' = a$ den Wert Null annimmt. In einer genügend kleinen Umgebung $U(a)$ ist daher

also auch
$$\left| \frac{\varphi(u', b^{(1)})}{a_0(u')} \right| < \varepsilon^n,$$

$$\prod_1^g \left| b^{(1)} - \omega^{(\nu)} \right| < \varepsilon^n.$$

Wären alle Faktoren links $\geq \varepsilon$, so wäre diese Ungleichung falsch. Also muß mindestens ein Faktor $< \varepsilon$ sein, d. h. mindestens ein $\omega^{(\nu)}$ liegt in dem Kreis K_1 um $b^{(1)}$ vom Radius ε. Dasselbe gilt auch für die Kreise $K_2, \ldots, K_g$. Da es gleich viele Punkte $\omega^{(\nu)}$ wie Kreise K_ν gibt und die Kreise zueinander fremd sind, muß jeder Kreis $K^{(\nu)}$ genau einen Punkt $\omega^{(\mu)}$ enthalten, und wir können die Numerierung der $\omega^{(\nu)}$ auch so wählen, daß $\omega^{(\nu)}$ in K_ν liegt. Jedes $\omega^{(\nu)}$ ist dann eindeutig bestimmt. Weiter ist auf Grund des eben geführten Beweises $\left| \omega^{(\nu)} - b^{(\nu)} \right| < \varepsilon$ für beliebig kleine ε, sobald $\left| u_i' - a_i \right| < \delta$ ist, also ist die Funktion $\omega^{(\nu)}$ an der Stelle $u' = a$ stetig. Da man schließlich die Stelle a durch jede andere nicht kritische Stelle, also insbesondere durch jede Stelle innerhalb $U(a)$ ersetzen kann, ist die Funktion $\omega^{(\nu)}$ in $U(a)$ überall stetig. Daß die Stellen innerhalb von $U(a)$ nicht kritisch sind, folgt ja daraus, daß die zugehörigen Werte $\omega^{(1)}, \ldots, \omega^{(n)}$ alle verschieden sind.

Aus der Stetigkeit der algebraischen Funktionen folgt auch sehr leicht ihre Differenzierbarkeit. Dabei können wir uns, da es nur auf die partielle Differenzierbarkeit nach einer der Veränderlichen $u_1, \ldots, u_n$ ankommt, auf den Fall einer einzigen Unbestimmten u beschränken. Zu einem Wert a von u möge der Funktionswert b, zu $u' = a + h$ der Funktionswert $\omega' = b + k$ gehören. Dann ist

$$(3) \qquad \varphi(a, b) = 0, \qquad \varphi(a + h, \, b + k) = 0.$$

Wir haben zu beweisen, daß $\lim k/h$ für $h \to 0$ existiert. Die partiellen Ableitungen des Polynoms $\varphi(u, z)$ mögen mit φ_u und φ_z bezeichnet werden. Sie bedeuten die Koeffizienten der ersten Potenz von h in der Entwicklung von $\varphi(u + h, z)$ bzw. $\varphi(u, z + h)$. Entwickelt man nun $\varphi(u + h, z + k)$ nach Potenzen von h und dann nach Potenzen von k, so kommt

$$(4) \qquad \begin{cases} \varphi(u + h, z + k) = \varphi(u, z + k) + h\,\varphi_1(u, h, z + k) \\ \qquad\qquad = \varphi(u, z) + h\,\varphi_1(u, h, z + k) + k\,\varphi_2(u, z, k) \end{cases}$$

mit

$$\varphi_1(u, 0, z) = \varphi_u,$$
$$\varphi_2(u, z, 0) = \varphi_z.$$

Setzt man $u = a$, $z = b$ in (4) ein, so folgt wegen (3)

$$0 = h\,\varphi_1(a, h, b + k) + k\,\varphi_2(a, b, k).$$

Da a kein kritischer Wert war, ist $\varphi_z(a, b) \neq 0$ und daher auch $\varphi_2(a, b, k) \neq 0$ für genügend kleine k. Man kann also dividieren:

$$\frac{k}{h} = -\,\frac{\varphi_1(a, h, b + k)}{\varphi_2(a, b, k)}.$$

Läßt man nun h nach Null streben, so strebt wegen der Stetigkeit der Funktion ω' auch k nach Null, daher $\varphi_2(a, b, k)$ gegen $\varphi_z(a, b)$ und $\varphi_1(a, h, b + k)$ gegen $\varphi_u(a, b)$. Es folgt

$$\frac{d\,\omega'}{d\,u'} = \lim \frac{k}{h} = -\,\frac{\varphi_u(a, b)}{\varphi_z(a, b)}.$$

Damit ist die Differenzierbarkeit an jeder nichtkritischen Stelle bewiesen. Gleichzeitig zeigt sich, daß der Differentialquotient an jeder solchen Stelle den Wert

$$(5) \qquad \frac{d\,\omega'}{d\,u'} = -\,\frac{\varphi_u(u', \omega')}{\varphi_z(u', \omega')}$$

hat.

In meiner Modernen Algebra, § 65, habe ich gezeigt, daß man auch unabhängig von allen Stetigkeitseigenschaften für beliebige Grundkörper den Differentialquotienten einer separablen algebraischen Funktion ω durch

$$\frac{d\,\omega}{d\,u} = -\,\frac{\varphi_u(u, \omega)}{\varphi_z(u, \omega)}$$

definieren und alle Regeln der Differentiation unmittelbar aus dieser Definition herleiten kann.

Aus der Differenzierbarkeit einer komplexwertigen Funktion einer komplexen Veränderlichen folgt ihre Analytizität. *Also sind die Werte $\omega^{(1)}, \ldots, \omega^{(g)}$ einer algebraischen Funktion ω in der Umgebung einer nicht kritischen Stelle a reguläre analytische Funktionen der komplexen Veränderlichen u'.* Dasselbe gilt übrigens für die Werte einer algebraischen Funktion von mehreren Veränderlichen an einer nicht kritischen Stelle.

§ 14. Reihenentwicklungen für algebraische Funktionen einer Veränderlichen.

Eine regulär-analytische Funktion einer Veränderlichen u' läßt sich stets in eine Potenzreihe entwickeln, insbesondere gelten also für die

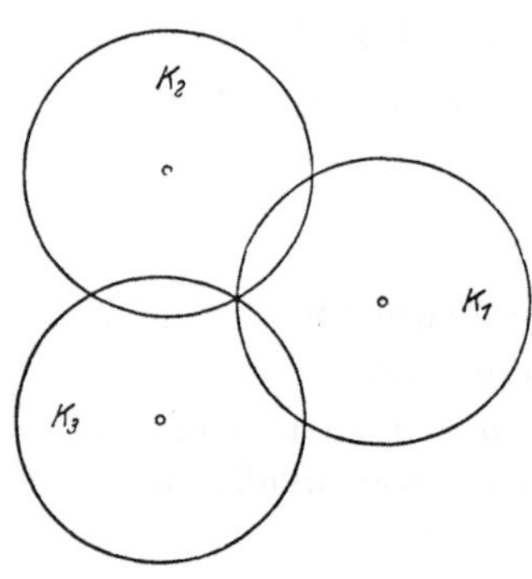

in § 2 erklärten regulären Funktionselemente $\omega^{(1)}, \ldots, \omega^{(g)}$ an jeder nicht-kritischen Stelle a Reihenentwicklungen

$$\omega^{(\nu)} = c_0^{(\nu)} + c_1^{(\nu)}\tau + c_2^{(\nu)}\tau^2 + \cdots \quad (\tau = u' - a).$$

Sie konvergieren in jedem Kreis um a, der keine kritischen Stellen enthält.

Für eine kritische Stelle verhält sich die Sache etwas komplizierter. Es sei a eine solche kritische Stelle in der u'-Ebene. Wir nehmen zunächst an, daß der Anfangskoeffizient $a_0(u)$ der Gleichung (1), § 13, an der Stelle $u = a$ nicht verschwindet. Zeichnet man nun in der u'-Ebene eine Folge von Kreisen K_1, K_2, K_3, welche durch a gehen und zu je zweien ein Gebiet gemeinsam haben, welche aber keine weiteren kritischen Stellen enthalten, so gibt es in jedem dieser Kreise g regulär-analytische Funktionselemente $\omega^{(1)}, \ldots, \omega^{(g)}$. In dem gemeinsamen Gebiet zweier Kreise müssen die $\omega^{(1)}, \ldots, \omega^{(g)}$ des einen Kreises mit den $\omega^{(1)}, \ldots, \omega^{(g)}$ des anderen Kreises in irgendeiner Reihenfolge übereinstimmen. Geht man nun etwa von $\omega^{(1)}$ im ersten Kreise K_1 aus, sucht dann das im gemeinsamen Gebiet mit $\omega^{(1)}$ übereinstimmenden Element in K_2 und fährt so über K_3 fort, bis man wieder in K_1 zurückgekehrt ist, so kann es sein, daß man dann wieder dasselbe Funktionselement $\omega^{(1)}$ erhält, es kann aber auch sein, daß man durch den beschriebenen Prozeß der „analytischen Fortsetzung" ein anderes Element, etwa $\omega^{(2)}$ erhält. Jedenfalls aber muß man nach endlich vielen Umläufen wieder $\omega^{(1)}$ zurückerhalten. Ist das nach k Umläufen der Fall, so hat man k Funktionselemente $\omega^{(1)}, \ldots, \omega^{(k)}$, welche um den Punkt a herum analytisch zusammenhängen und welche einen „*Zykel*" bilden. In dieser Weise zerfallen die n Funktionselemente $\omega^{(1)}, \ldots, \omega^{(g)}$ in eine gewisse Zahl von Zykeln $[\omega^{(1)}, \ldots, \omega^{(k)}]; [\omega^{k+1}, \ldots, \omega^{k+l}]; \ldots; [\omega^{m+1)}, \ldots, \omega^{(g)}]$.

Nachdem wir so die Art der Mehrdeutigkeit unserer analytischen Funktionen ω an der Stelle $u = a$ erschöpfend beschrieben haben, wollen wir die mehrdeutige Funktion in der Umgebung von $u = a$ zu einer eindeutigen machen durch Einführung einer „Ortsuniformisierenden" $\tau = \sqrt[k]{u' - a}$. Das geschieht durch folgende Überlegung:

$u' = a + \tau^k$ ist eine analytische Funktion von τ, und jedes $\omega^{(\nu)}$ ist in einem der beschriebenen Kreise eine analytische Funktion von u'. Durch Zusammensetzung dieser analytischen Funktionen erhält man $\omega^{(\nu)}$ als analytische Funktion von τ. Dreht sich nun der Punkt τ einmal um den Nullpunkt, so dreht $u' - a$ sich k-mal um den Nullpunkt; u' umkreist also k-mal den Punkt a. Da $\omega^{(1)}, \ldots, \omega^{(k)}$ bei einmaligem Umkreisen der Stelle a zyklisch vertauscht werden, so gehen sie bei k-maliger Umkreisung genau in sich über. $\omega^{(1)}, \ldots, \omega^{(k)}$ sind also in der Umgebung der Stelle $\tau = 0$ (zunächst mit Ausnahme dieser Stelle selbst) eindeutige analytische Funktionen von τ. Bei Annäherung an die Stelle $\tau = 0$ aber bleiben diese Funktionen beschränkt, da man die Beträge der Wurzeln einer algebraischen Gleichung bekanntlich elementar durch die Beträge der Koeffizienten abschätzen kann. Also ist die Stelle $\tau = 0$ weder eine wesentliche Singularität noch ein Pol, d. h. die Stelle ist überhaupt keine Singularität. Man kann demnach die Werte von $\omega^{(1)}, \ldots, \omega^{(k)}$ an der Stelle $\tau = 0$ so erklären, daß diese Funktionen in der ganzen Umgebung von $\tau = 0$ analytisch und daher in Potenzreihen nach τ entwickelbar sind:

$$(1) \qquad \left\{ \begin{aligned} \omega^{(1)} &= \alpha_0^{(1)} + \alpha_1^{(1)}\,\tau + \alpha_2^{(1)}\,\tau^2 + \cdots \\ \omega^{(2)} &= \alpha_0^{(2)} + \alpha_1^{(2)}\,\tau + \alpha_2^{(2)}\,\tau^2 + \cdots \\ &\quad \cdots \cdots \cdots \cdots \cdots \cdots \cdots \\ \omega^{(k)} &= \alpha_0^{(k)} + \alpha_1^{(k)}\,\tau + \alpha_2^{(k)}\,\tau^2 + \cdots. \end{aligned} \right.$$

Aber noch mehr! Läßt man τ nicht einen vollen Kreis um den Punkt 0 durchlaufen, sondern nur den k-ten Teil davon:

$$\tau = r\,e^{i\vartheta}, \qquad 0 \leq \vartheta \leq \frac{2\pi}{k},$$

so durchläuft dabei u' einen ganzen Kreis, und es geht daher $\omega^{(1)}$ in $\omega^{(2)}$, $\omega^{(2)}$ in $\omega^{(3)}, \ldots, \omega^{(k)}$ in $\omega^{(1)}$ über. Also entsteht jede der Potenzreihen $\omega^{(1)}, \ldots, \omega^{(k)}$ aus der vorangehenden, indem man darin die Ersetzung

$$\tau \to \tau\,\zeta, \qquad \zeta = e^{\frac{2\pi i}{k}}$$

macht. So macht sich in der Gestalt der Potenzreihen (1) sofort bemerkbar, daß sie einen Zykel bilden.

In der ganzen bisherigen Betrachtung ändert sich nur Unwesentliches, wenn $a_0(a) = 0$ ist. Man kann dann z. B. $a_0(u)\,\omega$ statt ω als neue Funktion einführen; die Werte dieser Funktion bleiben beschränkt für $u = a$.

Man erhält auch in diesem Fall jeweils einen Zykel von Potenzreihen, in denen nur jetzt endlich viele negative Potenzen von τ vorkommen können.

Setzt man $\tau = (u' - a)^{1/k}$ in die Entwicklungen (1) ein, so gehen diese in Potenzreihen nach gebrochenen Potenzen von $u' - a$ über, die man PUISEUXsche Reihen nennt. Wir bezeichnen diese Potenzreihen mit P_ν. Setzt man sie alle in die Gleichung (2), § 13, ein, so folgt:

$$\varphi(u', z) = a_0(u') \prod_1^g (z - P_\nu).$$

Da diese Gleichung für alle u' in einer Umgebung der Stelle a gilt, kann man in ihr $u' - a$ auch durch eine Unbestimmte x ersetzen und erhält die Faktorzerlegung

$$(2) \qquad \frac{\varphi(x, z)}{a_0(x)} = \prod_1^g (z - P_\nu),$$

in welcher die P_ν Potenzreihen nach gebrochenen Potenzen von x mit endlich vielen negativen Exponenten sind.

Die hier benutzte, von PUISEUX stammende, funktionentheoretische Herleitung der Potenzreihenentwicklungen P_ν ist zwar die einfachste und natürlichste, aber sie läßt nicht erkennen, daß es sich in Wirklichkeit bei der Reihenentwicklung um eine *rein algebraische* Angelegenheit handelt, und sie gibt auch kein Mittel, die Potenzreihen effektiv zu berechnen. Wir geben daher noch eine zweite, rein algebraische Herleitung der Potenzreihenentwicklung der algebraischen Funktionen an, die in dieser einfachen Form von OSTROWSKI stammt und für beliebige Grundkörper von der Charakteristik Null gilt. Die Konvergenz der Reihen wird dabei allerdings außer Betracht bleiben; sie ist vom algebraischen Standpunkt aus uninteressant und außerdem durch die vorangehende funktionentheoretische Betrachtung schon bewiesen. Es handelt sich jetzt lediglich darum, *formale* Potenzreihen $P_1, \ldots, P_n$ anzugeben, die nach gebrochenen Potenzen von $u - a$ fortschreiten und rein formal die Gleichung (2) befriedigen.

Der Nenner $a_0(x)$ in (2) kann in Linearfaktoren zerlegt werden, und deren Inverse können, soweit sie die Gestalt $(\alpha x + \beta)^{-1}$ mit $\beta \neq 0$ haben, in geometrische Reihen nach x entwickelt werden:

$$(\alpha x + \beta)^{-1} = \beta^{-1}\left(1 - \frac{\alpha x}{\beta} + \frac{\alpha^2 x^2}{\beta^2} - \cdots\right).$$

So erhält die linke Seite von (2) die Gestalt eines Polynoms in z, dessen Koeffizienten Potenzreihen in x, dividiert durch eine Potenz von x, also Potenzreihen mit endlich vielen negativen Exponenten sind.

Das HENSELsche Lemma. *Ist* $F(x, z)$ *ein Polynom in z der Gestalt*

$$F(x, z) = z^n + A_1 z^{n-1} + \cdots + A_n,$$

dessen Koeffizienten ganze Potenzreihen in x sind,

$$A_\nu = a_{\nu 0} + a_{\nu 1} x + a_{\nu 2} x^2 + \cdots,$$

und zerfällt $F(0, z)$ in zwei teilerfremde Faktoren von den Graden p und q mit $p + q = n$:

$$F(0, z) = g_0(z) \cdot h_0(z); \qquad (g_0(z), h_0(z)) = 1,$$

so zerfällt $F(x, z)$ in zwei Faktoren von denselben Gradzahlen in z

$$F(x, z) = G(x, z) \cdot H(x, z),$$

deren Koeffizienten ebenfalls ganze Potenzreihen in x sind. Dabei ist

$$G(0, z) = g_0(z), \quad H(0, z) = h_0(z).$$

Beweis. Wir ordnen $F(x, z)$ nach Potenzen von x

$$F(x, z) = F(0, z) + x f_1(z) + x^2 f_2(z) + \cdots,$$
$$f_k(z) = a_{1k} z^{n-1} + \cdots + a_{nk},$$

und machen für $G(x, z)$ und $H(x, z)$ den Ansatz

$$G(x, z) = g_0(z) + x g_1(z) + x^2 g_2(z) + \cdots,$$
$$H(x, z) = h_0(z) + x h_1(z) + x^2 h_2(z) + \cdots.$$

Dabei sollen die Polynome $g_1(z), g_2(z), \ldots$ höchstens den Grad $p-1$, die $h_1(z), h_2(z), \ldots$ höchstens den Grad $q-1$ haben. Bilden wir nun das Produkt $G(x, z) \cdot H(x, z)$ und vergleichen es mit $F(x, z)$, so erhalten wir eine Reihe von Gleichungen der Gestalt

$$(1) \quad g_0(z) h_k(z) + g_1(z) h_{k-1}(z) + \cdots + g_k(z) h_0(z) = f_k(z) \quad (k = 1, 2, \ldots).$$

Nehmen wir nun an, daß wir $g_1, \ldots, g_{k-1}$ und $h_1, \ldots, h_{k-1}$ aus den ersten $k-1$ Gleichungen (1) schon bestimmt haben, so haben wir zur Bestimmung von g_k und h_k nach (1) eine Bestimmungsgleichung

$$(2) \qquad g_0(z) h_k(z) + h_0(z) g_k(z) = B_k(z),$$

wobei $B_k(z)$ ein gegebenes Polynom von höchstens dem Grade $n-1$ ist.

Diese Gleichung ist aber bekanntlich immer lösbar, und zwar so, daß g_k und h_k höchstens die Grade $p-1$ und $q-1$ haben (vgl. Moderne Algebra I, § 29). Also kann man alle g_k und h_k der Reihe nach gemäß (1) bestimmen. Die mit ihnen gebildeten Potenzreihen $G(x, z)$ mit $H(x, z)$ werden Polynome in z vom Grade p bzw. q, die für $x = 0$ in $g_0(z)$ bzw. $h_0(z)$ übergehen. Damit ist das Lemma bewiesen.

Satz. *Jedes Polynom*

$$F(x, z) = z^n + A_1 z^{n-1} + \cdots + A_n,$$

dessen Koeffizienten Potenzreihen in x mit nur endlich vielen negativen Potenzen sind, zerfällt vollständig in Linearfaktoren

$$F(x, z) = (z - P_1)(z - P_2) \ldots (z - P_n),$$

wobei $P_1, \ldots, P_n$ Potenzreihen sind, deren jede nach Potenzen einer geeigneten gebrochenen Potenz von x fortschreitet.

Beweis. Wir dürfen annehmen, daß $A_1 = 0$ ist, da wir sonst anstatt z nur $z - \frac{1}{n} A_1$ als neue Variable einzuführen brauchen. Die Entwicklung von A_ν beginne mit $a_\nu x^{\varrho_\nu}$, $a_\nu \neq 0$, wenn A_ν nicht identisch Null ist. Sind alle $A_\nu = 0$, so ist nichts zu beweisen; sonst sei σ die kleinste unter den Zahlen ϱ_ν/ν zu $A_\nu \neq 0$. Dann ist offenbar

$$\varrho_\nu - \nu\,\sigma \geq 0 \qquad\qquad (\nu = 1, 2, \ldots, n),$$

wobei das Gleichheitszeichen für mindestens ein ν gilt. Führen wir nun eine neue Veränderliche ζ durch

$$z = \zeta\,x^\sigma,$$

ein, so verwandelt sich unser Polynom in

(4) $\qquad F(x, z) = F_1(x, \zeta)\,x^{n\,\sigma}(\zeta^n + A_2\,x^{-2\,\sigma}\,\zeta^{n-2} + \cdots + A_n\,x^{-n\,\sigma}).$

Ist nun $\sigma = p/q$ mit $q > 0$, und setzt man

$$\xi = x^{1/q}, \qquad x = \xi^q,$$

so kann die Klammer rechts in (4) auch so geschrieben werden:

$$\Phi(\xi, \zeta) = \zeta^n + B_2(\xi)\,\zeta^{n-2} + \cdots + B_n(\xi)$$

mit

$$B_\nu(\xi) = A_\nu(\xi)\,\xi^{-\nu\,p}.$$

Die Potenzreihe $B_\nu(\xi)$ fängt, sofern sie nicht identisch Null ist, mit

$$a_\nu\,\xi^{\varrho_\nu q - \nu\,p} = a_\nu\,\xi^{q\,(\varrho_\nu - \nu\,\sigma)}$$

an, ist also eine ganze Potenzreihe in ξ, deren konstantes Glied $B_\nu(0)$ für mindestens ein ν von Null verschieden ist. Das Polynom

$$\varphi(\zeta) = \Phi(0, \zeta) = \zeta^n + \cdots + a_\nu\,\zeta^{n-\nu} + \cdots$$

ist also nicht gleich ζ^n. Da andererseits der Koeffizient von ζ^{n-1} Null ist, kann $\varphi(\zeta)$ nicht die n-te Potenz eines Linearfaktors $\zeta - \alpha$ sein. $\varphi(\zeta)$ besitzt also wenigstens zwei verschiedene Wurzeln und läßt sich daher in zwei teilerfremde Faktoren zerlegen:

$$\varphi(\zeta) = g_0(\zeta) \cdot h_0(\zeta).$$

Nach dem HENSELschen Lemma zerfällt nun $\Phi(\xi, \eta)$ und damit auch $F(x, z)$ in zwei Faktoren von denselben Gradzahlen wie $g_0(\zeta)$ und $h_0(\zeta)$, deren Koeffizienten Potenzreihen in ξ sind.

Wenden wir auf die beiden Faktoren von $F(x, z)$ dieselbe Überlegung an, so können wir auch diese Faktoren weiter zerlegen und so fortfahren, bis die Zerlegung von $F(x, z)$ in Linearfaktoren vollzogen ist.

Es versteht sich von selbst, daß man das Verhalten der Funktion ω in der Umgebung von $u = \infty$ genau so untersuchen kann wie in der Umgebung von $u = a$, indem man statt $u - a = x$ jetzt $u^{-1} = x$ setzt. Die Wurzeln $\omega^{(1)}, \ldots, \omega^{(n)}$ werden dann Potenzreihen nach aufsteigenden Potenzen von $x = u^{-1}$.

Aufgabe. 1. Man bestimme die Anfangsglieder der Potenzreihenentwicklungen der Wurzeln des Polynoms

$$F(u, z) = z^3 - u\,z + u^3$$

für die Umgebung der Stelle $u = 0$.

§ 15. Elimination.

Wir brauchen im folgenden einige Sätze aus der Eliminationstheorie, die jetzt kurz zusammengestellt werden mögen.

Die Resultante. Zwei Polynome mit unbestimmten Koeffizienten

$$f(x) = a_0\,x^n + a_1\,x^{n-1} + \cdots + a_n$$
$$g(x) = b_0\,x^m + b_1\,x^{m-1} + \cdots + b_m$$

besitzen eine Resultante

$$R = \begin{vmatrix}
a_0 & a_1 & \cdots & a_n & & & \\
 & a_0 & a_1 & \cdots & a_n & & \\
 & & \cdots & \cdots & & & \\
 & & & a_0 & a_1 & \cdots & a_n \\
b_0 & b_1 & \cdots & b_m & & & \\
 & b_0 & b_1 & \cdots & b_m & & \\
 & & \cdots & \cdots & & & \\
 & & b_0 & b_1 & \cdots & b_m &
\end{vmatrix}$$

mit folgenden Eigenschaften:

1. Für spezielle Werte der a_j und b_k wird $R = 0$ dann und nur dann, wenn entweder $a_0 = b_0 = 0$ ist oder $f(x)$ und $g(x)$ einen Faktor $\varphi(x)$ gemeinsam haben.

2. Jedes Glied von R hat den Grad m in den Koeffizienten a_j, den Grad n in den b_k und das Gewicht (die Indexsumme der Faktoren a_j und b_k zusammen) $m \cdot n$.

3. Es gilt eine Identität der Gestalt

$$R = A\,f(x) + B\,g(x),$$

in der A und B Polynome in den a_j, b_k und x sind, wobei A höchstens den Grad $m-1$ und B höchstens den Grad $n-1$ in x hat.

4. Sind $\xi_1, \ldots, \xi_n$ die Nullstellen von $f(x)$ und $\eta_1, \ldots, \eta_m$ die von $g(x)$, so gelten für die Resultante R auch folgende Ausdrücke:

$$R = a_0^m \prod_1^n g(\xi_\nu) = (-1)^{mn}\, b_0^n \prod_1^m f(\eta_\mu)$$

$$= a_0^m\, b_0^n \prod_1^n \prod_1^m (\xi_\nu - \eta_\mu).$$

Unter der Resultante von zwei homogenen Formen in x_1 und x_2

$$F(x) = a_0\,x_1^n + a_1\,x_1^{n-1}\,x_2 + \cdots + a_n\,x_2^n,$$
$$G(x) = b_0\,x_1^m + b_1\,x_1^{m-1}\,x_2 + \cdots + b_m\,x_2^m$$

versteht man ebenfalls die obige Determinante R. Sie wird Null dann und nur dann, wenn $F(x)$ und $G(x)$ einen Faktor gemeinsam haben. Bei Vertauschung der Rollen von x_1 und x_2 wird die Resultante, wie aus der Determinantenform leicht folgt, mit $\varepsilon = (-1)^{mn}$ multipliziert.

Das Resultantensystem einer Reihe von Polynomen. Es seien $f_1(x), \ldots, f_r(x)$ Polynome vom Grade $\leq n$ mit unbestimmten Koeffizienten $a_1, \ldots, e_\omega$. Dann gibt es ein System von Formen $R_1, \ldots, R_s$ in den Koeffizienten $a_1, \ldots, e_\omega$ mit folgenden Eigenschaften:

1. Für spezielle Werte der $a_1, \ldots, e_\omega$ verschwinden die Ausdrücke $R_1, \ldots, R_s$ dann und nur dann, wenn $f_1, \ldots, f_r$ einen Faktor gemeinsam haben oder in allen diesen Polynomen der Anfangskoeffizient verschwindet.

2. Alle Glieder von $R_1, \ldots, R_s$ haben denselben Grad in den Koeffizienten jedes einzelnen Polynoms und dasselbe Gewicht in allen diesen Koeffizienten zusammen.

3. Es gelten Identitäten der Gestalt

$$R_j = \sum A_{jk} f_k(x),$$

in denen die A_{jk} Polynome in den $a_1, \ldots, e_\omega$ und x sind.

Das Resultantensystem einer Reihe von homogenen Formen. Es seien $f_1, \ldots, f_r$ Formen in $x_0, x_1, \ldots, x_n$ mit unbestimmten Koeffizienten $a_1, \ldots, e_\omega$. Dann gibt es ein System von Formen $R_1, \ldots, R_s$ mit folgenden Eigenschaften:

1. Für spezielle Werte der $a_1, \ldots, e_\omega$ verschwinden die Formen $R_1, \ldots, R_s$ dann und nur dann, wenn $f_1, \ldots, f_r$ in einem passenden Erweiterungskörper eine nicht triviale, d. h. von $(0, 0, \ldots, 0)$ verschiedene gemeinsame Nullstelle besitzen.

2. $R_1, \ldots, R_s$ sind homogen in den Koeffizienten jeder einzelnen Form $f_1, \ldots, f_r$.

3. Es gelten Identitäten der Gestalt

$$x_\nu^\varrho R_j = \sum A_{\nu j k} f_k,$$

in denen die $A_{\nu j k}$ Formen in $a_1, \ldots, e_\omega, x_0, \ldots, x_n$ sind.

Die Bildung und das Nullsetzen des Resultantensystems der Polynome bzw. Formen $f_1, \ldots, f_r$ nennt man auch *Elimination* von x bzw. von $x_0, \ldots, x_n$ aus den Gleichungen $f_1 = 0, \ldots, f_r = 0$.

Sind die Gleichungen $f_1, \ldots, f_r$ homogen in mehreren Veränderlichenreihen, so ergibt die Elimination einer solchen Reihe ein Resultantensystem, welches in den anderen Reihen wieder homogen ist, so daß man die Elimination fortsetzen kann. Es gibt also auch bei Formen, die in mehreren Veränderlichenreihen homogen sind, ein Resultantensystem mit ganz entsprechenden Eigenschaften 1, 2, 3.

Für die Beweise siehe Moderne Algebra II, Kap. 11.

Drittes Kapitel.

Ebene algebraische Kurven.

In diesem Kapitel bedeuten x, y, z, u Unbestimmte, $\eta, \zeta, \ldots$ dagegen komplexe Zahlen. Die später einzuführenden ξ und ω sind algebraische Funktionen einer Unbestimmten u.

§ 16. Algebraische Mannigfaltigkeiten in der Ebene.

Es sei ein System von homogenen Gleichungen

$$(1) \qquad f_\nu(\eta_0, \eta_1, \eta_2) = 0 \qquad (\nu = 1, 2, \ldots, r)$$

gegeben. Die Gesamtheit der Punkte η der Ebene, die den Gleichungen (1) genügen, nennt man eine *algebraische Mannigfaltigkeit*. Die Gesamtheit der Punkte aber, die einer einzigen homogenen Gleichung genügen, heißt eine *algebraische Kurve*.

Wir wollen zeigen, daß jede algebraische Mannigfaltigkeit in der Ebene sich zusammensetzt aus einer algebraischen Kurve und endlich vielen einzelnen Punkten. Zu dem Zweck bilden wir den größten gemeinsamen Teiler $g(y)$ der Polynome $f_\nu(y_0, y_1, y_2)$ und setzen

$$f_\nu(y) = g(y)\, h_\nu(y).$$

Die Lösungen von (1) setzen sich dann zusammen aus den Punkten der Kurve

$$(2) \qquad g(\eta) = 0$$

und den Lösungen des Systems

$$(3) \qquad h_\nu(\eta) = 0 \qquad (\nu = 1, 2, \ldots, r).$$

Dabei haben die Polynome $h_\nu(y)$ den größten gemeinsamen Teiler Eins. Betrachtet man sie als Polynome in y_2 mit Koeffizienten, die rational in y_0 und y_1 sind, so läßt sich der größte gemeinsame Teiler bekanntlich als Linearkombination der Polynome selbst darstellen:

$$1 = a_1(y_2)\, h_1(y) + \cdots + a_r(y_2)\, h_r(y).$$

Die $a_\nu(y_2)$ sind ganzrational in y_2, rational in y_0 und y_1. Macht man sie durch Multiplikation mit dem Hauptnenner $b(y_0, y_1)$ ganzrational in y_0 und y_1, so erhält man

$$(4) \qquad b(y_0, y_1) = b_1(y)\, h_1(y) + \cdots + b_r(y)\, h_r(y).$$

Sollte $b(y_0, y_1)$ nicht homogen in y_0, y_1 sein, so suche man aus $b(y_0, y_1)$ die Glieder eines festen Grades aus, die ein homogenes, nicht verschwindendes Polynom $c(y_0, y_1)$ bilden, und suche auf der rechten Seite von (4) ebenfalls die Glieder desselben Grades heraus; man erhält so

$$(5) \qquad c(y_0, y_1) = c_1(y)\, h_1(y) + \cdots + c_r(y)\, h_r(y).$$

Aus (5) folgt, daß alle Lösungen des Gleichungssystems (3) gleichzeitig Lösungen von

$$c(\eta_0, \eta_1) = 0$$

sind. Diese homogene Gleichung bestimmt aber nur endlich viele Werte des Verhältnisses $\eta_0 : \eta_1$. Ebenso findet man endlich viele Werte für $\eta_1 : \eta_2$ und $\eta_2 : \eta_0$. Also hat das Gleichungssystem (3) nur endlich viele Lösungen $\eta_0 : \eta_1 : \eta_2$. Diese machen, zusammen mit den Punkten der Kurve (2), alle Lösungen des ursprünglichen Gleichungssystems (1) aus.

Zerlegt man das Polynom $g(y)$ noch in irreduzible Faktoren

$$g(y) = g_1(y) \cdots g_s(y),$$

so zerfällt die Kurve (2) offenbar in die *irreduziblen*, d. h. durch irreduzible Formen definierten *Kurven*

$$g_1(\eta) = 0, \quad \ldots, \quad g_s(\eta) = 0.$$

Mithin zerfällt jede algebraische Mannigfaltigkeit (1) *in endlich viele irreduzible Kurven und endlich viele einzelne Punkte.* Es kann sich natürlich auch nur um Kurven oder nur um einzelne Punkte handeln; auch kann der Fall eintreten, daß das Gleichungssystem (1) überhaupt keine Lösungen hat. Ist schließlich das Gleichungssystem (1) leer oder sind alle f_ν identisch Null, so ist die dadurch definierte Mannigfaltigkeit die ganze Ebene.

Eine Kurve $g(\eta) = 0$ enthält unendlich viele Punkte. Denn wenn etwa η_2 in dem Polynom $g(\eta)$ wirklich vorkommt, so definiert die Gleichung

$$g(\eta) = a_0(\eta_0, \eta_1)\, \eta_2^m + a_1(\eta_0, \eta_1)\, \eta_2^{m-1} + \cdots + a_m(\eta_0, \eta_1) = 0$$

für jedes Werteverhältnis $\eta_0 : \eta_1$, für welches $a_0(\eta_0, \eta_1) \neq 0$ bleibt, mindestens einen Wert (und höchstens m Werte) η_2.

Wenn eine Gleichung $f(\eta) = 0$ *für alle oder fast alle (d. h. alle bis auf endlich viele) Punkte der irreduziblen Kurve* $g(\eta) = 0$ *gilt, so ist die Form* $f(y)$ *durch* $g(y)$ *teilbar.* Denn sonst wären $f(y)$ und $g(y)$ teilerfremd, und daraus würde wie oben folgen, daß die Gleichungen $f(\eta) = 0$ und $g(\eta) = 0$ nur endlich viele Lösungen gemeinsam haben.

Der letzte Satz gilt auch für Hyperflächen im Raum S_n (sowie auch in affinen und mehrfach projektiven Räumen):

STUDYsches Lemma[1]). *f und g seien Polynome in* $y_1, \ldots, y_n$. *Wenn alle (oder fast alle) Lösungen der irreduziblen Gleichung* $g(\eta) = 0$ *auch die Gleichung* $f(\eta) = 0$ *befriedigen, so ist das Polynom* $f(y)$ *durch* $g(y)$ *teilbar.*

---

[1]) Das STUDYsche Lemma ist ein Spezialfall des HILBERTschen Nullstellensatzes (Moderne Algebra II, Kap. 11).

Beweis. Wären $f(y)$ und $g(y)$ teilerfremd, so würde, angenommen, daß y_n in $g(y)$ wirklich vorkommt, die Resultante $R(y_1, \ldots, y_{n-1})$ von $f(y)$ und $g(y)$ nicht identisch verschwinden, und es wäre

$$(6) \qquad R(y) = a(y)\, f(y) + b(y)\, g(y).$$

Wählt man nun $\eta_1, \ldots, \eta_{n-1}$ so, daß $R(\eta_1, \ldots, \eta_{n-1}) \neq 0$ und daß der Koeffizient der höchsten Potenz von y_n in $g(y)$ für $y_1 = \eta_1, \ldots, y_{n-1} = \eta_{n-1}$ ebenfalls nicht verschwindet, so kann man η_n aus der Gleichung $g(\eta_1, \ldots, \eta_n) = 0$ bestimmen. Für alle (oder fast alle) solche $\eta_1, \ldots, \eta_{n-1}$ ist dann auch $f(\eta) = 0$, also verschwindet in (6) die rechte Seite, aber die linke nicht, was einen Widerspruch ergibt.

Folgerung. *Stellen die Gleichungen $f(\eta) = 0$ und $g(\eta) = 0$ dieselben Hyperflächen dar, so setzen die Formen $f(y)$ und $g(y)$ sich aus denselben irreduziblen Faktoren, eventuell mit anderen Exponenten, zusammen.*

Denn jeder irreduzible Faktor von $f(y)$ muß nach dem STUDYschen Lemma in $g(y)$ vorkommen und umgekehrt.

§ 17. Der Grad einer Kurve. Der Satz von BEZOUT.

Sind $g_1, \ldots, g_s$ verschiedene irreduzible Formen in y_0, y_1, y_2, so definiert die Gleichung

$$g_1(\eta)^{q_1}\, g_2(\eta)^{q_2} \cdots g_s(\eta)^{q_s} = 0$$

dieselbe ebene Kurve wie die Gleichung

$$g_1(\eta)\, g_2(\eta) \cdots g_s(\eta) = 0.$$

Aus diesem Grunde können wir die Gleichung einer ebenen Kurve immer als frei von mehrfachen Faktoren annehmen. Ist das der Fall, so heißt der Grad n der Form $g = g_1 g_2 \ldots g_s$ der *Grad* oder die *Ordnung* der Kurve $g = 0$[1]).

Der Grad hat auch eine geometrische Bedeutung. Schneiden wir nämlich eine Gerade mit der Kurve, indem wir ihre Parameterdarstellung

$$\eta = \lambda_1 p + \lambda_2 q$$

in die Kurvengleichung $g(\eta) = 0$ einsetzen, so erhalten wir offensichtlich eine Gleichung n-ten Grades zur Bestimmung des Verhältnisses $\lambda_1 : \lambda_2$, also höchstens n Schnittpunkte, falls nicht die Gleichung identisch verschwindet, in welchem Fall alle Punkte der Geraden auf der Kurve liegen. Aus dem STUDYschen Lemma folgt, daß in letzterem Fall die Geradengleichung als Faktor in der Kurvengleichung enthalten ist.

Wir werden im nächsten Paragraphen sehen, daß es immer Geraden gibt, welche tatsächlich n verschiedene Schnittpunkte mit der Kurve haben. *Der Grad n der Kurve ist also die Maximalzahl ihrer Schnittpunkte mit einer nicht in ihr enthaltenen Geraden.*

---

[1]) Gelegentlich heißt jedoch auch der Grad eines Polynoms f mit mehrfachen Faktoren der Grad oder die Ordnung der Kurve $f = 0$. Die irreduziblen Bestandteile der Kurve werden dann mehrfach gezählt.

Eine äußerst wichtige Frage ist die nach der Anzahl der Schnittpunkte von zwei ebenen Kurven $f(\eta) = 0$ und $g(\eta) = 0$. Die Formen $f(y)$ und $g(y)$ seien teilerfremd; dann sind nach § 1 jedenfalls nur endlich viele Schnittpunkte $\eta^{(0)}, \ldots, \eta^{(h)}$ vorhanden. Der *Satz von* BEZOUT besagt nun, daß man diese Schnittpunkte mit solchen (positiven ganzzahligen) Vielfachheiten versehen kann, daß die Summe dieser Vielfachheiten gleich dem Produkt $m \cdot n$ der Gradzahlen der Formen f und g ist.

Um die Schnittpunkte algebraisch zu erfassen und ihre Vielfachheiten zu definieren, betrachten wir zwei zunächst unbestimmte Punkte p und q und ihre Verbindungslinie in Parameterdarstellung:

$$(1) \qquad \eta = \lambda_0\, p + \lambda_1\, q.$$

Setzen wir (1) in die Kurvengleichungen ein, so erhalten wir zwei Formen von den Graden m und n in λ_0 und λ_1, deren Resultante $R(p, q)$ nur von p und q abhängt. $R(p, q)$ verschwindet dann und nur dann, wenn die Verbindungslinie $\overline{p\,q}$ einen Schnittpunkt der beiden Kurven enthält, also wenn eine der Determinanten

$$(p\,q\,\eta^{(\nu)}) = \begin{vmatrix} p_0 & p_1 & p_2 \\ q_0 & q_1 & q_2 \\ \eta_0^{(\nu)} & \eta_1^{(\nu)} & \eta_2^{(\nu)} \end{vmatrix}$$

verschwindet. Nach der Folgerung aus dem STUDYschen Lemma (§ 16) folgt daraus, daß $R(p, q)$ sich aus denselben irreduziblen Faktoren zusammensetzt wie das Produkt

$$\prod_{\nu=1}^{h} (p\,q\,\eta^{(\nu)}).$$

Es ist also

$$(2) \qquad R(p, q) = c \prod_{\nu=1}^{h} (p\,q\,\eta^{(\nu)})^{\sigma_\nu},$$

wobei c nicht von p und q abhängt und $\neq 0$ ist. Wir definieren nun: σ_ν ist die *Multiplizität* oder *Vielfachheit* des Schnittpunktes $\eta^{(\nu)}$ von $f = 0$ und $g = 0$.

Der BEZOUTsche Satz besagt nun, daß *die Summe der Multiplizitäten aller Schnittpunkte gleich* $m \cdot n$ *ist:*

$$(3) \qquad \sum \sigma_\nu = m \cdot n.$$

Um ihn zu beweisen, brauchen wir nur den Grad von $R(p, q)$ in den p zu bestimmen. Setzen wir

$$f(\eta) = f(\lambda_0\, p + \lambda_1\, q) = a_0 \lambda_1^m + a_1 \lambda_1^{m-1} \lambda_0 + \cdots + a_m \lambda_0^m$$
$$g(\eta) = g(\lambda_0\, p + \lambda_1\, q) = b_0 \lambda_1^n + b_1 \lambda_1^{n-1} \lambda_0 + \cdots + b_n \lambda_0^n,$$

so ist jedes a_k und jedes b_k homogen vom Grade k in den p. Da die Resultante $R(p, q)$ nach § 15 das Gewicht $m \cdot n$ hat, ist sie homogen vom Grade $m \cdot n$ in den p. Daraus folgt wegen (2) sofort die Behauptung (3).

Die Multiplizitäten σ_v sind invariant bei projektiven Transformationen. Bei einer projektiven Transformation nämlich, welche in gleicher Weise auf die Punkte $\eta, p, q, \eta^{(1)}, \ldots, \eta^{(h)}$ wirkt, bleiben die Determinanten $(pq\eta^{(v)})$ bis auf einen konstanten Faktor invariant, während die Resultante $R(p, q)$ schon in invarianter Weise gebildet wurde.

Für die effektive Auswertung der Multiplizitäten σ_v existiert eine Reihe von Methoden, die durch Spezialisierung aus der Formel (2) hergeleitet werden können. Setzen wir zunächst $\lambda_0 = 1$, $\lambda_1 = \lambda$, $p = (1, u, 0)$, $q = (0, v, 1)$, also nach (1)

$$\eta_0 = 1$$
$$\eta_1 = u + \lambda v$$
$$\eta_2 = \lambda,$$

so wird $R(p, q) = N(u, v)$ die Resultante von $f(1, u + v\lambda, \lambda)$ und $g(1, u + v\lambda, \lambda)$ nach λ, und nach (2) wird

$$(4) \qquad N(u, v) = c \prod_{v=1}^{h} (u\,\eta_0^{(v)} - \eta_1^{(v)} + v\,\eta_2^{(v)})^{\sigma_v}.$$

Man nennt $N(u, v)$ die NETTO*sche Resolvente*. Ihre Faktorzerlegung gestattet eine direkte Berechnung der Multiplizitäten σ_v. Setzt man die Spezialisierung noch weiter fort, indem man $v = 0$ setzt, so erhält man die Resultante von $f(1, u, z)$ und $g(1, u, z)$ nach z:

$$(5) \qquad R(u) = c \prod_{1}^{h} (u\,\eta_0^{(v)} - \eta_1^{(v)})^{\sigma_v}.$$

Sie gestattet die Bestimmung der σ_v nur unter der Annahme, daß keine zwei Schnittpunkte $\eta^{(\mu)}$, $\eta^{(v)}$ dasselbe Verhältnis $\eta_0 : \eta_1$ haben.

Die Formeln (4) und (5) sehen zwar recht einfach aus, doch gestaltet sich die praktische Berechnung von Multiplizitäten auf Grund dieser Formeln recht mühsam, erstens weil die Resultanten große Determinanten sind, vor allem aber darum, weil in sie der ganze Verlauf der Kurven $f = 0$ und $g = 0$ eingeht, während die Schnittmultiplizität in Wahrheit nur von dem Verhalten der Kurven in der unmittelbaren Umgebung eines Schnittpunktes abhängt. Dieses zum Ausdruck zu bringen, ist aber nur möglich, wenn man die PUISEUxschen Reihenentwicklungen der algebraischen Funktionen heranzieht. Wir werden in § 20 darauf zurückkommen.

Aufgaben. 1. Die Vielfachheiten der Schnittpunkte einer Geraden mit einer Kurve sind dieselben wie die Vielfachheiten der Wurzeln der Gleichung, die man erhält, wenn man eine Koordinate aus der Geradengleichung auflöst und in die Kurvengleichung einsetzt.

2. Wenn die Gleichungen $f = 0$ und $g = 0$, nach absteigenden Potenzen von η_0 geordnet, so anfangen:

$$a_1 \eta_0^{m-1} \eta_1 + a_2 \eta_0^{m-1} \eta_2 + \cdots = 0$$
$$b_1 \eta_0^{n-1} \eta_1 + b_2 \eta_0^{n-1} \eta_2 + \cdots = 0,$$

so ist die Multiplizität des Schnittpunktes $(1, 0, 0)$ gleich 1 oder größer, je nachdem $a_1 b_2 - a_2 b_1 \neq 0$ oder $= 0$ ist.

§ 18. Schnittpunkte von Geraden und Hyperflächen. Polaren.

Die Schnittpunkte einer Geraden mit einer ebenen Kurve m-ten Grades oder allgemeiner mit einer Hyperfläche des Raumes S_n werden am zweckmäßigsten berechnet, indem man eine Parameterdarstellung der Geraden:

$$\eta = \lambda_1 r + \lambda_2 s$$

in die Gleichung der Hyperfläche $f(\eta) = 0$ einsetzt. Man erhält

(1) $$f(\lambda_1 r + \lambda_2 s) = \lambda_1^m f_0 + \lambda_1^{m-1} \lambda_2 f_1 + \cdots + \lambda_2^m f_m = 0.$$

Dabei ist $f_0 = f(r)$ vom Grade m in den r, ebenso $f_m = f(s)$ vom Grade m in den s, während $f_k \, (0 \leq k \leq m)$ homogen vom Grade $m - k$ in den r und vom Grade k in den s ist. Die Ausdrücke $f_0, f_1, \ldots, f_m$ heißen *Polaren* der Form f. Ihr Bildungsgesetz erhellt, wenn man die linke Seite von (1) nach der TAYLORschen Reihe nach Potenzen von λ_2 entwickelt; man findet, wenn ∂_k die partielle Ableitung von $f(x)$ nach x_k bedeutet:

$$f_0 = f(r)$$
$$f_1 = \sum_k s_k \, \partial_k f(r)$$
$$f_2 = \frac{1}{2!} \sum_k \sum_l s_k s_l \, \partial_k \partial_l f(r)$$

$$\cdots \cdots \cdots \cdots \cdots$$

Auch die Hyperflächen, deren Gleichungen bei festem s und variablem r durch $f_1 = 0, f_2 = 0, \ldots$ gegeben werden, nennt man Polaren, und zwar $f_1 = 0$ die *erste Polare* des Punktes s, $f_2 = 0$ die *zweite*, usw. Bei festem r und variablen s dagegen ist $f_1 = 0$ die $(m-1)$-te Polare, $f_2 = 0$ die $(m-2)$-te Polare, usw. von r.

Im Fall einer ebenen Kurve stimmen die Vielfachheiten der Wurzeln von (1) mit den in § 17 definierten Vielfachheiten der Schnittpunkte der Kurve mit der Geraden überein. Beweis: Die Resultante $R(p, q)$ von § 17 ist in diesem Fall die Resultante einer Linearform in λ_0, λ_1 und einer Form m-ten Grades; sie wird berechnet, indem die eine Wurzel der Linearform in die Form m-ten Grades eingesetzt wird. Die Wurzel der Linearform gehört zu dem Schnittpunkt der Geraden $\overline{p\,q}$ mit der Geraden $\overline{r\,s}$; dieser Schnittpunkt ist in der Bezeichnung von § 10, Aufgabe 2

$$t = (p\,q\,r)\,s - (p\,q\,s)\,r.$$

Setzen wir ihn in $f(t)$ ein, so erhalten wir die gesuchte Resultante

$$R(p, q) = f\big((p\,q\,r)\,s - (p\,q\,s)\,r\big).$$

Sie ist demnach gleich der Form $f(\lambda_1 r + \lambda_2 s)$ für $\lambda_1 = -(p\,q\,s)$ und $\lambda_2 = (p\,q\,r)$. Wenn demnach die Form $f(\lambda_1 r + \lambda_2 s)$ in Linearfaktoren mit den Vielfachheiten σ_k zerfällt, so zerfällt $R(p, q)$ entsprechend in Linearfaktoren mit den gleichen Vielfachheiten, was zu beweisen war.

Wir kommen nun zur praktischen Bestimmung dieser Vielfachheiten. Die Wurzel $\lambda_2 = 0$ der Gleichung (1) ist k-fach, wenn die linke Seite der Gleichung durch λ_2^k teilbar ist, also wenn

$$(2) \qquad f_0 = 0, f_1 = 0, \ldots, f_{k-1} = 0$$

gilt. Daraus folgt: *Der Punkt r ist ein k-facher Schnittpunkt der Geraden g mit der Hyperfläche $f = 0$, wenn für irgendeinen zweiten Punkt s dieser Geraden die Gleichungen* (2) *gelten.* Die erste dieser Gleichungen sagt nur aus, daß r auf der Hyperfläche $f = 0$ liegt. Die anderen sind der Reihe nach linear, quadratisch, ..., vom Grade $k - 1$ in s.

Sind die Gleichungen (2) identisch in s erfüllt, schneidet also *jede* Gerade durch r die Kurve im Punkt r *mindestens k-fach* (also nicht notwendig genau k-fach), so heißt r ein *k-facher Punkt* der Hyperfläche. Zum Beispiel heißt in dieser Bezeichnungsweise jeder mehrfache Punkt auch Doppelpunkt.

Eine Gerade durch den k-fachen Punkt r, welche die Hyperfläche in r mehr als k-fach schneidet, heißt eine *Tangente* der Hyperfläche in r. Ist g eine solche Tangente, so gilt für jeden Punkt s von g außer den Gleichungen (2) noch die Gleichung

$$(3) \qquad f_k = 0.$$

Die Tangenten in r bilden also eine Kegelhyperfläche, deren Gleichung durch (3) gegeben ist. Die Gleichung ist vom Grade k, der Kegel also höchstens vom Grade k. Im Fall einer ebenen Kurve zerfällt der Kegel in höchstens k Geraden durch r. *In einem k-fachen Punkt einer ebenen Kurve gibt es also höchstens k Tangenten.*

Im Fall eines einfachen Punktes stellt (3) eine Ebene mit der Gleichung

$$\sum s_k \,\partial_k f(r) = 0$$

dar. *Alle Tangenten in einem einfachen Punkt r einer Hyperfläche liegen also in einer Hyperebene, deren Koeffizienten durch*

$$(4) \qquad u_k = \partial_k f(r)$$

gegeben sind. Diese heißt die *Tangentialhyperebene.* Im Fall einer ebenen Kurve gibt es in einem einfachen Punkt eine einzige, durch (4) gegebene Tangente u.

Wir fragen nun, welche Tangenten man aus einem Punkt s außerhalb der Hyperfläche an die Hyperfläche $f = 0$ ziehen kann. Ist r der Berührungspunkt einer solchen Tangente, so müssen die Gleichungen

$$(5) \qquad\qquad f_0 = 0, \qquad f_1 = 0$$

gelten. Sie sind vom Grade m bzw. $m - 1$ in r. Sie sind aber nicht nur dann erfüllt, wenn r der Berührungspunkt einer Tangente, sondern auch dann, wenn r ein mehrfacher Punkt der Hyperfläche $f = 0$ ist. Um sie näher zu studieren, denken wir uns den gegebenen Punkt s in den Punkt $(0, 0, \ldots, 1)$ hineingelegt. Die Gleichungen (5) heißen dann

$$(6) \qquad\qquad f(r) = 0, \qquad \partial_n f(r) = 0.$$

Wenn die Form $f(x)$ von vielfachen Faktoren frei ist, haben $f(x)$ und ihre Ableitung nach x_n bekanntlich keinen gemeinsamen Faktor. Im Fall einer ebenen Kurve haben die beiden Kurven (6) endlich viele, nämlich höchstens $m(m-1)$ Schnittpunkte. *Man kann also aus einem Punkte s an eine ebene Kurve m-ten Grades höchstens $m(m-1)$ Tangenten ziehen. Ihre Berührungspunkte, sowie die Doppelpunkte der Kurve, sind die Schnittpunkte der Kurve mit der ersten Polare des Punktes s.* Insbesondere folgt, daß eine ebene algebraische Kurve nur endlich viele Doppelpunkte haben kann.

Die Gleichungen der Tangenten aus dem Punkt $(0, 0, \ldots, 1)$ an die Hyperfläche $f = 0$ findet man, indem man aus den beiden Gleichungen (6) die Resultante nach r_n bildet. Man erhält eine Kegelhyperfläche $R(r_0, \ldots, r_{n-1})$ vom Grade $m(m-1)$ mit der Spitze in $s = (0, 0, \ldots, 1)$. Die erzeugenden Geraden des Kegels sind die Tangenten oder gehen durch die mehrfachen Punkte der Hyperfläche. *Alle übrigen Geraden durch den Punkt s schneiden die Hyperfläche in m verschiedenen Punkten.*

Aufgaben. 1. Die k-te Polare eines Punktes r in bezug auf die l-te Polare desselben Punktes ist die $(k + l)$-te Polare von r.

2. Die k-te Polare von r in bezug auf die l-te Polare von q ist gleich der l-ten Polare von q in bezug auf die k-te Polare von r.

3. Ist $f(s) = \sum \sum \ldots \sum a_{ij\ldots l} s_i \ldots s_l$, so sind die sukzessiven Polaren eines Punktes r durch

$$f_1 = m \sum \sum \ldots \sum a_{ij\ldots l} r_i s_j \ldots s_l$$
$$f_2 = m(m-1) \sum \ldots \sum a_{ijk\ldots l} r_i r_j s_k \ldots s_l$$

usw. gegeben. Vgl. dazu die Polarentheorie der Quadriken!

4. Der Koordinatenanfangspunkt $(1, 0, 0)$ ist dann und nur dann ein k-facher Punkt der Kurve $f = 0$, wenn im Polynom f die Glieder fehlen, deren Grad in y_1 und y_2 kleiner als k ist.

§ 19. Rationale Transformation von Kurven. Die duale Kurve.

Wir sprechen von einer *rationalen Transformation* einer irreduziblen Kurve $f = 0$, wenn jedem Punkt η der Kurve (eventuell mit endlich vielen Ausnahmen) eindeutig ein Punkt ζ der Ebene zugeordnet wird, dessen Koordinatenverhältnisse rationale Funktionen der Koordinatenverhältnisse des Punktes η sind:

$$(1) \qquad \begin{cases} \dfrac{\zeta_1}{\zeta_0} = \varphi\left(\dfrac{\eta_1}{\eta_0},\ \dfrac{\eta_2}{\eta_0}\right) \\[2ex] \dfrac{\zeta_2}{\zeta_0} = \psi\left(\dfrac{\eta_1}{\eta_0},\ \dfrac{\eta_2}{\eta_0}\right). \end{cases}$$

Schreibt man die Funktionen φ und ψ als Quotienten von ganzen rationalen Funktionen, bringt sie auf den gleichen Hauptnenner und multipliziert Zähler und Nenner noch mit einer passenden Potenz von η_0, so wird aus (1)

$$\frac{\zeta_1}{\zeta_0} = \frac{g_1(\eta_0,\, \eta_1,\, \eta_2)}{g_0(\eta_0,\, \eta_1,\, \eta_2)}$$

$$\frac{\zeta_2}{\zeta_0} = \frac{g_2(\eta_0,\, \eta_1,\, \eta_2)}{g_0(\eta_0,\, \eta_1,\, \eta_2)}$$

oder auch

$$(2) \qquad \zeta_0 : \zeta_1 : \zeta_2 = g_0(\eta) : g_1(\eta) : g_2(\eta).$$

Die g_i sind Formen gleichen Grades, die nicht alle drei durch die Form f teilbar sind, da sonst die Verhältnisse (2) unbestimmt werden würden. Es kann aber endlich viele Punkte η auf $f = 0$ geben, für die $g_0(\eta) = g_1(\eta) = g_2(\eta) = 0$ ausfällt; die Bildpunkte ζ dieser Punkte η werden dann unbestimmt.

Satz 1. *Bei einer rationalen Transformation* (2) *einer irreduziblen Kurve* $f = 0$ *liegen die Bildpunkte* ζ *alle auf einer irreduziblen Kurve* $h = 0$. *Diese ist eindeutig bestimmt, falls nicht der Punkt* ζ *ein konstanter Punkt ist.*

Zum Beweise führen wir zunächst den Begriff des *allgemeinen Punktes* einer irreduziblen Kurve $f = 0$ ein. Es sei u eine Unbestimmte, ω eine durch die Gleichung $f(1, u, \omega) = 0$ definierte algebraische Funktion von u. Dann nennen wir $(\xi_0, \xi_1, \xi_2) = (1, u, \omega)$ einen allgemeinen Punkt der Kurve. ξ ist zwar kein Punkt im Sinn des Kap. 1, da die Koordinaten von ξ nicht komplexe Zahlen, sondern algebraische Funktionen sind, aber wir können doch ξ insofern als Punkt behandeln, als seine Koordinaten Elemente eines Körpers sind, also den algebraischen Rechenregeln unterstehen.

Der allgemeine Punkt hat die folgende Eigenschaft: *Wenn eine homogene Gleichung* $g(\xi_0, \xi_1, \xi_2) = 0$ *mit konstanten Koeffizienten für den allgemeinen Punkt* ξ *gilt, so ist die Form* $g(x_0, x_1, x_2)$ *durch* $f(x_0, x_1, x_2)$ *teilbar, und daher gilt die Gleichung* $g(\eta_0, \eta_1, \eta_2) = 0$ *für alle Punkte* η *der Kurve.* Denn aus $g(1, u, \omega) = 0$ folgt nach § 12, daß $g(1, u, z)$ durch $f(1, u, z)$ teilbar ist:

$$g(1, u, z) = f(1, u, z)\, q(1, u, z).$$

Macht man diese Gleichung homogen, so folgt die behauptete Teilbarkeit von $g(x_0, x_1, x_2)$ durch $f(x_0, x_1, x_2)$.

Die rationale Transformation (2) ordnet dem allgemeinen Punkt ξ einen Punkt ζ^* mit den Koordinaten

$$\zeta_0^* = 1$$

$$\zeta_1^* = \frac{g_1(\xi)}{g_0(\xi)} = \frac{g_1(1, u, \omega)}{g_0(1, u, \omega)}$$

$$\zeta_2^* = \frac{g_2(\xi)}{g_0(\xi)} = \frac{g_2(1, u, \omega)}{g_0(1, u, \omega)}$$

zu. ζ_1^* und ζ_2^* sind algebraische Funktionen von u, also hat das System (ζ_1^*, ζ_2^*) höchstens den Transzendenzgrad 1. Es gibt somit zwei Möglichkeiten: Entweder ζ_1^*, ζ_2^* sind beide algebraisch über dem Konstantenkörper K, also, da dieser algebraisch abgeschlossen ist, Konstanten aus K; oder eine der beiden Größen, etwa ζ_1^*, ist transzendent und die andere ζ_2^* eine algebraische Funktion von ζ_1^*. Im letzten Fall besteht eine einzige irreduzible Gleichung $h(\zeta_1^*, \zeta_2^*) = 0$, oder homogen gemacht:

$$h(\zeta_0^*, \zeta_1^*, \zeta_2^*) = 0.$$

Nach der Bedeutung der ζ^* heißt das

(3) $$h\big(g_0(\xi), g_1(\xi), g_2(\xi)\big) = 0.$$

Die Gleichung (3) gilt für den allgemeinen Punkt ξ, also für jeden Punkt der Kurve $f = 0$. Somit gilt, wenn die ζ gemäß (2) bestimmt sind, immer die Gleichung

$$h(\zeta_0, \zeta_1, \zeta_2) = 0.$$

Damit ist Satz 1 bewiesen.

Satz 1 gilt, mit einer kleinen Änderung, auch für rationale Abbildungen von Hyperflächen in S_n. Auch hier gibt es einen allgemeinen Punkt $(1, u_1, \ldots, u_{n-1}, \omega)$, dessen Bildpunkt $(1, \zeta_1^*, \ldots, \zeta_n^*)$ höchstens den Transzendenzgrad $n-1$ hat. Es gibt also *mindestens* eine irreduzible Gleichung $h(\zeta_1^*, \ldots, \zeta_n^*) = 0$ und daher mindestens eine irreduzible Hyperfläche $h(\zeta_0, \ldots, \zeta_n) = 0$, auf der alle Bildpunkte liegen. Im Fall des Transzendenzgrades $n-1$ gibt es sogar *genau* eine irreduzible Hyperfläche, aber es sind alle Werte des Transzendenzgrades von 0 bis $n-1$ möglich.

Ein wichtiges Beispiel einer rationalen Abbildung einer Kurve erhält man, wenn man jedem Punkte η der Kurve die Kurventangente v zuordnet und v_0, v_1, v_2 als Punktkoordinaten in einer zweiten Ebene, der dualen Ebene, auffaßt. Die Gleichungen der Abbildung heißen nach § 17:

$$v_0 : v_1 : v_2 = \partial_0 f(\eta) : \partial_1 f(\eta) : \partial_2 f(\eta).$$

Unbestimmt wird die Abbildung nur in den endlich vielen Doppelpunkten. Konstant sind die Verhältnisse der v nur dann, wenn die konstante Gerade v alle Kurvenpunkte η enthält, also wenn die Kurve ein Gerade ist. In allen anderen Fällen liegen die Bildpunkte v in der dualen Ebene nach Satz 1 auf einer einzigen irreduziblen Kurve, der *dualen Kurve* $h(v) = 0$.

Den Tangenten in den einfachen Punkten der ursprünglichen Kurve entsprechen Punkte der dualen Kurve. Wir werden aber sehen, daß auch umgekehrt den Tangenten der dualen Kurve Punkte der ursprünglichen Kurve entsprechen. Es gilt nämlich der

S a t z 2. *Die duale Kurve der dualen Kurve ist die ursprüngliche. Entspricht der Tangente in η der Punkt v der dualen Kurve, so entspricht der Tangente in v der Punkt η.*

B e w e i s. Es sei $\xi = (1, u, \omega)$ wieder ein allgemeiner Punkt der Kurve $f = 0$. Dann gilt

$$f(\xi_0, \xi_1, \xi_2) = 0$$

und daraus durch Differentiation nach u

$$\partial_0 f(\xi) \cdot d\xi_0 + \partial_1 f(\xi) \cdot d\xi_1 + \partial_2 f(\xi) \cdot d\xi_2 = 0$$

oder, wenn v^* die Tangente im allgemeinen Punkt ξ ist,

$$(3) \qquad v_0^* \, d\xi_0 + v_1^* \, d\xi_1 + v_2^* \, d\xi_2 = 0.$$

Weiter gilt, da die Tangente den Punkt selbst enthält,

$$(4) \qquad v_0^* \, \xi_0 + v_1^* \, \xi_1 + v_2^* \, \xi_2 = 0.$$

Differenziert man (4) nach u und subtrahiert davon (3), so folgt

$$(5) \qquad \xi_0 \, dv_0^* + \xi_1 \, dv_1^* + \xi_2 \, dv_2^* = 0.$$

(5) ist zu (3) dual, während (4) zu sich selbst dual ist. Für v^* gilt die Gleichung

$$h(v_0, v_1, v_2) = 0.$$

Bezeichnet nun ξ^* die Tangente dieser Kurve im Punkte v^*, so gelten analog zu (3), (4) die Gleichungen

$$(6) \qquad v_0^* \, \xi_0^* + v_1^* \, \xi_1^* + v_2^* \, \xi_2^* = 0$$

$$(7) \qquad \xi_0^* \, dv_0^* + \xi_1^* \, dv_1^* + \xi_2^* \, dv_2^* = 0.$$

Diese bestimmen den Punkt ξ^* eindeutig; denn sonst müßten alle zweireihigen Unterdeterminanten der Matrix

$$\begin{pmatrix} v_0^* & v_1^* & v_2^* \\ dv_0^* & dv_1^* & dv_2^* \end{pmatrix}$$

verschwinden, und das würde heißen, daß

$$\frac{d}{du} \frac{v_1^*}{v_0^*} = 0 \quad \text{und} \quad \frac{d}{du} \frac{v_2^*}{v_0^*} = 0,$$

also die Verhältnisse $v_0^* : v_1^* : v_2^*$ konstant wären. Wir sahen aber oben, daß das nur für Kurven 1. Grades der Fall ist. Also stimmt der durch (6) und (7) bestimmte Punkt ξ^* mit dem durch (5) und (4) bestimmten Punkt ξ überein, was man durch die Gleichungen

$$\xi_j^* \, \xi_k - \xi_k^* \, \xi_j = 0$$

ausdrücken kann. Diese Gleichungen gelten aber, da sie für den allgemeinen Kurvenpunkt gelten, auch für jeden speziellen Kurvenpunkt η. Entspricht also der Tangente in η der Punkt v der dualen Kurve, so entspricht der Tangente dieser Kurve im Punkte v der Punkt η. Damit ist Satz 2 bewiesen.

Wir werden für Satz 2 später noch einen zweiten Beweis geben, der auf der PUISEUXschen Reihenentwicklung beruht und der für die Tangenten in den mehrfachen Punkten mit gilt. Der obige Beweis ist aber elementarer und läßt sich leicht auf Hyperflächen übertragen, sofern diese überhaupt eine eindeutig bestimmte duale Hyperfläche besitzen, was nicht immer der Fall ist. Stellt z. B. $f = 0$ eine abwickelbare Regelfläche oder einen Kegel im Raum S_3 dar, so bilden die Bildpunkte v der Tangentialebenen im dualen Raum nicht eine Fläche, sondern nur eine Kurve. Die abwickelbaren Regelflächen sind nämlich dadurch definiert, daß alle Punkte einer Erzeugenden dieselbe Tangentialebene besitzen, so daß die Tangentialebene in einem allgemeinen Punkt ξ nicht von zwei, sondern nur von einem Parameter algebraisch abhängt.

Der *Grad* der dualen Kurve ist gleich der Maximalzahl ihrer Schnittpunkte mit einer Geraden, oder, was dasselbe ist, der Maximalzahl der Tangenten, die man aus einem Punkt r der Ebene an die ursprüngliche Kurve ziehen kann. Diese Zahl heißt die *Klasse* der Kurve $f = 0$. Nach § 18 beträgt die Klasse einer Kurve m-ten Grades höchstens $m(m-1)$, und sie ist dann kleiner, wenn die Kurve mehrfache Punkte besitzt. Um die Klasse genauer zu berechnen, muß man wissen, wieviele Schnittpunkte der Kurve mit der Polare eines beliebigen Punktes von den vielfachen Punkten absorbiert werden. Das Mittel dazu geben die Potenzreihenentwicklungen der Kurvenzweige, die wir im nächsten Paragraphen ausführlicher besprechen werden.

Aufgaben. 1. Jeder Doppelpunkt ist ein mindestens zweifacher Schnittpunkt von Kurve und Polare und verringert die Klasse daher um mindestens 2 (vgl. § 17, Aufg. 2).

2. Eine irreduzible Kurve 2. Ordnung (Kegelschnitt) hat die Klasse 2. Eine irreduzible Kurve 3. Ordnung kann nur eine der Klassen 6, 4 oder 3 haben.

§ 20. Die Zweige einer Kurve.

Es sei $f(\eta) = 0$ eine irreduzible Kurve und $\xi = (1, u, \omega)$ ein allgemeiner Punkt dieser Kurve. Dann ist ω irgendeine Lösung der Gleichung $f(1, u, \omega) = 0$. Diese Lösungen sind aber nach § 14 Potenzreihen nach gebrochenen Potenzen von $u - a$ oder von u^{-1}. Im ersten Fall ist

$$u - a = \tau^k \quad \text{oder} \quad u = a + \tau^k \qquad (k > 0)$$

$$\omega = c_h \tau^h + c_{h+1} \tau^{h+1} + \cdots \qquad (h > 0,\ h = 0 \quad \text{oder} \quad h < 0)$$

also

$$(1) \qquad \begin{cases} \xi_0 = 1 \\ \xi_1 = a + \tau^k \\ \xi_2 = c_h \tau^h + c_{h+1} \tau^{h+1} + \cdots. \end{cases}$$

Im zweiten Fall ist

$$u^{-1} = \tau^k \quad \text{oder} \quad u = \tau^{-k}$$
$$\omega = c_h \tau^h + c_{h+1} \tau^{h+1} + \cdots,$$

also

$$(2) \qquad \begin{cases} \xi_0 = 1 \\ \xi_1 = \tau^{-k} \\ \xi_2 = c_h \tau^h + c_{h+1} \tau^{h+1} + \cdots. \end{cases}$$

In beiden Fällen sind ξ_0, ξ_1, ξ_2 also Potenzreihen in der Ortsuniformisierenden τ. Je k Potenzreihen, die durch die Substitutionen $\tau \to \zeta\tau$, $\zeta^k = 1$ auseinander hervorgehen, bilden einen Zykel. Jeder solche Zykel heißt ein *Zweig* der Kurve $f = 0$.

Wir betrachten nun allgemeiner irgendeinen nicht konstanten Punkt der Kurve, dessen Koordinaten Potenzreihen in einer Variablen σ sind:

$$(3) \qquad \begin{cases} \varrho\,\xi_0 = a_p\, \sigma^p + a_{p+1}\, \sigma^{p+1} + \cdots \\ \varrho\,\xi_1 = b_q\, \sigma^q + b_{q+1}\, \sigma^{q+1} + \cdots \\ \varrho\,\xi_2 = c_r\, \sigma^r + c_{r+1}\, \sigma^{r+1} + \cdots. \end{cases}$$

Da der Quotient zweier Potenzreihen wieder eine Potenzreihe ist, können wir alle drei $\varrho\,\xi_\nu$ durch $\varrho\,\xi_0$ dividieren und erhalten die normierten Koordinaten:

$$(4) \qquad \begin{cases} \xi_0 = 1 \\ \xi_1 = d_g\, \sigma^g + d_{g+1}\, \sigma^{g+1} + \cdots \\ \xi_2 = e_h\, \sigma^h + e_{h+1}\, \sigma^{h+1} + \cdots. \end{cases}$$

Die Potenzreihe für ξ_1 kann nicht nur aus einem konstanten Glied bestehen, denn wenn ξ_0 und ξ_1 konstant wären, so wäre auf Grund der Gleichung $f(\xi) = 0$ auch ξ_2 konstant, also ξ ein konstanter Punkt, entgegen der Voraussetzung.

Wir werden nun zeigen, daß jedes Potenzreihentripel (4) durch Einführung einer neuen Variablen τ statt σ auf eine der Gestalten (1) oder (2) gebracht werden kann.

Zum Beweis unterscheiden wir die Fälle $g \geq 0$ und $g < 0$. Im Fall $g \geq 0$ schreiben wir die Potenzreihe für ξ_1 so:

$$\xi_1 = a + d_k\, \sigma^k + d_{k+1}\, \sigma^{k+1} + \cdots \qquad (d_k \neq 0).$$

Wir lösen nun nach dem Entwicklungssatz von § 14 die Gleichung

$$\tau^k = d_k\, \sigma^k + d^{k+1}\, \sigma^{k+1} + \cdots \qquad (d_k \neq 0)$$

durch eine Potenzreihe

$$\tau = b_1 \sigma + b_2 \sigma^2 + \cdots \qquad (b_1 \neq 0).$$

Es folgt

$$\xi_1 = a + \tau^k.$$

Es ist nicht schwer, die Potenzreihe

$$(5) \qquad \xi_2 = e_h \sigma^h + e_{h+1} \sigma^{h+1} + \cdots$$

in eine Potenzreihe nach τ zu transformieren. Denn die Potenzen τ^h, $\tau^{h+1}, \ldots$ sind Potenzreihen in σ, die mit den Gliedern mit $\sigma^h, \sigma^{h+1}, \ldots$ anfangen, und durch geeignete Linearkombination dieser Potenzreihen kann man sich die Potenzreihe (5) verschaffen. Also erhalten wir

$$(6) \qquad \begin{cases} \xi_0 = 1 \\ \xi_1 = a + \tau^k \\ \xi_2 = c_h \tau^h + c_{h+1} \tau^{h+1} + \cdots. \end{cases}$$

Falls die in den Potenzreihen ξ_1, ξ_2 vorkommenden Exponenten einen gemeinsamen Teiler d haben, kann man τ^d als neue Variable einführen und so die Teilerfremdheit der Exponenten erzwingen. Die erhaltene Potenzreihendarstellung hat die Gestalt (1) und muß auch mit einer der Entwicklungen (1) übereinstimmen. Setzt man nämlich in (6)

$$\tau = (u - a)^{\frac{1}{k}}$$

ein, wo u eine Unbestimmte ist, so wird $\xi_0 = 1$, $\dot c_1 = u$ und ξ_2 eine Potenzreihe nach gebrochenen Potenzen von $u - a$, welche der Gleichung $f(1, u, \xi_2) = 0$ genügt. Auf Grund der im Bereich dieser Potenzreihen gültigen Faktorzerlegung

$$f(1, u, z) = a_0 \prod_1^m (z - \omega^{(\nu)})$$

muß also ξ_2 mit einer der Potenzreihen $\omega^{(\nu)}$ übereinstimmen, was zu beweisen war.

Genau analog wird auch der zweite Fall $g < 0$ behandelt. Wir setzen dann $g = -k$ und haben nach (4)

$$\xi_1 = d_{-k} \sigma^{-k} + d_{-k+1} \sigma^{-k+1} + \cdots \qquad (d_{-k} \neq 0).$$

Wir lösen nun die Gleichung

$$\tau^k (d_{-k} \sigma^{-k} + d_{-k+1} \sigma^{-k+1} + \cdots) = 1$$

durch eine Potenzreihe

$$\tau = b_1 \sigma + b_2 \sigma^2 + \cdots \qquad (b_1 \neq 0)$$

und haben dann $\tau^k \xi_1 = 1$, also

$$\xi_1 = \tau^{-k}.$$

Die Potenzreihe

$$\xi_2 = e_h \sigma^h + e_{h+1} \sigma^{h+1} + \cdots$$

kann wieder in eine Potenzreihe nach τ umgeformt werden:

$$\xi_2 = c_h \tau^h + c_{h+1} \tau^{h+1} + \cdots.$$

Wir kommen so auf eine Potenzreihenentwicklung der Gestalt (2), die auf Grund der oben angewandten Schlußweise (eventuell nach Einführung von τ^d statt τ) mit einer der Entwicklungen (2) übereinstimmen muß.

Wir sehen also: *Jede Potenzreihenentwicklung* (3) *gehört zu einem bestimmten Zweig der Kurve und läßt sich durch Einführung von neuen Variablen auf eine der Potenzreihenentwicklungen* (1) *oder* (2) *dieses Zweiges reduzieren.*

Aus diesem Satz folgt nun leicht, daß der Begriff des Zweiges *invariant ist* bei projektiven Transformationen, allgemeiner sogar *bei beliebigen rationalen Abbildungen.* Ist nämlich durch

$$(7) \qquad \zeta_1 : \zeta_2 : \zeta_3 = g_0(\xi) : g_1(\xi) : g_2(\xi)$$

eine solche rationale Abbildung gegeben und setzt man für ξ_0, ξ_1, ξ_2 die Potenzreihen (3) ein, so erhält man für $\zeta_1, \zeta_2, \zeta_3$ wieder Potenzreihen in τ, die nach dem obigen Satz zu einem bestimmten Zweig der Bildkurve gehören. *So entspricht jedem Zweig der Kurve* $f = 0$ *bei der rationalen Abbildung* (7) *ein eindeutig bestimmter Zweig der Bildkurve.*

Der Proportionalitätsfaktor ϱ in (3) ist willkürlich. Wählt man für ϱ eine Potenz von σ, deren Exponent gleich der kleinsten der Zahlen p, q, r ist, so findet man für ξ_0, ξ_1, ξ_2 Entwicklungen, in denen keine negative Potenzen vorkommen, während die konstanten Glieder nicht alle drei gleich Null sind. Diese Normierung des Proportionalitätsfaktors ϱ wollen wir im folgenden *stets* vornehmen. Setzt man nun $\sigma = 0$, behält man also von den Potenzreihen nur die konstanten Glieder bei, so erhält man einen bestimmten Punkt der Ebene, den *Ausgangspunkt* des betreffenden Zweiges. In (1) z. B. ist für $h \geq 0$ der Ausgangspunkt der Punkt $(1, a, c_0)$, im Fall $h < 0$ aber der Punkt $(0, 0, c_h)$. In (2) ist es für $h > -k$ der Punkt $(0, 1, 0)$, für $h = -k$ der Punkt $(0, 1, c_h)$ und für $h < -k$ der Punkt $(0, 0, c_h)$. Liegt der Punkt $(0, 0, 1)$ nicht auf der Kurve, was man durch Wahl des Koordinatensystems immer erreichen kann, so muß in (1) stets $h \geq 0$ und in (2) stets $h \geq -k$ sein.

Der Ausgangspunkt eines Zweiges ist stets ein Punkt der Kurve, da die Gleichung $f(\xi_0, \xi_1, \xi_2) = 0$ identisch in σ, also auch für $\sigma = 0$ gilt. Aber auch umgekehrt: *Jeder Kurvenpunkt* η *ist Ausgangspunkt mindestens eines Zweiges.* Zum Beweis nehmen wir wieder an, der Punkt $(0, 0, 1)$ liege nicht auf der Kurve. In der Gleichung

$$f(1, u, z) = a_0 z^m + a_1(u) z^{m-1} + \cdots + a_m(u)$$

ist also $a_0 \neq 0$. Ist nun erstens $\eta_0 \neq 0$, etwa $\eta_0 = 1$, $\eta_1 = a$, $\eta_2 = b$, so setzen wir die Faktorzerlegung

$$(8) \qquad f(1, u, z) = a_0 \prod_{1}^{m} (z - \omega_\nu)$$

für die Stelle $u = a$ an. Für $u = a$, $z = b$ wird die linke Seite Null, also auch ein Faktor rechts, mithin nimmt eine der Potenzreihen ω_ν für $u = a$, $\tau = 0$ den Wert b an.

Ist zweitens $\eta_0 = 0$, $\eta_1 \neq 0$, etwa $\eta_1 = 1$, $\eta_2 = b$, so bilden wir die Faktorzerlegung (8) für die Stelle $u = \infty$, nehmen also ω_ν als Potenzreihen nach u^{-1} an. Wir multiplizieren beide Seiten mit u^{-m} und erhalten

$$f(u^{-1}, 1, z\,u^{-1}) = a_0 \prod_1^m (z\,u^{-1} - u^{-1}\,\omega_\nu).$$

Setzen wir $u^{-1} = x$ und $z\,u^{-1} = y$, so folgt

$$(9) \qquad\qquad f(x, 1, y) = a_0 \prod_1^m (y - x\,\omega_\nu).$$

Dabei ist $x\,\omega_\nu$ eine Potenzreihe nach gebrochenen, nicht negativen Potenzen von $x = u^{-1} = \tau^k$, nämlich

$$(10) \quad x\,\omega_\nu = \tau^k(c_h\,\tau^h + c_{h+1}\,\tau^{h+1} + \cdots) = c_h\,\tau^{k+h} + c_{h+1}\,\tau^{k+h+1} + \cdots.$$

Setzen wir nun in (9) $x = 0$, $y = b$ ein, so wird die linke Seite Null, also auch einer der Faktoren rechts; mithin nimmt eine der Potenzreihen (10) für $\tau = 0$ den Wert b an, womit auch für diesen Fall alles bewiesen ist. Wir hätten übrigens den zweiten Fall auch durch eine projektive Transformation auf den ersten zurückführen können.

Unter der *Ordnung* einer von Null verschiedenen Potenzreihe in τ versteht man den Exponenten der niedrigsten in ihr vorkommenden Potenz von τ. Die Ordnung bleibt ungeändert, wenn statt τ durch eine Substitution $\tau = b_1\,\sigma + b_2\,\sigma^2 + \cdots$ mit $b_1 \neq 0$ eine neue Variable σ eingeführt wird. Sie kann positiv, Null oder negativ sein. Eine Form $g(\xi_0, \xi_1, \xi_2)$ ergibt, wenn man in ihr die Potenzreihen ξ_0, ξ_1, ξ_2 eines Zweiges $\mathfrak{z}$ einsetzt, eine Potenzreihe, der ebenfalls eine gewisse Ordnung zukommt, welche *positiv* oder *Null* ist, je nachdem die Kurve $g = 0$ den Ausgangspunkt η des Zweiges $\mathfrak{z}$ enthält oder nicht enthält. Diese Ordnung nennen wir die *Ordnung der Form g auf dem Zweig $\mathfrak{z}$* oder auch die *Schnittmultiplizität der Kurve g = 0 mit dem Zweig $\mathfrak{z}$*. Sie ist offensichtlich invariant bei projektiven Transformationen.

Wir beweisen nun den äußerst wichtigen Satz:

Die Multiplizität eines Schnittpunktes η der Kurven $f = 0$ und $g = 0$ ist gleich der Summe der Ordnungen der Form g auf den Zweigen der Kurve $f = 0$, die in η ihren Ausgangspunkt haben.

Beweis. Wir wählen das Koordinatensystem so, daß $\eta_0 \neq 0$ ist, der Punkt $(0, 0, 1)$ nicht auf der Kurve $f = 0$ liegt und keine zwei Schnittpunkte der Kurven $f = 0$ und $g = 0$ dasselbe Verhältnis $\eta_0 : \eta_1$ haben. Für einen Schnittpunkt sei $\eta_0 = 1$, $\eta_1 = a$, $\eta_2 = b$. Die Vielfachheit von η als Schnittpunkt von $f = 0$ und $g = 0$ ist dann nach § 17 gleich der Vielfachheit von $u - a$ in der Faktorzerlegung der Resultante $R(u)$ von $f(1, u, z)$ und $g(1, u, z)$. Nun gelten die Formeln

$$f(1, u, z) = a_0 \prod_1^m (z - \omega_\mu)$$

$$(8) \qquad\qquad R(u) = a_0^n \prod_1^m g(1, u, \omega_\mu).$$

Darin ist a_0 der Koeffizient von z^m in $f(1, u, z)$, und $\omega_1, \ldots, \omega_m$ sind Potenzreihen nach gebrochenen Potenzen von $u - a$.

Der Faktor $g(1, u, \omega^{(1)})$ habe, als Potenzreihe in der Ortsuniformisierenden $\tau = (u - a)^{\frac{1}{k}}$, die Ordnung s_1. Für alle Potenzreihen $g(1, u, \omega^{(1)})$, $\ldots$, $g(1, u, \omega^{(k)})$, die zum gleichen Zykel gehören, ist die Ordnung s_1 dieselbe. Das Produkt über die Potenzreihen dieses Zykels

$$(9) \qquad \prod_1^k g(1, u, \omega_\mu)$$

hat als Potenzreihe in τ die Ordnung $k s_1$, als Potenzreihe in $u - a = \tau^k$ somit die Ordnung s_1. Entsprechend ergeben die übrigen Zweige des Punktes $(1, a, b)$ Produkte wie (9) von den Ordnungen $s_2, \ldots, s_r$. Die Zweige aber, die zu anderen Punkten $(1, a, b')$ gehören, geben nur zu Faktoren $g(1, u, \omega_\mu)$ von der Ordnung Null Anlaß, da $g(1, a, b') \neq 0$ ist für alle auf $f = 0$ gelegenen Punkte $(1, a, b')$ mit $b' \neq b$. Die gesamte Ordnung des Produktes (8) als Potenzreihe in $u - a$ ist somit gleich $s_1 + s_2 + \cdots + s_r$. Damit ist der Satz bewiesen.

Ein Quotient von zwei Formen gleichen Grades

$$\varphi(\xi) = \frac{g(\xi_0, \xi_1, \xi_2)}{h(\xi_0, \xi_1, \xi_2)}$$

ist eine Funktion, die nur von den Verhältnissen $u = \xi_1 : \xi_0$ und $\omega = \xi_2 : \xi_0$ abhängt. Man nennt $\varphi(\xi) = \varphi(u, \omega)$ eine *rationale Funktion des allgemeinen Kurvenpunktes* ξ oder kurz eine *rationale Funktion auf der Kurve*. Eine solche Funktion hat auf jedem Zweig $\mathfrak{z}$ der Kurve eine gewisse *Ordnung*, nämlich die Differenz der Ordnungen von Zähler und Nenner. Ist die Ordnung positiv, so spricht man von einer *Nullstelle* der Funktion $\varphi(\xi)$, ist sie negativ, so hat $\varphi(\xi)$ einen *Pol*. Die Summe der Ordnungen der Funktion $\varphi(\xi)$ auf allen Zweigen ist gleich der Summe der Ordnungen des Zählers, vermindert um die des Nenners, also nach dem BEZOUTschen Satz Null, da Zähler und Nenner denselben Grad haben. Also folgt:

Die Summe der Ordnungen der Nullstellen und Pole einer rationalen Funktion auf einer irreduziblen Kurve ist Null.

Die ZEUTHENsche Regel. Setzt man voraus, daß auch $g = 0$ den Punkt $(0, 0, 1)$ nicht enthält, so kann man ebenso wie $f(1, u, z)$ auch $g(1, u, z)$ im Bereich der Potenzreihen in Linearfaktoren zerlegen:

$$g(1, u, z) = c_0 \prod_1^n (z - \zeta_\nu).$$

Für die Resultante $R(u)$ gilt dann der Ausdruck

$$(10) \qquad R(u) = a_0^n c_0^m \prod_{\mu=1}^m \prod_{\nu=1}^n (\omega_\mu - \zeta_\nu).$$

Die Differenzen $\omega_\mu - \zeta_\nu$ sind Potenzreihen nach gebrochenen Potenzen von $u - a$. Jede von ihnen hat eine gewisse Ordnung $\varkappa$, d. h. sie fängt mit einer gewissen Potenz $(u-a)^\varkappa$ an. Die Ordnung von $R(u)$ ist nach (10) gleich der Summe der Ordnungen der Differenzen $\omega_\mu - \zeta_\nu$. Gehört ω_μ oder ζ_ν oder gehören beide zu Zweigen, die nicht dem Punkt $(1, a, b)$ angehören, so hat die Differenz $\omega_\mu - \zeta_\nu$ die Ordnung Null. Man erhält so die ZEUTHENsche Regel:

Die Multiplizität eines Schnittpunktes $(1, a, b)$ der Kurven $f = 0$ und $g = 0$ ist gleich der Summe der Ordnungen der Potenzreihen $\omega_\mu - \zeta_\nu$ als Funktionen von $u - a$, wobei $(1, u, \omega_\mu)$ und $(1, u, \zeta_\nu)$ die Potenzreihenentwicklungen derjenigen Zweige der Kurven $f = 0$ und $g = 0$ sind, die den Punkt $(1, a, b)$ als Ausgangspunkt haben.

Die ZEUTHENsche Regel zeigt, daß die Schnittmultiplizität sich aus Beiträgen zusammensetzt, die von den einzelnen Zweigpaaren von f und g herrühren. Die Berechnung dieser Beiträge gestaltet sich besonders einfach, wenn die Zweige *linear* sind, d. h. wenn sie aus Potenzreihen nach ganzen Potenzen von $u - a$ bestehen. Stimmen dann die Potenzreihen ω_μ und ζ_ν in den Gliedern $c_0 + c_1(u-a) + \cdots + c_{s-1}(u-a)^{s-1}$ überein, unterscheiden sie sich dagegen in den Gliedern mit $(u-a)^s$, so ist s der Beitrag des Zweigpaares zur Gesamtmultiplizität des Schnittpunktes $(1, a, b)$.

Aufgabe. 1. Die Multiplizitäten der drei Schnittpunkte des Kreises $\eta_1^2 + \eta_2^2 - \eta_0 \eta_1 = 0$ mit der Cardioide $(\eta_1^2 + \eta_2^2)^2 - 2\eta_0\eta_1(\eta_1^2 + \eta_2^2) - \eta_0^2 \eta_2^2 = 0$ sind zu berechnen.

§ 21. Die Klassifikation der Singularitäten.

Für die genauere Untersuchung der Zweige einer Kurve $f = 0$ nehmen wir den Punkt $O = (1, 0, 0)$ als Anfangspunkt eines Zweiges an. Wir haben dann die Entwicklungen

$$(1) \qquad \begin{cases} \xi_0 = 1 \\ \xi_1 = \tau^k \\ \xi_2 = c_h \tau^h + c_{h+1} \tau^{h+1} + \cdots. \end{cases}$$

Das Verhältnis $\xi_2 : \xi_1$ ist eine Potenzreihe, die mit τ^{h-k} anfängt. Für $\tau = 0$ nimmt dieses Verhältnis einen bestimmten Wert an, wenn $h \geq k$ ist; ist aber $h < k$, so sagen wir, das Verhältnis „wird unendlich" für $\tau = 0$. Auf jeden Fall aber definiert der Wert von $\xi_2 : \xi_1$ für $\tau = 0$ eine bestimmte Richtung im Anfangspunkt, deren Richtungskonstante eben dieser Wert ist. Die durch diese Richtung definierte Gerade heißt die *Tangente* des Kurvenzweiges. Die Tangente ist nach Definition Grenzlage einer Sehne, deren eines Ende der Anfangspunkt O ist. Wir werden gleich sehen, daß der hier definierte Begriff der Tangente mit dem früher (§ 18) definierten Begriff der Kurventangente übereinstimmt.

Legen wir das Koordinatensystem so, daß die Tangente mit der Achse $\eta_2 = 0$ zusammenfällt, so wird $h > k$, etwa $h = k + l$. Man nennt (k, l) die *charakteristischen Zahlen* des Zweiges $\mathfrak{z}$. Sie können geometrisch so charakterisiert werden: Jede von der Tangente verschiedene Gerade durch den Punkt O schneidet den Zweig $\mathfrak{z}$ in O mit der Vielfachheit k, aber die Tangente schneidet mit der Vielfachheit $k+l$. Setzt man nämlich in die Gleichung $g(\eta) = a_1 \eta_1 + a_2 \eta_2 = 0$ einer solchen Geraden für η_1, η_2 die Potenzreihen (11) ein, so wird $g(\xi)$ im Fall $a_1 \neq 0$ durch τ^k, im Fall $a_1 = 0$ aber durch τ^{k+l} teilbar, und das bedeutet, daß die Schnittvielfachheit von $\mathfrak{z}$ und $g = 0$ im ersten Fall gleich k, im zweiten gleich $k+l$ ist. Die Zahl k heißt sinngemäß die *Vielfachheit* des Punktes O für den Zweig $\mathfrak{z}$. Für $k = 1$ hat man einen *linearen Zweig*.

Wenn in einem Punkt O r Zweige mit den Vielfachheiten $k_1, \ldots, k_r$ zusammenkommen, so ist die Vielfachheit des Punktes O auf der Kurve gleich $k_1 + \cdots + k_r$; denn jede Gerade durch O, die keinen Zweig berührt, schneidet die einzelnen Zweige in O mit den Vielfachheiten $k_1, k_2, \ldots, k_r$, die gesamte Kurve also mit der Vielfachheit $k_1 + k_2 + \cdots + k_r$. Ist die Gerade aber Tangente eines Zweiges, so erhöht sich die Vielfachheit. *Die Tangenten der Kurve im Punkt O sind also genau die Tangenten der einzelnen Kurvenzweige in O.*

Satz. *Hat die Kurve $f = 0$ in O einen p-fachen Punkt und $g = 0$ einen q-fachen, so ist die Schnittvielfachheit von O immer $\geq pq$. Das Gleichheitszeichen gilt dann und nur dann, wenn die Tangenten der einen Kurve in O von denen der anderen Kurve alle verschieden sind.*

Beweis. Wir wenden die ZEUTHENsche Regel an und nehmen an, daß keine Tangente durch den Punkt $(0, 0, 1)$ geht. Es gibt p Potenzreihen ω_μ und q Potenzreihen ζ_ν. Die Differenzen $\omega_\mu - \zeta_\nu$ haben die Ordnung Eins in u, wenn die Zweigtangenten verschieden sind, sonst eine Ordnung > 1. Daraus folgt die Behauptung.

Die duale Kurve. Wir wollen zu dem Zweig (1) den entsprechenden Zweig der dualen Kurve berechnen. Zur Berechnung der Tangente v^* in dem allgemeinen Punkt ξ benutzen wir die Formeln (3) und (4), § 4. Sie ergeben in unserem Fall (1)

$$\begin{cases} v_1^* \, d\xi_1 + v_2^* \, d\xi_2 = 0 \\ v_0^* + v_1^* \, \xi_1 + v_2^* \, \xi_2 = 0 \end{cases}$$

oder

$$\begin{cases} v_1^* \, k \, \tau^{k-1} \, d\tau + v_2^* \{(k+l) \, c_{k+l} \, \tau^{k+l-1} + \cdots\} \, d\tau = 0 \\ v_0^* + v_1^* \, \tau^k + v_2^* \{c_{k+l} \, \tau^{k+l} + \cdots\} = 0 \end{cases}$$

oder schließlich, wenn $v_2^* = 1$ gewählt wird,

$$\begin{cases} v_2^* = 1 \\ v_1^* = -\dfrac{k+l}{k} \, c_{k+l} \, \tau^l + \cdots \\ v_0^* = \left(\dfrac{k+l}{k} \, c_{k+l} \, \tau^l + \cdots\right) \tau^k - \left(c_{k+l} \, \tau^{k+l} + \cdots\right) \\ \quad\;\; = \dfrac{l}{k} \, c_{k+l} \, \tau^{k+l} + \cdots. \end{cases}$$

Der Anfangspunkt dieses Zweiges $\mathfrak{z}^*$ ist der Punkt $v = (0, 0, 1)$, der Bildpunkt der Tangente des Zweiges $\mathfrak{z}$. Die Tangente des Zweiges $\mathfrak{z}^*$ ist die Gerade $v_0^* = 0$ mit den Koordinaten $(1, 0, 0)$, die Bildgerade des Punktes $O = (1, 0, 0)$ der ursprünglichen Ebene. Die charakteristischen Zahlen des Zweiges $\mathfrak{z}^*$ sind (l, k), gerade umgekehrt im Vergleich zum Zweig $\mathfrak{z}$. Also:

Es besteht ein eineindeutiges Entsprechen zwischen den Zweigen $\mathfrak{z}$ einer Kurve und den Zweigen $\mathfrak{z}^*$ der dualen Kurve. Dabei entspricht dem Ausgangspunkt von $\mathfrak{z}$ die Tangente von $\mathfrak{z}^*$ und der Tangente von $\mathfrak{z}$ der Ausgangspunkt von $\mathfrak{z}^*$. Die charakteristischen Zahlen von $\mathfrak{z}^*$ sind die von $\mathfrak{z}$ in umgekehrter Reihenfolge.

Klassifikation der Zweige. Fast alle Punkte einer Kurve sind einfache Punkte (d.h. es gibt nur endlich viele mehrfache Punkte). In einem einfachen Punkt kann nur ein linearer Zweig seinen Ausgangspunkt haben. Für fast alle Zweige ist somit $k = 1$. Da dasselbe für die duale Kurve gilt, ist auch fast immer $l = 1$. Fast alle Zweige haben somit die Charakteristik $(1, 1)$. Solche Zweige nennt man *gewöhnliche Zweige*, ihre Ausgangspunkte, falls sie nur den einen Zweig tragen, *gewöhnliche Punkte* der Kurve.

Hat ein linearer Zweig die Charakteristik $(1, 2)$, so schneidet die Tangente den Zweig im Punkt O dreifach. Ein solcher Punkt heißt *Wendepunkt*, seine Tangente *Wendetangente*. Ein Punkt, der einen Zweig mit der Charakteristik $(1, l)$ mit $l > 2$ trägt, heißt ein *höherer Wendepunkt*, für $l = 3$ insbesondere ein *Flachpunkt*. Die Tangente schneidet den Zweig in einem Flachpunkt vierfach.

Dem Wendepunkt entspricht dual die *Spitze*, mit der Charakteristik $(2, 1)$. Der Punkt O ist ein Doppelpunkt des Zweiges, die Tangente schneidet genau dreifach. Bei der Charakteristik $(2, 2)$ schneidet die Tangente den Zweig vierfach, und man spricht von einer *Schnabelspitze*. Damit sind die am häufigsten vorkommenden Singularitäten der einzelnen Zweige beschrieben. Die Figuren zeigen das Aussehen der Kurven im Reellen in der Umgebung des Punktes O.

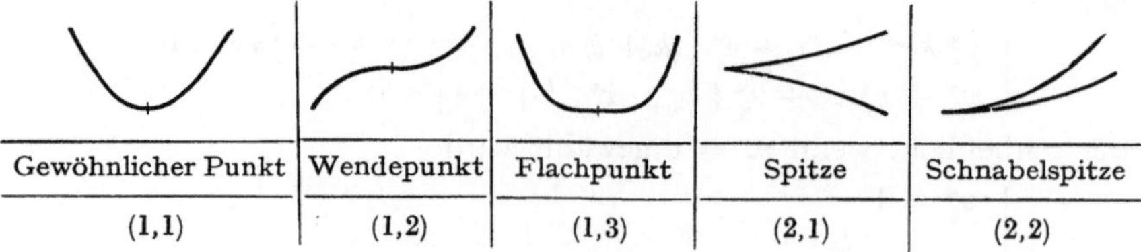

Gewöhnlicher Punkt	Wendepunkt	Flachpunkt	Spitze	Schnabelspitze
(1,1)	(1,2)	(1,3)	(2,1)	(2,2)

Andere Arten von Singularitäten erhält man, wenn mehrere Zweige in einem Punkt zusammenkommen. Haben genau zwei lineare Zweige mit verschiedenen Tangenten denselben Ausgangspunkt, so heißt dieser ein *Knotenpunkt*; sind es r lineare Zweige, so spricht man von einem *r-fachen Punkt mit getrennten Tangenten.* Wenn aber zwei lineare Zweige sich im Punkt O berühren, so heißt dieser ein *Berührungsknoten*.

Singularitäten der dualen Kurve erhält man, wenn mehrere Zweige dieselbe Tangente haben. Dual dem Knotenpunkt und dem r-fachen Punkt mit getrennten Tangenten entsprechen die *Doppeltangente* und die *r-fache Tangente mit r verschiedenen Berührungspunkten*. Der Berührungsknoten ist ersichtlich zu sich selbst dual.

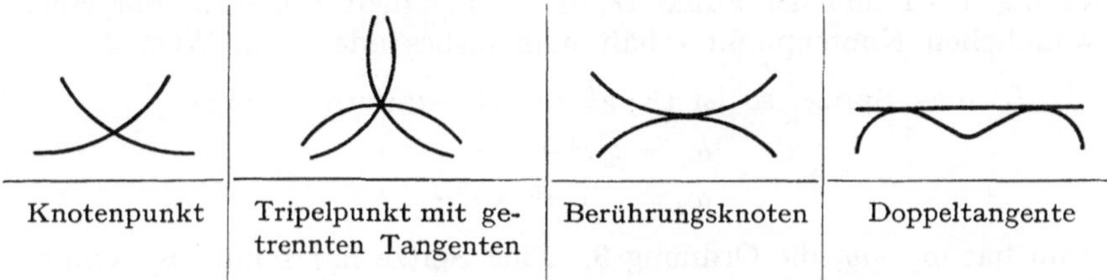

| Knotenpunkt | Tripelpunkt mit getrennten Tangenten | Berührungsknoten | Doppeltangente |

Die Klasse. Wir wollen jetzt untersuchen, welchen Einfluß die verschiedenen Arten von Singularitäten auf die Klasse einer Kurve haben. Die Klasse ist die Anzahl der Schnittpunkte der dualen Kurve mit einer Geraden q, oder, was dasselbe ist, die Anzahl der Tangenten der ursprünglichen Kurve aus einem Punkt Q, wobei die Vielfachheiten, mit denen diese Tangenten zu zählen sind, auf der dualen Kurve nach den uns bekannten Regeln zu berechnen sind. Dabei ist Q ganz beliebig; wir können also Q außerhalb der Kurve und außerhalb der Tangenten in den vielfachen Punkten O' wählen.

Wir erhalten die Tangenten aus Q, indem wir aus den $m(m-1)$ Schnittpunkten der Kurve $f=0$ mit der ersten Polare $f_1=0$ des Punktes Q die vielfachen Punkte O' mit den ihnen gebührenden Schnittmultiplizitäten ausscheiden und die übrigen Schnittpunkte O mit Q verbinden. Kann man dann noch feststellen, daß die Vielfachheiten der übrigbleibenden Schnittpunkte O (in der Ebene der Kurve $f=0$ berechnet) mit den Vielfachheiten der ihnen entsprechenden Tangenten (in der dualen Ebene berechnet) übereinstimmen, so folgt, daß die gesuchte Tangentenzahl gleich $m(m-1)$ ist, vermindert um die Summe der Vielfachheiten der Punkte O' als Schnittpunkte von $f=0$ und $f_1=0$.

Es sei $Q=(0, 0, 1)$ und $O'=(1, 0, 0)$. Die Zerlegung von $f(1, u, z)$ in Linearfaktoren lautet

$$(2) \qquad f(1, u, z) = (z-\omega_1)(z-\omega_2) \ldots (z-\omega_m).$$

Durch Differentiation nach z folgt

$$(3) \qquad f_1(1, u, z) = \sum_{i=1}^{m} (z-\omega_1) \ldots (z-\omega_{i-1})(z-\omega_{i+1}) \ldots (z-\omega_m).$$

Die Vielfachheit des Schnittes der Polare $f_1=0$ mit dem Zweig $\mathfrak{z}$, zu dem die Potenzreihe ω_1 gehört, wird gefunden, indem man in (3) $z=\omega_1$

einsetzt und die Ordnung des entstehenden Produktes

$$(4) \qquad (\omega_1 - \omega_2)(\omega_1 - \omega_3) \ldots (\omega_1 - \omega_m)$$

als Potenzreihe in τ untersucht. Summation über alle Zweige des Punktes O' ergibt dessen Vielfachheit als Schnittpunkt von f und f_1.

Ist zunächst O' ein h-facher Punkt mit getrennten Tangenten, so haben alle Differenzen $\omega_j - \omega_k$ die Ordnung 1, das Produkt (4) also die Ordnung $h - 1$ und der Punkt O' die Vielfachheit $h(h-1)$. Für einen gewöhnlichen Knotenpunkt erhält man insbesondere den Wert 2.

Ist O' eine Spitze, so ist $\tau = u^{\frac{1}{2}}$ die Ortsuniformisierende,

$$\omega_1 = c_3 \tau^3 + \cdots$$
$$\omega_2 = - c_3 \tau^3 + \cdots,$$

mithin hat $\omega_2 - \omega_1$ die Ordnung 3. Eine Spitze hat somit als Schnittpunkt von f und f_1 die Vielfachheit 3. Analog werden alle Arten von singulären Punkten behandelt.

Wir haben nun noch die Vielfachheiten der einfachen Punkte O, deren Tangenten durch Q gehen, als Schnittpunkte von f und f_1 zu berechnen. Der Punkt O habe die Charakteristik $(1, l)$; dann sind die Potenzreihenentwicklungen des Zweiges der Kurve $f = 0$ durch

$$u = \tau^{l+1}$$
$$\omega_1 = c_1 \tau + c_2 \tau^2 + \cdots \qquad\qquad (c_1 \neq 0)$$
$$\omega_2 = c_1 \zeta \tau + c_2 \zeta^2 \tau^2 + \cdots \qquad\qquad (\zeta^{l+1} = 1)$$
$$\cdots\cdots\cdots\cdots$$
$$\omega_{l+1} = c_1 \zeta^{l+1} \tau + \cdots$$

gegeben. Die Differenzen $\omega_1 - \omega_k$ haben alle die Ordnung 1 in τ, das Produkt (4) also die Ordnung l. Die Vielfachheit von O als Schnittpunkt von f und f_1 ist somit l. Die Vielfachheit des der Tangente OQ in der dualen Ebene entsprechenden Punktes als Schnittpunkt der dualen Kurve mit der sie nicht berührenden Geraden q ist aber ebenfalls gleich l, wenn wir annehmen, daß nur ein Zweig der dualen Kurve diesen Punkt als Ausgangspunkt hat. Die beiden Vielfachheiten stimmen somit in der Tat überein.

Es folgt: *Die Klasse m' einer Kurve m-ter Ordnung, die keine anderen Singularitäten als nur d Knotenpunkte und s Spitzen hat, wird durch die „*PLÜCKERsche Formel*"*

$$(5) \qquad m' = m(m-1) - 2d - 3s$$

gegeben. Sind andere Singularitäten vorhanden, so sind weitere Glieder zu subtrahieren, welche als Schnittmultiplizitäten von f und f_1 wie oben berechnet werden können.

Aufgaben. 1. Man untersuche die singulären Punkte des „DESCARTESschen Blattes"

$$x^3 + y^3 = 3\,x\,y,$$

der „Herzlinie" (Cardioide)

$$(x^2 + y^2)\,(x - 1)^2 = x^2,$$

der vierblättrigen Rosette

$$(x^2 + y^2)^3 = 4\,x^2\,y^2.$$

2. Ein Berührungsknoten hat als Schnittpunkt von f und f_1 die Multiplizität 4 (oder eine höhere, wenn die beiden Zweige eine höhere Berührung aufweisen, jedenfalls aber eine gerade Zahl).

3. Eine Schnabelspitze hat als Schnittpunkt von f und f_1 die Multiplizität 5 (oder eine höhere, wenn in den Potenzreihen des Zweiges das Glied τ^5 fehlt).

4. Der Teil des Produktes (4), der sich auf die k Potenzreihen eines einzigen Zykels bezieht, hat, wenn die Zweigtangente nicht durch Q geht, mindestens die Ordnung $(k + 1)\,(k - 1)$, also im Fall eines nichtlinearen Zweiges mindestens die Ordnung $3\,(k - 1)$.

§ 22. Wendepunkte. Die HESSEsche Kurve.

Ist η ein Wendepunkt (die höheren Wendepunkte sind eingeschlossen) der Kurve $f = 0$, so gelten für alle Punkte ζ der Tangente g die Gleichungen

$$(1) \qquad \begin{cases} f_0(\eta) = 0 \\ f_1(\eta,\,\zeta) = 0 \\ f_2(\eta,\,\zeta) = 0. \end{cases}$$

Die dritte Gleichung stellt bei variablem ζ einen Kegelschnitt K, die *quadratische Polare* des Punktes η dar. In unserem Fall ist die Tangente g als Bestandteil in K enthalten; K zerfällt also in zwei Geraden.

Wenn umgekehrt η ein einfacher Punkt der Kurve ist, dessen quadratische Polare K zerfällt, so ist η ein Wendepunkt. Das beweist man so: Die Polare von η in bezug auf K ist die lineare Polare $f_1(\eta,\,\zeta) = 0$, also die Tangente g. Da η auf K liegt, so folgt, daß g die Tangente von K in η ist. Wenn nun außerdem K zerfällt, so ist g als Bestandteil in K enthalten. Für alle Punkte ζ von g gelten dann die Gleichungen (1), also schneidet die Gerade g die Kurve mindestens dreifach in η. Daher gilt

S a t z 1. *Die einfachen Punkte der Kurve $f = 0$, deren quadratische Polare zerfällt, sind die Wendepunkte (und die höheren Wendepunkte).*

Es sei noch bemerkt, daß die quadratische Polare eines Doppelpunktes ebenfalls zerfällt, nämlich in die beiden Doppelpunktstangenten. Weiter sei bemerkt, daß im Fall eines Wendepunktes der zweite Bestandteil h von K nicht durch den Punkt η gehen kann, da sonst die Polare von η in bezug auf K, also die lineare Polare $f_1(\eta,\,\zeta) = 0$, identisch verschwinden würde, während sie im Gegenteil die Tangente darstellt.

Die notwendige und hinreichende Bedingung für das Zerfallen der quadratischen Polare

$$\sum \sum \zeta_i\,\zeta_k\,\partial_i\,\partial_k\,f(\eta) = 0$$

ist das Verschwinden der HESSE*schen Determinante*

$$H(\eta) = \begin{vmatrix} \partial_0\,\partial_0\,f(\eta) & \partial_0\,\partial_1\,f(\eta) & \partial_0\,\partial_2\,f(\eta) \\ \partial_1\,\partial_0\,f(\eta) & \partial_1\,\partial_1\,f(\eta) & \partial_1\,\partial_2\,f(\eta) \\ \partial_2\,\partial_0\,f(\eta) & \partial_2\,\partial_1\,f(\eta) & \partial_2\,\partial_2\,f(\eta) \end{vmatrix}$$

Die Gleichung $H = 0$ definiert eine Kurve vom Grade $3\,(m-2)$, die HESSE*sche Kurve.* Aus Satz 1 folgt nun:

Satz 2. *Die Schnittpunkte der Kurve $f = 0$ mit ihrer HESSEschen Kurve sind ihre Wendepunkte und ihre vielfachen Punkte.*

Für die Berechnung der Anzahl der Wendepunkte ist folgender Satz wichtig:

Satz 3. *Die gewöhnlichen (nicht höheren) Wendepunkte haben als Schnittpunkte der Kurven $f = 0$ und $H = 0$ die Vielfachheit Eins.*

Beweis. Es sei $\eta_2 = 0$ die Tangente im Wendepunkt $(1, 0, 0)$. Die Entwicklung der Form $f(x)$ nach absteigenden Potenzen von x_0 lautet, da die Glieder x_0^m, $x_0^{m-1}\,x_1$, $x_0^{m-2}\,x_1^2$ fehlen:

$$f(x) = x_0^{m-1}\,a\,x_2 + x_0^{m-2}\,(b\,x_1\,x_2 + c\,x_2^2) + x_0^{m-3}\,(d\,x_1^3 + \cdots) + \cdots.$$

Wir entwickeln nun die Determinante $H(x)$, achten aber nur auf die Glieder, die weder durch x_2 noch durch x_1^2 teilbar sind. Es wird:

$$H(x) = \begin{vmatrix} 0 + \cdots & 0 + \cdots & (m-1)\,a\,x_0^{m-2} + \cdots \\ 0 + \cdots & 6\,d\,x_0^{m-3}\,x_1 + \cdots & b\,x_0^{m-2} + \cdots \\ (m-1)\,a\,x_0^{m-2} + \cdots & b\,x_0^{m-2} + \cdots & 2\,c\,x_0^{m-2} + \cdots \end{vmatrix}$$

$$= -6\,(m-1)^2\,d\,a^2\,x_0^{3m-7}\,x_1 + \cdots.$$

Wenn $r = (1, 0, 0)$ ein einfacher Punkt von $f = 0$ ist, ist $a \neq 0$. Wenn r ein gewöhnlicher Wendepunkt ist, ist $d \neq 0$. Unter diesen Annahmen hat die Kurve $H = 0$ auch nur einen einfachen Punkt in $(1, 0, 0)$, und ihre Tangente ist von der Tangente der Kurve $f = 0$ verschieden. Daraus folgt, daß der Punkt r ein einfacher Schnittpunkt der beiden Kurven ist.

Die Kurven $f = 0$ und $H = 0$ haben nach dem BEZOUTschen Satz $3\,m\,(m-2)$ Schnittpunkte. Diese verteilen sich auf die Wendepunkte und die mehrfachen Punkte der Kurve. Es folgt also:

Satz 4. *Eine doppelpunktfreie Kurve m-ter Ordnung hat $3\,m\,(m-2)$ Wendepunkte. Dabei sind gewöhnliche Wendepunkte einfach, höhere Wendepunkte mehrfach (entsprechend ihrer Multiplizität als Schnittpunkte der Kurven $f = 0$ und $H = 0$) zu zählen. Beim Vorhandensein von Doppelpunkten oder mehrfachen Punkten verringert sich die Anzahl der Wendepunkte.*

Insbesondere hat eine doppelpunktfreie Kurve 3. Ordnung neun Wendepunkte. Höhere Wendepunkte gibt es hier nicht, da die Wendetangente nicht mehr als dreifach schneiden kann.

Wir wollen zum Schluß eine merkwürdige Eigenschaft der HESSEschen Kurve einer Kurve 3. Ordnung herleiten. Die Punkte q der HESSEschen Kurve sind dadurch definiert, daß ihre Polarkegelschnitte

$$(2) \qquad \sum q_k \, \partial_k f(\zeta) = 0$$

einen Doppelpunkt p besitzen, d. h. man hat

$$\sum_j p_j \, \partial_j \left(\sum q_k \, \partial_k f(z) \right) = 0 \qquad \text{identisch in } z$$

oder

$$(3) \qquad \sum \sum p_j \, q_k \, \partial_j \, \partial_k f(z) = 0 \qquad \text{identisch in } z.$$

Die Gleichung (3) ist symmetrisch in p und q. Der Punkt p gehört also auch zur HESSEschen Kurve, und sein Polarkegelschnitt hat einen Doppelpunkt in q. Es folgt:

Satz 5. *Die HESSEsche Kurve einer ebenen kubischen Kurve ist auch der Ort der Doppelpunkte aller zerfallenden Polarkegelschnitte (2). Ihre Punkte bilden Paare (p, q), so daß immer die Polare von p ihren Doppelpunkt in q hat und umgekehrt.*

Aufgaben. 1. Man zeige, daß ein Flachpunkt im Sinne des Satzes 4 als zwei Wendepunkte gezählt werden muß, allgemeiner ein Punkt mit der Charakteristik $(1, l)$ als $l - 1$ Wendepunkte.

2. Man kann die Paare (p, q) des Satzes 5 auch dadurch charakterisieren, daß sie in bezug auf alle Kegelschnitte des Netzes (2) konjugiert sind.

§ 23. Kurven dritter Ordnung.

Projektive Erzeugung. Ein Kegelschnittbüschel

$$\lambda_1 \, Q_1(\eta) + \lambda_2 \, Q_2(\eta) = 0$$

und ein dazu projektives Geradenbüschel

$$\lambda_1 \, l_1(\eta) + \lambda_2 \, l_2(\eta) = 0$$

erzeugen, wenn entsprechende Elemente der beiden Büschel miteinander geschnitten werden, eine Kurve 3. Ordnung

$$Q_1(\eta) \, l_2(\eta) - Q_2(\eta) \, l_1(\eta) = 0.$$

Jede Kurve 3. Ordnung kann so erhalten werden. Denn wenn ein beliebiger Kurvenpunkt als Ecke $(1, 0, 0)$ des Koordinatendreiecks gewählt wird, so können in der Kurvengleichung nur solche Glieder vorkommen, die durch η_1 oder η_2 teilbar sind; also lautet die Kurvengleichung

$$Q_1(\eta) \, \eta_2 - Q_2(\eta) \, \eta_1 = 0.$$

Einteilung. Wir wollen die möglichen Gestalten einer irreduziblen Kurve 3. Ordnung ermitteln. Eine solche kann nicht zwei Doppelpunkte haben, da die Verbindungslinie zweier Doppelpunkte die Kurve in jedem Doppelpunkt zweimal, insgesamt also viermal schneiden würde, was unmöglich ist. Aus demselben Grunde kann kein dreifacher Punkt vorhanden sein, denn die Verbindungslinie des dreifachen Punktes mit einem einfachen Punkt würde die Kurve auch viermal schneiden. Wenn ein Doppelpunkt mit zwei verschiedenen (linearen) Zweigen vorkommt, so können sich diese nicht berühren, denn sonst würde die gemeinsame Tangente der beiden Zweige jeden Zweig doppelt, die Kurve also viermal schneiden. Wenn schließlich ein Doppelpunkt mit nur einem Zweig vorhanden ist, so hat dieser die Charakteristik $(2, 1)$, ist also eine gewöhnliche Spitze, denn sonst würde die Tangente den Zweig mehr als dreifach schneiden. Es gibt somit drei Typen:

I. Kubische Kurve ohne Doppelpunkte.

II. Kubische Kurve mit Knotenpunkt.

III. Kubische Kurve mit Spitze.

Normalformen. Im Fall I wählen wir das Koordinatensystem so, daß der Punkt $(0, 0, 1)$ ein Wendepunkt und $\eta_0 = 0$ die Wendetangente ist. (Sind die Koeffizienten der Kurvengleichung reell, so gibt es, weil die Zahl der Wendepunkte ungerade ist, einen reellen Wendepunkt.) Die Gleichung heißt dann

$$a\eta_1^3 + b\eta_0\eta_1^2 + c\eta_0\eta_1\eta_2 + d\eta_0\eta_2^2 + e\eta_0^2\eta_1 + f\eta_0^2\eta_2 + g\eta_0^3 = 0 \quad (a \neq 0).$$

Es muß $d \neq 0$ sein, da sonst der Punkt $(0, 0, 1)$ ein Doppelpunkt wäre. Durch die Substitution

$$\eta_2' = \eta_2 + \frac{c}{2d}\eta_1 + \frac{f}{2d}\eta_0$$

kann man erreichen, daß $c = f = 0$ wird. Durch die Substitution

$$\eta_1' = \eta_1 + \frac{b}{3a}\eta_0$$

kann man weiter erreichen, daß $b = 0$ wird. Die Gleichung nimmt dann die Gestalt

$$a\eta_1^3 + d\eta_0\eta_2^2 + e\eta_0^2\eta_1 + g\eta_0^3 = 0$$

an, oder inhomogen geschrieben $(\eta_0 = 1)$:

$$a\eta_1^3 + d\eta_2^2 + e\eta_1 + g = 0.$$

Durch geeignete Wahl des Einheitspunktes kann man schließlich erzwingen, daß $d = -1$ und $a = 4$ wird[1]). Es bleibt dann die Gleichung

$$(1) \qquad \eta_2^2 = 4\eta_1^3 - g_2\eta_1 - g_3.$$

Die erste Polare des Wendepunktes $(0, 0, 1)$ besteht nunmehr aus den Seiten $\eta_0 = 0$ und $\eta_2 = 0$ des Koordinatendreiecks. Die 2. Polare ihres Schnittpunktes $(0, 1, 0)$ ist die dritte Seite $\eta_1 = 0$. Ist also einmal aus den neun Wendepunkten einer als Ecke $(0, 0, 1)$ gewählt, so ist das Koordinatendreieck invariant bestimmt, und die einzigen Koordinatentransformationen, welche die Gestalt (1) nicht zerstören, haben die Form

$$\begin{cases} \eta_0' = \lambda^3\mu\,\eta_0 \\ \eta_1' = \lambda\mu\,\eta_1 \\ \eta_2' = \mu\,\eta_2. \end{cases}$$

---

[1]) Der Faktor 4 wurde gewählt, um den Anschluß an die aus der Theorie der elliptischen Funktionen bekannte Gleichung

$$\wp'(u)^2 = 4\wp(u)^3 - g_2\wp(u) - g_3$$

zu erreichen.

Bei diesen Transformationen bleibt die Größe

$$I = \frac{g_2^3}{g_3^2}$$

invariant. Sie ist also eine projektive Invariante der Kurve, die höchstens noch von der Wahl des benutzten Wendepunktes abhängt.

Damit die Kurve (1) tatsächlich keinen Doppelpunkt hat, muß die Diskriminante des Polynoms $4x^3 - g_2\, x - g_3$ von Null verschieden sein.

Im Fall II wählen wir die beiden Tangenten des Doppelpunktes als Seiten $\eta_1 = 0$ und $\eta_2 = 0$ des Koordinatendreiecks. Die Gleichung der Kurve lautet dann

$$a\eta_0\eta_1\eta_2 + b\eta_1^3 + c\eta_1^2\eta_2 + d\eta_1\eta_2^2 + e\eta_2^3 = 0 \qquad (a \neq 0).$$

Durch die Substitution

$$\eta_0' = a\eta_0 + c\eta_1 + d\eta_2$$
$$\eta_1' = -\beta\eta_1 \qquad\qquad (\beta^3 = b)$$
$$\eta_2' = -\gamma\eta_2 \qquad\qquad (\gamma^3 = c)$$

bringt man die Gleichung sofort auf die Form

$$(2) \qquad\qquad \eta_0\eta_1\eta_2 = \eta_1^3 + \eta_2^3.$$

Alle Kurven 3. Ordnung mit Doppelpunkt sind also projektiv äquivalent.

Im Fall III wählen wir die Spitze als Ecke $(1, 0, 0)$ und die Spitzentangente als Seite $\eta_2 = 0$ des Koordinatensystems. Die Gleichung der Kurve erhält die Form

$$a\eta_0\eta_2^2 + b\eta_1^3 + c\eta_1^2\eta_2 + d\eta_1\eta_2^2 + e\eta_2^3 = 0 \qquad (a \neq 0,\ b \neq 0)$$

Durch die Substitution

$$\eta_1' = \eta_1 + \frac{c}{3b}\,\eta_2$$

macht man $c = 0$. Sodann erreicht man durch die Substitution

$$-b\eta_0' = a\eta_0 + d\eta_1 + e\eta_2$$

die endgültige Gestalt

$$(3) \qquad\qquad \eta_0\eta_2^2 = \eta_1^3.$$

Es folgt: *Alle Kurven 3. Ordnung mit Spitze sind untereinander projektiv äquivalent.*

Die Kurven (2) und (3) besitzen rationale Parameterdarstellungen, nämlich

$$(4) \qquad
\begin{cases}
\xi_0 = t_1^3 + t_2^3 \\
\xi_1 = t_1^2 t_2 \\
\xi_2 = t_1 t_2^2
\end{cases}
\qquad \text{bzw. (5)} \qquad
\begin{cases}
\xi_0 = t_1^3 \\
\xi_1 = t_1 t_2^2 \\
\xi_2 = t_2^3 .
\end{cases}$$

Die Kurve (1) besitzt aus später zu erläuternden Gründen keine rationale Parameterdarstellung, sondern nur mehrdeutige mittels algebraischer Funktionen, sowie eine eindeutige mittels elliptischer Funktionen:

$$(5) \qquad\qquad \xi_0 = 1, \qquad \xi_1 = \wp(u), \qquad \xi_2 = \wp'(u).$$

Bemerkung. Die Gleichungsform (1) kann auch für die Kurven dritter Ordnung mit Doppelpunkt bzw. Spitze verwendet werden. Für $I = 27$ stellt die Gleichung (1) nämlich eine Kurve mit Doppelpunkt, für $g_2 = g_3 = 0$ eine Kurve mit Spitze dar.

Tangenten. Die Kurve (1) hat nach Formel (5), § 21, die Klasse 6, die Kurve (2) die Klasse 4, die Kurve (3) die Klasse 3. Aus einem Punkt Q außerhalb der Kurve (1) kann man also sechs Tangenten an die Kurve ziehen. Ihre Berührungspunkte liegen auf einem Kegelschnitt, nämlich auf der Polaren des Punktes Q. Von den sechs Tangenten fallen zwei zusammen, wenn die betreffende Tangente eine Wendetangente ist. Wenn Q auf der Kurve liegt, fallen zwei von sechs Tangenten mit der Tangente des Punktes Q zusammen; ist Q Wendepunkt, so fallen sogar drei von den sechs mit der Wendetangente zusammen. In allen anderen Fällen sind die sechs Tangenten voneinander verschieden, wie man durch Betrachtung der dualen Kurve sofort einsieht. Bei den Kurven (2) und (3) verringern sich die Tangentenzahlen um zwei bzw. drei. Man kann also aus einem Punkt Q der Kurve (1), (2) oder (3) an die Kurve (außer der Tangente in Q) vier, zwei bzw. eine Tangente ziehen. Diese Zahlen verringern sich um Eins, wenn Q Wendepunkt ist.

Transformationen der Kurve in sich. Die Kurve (3) besitzt ∞^1 projektive Transformationen in sich:

$$\left\{ \begin{aligned} \eta_0' &= \lambda^3 \eta_0 \\ \eta_1' &= \lambda \eta_1 \\ \eta_2' &= \eta_2. \end{aligned} \right.$$

Die Kurve (2) hat sechs projektive Transformationen in sich:

$$\left\{ \begin{aligned} \eta_0' &= \eta_0 \\ \eta_1' &= \varrho\, \eta_1 \\ \eta_2' &= \varrho^2 \eta_2 \end{aligned} \right. \qquad \left\{ \begin{aligned} \eta_0' &= \eta_0 \\ \eta_1' &= \varrho\, \eta_2 \\ \eta_2' &= \varrho^2 \eta_1. \end{aligned} \right. \qquad (\varrho^3 = 1).$$

Die Kurve (1) gestattet, wie wir sehen werden, eine Gruppe von mindestens 18 projektiven Transformationen, welche die neun Wendepunkte transitiv vertauscht. Es gilt nämlich:

Satz 1. *Zu jedem Wendepunkt w gehört eine projektive Spiegelung der Kurve in sich, welche die übrigen Wendepunkte paarweise vertauscht.*

Man kann den Satz direkt aus (1) ablesen: Die Spiegelung ist nämlich durch $\eta_2' = -\eta_2$ gegeben. Man kann den Satz auch ohne Koordinatentransformation beweisen, indem man davon ausgeht, daß die Polare des Wendepunktes w in zwei Geraden zerfällt, nämlich in die Wendetangente und eine nicht durch w gehende Gerade g. Ist nun s ein Punkt von g, so werden die Schnittpunkte der Gerade $\overline{ws}$ mit der Kurve aus der Gleichung

$$f_0(w)\, \lambda_1^3 + f_1(w, s)\, \lambda_1^2 \lambda_2 + f_2(w, s)\, \lambda_1 \lambda_2^2 + f_3(s)\, \lambda_2^3 = 0$$

gefunden. Darin ist nun $f_0(w) = 0$ und $f_2(w, s) = 0$, weil w auf der Kurve und s auf der ersten Polare von w liegt. Also ist mit $\lambda_1 : \lambda_2$ auch $-\lambda_1 : \lambda_2$ eine Lösung der Gleichung. Die projektive Spiegelung, die den Punkt $\lambda_1 w + \lambda_2 s$ in $-\lambda_1 w + \lambda_2 s$ überführt, führt somit die Kurve in sich über.

Invariant bleiben bei der Spiegelung nur der Punkt w und die Punkte der Geraden g, welche sicher keine Wendepunkte sind (denn ihre Tangenten schneiden die Kurve noch in w). Also werden die von w verschiedenen Wendepunkte durch die Spiegelung paarweise vertauscht.

Je zwei durch die Spiegelung vertauschte Punkte liegen auf einer Geraden durch w. Die Verbindungslinie von w mit einem anderen Wendepunkt enthält also immer noch einen dritten Wendepunkt. Und da w ein beliebiger Wendepunkt war, so folgt:

Satz 2. *Die Verbindungslinie zweier Wendepunkte enthält immer noch einen dritten Wendepunkt.*

Dieser Satz gilt, wie sein Beweis zeigt, auch für Kurven mit Doppelpunkt. In der Tat hat die Kurve (2), wie man durch Aufstellung der HESSEschen Kurve sofort einsieht, genau drei Wendepunkte, welche auf der Geraden $\eta_0 = 0$ liegen. Auf die Kurve (3) findet der Satz keine Anwendung, da sie nur einen Wendepunkt $(0, 0, 1)$ besitzt.

Satz 3. *Je zwei Wendepunkte werden durch eine der in Satz 1 erwähnten Spiegelungen vertauscht.*

Denn ihre Verbindungslinie enthält nach Satz 2 noch einen dritten Wendepunkt w, zu dem nach Satz 1 eine Spiegelung gehört, die je zwei mit w in einer Geraden liegende Wendepunkte vertauscht.

Aus Satz 3 folgt zunächst, daß die projektive Invariante I der Kurve (1) nicht von der Wahl des Wendepunktes abhängt, der als Ecke $(0, 0, 1)$ gewählt wird. Weiter folgt, daß die Gruppe $\mathfrak{G}$ der projektiven Transformationen der Kurve in sich die Wendepunkte *transitiv* vertauscht. Die Untergruppe von $\mathfrak{G}$, die den Punkt w fest läßt, hat nach Satz 1 mindestens die Ordnung 2. Ihre Nebenklassen führen w in alle neun Wendepunkte der Kurve über. Also hat die Gruppe $\mathfrak{G}$ mindestens die Ordnung 18.

Die Wendepunktskonfiguration. Wir wollen nun die von den neun Wendepunkten einer doppelpunktfreien kubischen Kurve gebildete Konfiguration untersuchen. Die Untersuchung verläuft rein kombinatorisch.

Von einem Wendepunkt w gehen vier Geraden aus, die je zwei weitere Wendepunkte enthalten. Wählt man für w der Reihe nach alle neun Wendepunkte, so erhält man $\dfrac{9 \cdot 4}{3} = 12$ Verbindungsgeraden, die mit den neun Wendepunkten eine „Konfiguration $9_4\,12_3$" bilden (neun Punkte, durch jeden Punkt vier Geraden, und 12 Geraden, auf jeder Geraden drei Punkte).

Sind a_1, a_2, a_3 drei Wendepunkte auf einer Geraden g, so gehen durch a_1, a_2, a_3 je drei weitere Geraden, die alle verschieden sind. So erhalten wir (mit g zusammen) $1+9=10$ Geraden durch a_1, a_2 oder a_3. Es bleiben zwei Geraden übrig, die weder durch a_1 noch durch a_2 noch durch a_3 gehen. Ist h eine von diesen, und sind b_1, b_2, b_3 die auf h liegenden Wendepunkte, so sind mit g, h und den neun Geraden $a_i b_k$ schon alle durch a_1, a_2, a_3, b_1, b_2 oder b_3 gehenden Geraden erschöpft. Es bleibt also von den 12 Geraden eine übrig, die weder durch a_1, a_2, a_3 noch durch b_1, b_2, b_3 geht. Sie heiße l und gehe durch c_1, c_2, c_3.

Jede Gerade wie g gehört demnach zu einem einzigen Geradentripel (g, h, l), welches gerade alle neun Wendepunkte enthält. Da jede von den 12 Geraden zu einem und nur einem solchen Tripel gehört, gibt es vier solche Tripel. Damit haben wir

Satz 4. *Die neun Wendepunkte lassen sich in vier Weisen in drei Tripel zerlegen, so daß jedes Tripel auf einer Geraden liegt.*

Bezeichnen wir eine Zerlegung in drei Tripel mit

$$a_1\, a_2\, a_3 \mid b_1\, b_2\, b_3 \mid c_1\, c_2\, c_3,$$

so kann man die Numerierung der b_k und c_k so wählen, daß eine zweite Zerlegung durch

$$a_1\, b_1\, c_1 \mid a_2\, b_2\, c_2 \mid a_3\, b_3\, c_3$$

gegeben ist. Die dritte und vierte Zerlegung können dann nur so lauten:

$$a_1\, b_2\, c_3 \mid a_2\, b_3\, c_1 \mid a_3\, b_1\, c_2$$
$$a_1\, b_3\, c_2 \mid a_2\, b_1\, c_3 \mid a_3\, b_2\, c_1.$$

Wählt man das Koordinatensystem so, daß die vier Punkte a_1, a_3, c_1, c_3 die folgenden inhomogenen Koordinaten erhalten:

$$a_1(1, 1); \qquad a_3(1, -1); \qquad c_1(-1, 1); \qquad c_3(-1, -1),$$

so erhalten auf Grund der Lagebeziehungen zwischen den neun Punkten, die durch unsere 12 Geraden gegeben sind, die übrigen Punkte zwangsläufig die folgenden Koordinaten:

$$a_2(1, w); \quad b_1(-w, 1); \quad b_3(w, -1); \quad c_2(-1, -w); \quad b_2(0, 0) \quad [w^2 = -3].$$

Die Lage der neun Wendepunkte ist demnach, unabhängig von der Invariante I der Kurve, bis auf eine projektive Transformation eindeutig bestimmt. Die Wendepunktskonfiguration läßt sich durch reelle Punkte nicht realisieren, da die Gleichung $w^2 = -3$ im Reellen nicht lösbar ist.

Faßt man die obigen vier Geradentripel als zerfallende Kurven 3. Ordnung auf, so bestimmen zwei von ihnen ein Büschel, dessen Basispunkte unsere neun Wendepunkte sind. Diesem Büschel gehören auch die anderen beiden Geradentripel sowie die ursprüngliche Kurve C an, da sie alle durch die neun Basispunkte des Büschels gehen. Auch die HESSEsche Kurve H von C gehört aus demselben Grunde dem Büschel an. Das Büschel ist demnach auch durch

$$\lambda_1 C + \lambda_2 H = 0$$

gegeben. Man nennt es das *syzygetische Büschel* ($\sigma\acute{v}\zeta\upsilon\gamma o\varsigma$ = zusammengejocht) der Kurve C.

Satz 5. *Haben neun verschiedene Punkte der Ebene die in Satz 4 beschriebene Lage, und bestimmt man durch zwei von den vier Geradentripeln ein Büschel von Kurven 3. Ordnung, dem dann natürlich auch die zwei anderen Geradentripel angehören, so haben alle Kurven dieses Büschels in den neun gegebenen Punkten ihre Wendepunkte.*

Beweis. Ist w einer von den neun Punkten, so bilden die ersten Polaren von w in bezug auf die Kurven des Büschels ein Kegelschnittbüschel. Der Punkt w ist dann und nur dann Wendepunkt einer durch w gehenden Kurve C, wenn die erste Polare von w in bezug auf C zerfällt. Nun gibt es vier Exemplare des Büschels, nämlich die vier in Satz 4 erwähnten Geradentripel, die in w einen Wendepunkt haben. Es gibt also in dem Kegelschnittbüschel vier zerfallende Kegelschnitte. Ein Kegelschnittbüschel enthält aber, wenn nicht alle Elemente des Büschels zerfallen, höchstens drei zerfallende Kegelschnitte. Also zerfallen alle Kegelschnitte des Büschels, d. h. w ist ein Wendepunkt für alle Kurven des Büschels.

Aus Satz 5 folgt, daß alle Kurven $\lambda_1 C + \lambda_2 H$ des syzygetischen Büschels dieselben Wendepunkte haben wie die Kurve C.

Aufgaben. 1. Es gibt eine Gruppe von 216 projektiven Transformationen, welche die Wendepunktskonfiguration und das syzygetische Büschel in sich transformiert. Sie enthält als Normalteiler die von den Spiegelungen aus Satz 1 erzeugte Gruppe von 18 Kollineationen, die jede einzelne Kurve des Büschels in sich transformiert.

2. Die Parameterwerte s, t, u der drei auf der Kurve (4) bzw. (5) von einer Geraden ausgeschnittenen Punkte genügen der Gleichung

$$s_1\,t_1\,u_1 + s_2\,t_2\,u_2 = 0$$

bzw.

$$s_1\,t_2\,u_2 + s_2\,t_1\,u_2 + s_2\,t_2\,u_1 = 0$$

oder nach Einführung von inhomogenen Parametern $s = s_1 : s_2$, usw.,

$$s\,t\,u = -1$$

bzw.

$$s + t + u = 0.$$

3. Das bekannte Additionstheorem der elliptischen Funktionen läßt sich so ausdrücken: Die Parameterwerte u, v, w der drei Schnittpunkte einer Geraden mit der durch die Parameterdarstellung (6) dargestellten Kurve 3. Ordnung genügen der Relation

$$u + v + w \equiv 0 \qquad \text{(mod Perioden)}.$$

§ 24. Punktgruppen auf einer Kurve dritter Ordnung.

Wir wollen die Punktgruppen[1]) untersuchen, die auf einer Kurve 3. Ordnung K_3 von anderen Kurven K_m ausgeschnitten werden. Dabei werden mehrfache Schnittpunkte mit der richtigen Multiplizität gezählt.

---

[1]) Das Wort Punktgruppe hat mit dem Gruppenbegriff nichts zu tun. Es bezeichnet lediglich eine endliche Anzahl von Punkten, unter denen derselbe Punkt auch mehrmals vorkommen darf.

Es wird ein für allemal angenommen, daß mehrfache Punkte von K_3 nicht in den betrachteten Punktgruppen vorkommen; die Kurven K_m, mit denen die Kurve K_3 geschnitten wird, sollen also die etwa vorhandenen mehrfachen Punkte von K_3 vermeiden.

Satz 1. *Wenn von den $3m$ Schnittpunkten einer Kurve m-ter Ordnung K_m mit einer Kurve 3. Ordnung K_3 drei von einer Geraden G aus K_3 ausgeschnitten werden, so werden die übrigen $3(m-1)$ von einer Kurve $(m-1)$-ter Ordnung K_{m-1} aus K_3 ausgeschnitten.*

Beweis. Die Gerade G habe die Gleichung $\eta_0 = 0$, die Kurve K_3 heiße $f = 0$, die Kurve K_m ebenso $F = 0$. Es handelt sich zunächst darum, zu zeigen, daß ein μ-facher Schnittpunkt S von K_3 und G auch ein mindestens μ-facher Schnittpunkt von K_m und G ist. Das zeigen wir so: Die Zweigentwicklung des linearen Zweiges $\mathfrak{z}$ von K_3 im Punkte S stimmt in den Gliedern mit $1, \tau, \ldots, \tau^{\mu-1}$ mit der Zweigentwicklung der Geraden G überein. Wenn also die Form F auf dem Zweig $\mathfrak{z}$ eine Ordnung $\geqq \mu$ hat, so hat sie auch auf dem entsprechenden Zweig der Geraden G mindestens die Ordnung μ. Der Punkt S ist also mindestens ein μ-facher Schnittpunkt von K_m mit G.

Setzt man nun in $F(x_0, x_1, x_2)$ und $f(x_0, x_1, x_2)$ beide Male $x_0 = 0$, so kommen die drei Nullstellen der Form $f(0, x_1, x_2)$ unter den Nullstellen der Form $F(x_0, x_1, x_2)$ mit der richtigen Vielfachheit vor, und daher ist $F(0, x_1, x_2)$ durch $f(0, x_1, x_2)$ teilbar:

$$F(0, x_1, x_2) = f(0, x_1, x_2) \cdot g(x_1, x_2).$$

Zieht man nun die Glieder von F und f, die den Faktor x_0 enthalten, wieder heran, so folgt

$$(1) \qquad F(x_0, x_1, x_2) = f(x_0, x_1, x_2) \cdot g(x_1, x_2) + x_0 \cdot h(x_0, x_1, x_2).$$

Aus (1) folgt, daß die Ordnung der Form $F(x)$ auf jedem Zweig der Kurve $f = 0$ gleich der Ordnung der Form $x_0 \cdot h(x)$ ist. Die $3m$ Schnittpunkte von $F = 0$ und $f = 0$ verteilen sich also auf die drei Schnittpunkte von $x_0 = 0$ mit $f = 0$ und die $3(m-1)$ Schnittpunkte von $h = 0$ und $f = 0$.

Wir ziehen aus Satz 1 zunächst einige einfache Folgerungen.

Satz 2. *Verbindet man die sechs Schnittpunkte eines Kegelschnittes K_2 und einer Kurve K_3 paarweise durch drei Geraden g_1, g_2, g_3, welche die Kurve K_3 zum dritten Male in P_1, P_2, P_3 schneiden, so sind P_1, P_2, P_3 die Schnittpunkte von K_3 mit einer Geraden.* (Von den $6+3$ Punkten dürfen beliebig viele zusammenfallen, aber der Kegelschnitt darf keinen Doppelpunkt der Kurve K_3 enthalten.)

Beweis. K_2 und $\overline{P_1 P_2}$ mögen zusammen die Kurve K_m und g_1 die Gerade G des Satzes 1 bilden. $\overline{P_1 P_2}$ schneide K_3 zum drittenmal in Q, und g_i schneide K_2 in A_i, B_i. Dann folgt, daß $A_2 A_3 B_2 B_3 P_2 Q$ auf einem Kegelschnitt K_2' liegen.

Von diesen 6 Schnittpunkten liegen wieder 3 auf einer Geraden, nämlich A_2, B_2, P_2. Also sind (wieder nach Satz 1) $A_3 B_3 Q$ die Schnittpunkte von K_3 mit einer Geraden K_1. Diese ist aber g_3, also ist $Q = P_3$.

Satz 2 enthält als Spezialfall, wenn K_3 in einen Kegelschnitt und eine Gerade und K_2 in zwei Geraden zerfällt, den PASCALschen Satz mit seinen sämtlichen Grenzfällen. (Man zeichne eine Figur!)

Man kann Satz 2 auch direkt beweisen, indem man aus dem durch die Kurven K_3 und $g_1\,g_2\,g_3$ bestimmten Kurvenbüschel ein solches Exemplar auswählt, welches irgendeinen siebenten Punkt Q des Kegelschnittes K_2 enthält. Dieses Exemplar muß dann, da es sieben Punkte mit dem Kegelschnitt gemeinsam hat, den Kegelschnitt als Bestandteil enthalten. Der andere Bestandteil ist eine Gerade, welche die Punkte P_1, P_2, P_3 enthält.

Läßt man den Kegelschnitt des Satzes 2 in zwei zusammenfallende Geraden ausarten, so erhält man

Satz 3. *Die drei Tangenten in den drei Schnittpunkten einer Geraden g mit einer Kurve 3. Ordnung K_3 schneiden die Kurve weiter in drei Punkten P_1, P_2, P_3, die auf einer Geraden liegen.*

Wählt man g als Verbindungslinie zweier Wendepunkte, so erhält man von neuem den Satz 2 des vorigen Paragraphen: Auf der Verbindungslinie zweier Wendepunkte liegt stets ein dritter Wendepunkt.

Von nun an möge die Kurve K_3 als irreduzibel angenommen werden. Wir wählen einen festen Punkt P_0 der Kurve (natürlich keinen Doppelpunkt) und definieren jetzt für zwei beliebige Punkte P, Q eine *Summe* folgendermaßen: Die Verbindungslinie PQ schneidet die Kurve noch in R', und die Verbindungslinie P_0R' schneidet die Kurve weiter in R. Dann schreiben wir $P + Q = R.$[1])

Die so erklärte Addition ist offenbar kommutativ und eindeutig umkehrbar. Der Punkt P_0 ist das Nullelement der Addition:

$$P + P_0 = P.$$

Wir werden beweisen, daß die Addition auch assoziativ ist:

$$(P + Q) + R = P + (Q + R).$$

Wir setzen $P + Q = S$, $S + R = T$, $Q + R = U$ und haben zu beweisen

---

[1]) Auf diese zunächst etwas merkwürdig anmutende Definition wird man von selbst geführt, wenn man entweder von der Theorie der Divisorenklassen in algebraischen Funktionenkörpern oder von der Theorie der elliptischen Funktionen ausgeht. Stellt man nämlich die Koordinaten der Punkte der Kurve als elliptische Funktionen von u dar, so daß P_0 zum Parameterwert 0, P zum Wert u_P, Q zum Wert u_Q und R zum Wert u_R gehört, so ist $u_P + u_Q \equiv u_R$ (mod Perioden). Beweis: Sind $l_1 = 0$ und $l_2 = 0$ die Gleichungen der Geraden PQR' und P_0RR', so ist der Quotient $l_1 : l_2$ eine rationale Funktion der Koordinaten eines variablen Kurvenpunktes, also eine elliptische Funktion von u mit den Nullstellen u_P und u_Q und den Polen u_R und 0. Nun ist die Summe der Nullstellen einer elliptischen Funktion, vermindert um die Summe der Pole, stets eine Periode. Es folgt $u_P + u_Q - u_R \equiv 0$.

$P + U = T$. Nach Definition der Addition mögen

$$PQS' \quad \text{von einer Geraden} \quad g_1$$
$$P_0SS' \quad ,, \quad ,, \quad ,, \quad h_1$$
$$SRT' \quad ,. \quad ,, \quad ,, \quad g_2$$
$$P_0TT' \quad ,, \quad ,, \quad ,, \quad l$$
$$QRU' \quad ,. \quad ,, \quad ,, \quad h_2$$
$$P_0UU' \quad ,, \quad ,, \quad ,, \quad g_3$$

ausgeschnitten werden. Wir wollen beweisen, daß auch PUT' von einer Geraden h_3 ausgeschnitten werden. Wir wenden Satz 1 an. Die Punkte $PQS'SRT'P_0UU'$ werden von einer Kurve 3. Ordnung $g_1g_2g_3$ ausgeschnitten, aber P_0SS' werden von h_1 ausgeschnitten, also werden die übrigen Punkte $PQRT'UU'$ von einem Kegelschnitt ausgeschnitten. Aber QRU' werden von h_2 ausgeschnitten, also werden (wieder nach Satz 1) $PT'U$ von einer Geraden h_3 ausgeschnitten. Daraus folgt sofort $P + U = T$, denn P_0TT' werden von einer Geraden l ausgeschnitten. Es gelten somit alle gewöhnlichen Regeln der Addition.

Nun beweisen wir den entscheidenden

Satz 4. *Die $3m$ Schnittpunkte $S_1, \ldots, S_{3m}$ von K_3 mit einer Kurve m-ter Ordnung K_m genügen der Gleichung*

$$(2) \qquad S_1 + S_2 + \cdots + S_{3m} = m\,P_1.$$

Dabei ist P_1 ein fester Punkt, nämlich der dritte Schnittpunkt der Tangente in P_0 mit K_3.

Beweis durch vollständige Induktion nach m. Für $m = 1$ folgt die Behauptung sofort aus der Definition der Summe $S_1 + S_2 + S_3 = (S_1 + S_2) + S_3$. Ist nämlich R der dritte Schnittpunkt von S_3P_0 mit der Kurve, so wird, da $S_1S_2S_3$ auf einer Geraden liegen, $S_1 + S_2 = R$ und $R + S_3 = P_1$. Wir nehmen nun die Behauptung für Kurven $(m-1)$-ten Grades als richtig an. S_1S_2 schneide die Kurve zum dritten Mal in P, ebenso S_3S_4 in Q und PQ in R. Dann werden die Punkte $S_1, \ldots, S_{3m}, P, Q, R$ von einer Kurve $(m+1)$-ten Grades aus K_3 ausgeschnitten, die aus K_m und der Geraden PQR besteht. Von diesen Punkten werden S_1, S_2, P von einer Geraden ausgeschnitten, also nach Satz 1 die Gruppe $S_3, \ldots, S_{3m}QR$ von einer Kurve m-ter Ordnung, aber wiederum S_3S_4Q von einer Geraden, also $S_5, \ldots, S_{3m}, R$ von einer Kurve $(m-1)$-ter Ordnung K_{m-1}. Nach der Induktionsvoraussetzung ist also

$$S_5 + \cdots + S_{3m} + R = (m-1)\,P_1.$$

Dazu addiere man

$$S_1 + S_2 + P = P_1$$
$$S_3 + S_4 + Q = P_1$$

und erhält

$$S_1 + S_2 + \cdots + S_{3m} + P + Q + R = (m+1)\,P_1.$$

Subtrahiert man davon $P + Q + R = P_1$, so folgt die Behauptung (2).

Aus Satz 4 folgt: *Von den* $3\,m$ *Schnittpunkten einer festen Kurve* K_3 *mit einer nicht durch die Doppelpunkte von* K_3 *gehenden Kurve* K_m *ist jeder einzelne durch die* $3\,m-1$ *übrigen eindeutig bestimmt.*

Wir zeigen nun, daß man die $3\,m-1$ Schnittpunkte $S_1, \ldots, S_{3m-1}$ auf K_3 außerhalb der Doppelpunkte willkürlich wählen kann, mit anderen Worten, daß durch je $3\,m-1$ Punkte auf K_3 mindestens eine K_3 nicht enthaltende Kurve m-ter Ordnung geht. Für $m=1$ und $m=2$ ist die Behauptung klar; wir nehmen also $m \geq 3$ an. Die lineare Schar aller K_m, die durch $3\,m-1$ gegebene Punkte gehen, hat mindestens die Dimension

$$\frac{m\,(m+3)}{2} - (3\,m-1) = \frac{m\,(m-3)}{2} + 1\,.$$

Die lineare Schar aller K_m, welche K_3 als Bestandteil enthalten, $K_m = K_3 K_{m-3}$, hat aber die Dimension

$$\frac{(m-3)\,m}{2}\,.$$

Die erstgenannte Dimension ist größer, also gibt es tatsächlich Kurven K_m durch $S_1, \ldots, S_{3m-1}$, welche K_3 nicht als Bestandteil enthalten. Der $3m$-te Schnittpunkt von K_m mit K_3 ist der durch (2) bestimmte Punkt S_{3m}. Also haben wir

Satz 5. *Notwendig und hinreichend dafür, daß* $3\,m$ *Punkte auf* K_3 *von einer zweiten Kurve* K_m *ausgeschnitten werden, ist die Bedingung* (2).

Aus Satz 5 folgt unmittelbar eine Verallgemeinerung der Sätze 1 und 2:

Satz 6. *Wenn von den* $3\,(m+n)$ *Schnittpunkten einer* K_3 *mit einer* K_{m+n} *irgend* $3\,m$ *auf* K_3 *von einer* K_m *ausgeschnitten werden, so werden die übrigen* $3\,n$ *von einer* K_n *ausgeschnitten.*

Denn aus

$$S_1 + S_2 + \cdots + S_{3m+3n} = (m+n)\,P_1$$

und

$$S_1 + S_2 + \cdots + S_{3m} = m\,P_1$$

folgt durch Subtraktion

$$S_{3m+1} + \cdots + S_{3m+3n} = n\,P_1$$

Schließlich beweisen wir noch:

Satz 7. *Wenn* K_m *und* K'_m *dieselbe Gruppe von* $3\,m$ *Punkten auf* K_3 *ausschneiden, so ist im Büschel der Kurven* K_m *und* K'_m *eine zerfallende Kurve* $K_3 K_{m-3}$ *vorhanden, und die restlichen* $m^2 - 3\,m = m\,(m-3)$ *Schnittpunkte von* K_m *und* K'_m *liegen auf* K_{m-3}.

Beweis. Es sei Q irgendein Punkt von K_3, der nicht in der Gruppe der $3\,m$ Punkte vorkommt. In dem von K_m und K'_m aufgespannten Büschel gibt es eine Kurve durch den Punkt Q. Diese hat $3\,m+1$ Punkte mit K_3 gemeinsam, also enthält sie K_3 als Bestandteil, und wir können sie mit $K_3 K_{m-3}$ bezeichnen. Die Schnittpunkte von K_m und K'_m sind die Basispunkte des Büschels, also auch die Schnittpunkte von K_m und

$K_3 K_{m-3}$, d. h. es sind die Schnittpunkte von K_m und K_3, vermehrt um die von K_m und K_{m-3}.

Die Sätze 5, 6, 7 gestatten sehr viele Anwendungen, von denen nur einige herausgegriffen werden mögen. Zunächst kommen wir noch einmal auf die Wendepunktskonfiguration zurück. Es gibt immer einen Wendepunkt, wir können also P_0 als Wendepunkt annehmen. Dann ist $P_1 = P_0$; wir bezeichnen diesen Punkt mit O (Nullpunkt). Die Bestimmung der Wendepunkte W kommt auf die Lösung der Gleichung

$$3W = O$$

hinaus. Wenn es außer der Lösung $W = O$ noch eine Lösung U gibt, so ist auch $2U = U + U$ eine Lösung, und es gilt

$$O + U + 2U = O:$$

die drei Wendepunkte $O, U, 2U$ liegen in einer Geraden. Gibt es außer $O, U, 2U$ noch einen Wendepunkt V, so gibt es gleich neun verschiedene Wendepunkte

$$(3) \qquad \left\{ \begin{array}{lll} O & U & 2U \\ V & U+V & 2U+V \\ 2V & U+2V & 2U+2V. \end{array} \right.$$

Das ist auch das Maximum. In der Tat sahen wir, daß die drei Kurventypen III, II, I der Reihe nach einen, drei und neun Wendepunkte besitzen. Die Konfiguration der neun Wendepunkte ist aus dem Schema (3) sofort zu entnehmen: immer dann, wenn drei von den neun Punkten die Summe O ergeben, liegen sie auf einer Geraden. Das ist der Fall für die Punkte der Zeilen und Spalten im Schema (3), sowie für die Tripel, welche (wie Determinantenglieder) aus jeder Zeile und Spalte genau einen Punkt enthalten.

Es folgt jetzt: *Eine reelle Kurve 3. Ordnung hat einen oder drei reelle Wendepunkte.*

Daß es einen reellen Wendepunkt gibt, ergibt sich daraus, daß die imaginären Wendepunkte nur in Paaren konjugiert komplexer auftreten können. Wir können also für P_0 einen reellen Wendepunkt wählen. Ist dann U ein zweiter reeller Wendepunkt, so ist auch $2U$ reell, und es gibt drei reelle Wendepunkte $O, U, 2U$. Einen vierten reellen Wendepunkt kann es nicht mehr geben, denn dann wäre die ganze Wendepunktskonfiguration (3) reell, was nach § 23 unmöglich ist.

Unter dem *Tangentialpunkt* eines Punktes P der Kurve K_3 versteht man den dritten Schnittpunkt der Tangente in P mit der Kurve. Der Tangentialpunkt Q wird durch

$$2P + Q = P_1$$

definiert. Zu gegebenem Tangentialpunkt Q gibt es auf einer Kurve vom Typus I vier Punkte P, auf einer Kurve vom Typus II zwei Punkte P, auf einer Kurve vom Typus III einen Punkt P. Die Gleichung

$$(4) \qquad 2X = P_1 - Q$$

hat somit stets vier Lösungen (bzw. zwei, bzw. eine Lösung).

Wir betrachten nun eine Kurve vom Typus I, also eine K_3 ohne Doppelpunkte. Sind X und Y zwei Lösungen von (4), so ist die Differenz $X - Y$ eine Lösung von

$$2(X - Y) = P_1 - P_1,$$

also einer der vier Punkte, deren Tangentialpunkt P_1 ist. Es seien P_0, D_1, D_2, D_3 diese vier Punkte. Dann entstehen also alle Lösungen X der Gleichung (4) aus einer Lösung Y durch Addition von P_0, D_1, D_2 oder D_3. Die Zuordnung

$$X = Y + D_i \qquad\qquad (i = 1, 2, 3)$$

ist für jedes i eine eineindeutige Zuordnung von der Periode 2: Ist $X = Y + D_i$, so ist auch $Y = X + D_i$. *Es gibt also auf der Kurve drei Involutionen von Punktepaaren* (X, Y), *so daß stets* $X \neq Y$, *während* X *und* Y *stets denselben Tangentialpunkt haben. Jedem Punkt* X *ist in jeder Involution eineindeutig ein Punkt* Y *zugeordnet, und dem Punkt* Y *ist wiederum in der gleichen Weise* X *zugeordnet.*

Die Tangenten aus einem veränderlichen Kurvenpunkt A haben die bemerkenswerte Eigenschaft, daß ihr Doppelverhältnis konstant ist. Dieses folgt aus

Satz 8. *Zieht man durch einen festen Kurvenpunkt* Q *alle möglichen Geraden* a, *welche die Kurve je in zwei weiteren Punkten* A_1, A_2 *schneiden mögen, verbindet man weiter* A_1 *und* A_2 *beide mit einem festen Kurvenpunkt* S *und sucht die dritten Schnittpunkte* B_1, B_2 *dieser Geraden mit der Kurve, so gehen die Verbindungslinien* $b = B_1 B_2$ *alle durch einen festen Kurvenpunkt* R. *Durchläuft die Gerade* a *das Büschel* Q, *so durchläuft* b *das Büschel* R, *und diese Zuordnung* $a \to b$ *ist eine Projektivität.*

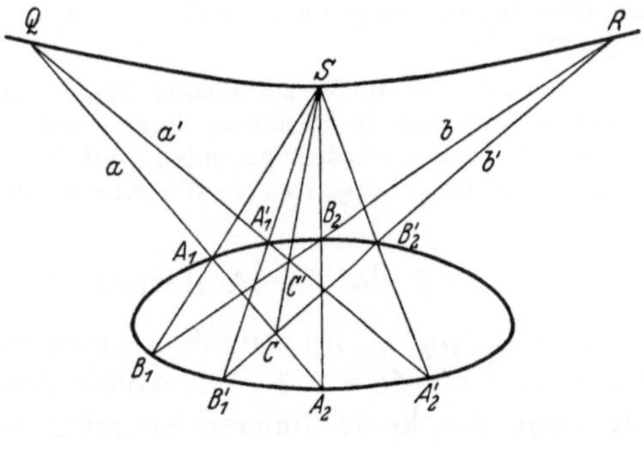

Beweis. Wir haben

$$Q + A_1 + A_2 = P_1$$
$$A_1 + S\ \ + B_1 = P_1$$
$$A_2 + S\ \ + B_2 = P_1$$
$$B_1 + B_2 + R\ = P_1$$

Daraus durch Addition und Subtraktion:

$$(5) \qquad Q + R - 2S = 0,$$

mithin ist R in der Tat konstant (unabhängig von der Geraden a). Die Zuordnung $a \to b$ ist offenbar eineindeutig. Um zu zeigen, daß sie eine

Projektivität ist, wählen wir eine feste Lage a' der Geraden a, konstruieren dazu vorschriftsmäßig die Punkte A_1', A_2', B_1', B_2' und die Gerade b', bezeichnen den Schnittpunkt von a und b' mit C, den von a' und b mit C' und beweisen, daß S, C, C' auf einer Geraden liegen. Wir wenden zu dem Zweck Satz 7 mit $m = 4$ an. K_m bestehe aus den vier Geraden $a, b, A_1' S B_1', A_2' S B_2'$, ebenso K_m' aus den vier Geraden a', $b', A_1 S B_1, A_2 S B_2$. K_m und K_m' schneiden dieselbe Punktgruppe $Q A_1 A_2 A_1' A_2' S S B_1 B_2 B_1' B_2' R$ aus der Kurve K_3 aus. Also liegen nach Satz 7 die restlichen vier Schnittpunkte S, S, C, C' auf einer Geraden. Die Zuordnung $a \to b$ läßt sich demnach so bewerkstelligen: Man schneide a mit b', projiziere aus S auf a' und verbinde mit R. Somit ist die Zuordnung eine Projektivität.

Zu gegebenem Q und R kann man auf Grund der Gleichung (5) stets ein passendes S finden.

Wählt man für a insbesondere eine Tangente, so wird $A_1 = A_2$ und $B_1 = B_2$, also wird auch b eine Tangente. Also sind die vier Tangenten aus Q zu den vier Tangenten aus R projektiv und haben dasselbe Doppelverhältnis. Da Q und R willkürliche Kurvenpunkte sind, so folgt:

Satz 9. *Das Doppelverhältnis der vier Tangenten, die man aus einem Punkt Q der Kurve K_3 an die Kurve ziehen kann, ist von der Wahl des Punktes Q unabhängig.*

Wählt man für Q einen Wendepunkt, so wird eine der vier Tangenten die Wendetangente. Legen wir Q nach $(0, 0, 1)$ und die Tangente in die Gerade $x_0 = 0$, so folgt, daß das in Satz 9 erwähnte Doppelverhältnis gleich dem Teilverhältnis $\dfrac{e_1 - e_2}{e_1 - e_3}$ der drei Wurzeln $e_1, e_2, e_3,$ des in der Normalform (1), § 23, vorkommenden Polynoms $4 x^3 - g_2 x - g_3$ ist.

Aufgaben. 1. Eine kubische Kurve ohne Doppelpunkt besitzt drei Systeme von dreimal berührenden Kegelschnitten. In jedem System kann man zwei von den drei Berührungspunkten willkürlich wählen; der dritte ist dann eindeutig bestimmt.

2. Es gibt 27 nicht zerfallende Kegelschnitte, die eine doppelpunktfreie Kurve 3. Ordnung je in einem Punkt mit der Vielfachheit 6 berühren. Ihre Berührungspunkte werden gefunden, indem man aus den neun Wendepunkten jedesmal die drei Tangenten an die Kurve zieht.

§ 25. Die Auflösung der Singularitäten.

Es sei $f(\eta_0, \eta_1, \eta_2) = 0$ eine nicht zerfallende ebene algebraische Kurve vom Grade $n > 1$. Wir wollen diese Kurve in eine andere transformieren, die keine anderen Singularitäten als r-fache Punkte mit r verschiedenen Tangenten besitzt. Das Hilfsmittel dazu bildet eine sehr einfache, in beiden Richtungen rationale Transformation der Ebene in sich *(Cremonatransformation)*, die durch die Formeln

(1) $$\zeta_0 : \zeta_1 : \zeta_2 = \eta_1\eta_2 : \eta_2\eta_0 : \eta_0\eta_1,$$

(2) $$\eta_0 : \eta_1 : \eta_2 = \zeta_1\zeta_2 : \zeta_2\zeta_0 : \zeta_0\zeta_1$$

gegeben wird. Daß (2) die Auflösung von (1) im Fall $\eta_0\eta_1\eta_2 \neq 0$ ist, ist klar. Die Transformation (1) ist also ihre eigene Inverse. Sie ist außerhalb der Seiten des Fundamentaldreiecks eineindeutig, führt aber alle Punkte der Seite $\eta_0 = 0$ in die gegenüberliegende Ecke $\zeta_1 = \zeta_2 = 0$ über; entsprechendes gilt für die übrigen Seiten. Für die Ecken des Fundamentaldreiecks ist die Transformation nach (1) unbestimmt.

Setzt man in die Gleichung $f(\eta_0, \eta_1, \eta_2)$ der vorgelegten Kurve die Verhältniswerte (2) ein, so erhält man eine transformierte Gleichung

(3) $$f(\zeta_1\zeta_2, \zeta_2\zeta_0, \zeta_0\zeta_1) = 0.$$

Geht die ursprüngliche Kurve $f = 0$ nicht durch eine Ecke des Fundamentaldreiecks, so entspricht jedem Punkt dieser Kurve eindeutig ein Punkt der Kurve (3), und die letztere ist (nach § 19) irreduzibel. Geht aber $f = 0$ durch eine Ecke, etwa durch $(1, 0, 0)$, so sind alle Glieder in $f(y_0, y_1, y_2)$ durch y_1 oder y_2 teilbar, und daher spaltet $f(z_1z_2, z_2z_0, z_0z_1)$ den Faktor z_0 ab. Hat $f = 0$ in $(1, 0, 0)$ einen r-fachen Punkt, so spaltet $f(z_1z_2, z_2z_0, z_0z_1)$ sogar genau den Faktor z_0^r ab. Wir setzen also

(4) $$f(z_1z_2, z_2z_0, z_0z_1) = z_0^r z_1^s z_2^t\, g(z_0, z_1, z_2)$$

und nennen $g(\zeta) = 0$ die *transformierte Kurve* von $f = 0$.

Durch die Substitution

$$z_0 = y_1 y_2, \quad z_1 = y_2 y_0, \quad z_2 = y_0 y_1$$

erhält man aus (4)

$$(y_0 y_1 y_2)^n f(y) = y_0^{s+t}\, y_1^{t+r}\, y_2^{r+s}\, g(y_1 y_2, y_2 y_0, y_0 y_1),$$

(5) $$g(y_1 y_2, y_2 y_0, y_0 y_1) = y_0^{n-s-t}\, y_1^{n-t-r}\, y_2^{n-r-s}\, f(y_0, y_1, y_2).$$

Also ist auch umgekehrt $f = 0$ die transformierte Kurve von $g = 0$. Wäre $g(z_0, z_1, z_2)$ zerlegbar, so wäre nach (5) auch $f(y_0, y_1, y_2)$ zerlegbar, entgegen der Voraussetzung. Also ist $g(\zeta) = 0$ eine *unzerlegbare* Kurve.

Durch Differentiation nach z_2 folgt aus (4), wenn f_0', f_1', f_2' die Ableitungen von f und g_0', g_1', g_2' die von g sind:

$$z_1 f_0'(z_1z_2, z_2z_0, z_0z_1) + z_0 f_1'(z_1z_2, z_2z_0, z_0z_1)$$
$$= t\, z_0^r z_1^s z_2^{t-1}\, g(z_0, z_1, z_2) + z_0^r z_1^s z_2^t\, g_2'(z_0, z_1, z_2).$$

Multipliziert man diese Gleichung auf beiden Seiten mit z_2 und wendet die EULERsche Identität

$$y_0 f_0'(y) + y_1 f_1'(y) + y_2 f_2'(y) = n\, f(y)$$

an, so folgt:

(6) $$n f(z_1z_2, z_2z_0, z_0z_1) - z_0 z_1 f_2'(z_1z_2, z_2z_0, z_0z_1)$$
$$= t\, z_0^r z_1^s z_2^t\, g(z) + z_0^r z_1^s z_2^{t+1}\, g_2'(z_0, z_1, z_2).$$

Analoge Gleichungen gelten natürlich für die beiden anderen Ableitungen f_0', f_1'.

Wie bei jeder rationalen Abbildung entspricht jedem Zweig der Kurve $f = 0$ eindeutig ein Zweig der Kurve $g = 0$, und umgekehrt. Sind $\eta_0(\tau)$, $\eta_1(\tau)$, $\eta_2(\tau)$ die Potenzreihenentwicklungen eines Zweiges $\mathfrak{z}$ der Kurve $f = 0$, so erhält man die des entsprechenden Zweiges $\mathfrak{z}'$ der Kurve $g = 0$, indem man zunächst die Produkte $\eta_1(\tau)\,\eta_2(\tau)$, $\eta_1(\tau)\,\eta_0(\tau)$, $\eta_0(\tau)\,\eta_1(\tau)$ bildet und dann aus diesen drei Potenzreihen einen etwa vorhandenen gemeinsamen Faktor τ^λ entfernt:

$$\begin{cases} \zeta_0(\tau)\,\tau^\lambda = \eta_1(\tau)\,\eta_2(\tau) \\ \zeta_1(\tau)\,\tau^\lambda = \eta_2(\tau)\,\eta_0(\tau) \\ \zeta_2(\tau)\,\tau^\lambda = \eta_0(\tau)\,\eta_1(\tau). \end{cases}$$

Der Faktor τ^λ tritt nur dann auf, wenn der Ausgangspunkt des Zweiges $\mathfrak{z}$ eine der Ecken des Koordinatendreiecks ist. Nehmen wir etwa an, diese sei die Ecke $(1, 0, 0)$, und die Tangente des Zweiges sei keine Seite des Koordinatendreiecks, so lauten die Potenzreihenentwicklungen des Zweiges so:

$$(7) \quad \begin{cases} \eta_0(\tau) = 1 \\ \eta_1(\tau) = b_k\,\tau^k + b_{k+1}\,\tau^{k+1} + \cdots & (b_k \neq 0) \\ \eta_2(\tau) = c_k\,\tau^k + c_{k+1}\,\tau^{k+1} + \cdots & (c_k \neq 0) \end{cases}$$

Man findet dann $\lambda = k$ und

$$(8) \quad \begin{cases} \zeta_0(\tau) = b_k\,c_k\,\tau^k + (b_k\,c_{k+1} + b_{k+1}\,c_k)\,\tau^{k+1} + \cdots \\ \zeta_1(\tau) = c_k + c_{k+1}\tau + \cdots \\ \zeta_2(\tau) = b_k + b_{k+1}\tau + \cdots. \end{cases}$$

Der Anfangspunkt des Zweiges $\mathfrak{z}'$ liegt also in diesem Fall auf der gegenüberliegenden Seite des Koordinatendreiecks. Bildet man umgekehrt, vom Zweig $\mathfrak{z}'$ ausgehend,

$$\eta_0(\tau) = \zeta_1(\tau)\,\zeta_2(\tau)$$
$$\eta_1(\tau) = \zeta_2(\tau)\,\zeta_0(\tau)$$
$$\eta_2(\tau) = \zeta_0(\tau)\,\zeta_1(\tau),$$

so erhält man, von einem unwesentlichen Faktor $\zeta_1(\tau)\,\zeta_2(\tau)$ abgesehen, den ursprünglichen Zweig $\mathfrak{z}$ wieder zurück.

Wir gehen nun an die „Auflösung der Singularitäten". Wir nehmen auf der Kurve $f = 0$ eine bestimmte Singularität, d. h. einen mehrfachen Punkt O vor, den wir auflösen, d. h. in einfachere Singularitäten verwandeln wollen. Wir legen die Ecke $(1, 0, 0)$ des Koordinatendreiecks in O, wählen die drei anderen Ecken außerhalb der Kurve und so, daß die Seiten des Koordinatendreiecks keine Kurventangenten sind und keine mehrfachen Punkte der Kurve außer O enthalten. In der Gleichung (4) wird dann $s = t = 0$, während r die Vielfachheit des Punktes O angibt. Wir haben nun dreierlei zu untersuchen:

1. Die Wirkung der Transformation auf die Zweige des Punktes O,

2. die Wirkung auf die Zweige in den Schnittpunkten der Dreiecksseiten mit der Kurve,

3. die Wirkung auf die übrigen Kurvenpunkte und ihre Zweige.

Wir führen ein Maß für die Kompliziertheit einer Singularität O ein, nämlich die Schnittpunktsmultiplizität von O als Schnittpunkt der Kurve $f = 0$ mit der Polare eines Punktes P, der so gewählt wird, daß diese Multiplizität möglichst klein ausfällt. Ist O ein einfacher Punkt, so hat dieses Maß den Wert Null, bei mehrfachen Punkten ist es dagegen immer > 0.

Die Schnittmultiplizität der Kurve mit der Polare setzt sich aus Beiträgen zusammen, die von den verschiedenen Zweigen des Punktes O herrühren. Wir werden nun zeigen, daß für jeden einzelnen Zweig $\mathfrak{z}$ des Punktes O der Beitrag durch die obige Cremonatransformation stets verkleinert wird, falls O wirklich ein vielfacher Punkt, also wenn $r > 1$ ist.

Unter $\zeta_0, \zeta_1, \zeta_2$ verstehen wir die Potenzreihen (8), unter η_0, η_1, η_2 die zu (7) proportionalen Potenzreihen

$$\eta_0 = \zeta_1 \zeta_2, \qquad \eta_1 = \zeta_2 \zeta_0, \qquad \eta_2 = \zeta_0 \zeta_1,$$

welche den Zweig $\mathfrak{z}$ darstellen. Die Polare eines Punktes $P(\pi_0, \pi_1, \pi_2)$ hat die Gleichung

$$\pi_0 f_0'(\eta) + \pi_1 f_1'(\eta) + \pi_2 f_2'(\eta) = 0$$

und schneidet den Zweig $\mathfrak{z}$ mit einer Vielfachheit, die $\geq$ dem Minimum der Ordnungen der Potenzreihen $f_0'(\eta), f_1'(\eta), f_2'(\eta)$ ist und die im allgemeinen (außer für spezielle Lagen des Punktes P) gleich diesem Minimum ist. Wir können annehmen, daß die Ecke $(0, 0, 1)$ des Koordinatendreiecks keine solche spezielle Lage hat, daß also die Ordnung μ der Potenzreihe $f_2'(\eta)$ schon gleich dem erwähnten Minimum ist.

Setzt man nun für z_0, z_1, z_2 in (6) die Potenzreihen $\zeta_0, \zeta_1, \zeta_2$ ein, so folgt wegen $s = t = 0$, $f(\eta) = 0$, $g(\zeta) = 0$:

$$- \zeta_0 \zeta_1 f_2'(\eta_0, \eta_1, \eta_2) = \zeta_0^r \zeta_2 g_2'(\zeta_0, \zeta_1, \zeta_2),$$

oder nach Kürzung von ζ_0

$$(9) \qquad - \zeta_1 f_2'(\eta_0, \eta_1, \eta_2) = \zeta_0^{r-1} \zeta_2 g_2'(\zeta_0, \zeta_1, \zeta_2).$$

Die linke Seite hat genau die Ordnung μ, da ζ_1 nach (8) die Ordnung Null hat. Der Faktor ζ_0^{r-1} rechts hat die Ordnung $(r - 1)\, k$ und ζ_2 die Ordnung 0. Also hat der Faktor $g_2'(\zeta_0, \zeta_1, \zeta_2)$ die Ordnung

$$\mu - (r - 1)\, k < \mu.$$

Das Minimum der Ordnungen von $g_0'(\zeta), g_1'(\zeta), g_2'(\zeta)$ ist um so mehr $< \mu$. Also hat sich die minimale Schnittvielfachheit des Zweiges mit der Polare durch die Cremonatransformation in der Tat verkleinert.

Wir wenden uns nun zweitens den Schnittpunkten der Dreiecksseiten mit der Kurve zu. Liegt ein solcher Punkt etwa auf der Dreiecksseite $\eta_2 = 0$, so hat η_2, da der Schnittpunkt ein einfacher sein sollte, die Ordnung 1, während η_0 und η_1 die Ordnung Null haben:

$$\eta_0 = a_0 + a_1 \tau + \cdots \qquad (a_0 \neq 0)$$
$$\eta_1 = b_0 + b_0 \tau + \cdots \qquad (b_0 \neq 0)$$
$$\eta_2 = c_1 \tau + \cdots \qquad (c_1 \neq 0).$$

Der transformierte Zweig heißt

$$\zeta_0 = \eta_1 \eta_2 = b_0 c_1 \tau + \cdots$$
$$\zeta_1 = \eta_2 \eta_0 = a_0 c_1 \tau + \cdots$$
$$\zeta_2 = \eta_0 \eta_1 = a_0 b_0 + \cdots .$$

Es handelt sich also um einen linearen Zweig im Punkt $(0, 0, 1)$, dessen Tangentenrichtung durch das Verhältnis $b_0 : a_0$ gegeben wird, also von der Lage des Punktes $(a_0, b_0, 0)$ auf der gegenüberliegenden Dreiecksseite, von dem wir ausgegangen waren, abhängt. Da die Schnittpunkte der Kurve $f = 0$ mit den Dreiecksseiten außerhalb O alle als verschieden angenommen wurden, erhalten wir für die transformierten linearen Zweige in den Ecken des Dreiecks lauter verschiedene Tangenten. Es sind also durch die Cremonatransformation *neue Singularitäten* aufgetreten, nämlich *vielfache Punkte mit lauter linearen Zweigen mit getrennten Tangenten.*

Wir haben drittens noch die Punkte zu betrachten, welche weder in einer Ecke noch auf einer Seite des Fundamentaldreiecks liegen. Für diese Punkte ist die Cremonatransformation eineindeutig. Sie transformiert (wie man leicht nachrechnet) lineare Zweige in lineare Zweige, und sie transformiert auch die Tangentenrichtungen der Zweige in einem solchen Punkt eineindeutig. Einfache Punkte gehen somit in einfache Punkte über, q-fache Punkte mit q getrennten Tangenten wieder in ebensolche. Handelt es sich um singuläre Punkte, so folgt aus der Formel (9), die auch für diesen Fall gilt, daß die Schnittvielfachheiten der Zweige mit den Polaren in diesem Fall ungeändert bleiben; das Maß der Singularität erhöht sich also nicht.

Definiert man nun für jede Kurve $f = 0$ eine ganze Zahl $\mu(f)$ als die Summe der Singularitätsmaße aller der singulären Punkte, die nicht nur vielfache Punkte mit getrennten Tangenten sind, so folgt aus dem Vorangehenden, daß die Zahl $\mu(f)$, falls sie nicht Null ist, durch eine geeignete Cremonatransformation stets verkleinert werden kann. Nach endlich vielen solchen Transformationen wird $\mu(f) = 0$, und wir haben den Satz:

Jede irreduzible Kurve $f = 0$ läßt sich durch eine birationale Transformation in eine solche verwandeln, die nur „normale" Singularitäten, d. h. vielfache Punkte mit getrennten Tangenten besitzt.

Aufgabe. Man zeige, daß der oben bewiesene Satz auch für zerfallende Kurven gilt.

§ 26. Die Invarianz des Geschlechtes. Die PLÜCKERschen Formeln.

Es sei m der Grad einer ebenen irreduziblen Kurve K und m' ihre Klasse. Wir berechnen für alle nicht gewöhnlichen Punkte von K die Charakteristiken (k, l) und bilden die Summen

$$s = \sum (k-1)$$
$$s' = \sum (l-1).$$

s heißt die „Zahl der Spitzen", s' die „Zahl der Wendepunkte". In der Tat, wenn es keine anderen außergewöhnlichen Zweige als Spitzen $(2, 1)$ und Wendepunkte $(1, 2)$ gibt, so bedeutet s wirklich die Anzahl der Spitzen und s' die Anzahl der Wendepunkte.

Wir setzen nun

$$(1) \qquad\qquad m' + s - 2\,m = 2\,p - 2\,,$$

und nennen die durch (1) definierte rationale Zahl p das *Geschlecht* der Kurve. Wir werden nachher sehen, daß p eine ganze Zahl ≥ 0 ist, und daß p bei allen birationalen Transformationen der Kurve invariant bleibt.

Wir bringen zunächst die Definition des Geschlechtes auf eine etwas andere Form. Wir nehmen der Einfachheit halber wieder an, der Punkt $(0, 0, 1)$ liege nicht auf der Kurve. Wir betrachten einen allgemeinen Punkt $(1, u, \omega)$ der Kurve K, wobei also ω eine algebraische Funktion von u ist, und betrachten die Verzweigungspunkte dieser Funktion ω, d. h. diejenigen Werte $u = a$ oder ∞, in denen mehrere Potenzreihenentwicklungen $\omega_1, \ldots, \omega_h$ zu einem Zyklus zusammentreten. Die Zahl h, die Verzweigungsordnung, ist die Ordnung der Funktion $u - a$ (bzw. u^{-1}) auf dem betreffenden Zweig. Denkt man nun an die Klassifikation der Zweige (§ 21), so sieht man, daß

$h = k$, falls die Zweigtangente nicht durch $(0, 0, 1)$ geht,

$h = k + l$, falls die Zweigtangente durch $(0, 0, 1)$ geht.

Es folgt also, wenn über alle $h > 1$ summiert wird:

$$\sum (h-1) = \sum (k-1) + \sum{}' l,$$

wobei die letztere Summe sich nur über diejenigen Zweige erstreckt, deren Tangenten durch den Punkt $(0, 0, 1)$ gehen. $\sum' l$ ist also die Summe der Vielfachheiten der Tangenten aus $(0, 0, 1)$, oder die *Klasse m'*. Die Summe $\sum (h-1)$ heißt die *Verzweigungszahl w* von ω als algebraischer Funktion von u. Schließlich ist $\sum (k-1) = s$, also:

$$w = s + m'.$$

Setzt man das in (1) ein, so folgt

$$(2) \qquad\qquad w - 2\,m = 2\,p - 2\,,$$

in Worten: *Die Verzweigungszahl einer algebraischen Funktion ω, vermindert um ihren doppelten Grad, ist gleich $2\,p - 2$, wenn p das Geschlecht der zugehörigen algebraischen Kurve ist.*

Es ist nicht schwer, diesen Satz auch für den Fall zu beweisen, daß der Punkt $(0, 0, 1)$, der bisher außerhalb der Kurve angenommen wurde, ein q-facher Punkt der Kurve mit lauter gewöhnlichen Zweigen ist. In diesem Fall wird der Grad n der Funktion ω nicht gleich m, sondern $m-q$, auch wird $\sum' l$ nicht gleich m', sondern $m'-2q$, und es folgt

$$w - 2n = 2p - 2.$$

Das Geschlecht hängt eng zusammen mit den *Differentialen* des Funktionenkörpers $K(u, \omega)$. Darunter versteht man folgendes. Das Differential der unabhängigen Veränderlichen du soll ein bloßes Symbol oder, wenn man will, eine Unbestimmte sein. Ist weiter η irgendeine Funktion des Körpers, so setzen wir

$$d\eta = \frac{d\eta}{du}\, du.$$

Unter der *Ordnung* des Differentials du auf irgendeinem Zweig der Kurve verstehen wir die Ordnung des Differentialquotienten $du/d\tau$ nach der Ortsuniformisierenden τ. Die Ordnung von $d\eta$ ist dementsprechend die Ordnung von

$$\frac{d\eta}{d\tau} = \frac{d\eta}{du}\frac{du}{d\tau}.$$

Hat $u-a$ auf einem Zweig die Ordnung h:

$$u - a = c_h \tau^h + \cdots,$$

so hat du die Ordnung $h-1$, denn durch Differentiation folgt

$$\frac{du}{d\tau} = h\,c_h \tau^{h-1} + \cdots.$$

Nur in den Verzweigungspunkten ist h von 1 verschieden; es gibt also auch für das Differential du nur endlich viele Zweige, auf denen seine Ordnung von Null verschieden ist. Wird auf einem Zweig $u=\infty$, so wird

$$u^{-1} = c_h \tau^h + \cdots$$
$$u = c_h^{-1} \tau^{-h} + \cdots$$
$$\frac{du}{d\tau} = -h\,c_h^{-1} \tau^{-h-1} + \cdots,$$

also wird die Ordnung von du dort $-h-1$. Nun ist

$$-h-1 = (h-1) - 2h.$$

Die Summe der Ordnungen des Differentials du auf allen Zweigen wird gleich

$$\sum (h-1) - \sum_\infty 2h = w - 2m = 2p - 2;$$

dabei bedeutet $\sum_\infty$ die Summation über alle Zweige mit $u=\infty$, also über alle Schnittpunkte der Kurve mit der Geraden $\eta_0 = 0$. Da diese Schnittpunkte auf jedem Zweig jeweils die Vielfachheit h haben, wird $\sum_\infty h$ gleich dem Grad m der Kurve. Also:

Die Summe der Ordnungen des Differentials du auf allen Kurven-zweigen ist gleich $2p-2$.

Das gilt nun aber nicht nur für du, sondern für jedes Differential

$$d\eta = \frac{d\eta}{du}\,du,$$

denn $d\eta/du$ ist eine Funktion des Körpers, und die Summe der Ord-nungen einer solchen Funktion auf allen Zweigen ist gleich Null (§ 20).

Aus dieser Bemerkung folgt nun sofort der *Satz von der Invarianz des Geschlechtes:*

Wenn zwei Kurven $f=0$ und $g=0$ birational aufeinander abgebildet werden können, so haben sie dasselbe Geschlecht.

Denn ist (u, ω) ein allgemeiner Punkt der einen und (v, ϑ) einer der anderen Kurve, so entspricht jeder Funktion $\eta(u, \omega)$ vermöge der rationalen Abbildung eine Funktion $\eta'(v, \vartheta)$ und jedem Zweig ein Zweig. Der Ortsuniformisierenden des Zweiges entspricht wieder die Orts-uniformisierende, dem Differentialquotienten wieder der Differential-quotient, folglich bleiben die Ordnungen der Differentiale $d\eta$ erhalten und daher auch deren Summe $2p-2$.

Als erste Anwendung des Satzes von der Invarianz des Geschlechtes beweisen wir, daß das Geschlecht stets eine ganze Zahl ≥ 0 ist. Wir können nach § 25 jede Kurve birational in eine Kurve K mit lauter „normalen" Singularitäten, nämlich r-fachen Punkten mit getrennten Tangenten, verwandeln. Hat die Kurve den Grad m, so ist ihre Klasse m' nach § 21 gleich

$$m' = m(m-1) - \sum r(r-1),$$

wobei die Summe sich über alle vielfachen Punkte erstreckt. Es folgt

$$2p-2 = m' + s - 2m = m(m-1) - \sum r(r-1) - 2m$$
$$2p = (m-1)(m-2) - \sum r(r-1).$$

Die rechte Seite ist eine gerade Zahl, mithin ist p ganz. Wir können

$$\sum r(r-1) = 2d$$

setzen und nennen dann d die „Zahl der Doppelpunkte", indem wir einen r-fachen Punkt für $\binom{r}{2}$ Doppelpunkte zählen. Dann wird

$$(3) \qquad p = \frac{(m-1)(m-2)}{2} - d.$$

Eine Kurve, welche in jedem r-fachen Punkt der Kurve K (mit normalen Singularitäten!) mindestens einen $(r-1)$-fachen Punkt hat, heißt eine *adjungierte Kurve* zu K. Damit ein gegebener Punkt ein r-facher Punkt einer Kurve $h=0$ sei, haben deren Koeffizienten $\frac{r(r-1)}{2}$ lineare Gleichungen zu erfüllen, denn wenn etwa $(1, 0, 0)$ der Punkt ist, so müssen in der Entwicklung von $h(x_0, x_1, x_2)$ nach aufsteigenden Potenzen von x_1 und x_2 die Glieder der Ordnungen $0, 1, \ldots, r-1$ fehlen.

Eine adjungierte Kurve hat somit $\sum \dfrac{r\,(r-1)}{2} = d$ (abhängige oder unabhängige) lineare Bedingungen zu erfüllen. Sie schneidet die Kurve in den vielfachen Punkten je $r\,(r-1)$-fach, insgesamt also $2d$-fach.

Es gibt adjungierte Kurven der Ordnung $m-1$, z. B. die erste Polare eines beliebigen Punktes. Da die Gesamtzahl der Schnittpunkte von Kurve und Polare $m\,(m-1)$ beträgt, so folgt

$$(4) \qquad 2\,d \leq m\,(m-1).$$

Es gibt sogar adjungierte Kurven der Ordnung $m-1$, die außer den vielfachen Punkten noch

$$\frac{(m-1)\,(m+2)}{2} - d$$

beliebig vorgegebene Kurvenpunkte enthalten. Denn eine Kurve der Ordnung $m-1$ hat $\dfrac{m\,(m+1)}{2}$ Koeffizienten, denen man also

$$d + \frac{(m-1)\,(m+2)}{2} - d = \frac{m\,(m+1)}{2} - 1$$

Bedingungen auferlegen kann, ohne daß sie alle verschwinden müssen. Da die Schnittpunktszahl wieder $m\,(m-1)$ beträgt, so folgt

$$2\,d + \frac{(m-1)\,(m+2)}{2} - d \leq m\,(m-1)$$

oder

$$(5) \qquad d \leq \frac{(m-1)\,(m-2)}{2}$$

oder wegen (3)

$$p \geq 0.$$

Die Ungleichung (4) gilt, wie der Beweis zeigt, nicht nur für irreduzible, sondern für beliebige Kurven ohne mehrfache Bestandteile, die Ungleichung (5) nur für irreduzible Kurven, aber mit beliebigen Singularitäten. Beide sind die schärfsten ihrer Art.

Der Begriff des Geschlechtes läßt sich auch auf reduzible Kurven übertragen: Die Definition (1) bleibt dieselbe. Da die Klasse, Spitzenzahl und Grad einer zerfallenden Kurve gleich der Summe der Klassen, Spitzenzahlen und Grade der Bestandteile sind, so ist für eine Kurve, die in r Bestandteile von den Geschlechtern $p_1, \ldots, p_r$ zerfällt,

$$2\,p - 2 = (2\,p_1 - 2) + \cdots + (2\,p_r - 2)$$

oder

$$(6) \qquad p = p_1 + \cdots + p_r - r + 1.$$

Die PLÜCKER*schen Formeln.* Die duale Kurve einer (irreduziblen) Kurve hat nach dem Satz von der Invarianz des Geschlechtes dasselbe Geschlecht wie die ursprüngliche Kurve. Daher gilt dual zu (1)

$$(7) \qquad m + s - 2\,m' = 2\,p - 2.$$

Zu den Formeln (1), (3) tritt nun die Formel (5) des § 21, welche die Klasse m' durch den Grad m und durch die Art und Anzahl der singulären Punkte ausdrückt. Bestehen diese nur aus d Knotenpunkten und s Spitzen, so ist nach § 21:

$$(8) \qquad m' = m(m-1) - 2d - 3s.$$

Bei passender Definition der Zahl d gilt diese Formel auch, wenn die Kurve höhere Singularitäten besitzt. Zum Beispiel hat man einen r-fachen Punkt mit getrennten Tangenten als $\dfrac{r(r-1)}{2}$ Knotenpunkte zu zählen, ebenso einen Berührungsknoten als zwei Knotenpunkte usw. In jedem Einzelfall geben die Methoden des § 21 die Möglichkeit, auszurechnen, welche Größe man von $m(m-1)$ abzuziehen hat, um die Klasse m' zu erhalten, und diese Größe kann man immer auf die Form $2d + 3s$ bringen; denn nach § 21, Aufgabe 4 ist sie stets $\geq 3s$, und sie unterscheidet sich von $3s$ immer um eine gerade Zahl, denn nach (1) ist $m' + s$ eine gerade Zahl.

Dual zu (8) ist die Formel

$$(9) \qquad m = m'(m'-1) - 2d' - 3s',$$

in der d' die passend definierte Zahl der Doppeltangenten bedeutet.

Wir wiederholen noch einmal die gefundenen Formeln:

$$(1),\ (7) \qquad m' + s - 2m = m + s' - 2m' = 2p - 2$$

$$(8) \qquad m' = m(m-1) - 2d - 3s$$

$$(9) \qquad m = m'(m'-1) - 2d' - 3s'.$$

Darin bedeutet m den Grad der Kurve, m' die Klasse, s und s' die Zahl der Spitzen und die der Wendepunkte, d und d' die Zahl der Doppelpunkte und die der Doppeltangenten, schließlich p das Geschlecht.

Durch Subtraktion folgt aus (1) und (7)

$$(10) \qquad s' - s = 3(m' - m)$$

oder, wenn der Wert von m' aus (8) eingesetzt wird,

$$(11) \qquad s' = 3m(m-2) - 6d - 8s.$$

Dual dazu gilt

$$(12) \qquad s = 3m'(m'-2) - 6d' - 8s'.$$

(8), (9), (11), (12) heißen die Plückerschen *Formeln*. Aus ihnen kann man $m',\ s',\ d'$ berechnen, wenn $m,\ s,\ d$ gegeben sind.

Setzt man m' aus (8) in (1) ein, so folgt nach einiger Umformung die bequeme Geschlechtsformel:

$$(13) \qquad p = \frac{(m-1)(m-2)}{2} - d - s.$$

Als Anwendungsbeispiel berechnen wir die Zahl der Wendepunkte und Doppeltangenten einer doppelpunktfreien Kurve m-ter Ordnung.

Aus (8) folgt zunächst die Klasse

$$m' = m(m-1).$$

Sodann folgt aus (10) oder (11) die Zahl der Wendepunkte

$$s' = 3\,m(m-2),$$

schließlich aus (9) die Zahl der Doppeltangenten

$$(14)\qquad
\begin{cases}
2\,d' = m'(m'-1) - m - 3\,s' \\
\quad\;\; = m(m-1)(m^2 - m - 1) - m - 9\,m(m-2) \\
\quad\;\; = m(m-2)(m^2 - 9) \\
d' = \tfrac{1}{2}\,m(m-2)(m^2 - 9).
\end{cases}$$

Insbesondere hat eine doppelpunktfreie Kurve 4. Ordnung 28 Doppeltangenten[1]).

---

[1]) Diese haben sehr interessante geometrische Eigenschaften. Siehe STEINER (J. reine angew. Math. Bd. 49), HESSE (J. reine angew. Math. Bd. 49 und 55), ARONHOLD (Sber. Akad. Berlin 1864) u. M. NOETHER (Math. Ann. Bd. 15 und Abh. Akad. München Bd. 17). Eine gute Einführung in den Gegenstand findet man in H. WEBERs Lehrbuch der Algebra II, § 112 (2. Aufl.).

Viertes Kapitel.

Algebraische Mannigfaltigkeiten.

§ 27. Punkte im weiteren Sinne. Relationstreue Spezialisierung.

Bisher haben wir immer nur Punkte mit konstanten Koordinaten aus einem festen Körper K betrachtet. Jetzt erweitern wir den Punktbegriff, indem wir auch Punkte zulassen, deren Koordinaten Unbestimmte oder algebraische Funktionen von Unbestimmten oder noch allgemeiner Elemente irgend eines Erweiterungskörpers von K sind. Ein „Punkt im weiteren Sinn" des Vektorraumes E_n ist also ein System von n Elementen $y_1, \ldots, y_n$ eines beliebigen Erweiterungskörpers von K, und entsprechend wird ein Punkt im weiteren Sinne des projektiven Raumes S_n definiert. Auch die Begriffe des linearen Raumes, der Hyperfläche usw. werden erweitert, indem als Bestimmungspunkte der linearen Räume Punkte im weiteren Sinn zugelassen werden bzw. indem als Koeffizienten der Gleichung der Hyperfläche beliebige Elemente eines Erweiterungskörpers von K zugelassen werden.

Der Erweiterungskörper, aus dem die Elemente $y_1, \ldots, y_n$ entnommen werden, ist nicht als ein fester Körper zu denken, sondern vielmehr als ein wachsender Körper, der im Laufe einer geometrischen Betrachtung so oft als nötig weiter erweitert werden kann, z. B. durch Hinzunahme von immer neuen Unbestimmten und algebraischen Funktionen dieser Unbestimmten. Im Augenblick der Einführung einer Reihe von neuen Unbestimmten werden alle schon früher eingeführten Größen als Konstanten betrachtet und dem Grundkörper adjungiert gedacht. Das heißt: Bei der Einführung von neuen Unbestimmten $u_1, \ldots, u_m$ gilt als Grundkörper der Körper K', der aus dem ursprünglichen Grundkörper K durch Adjunktion aller früher betrachteten Größen $x_1, \ldots, x_n, \ldots$ entsteht.

Algebraische Erweiterungen des jeweils vorliegenden Körpers werden immer, wenn erforderlich, *stillschweigend* ausgeführt. Wenn z. B. eine Hyperfläche mit Koeffizienten aus einem Erweiterungskörper K' von K mit einer Geraden zum Schnitt gebracht wird, so werden die Schnittpunkte durch Lösung einer algebraischen Gleichung gewonnen. Wir denken uns dann immer den Körper K' durch Adjunktion sämtlicher Wurzeln dieser algebraischen Gleichung erweitert. In diesem Sinne können wir in dem wachsenden Körper K' jede algebraische Gleichung als lösbar betrachten[1]).

---

[1]) Durch diese Art der Betrachtung vermeiden wir die „transfinite Induktion", die nötig ist, um den Körper K' tatsächlich zu einem algebraisch abgeschlossenen

Unter einem *allgemeinen Punkt* des projektiven Raumes S_n verstehen wir einen solchen Punkt, dessen Koordinatenverhältnisse $x_1/x_0, \ldots, x_n/x_0$ algebraisch unabhängig in bezug auf den Grundkörper K sind. Es soll also keine algebraische Gleichung $f(x_1/x_0, \ldots, x_n/x_0) = 0$, oder, was dasselbe ist, keine homogene algebraische Relation $F(x_0, x_1, \ldots, x_n) = 0$ mit Koeffizienten aus K bestehen, sofern nicht das Polynom f bzw. die Form F identisch verschwindet. Man erhält einen allgemeinen Punkt z. B., indem man alle Koordinaten $x_0, \ldots, x_n$ als Unbestimmte annimmt, oder auch, indem man $x_0 = 1$ setzt und $x_1, \ldots, x_n$ als Unbestimmte annimmt.

Eine *allgemeine Hyperebene* in S_n ist eine solche Hyperebene u, deren Koeffizientenverhältnisse $u_1/u_0, \ldots, u_n/u_0$ algebraisch unabhängig in bezug auf K sind. Am bequemsten nimmt man einfach $u_0, u_1, \ldots, u_n$ als Unbestimmte an. Entsprechend ist eine *allgemeine Hyperfläche* m-ten *Grades* eine solche, deren Gleichungskoeffizienten lauter unabhängige Unbestimmte sind.

Ein *allgemeiner Teilraum* S_m ist ein solcher, dessen PLÜCKERsche Koordinaten keine homogene algebraische Relation mit Koeffizienten aus K erfüllen, außer solchen Relationen, die für *jeden* Teilraum S_m gelten. Man kann einen allgemeinen S_m z. B. als Durchschnitt von $n - m$ allgemeinen (voneinander unabhängigen) Hyperebenen oder als Verbindungsraum von $m + 1$ unabhängigen allgemeinen Punkten erhalten.

Relationstreue Spezialisierungen. Ein Punkt (im weiteren Sinn) η heißt eine *relationstreue Spezialisierung* eines ebensolchen Punktes ξ, wenn alle homogenen algebraischen Gleichungen $F(\xi_0, \ldots, \xi_n) = 0$ mit Koeffizienten aus dem Grundkörper K, die für den Punkt ξ gelten, auch für den Punkt η gelten, wenn also aus $F(\xi) = 0$ stets folgt $F(\eta) = 0$ für jede Form F. Zum Beispiel ist jeder Punkt des Raumes eine relationstreue Spezialisierung eines allgemeinen Punktes desselben Raumes. Ein anderes Beispiel: $\xi_0, \ldots, \xi_n$ seien rationale Funktionen von unbestimmten Parametern t, und $\eta_0, \ldots, \eta_n$ seien die Werte dieser rationalen Funktionen für einen bestimmten Wert von t.

Analog definiert man eine relationstreue Spezialisierung eines Punktepaares (ξ, η), eines Punkttripels (ξ, η, ζ), usw. Soll $(\xi, \eta) \to (\xi', \eta')$ eine relationstreue Spezialisierung sein, so müssen alle in den ξ und den η einzeln homogenen Gleichungen $F(\xi, \eta) = 0$ bei der Ersetzung von ξ und ξ' und von η durch η' richtig bleiben.

Der wichtigste Satz über relationstreue Spezialisierungen, der vor allem in Kap. 6 zur Anwendung kommen wird, lautet:

---

zu erweitern (vgl. E. STEINITZ: Algebraische Theorie der Körper, Leipzig 1930). Die transfinite Induktion ist dann nötig, wenn man eine unendliche Menge von Gleichungen auf einmal lösen will. In einer geometrischen Überlegung kommen aber immer nur endlich viele algebraische Gleichungen vor, und diese können nacheinander in der Reihenfolge ihres Vorkommens gelöst werden, ohne daß dabei die transfinite Induktion herangezogen wird.

Jede relationstreue Spezialisierung $\xi \to \xi'$ läßt sich zu einer relationstreuen Spezialisierung $(\xi, \eta) \to (\xi', \eta')$ fortsetzen, wenn (ξ, η) irgendein Punktepaar im weiteren Sinn ist.

Beweis. Aus der Gesamtheit der homogenen Gleichungen $F(\xi, \eta) = 0$ kann man nach dem HILBERTschen Basissatz[1]) eine endliche Anzahl herausheben, von denen alle anderen Folgen sind. Aus diesen endlich vielen Formen eliminiere man die η, d. h. man bilde das Resultantensystem $G_1, \ldots, G_k$. Dann ist also $G_1(\xi) = 0, \ldots, G_k(\xi) = 0$. Daraus folgt wegen der relationstreuen Spezialisierung $G_1(\xi') = 0, \ldots, G_k(\xi') = 0$. Nach der Bedeutung des Resultantensystems ist also das Gleichungssystem $F_1(\xi', \eta') = 0, \ldots, F_h(\xi', \eta') = 0$ nach η' lösbar. Das heißt, es gibt einen Punkt η', so daß alle Gleichungen $F(\xi, \eta) = 0$ auch für ξ', η' gelten.

Beim Beweis wurde wesentlich davon Gebrauch gemacht, daß es sich, wenigstens in bezug auf η, um homogene Gleichungen, also um homogene Koordinaten handelt. Im affinen Raum gilt der Satz nicht mehr, denn bei der Spezialisierung $\xi \to \xi'$ könnte der Punkt η ins Unendliche rücken. Dagegen ist es nicht wesentlich, daß es sich nur um einen Punkt ξ und einen Punkt η handelt, sondern der Satz gilt ganz entsprechend für eine Serie von mehreren Punkten $\overset{l}{\xi}, \ldots, \overset{r}{\xi}, \overset{1}{\eta}, \ldots, \overset{s}{\eta}$.

Aufgaben. 1. Ein homogenes lineares Gleichungssystem besitzt stets eine allgemeine Lösung, aus der jede Lösung durch relationstreue Spezialisierung entsteht.

2. Hängt η rational von ξ und einigen weiteren Parametern t ab, und bleiben diese rationalen Funktionen sinnvoll, wenn ξ' für ξ und t' für t eingesetzt wird, und ist $\xi \to \xi'$ eine relationstreue Spezialisierung, so ist auch $(\xi, \eta) \to (\xi', \eta')$ eine relationstreue Spezialisierung.

3. Ist η die allgemeine Lösung eines linearen Gleichungssystems, dessen Koeffizienten homogene rationale Funktionen von ξ sind, und wird ξ relationstreu zu ξ' spezialisiert, wobei der Rang des Gleichungssystems sich nicht erniedrigt, und ist η' eine Lösung des spezialisierten Gleichungssystems, so ist $(\xi, \eta) \to (\xi', \eta')$ eine relationstreue Spezialisierung. (Man stelle die Lösung η' mit Hilfe von Determinanten dar, die allgemeine Lösung η ebenso, und wende Aufgabe 2 an.)

§ 28. Algebraische Mannigfaltigkeiten. Zerlegung in irreduzible.

Eine *algebraische Mannigfaltigkeit* im projektiven Raum S_n ist die Gesamtheit aller Punkte (im weiteren Sinn), deren Koordinaten $\eta_0, \ldots, \eta_n$ einem System von endlich oder unendlich vielen algebraischen Gleichungen

$$(1) \qquad\qquad f_i(\eta_0, \ldots, \eta_n) = 0$$

mit Koeffizienten aus dem Konstantenkörper K genügen. Gibt es keine solchen Punkte, so heißt die Mannigfaltigkeit *leer*. Diesen Fall werden wir aber immer von der Betrachtung ausschließen.

Auf Grund des HILBERTschen Basissatzes kann man ein unendliches Gleichungssystem immer durch ein gleichwertiges endliches ersetzen.

---

[1]) Vgl. Moderne Algebra II, § 80.

Entsprechend wird eine algebraische Mannigfaltigkeit im zweifach projektiven Raum $S_{m,n}$ durch ein System von homogenen Gleichungen in zwei homogenen Variablenreihen:

$$(2) \qquad f_i(\xi_0, \ldots, \xi_m, \eta_0, \ldots, \eta_n) = 0$$

definiert. Macht man die Gleichungen (1) oder (2) durch die Substitution $\xi_0 = 1$, $\eta_0 = 1$ inhomogen, so erhält man die Gleichungen einer algebraischen Mannigfaltigkeit im affinen Raum A_n bzw. A_{m+n}. — Wir schreiben fortan immer $f(x)$, $f(\eta)$, $f(\xi, \eta)$, usw. statt $f(x_0, \ldots, x_n)$, $f(\eta_0, \ldots, \eta_n)$, $f(\xi_0, \ldots, \xi_m, \eta_0, \ldots, \eta_n)$, usw.

Der Begriff der algebraischen Mannigfaltigkeit kann noch dadurch verallgemeinert werden, daß man an Stelle der Punkte η oder der Punktepaare ξ, η andere geometrische Gebilde betrachtet, die durch homogene Koordinaten gegeben werden, z. B. Hyperflächen, lineare Teilräume S_m in S_n, usw. Man kann z. B. von der Mannigfaltigkeit aller Ebenen in S_n reden; ihre Gleichungen sind durch (2), § 7 gegeben.

Der Durchschnitt $M_1 \cap M_2$ zweier algebraischer Mannigfaltigkeiten M_1 und M_2 ist offenbar wieder eine algebraische Mannigfaltigkeit. Aber auch die Vereinigung[1]) oder *Summe* zweier algebraischer Mannigfaltigkeiten ist eine solche. Sind nämlich $f_i(\eta) = 0$ und $g_j(\eta) = 0$ die Gleichungen der beiden zu vereinigenden Mannigfaltigkeiten, so sind

$$f_i(\eta)\, g_j(\eta) = 0$$

die Gleichungen der Vereinigung.

Eine algebraische Mannigfaltigkeit M in S_n heißt *zerlegbar* oder *reduzibel*, wenn sie Summe von zwei echten, d. h. von M selbst verschiedenen Teilmannigfaltigkeiten ist. Eine unzerlegbare Mannigfaltigkeit heißt *irreduzibel*.

Hilfssatz. *Wenn eine irreduzible Mannigfaltigkeit M in der Vereinigung von zwei algebraischen Mannigfaltigkeiten M_1 und M_2 enthalten ist, so ist M in M_1 oder M_2 enthalten.*

Beweis. Jeder Punkt von M gehört zu M_1 oder zu M_2, also zum Durchschnitt $M \cap M_1$ oder zum Durchschnitt $M \cap M_2$. Also ist M die Vereinigung von $M \cap M_1$ und $M \cap M_2$. Da aber M irreduzibel ist, muß eine dieser Mannigfaltigkeiten $M \cap M_1$ oder $M \cap M_2$ mit M selbst übereinstimmen, d. h. M ist in M_1 oder M_2 enthalten.

Durch vollständige Induktion läßt sich dieser Hilfssatz sofort auf mehrere Mannigfaltigkeiten $M_1, \ldots, M_r$ übertragen.

---

[1]) Das Wort Vereinigung (oder Summe) ist im mengentheoretischen Sinne gemeint. Bestandteile, die M_1 und M_2 gemeinsam sind, sind als Bestandteile der Summe nur einmal, nicht mehrfach zu zählen. Mehrfach gezählte Mannigfaltigkeiten werden erst viel später (§ 36 und § 37) eingeführt.

Ein Spezialfall:

Wenn ein Produkt $f_1 f_2$ von zwei Formen in allen Punkten einer irreduziblen Mannigfaltigkeit M Null wird, so hat f_1 oder f_2 die Eigenschaft, in allen Punkten von M Null zu werden.

Ist dagegen M zerlegbar, etwa in M_1 und M_2, so gibt es erstens unter den definierenden Gleichungen von M_1 eine Form f_1, die in allen Punkten von M_1, aber nicht in allen Punkten von M_2 Null wird, und ebenso gibt es eine Form f_2, die in allen Punkten von M_2, aber nicht in allen Punkten von M_1 Null wird. Das Produkt $f_1 f_2$ wird dann Null in allen Punkten von M, aber keiner der Faktoren f_1, f_2 hat diese Eigenschaft. Damit haben wir ein

Erstes Irreduzibilitätskriterium. *Notwendig und hinreichend für die Zerlegbarkeit einer Mannigfaltigkeit M ist die Existenz eines Produktes $f_1 f_2$, das in allen Punkten von M Null wird, ohne daß eine der Formen f_1, f_2 in allen Punkten von M Null wird.*

Für algebraische Mannigfaltigkeiten gilt weiter der

Kettensatz. *Eine Folge von Mannigfaltigkeiten*

$$(3) \qquad\qquad M_1 \supset M_2 \supset \ldots$$

in A_n oder S_n, in der jedes $M_{\nu+1}$ eine echte Teilmannigfaltigkeit von M_ν ist, muß nach endlich vielen Schritten abbrechen.

Beweis. Die Gleichungen der Mannigfaltigkeiten $M_1, M_2, \ldots$ mögen der Reihe nach aufgeschrieben werden:

$$f_1 = 0, f_2 = 0, \ldots, f_h = 0; \quad f_{h+1} = 0, \ldots, f_{h+k} = 0; \quad \ldots$$

Nach dem HILBERTschen Basissatz folgen alle diese Gleichungen aus endlich vielen unter ihnen. Das heißt aber, daß die Gleichungen von $M_1, \ldots, M_l$ zusammen die Gleichungen aller weiteren Mannigfaltigkeiten nach sich ziehen, also daß es nach M_l keine weiteren echten Teilmannigfaltigkeiten in der Reihe mehr geben kann.

Wir kommen nun zum grundlegenden

Zerlegungssatz. *Jede algebraische Mannigfaltigkeit ist (irreduzibel oder) Summe von endlich vielen irreduziblen:*

$$(4) \qquad\qquad M = M_1 + M_2 + \cdots + M_r.$$

Beweis. Gesetzt, es gäbe eine Mannigfaltigkeit M, die nicht Summe[1]) von irreduziblen wäre. Dann ist zunächst M zerlegbar, etwa in M' und M''. Wären M' und M'' Summen von irreduziblen, so auch M. Also besitzt M eine echte Teilmannigfaltigkeit M' oder M'', die nicht Summe von irreduziblen ist. Diese besitzt ebenso eine echte Teilmannigfaltigkeit, usw. So würde man eine unendliche Kette (3) erhalten, was unmöglich ist. Also ist jede Mannigfaltigkeit M Summe von irreduziblen.

Eindeutigkeitssatz. *Die Darstellung einer Mannigfaltigkeit M als unverkürzbare Summe (verkürzbar heißt eine Summe, wenn ein Summand*

---

[1]) Unter Summe ist hier stets eine endliche Summe zu verstehen. Die Summe kann auch aus nur einem Glied bestehen.

in der Summe der übrigen enthalten ist, also weggelassen werden kann) von irreduziblen ist, abgesehen von der Reihenfolge der Summanden, eindeutig.

Beweis. Es seien $M = M_1 + \cdots + M_r = M'_1 + \cdots + M'_s$ zwei unverkürzbare Darstellungen. Aus dem Hilfssatz folgt, daß M_1 in einer der Mannigfaltigkeiten M'_ν enthalten ist. Nach Änderung der Reihenfolge der M'_ν können wir annehmen, daß M_1 in M'_1 enthalten ist. Ebenso ist M'_1 in einer M_μ enthalten. Wäre $\mu \neq 1$, so wäre $M_1 \subseteqq M'_1 \subseteqq M_\mu$, also die Summe $M_1 + \cdots + M_\mu + \cdots$ verkürzbar; also ist $\mu = 1$ und $M_1 = M'_1$. Ebenso erreicht man, daß $M_2 = M'_2, \ldots, M_r = M'_r$ ist. Weitere Summanden M'_{r+i} können dann in der zweiten Summe nicht mehr vorkommen, da diese sonst verkürzbar wäre.

Die irreduziblen Mannigfaltigkeiten, die in der Darstellung von M als unverkürzbare Summe vorkommen, heißen die *irreduziblen Bestandteile* von M.

Die obigen Beweise geben noch kein Mittel, die Zerlegung von M in irreduzible Bestandteile effektiv auszuführen, wenn die Gleichungen von M gegeben sind. Dieses Mittel ergibt erst die in § 31 dargestellte Eliminationstheorie.

§ 29. Der allgemeine Punkt und die Dimension einer irreduziblen Mannigfaltigkeit.

Ein Punkt ξ heißt ein *allgemeiner Punkt* einer Mannigfaltigkeit M, wenn ξ zu M gehört, und wenn alle homogenen algebraischen Gleichungen mit Koeffizienten aus K, die für den Punkt ξ gelten, für alle Punkte von M gelten. Mit anderen Worten, ξ soll zu M gehören und alle Punkte von M sollen durch relationstreue Spezialisierung aus dem Punkt ξ hervorgehen.

Zweites Irreduzibilitätskriterium. *Wenn eine Mannigfaltigkeit M einen allgemeinen Punkt ξ besitzt, so ist sie irreduzibel.*

Beweis. Wäre M zerlegbar, so gäbe es ein Produkt fg von zwei Formen, das auf M überall verschwindet, ohne daß die Faktoren es tun. Es folgt

$$f(\xi) \cdot g(\xi) = 0,$$

also, da $f(\xi)$ und $g(\xi)$ einem Körper angehören,

$$f(\xi) = 0 \quad \text{oder} \quad g(\xi) = 0,$$

folglich ist $f = 0$ in allen Punkten von M oder $g = 0$ in allen Punkten von M, entgegen der Annahme.

Existenzsatz. *Jede nicht leere irreduzible Mannigfaltigkeit M besitzt (in einem passenden Erweiterungskörper von K) einen allgemeinen Punkt ξ.*

Beweis. Jeder Quotient von zwei Formen gleichen Grades

$$\frac{f(x_0, x_1, \ldots, x_n)}{g(x_0, x_1, \ldots, x_n)}$$

definiert eine rationale Funktion auf der Mannigfaltigkeit M, sofern man annimmt, daß der Nenner nicht in allen Punkten von M Null ist. Zwei solche Funktionen heißen gleich,

$$\frac{f}{g} = \frac{f'}{g'}, \text{ wenn } fg' = f'g \text{ auf } M.$$

Addition, Subtraktion, Multiplikation und Division von rationalen Funktionen auf M ergeben wieder rationale Funktionen auf M. Die rationalen Funktionen auf M bilden also einen Körper, der den Konstantenkörper K umfaßt.

Wir können annehmen, daß x_0 nicht in allen Punkten von M gleich Null ist. Die rationalen Funktionen

$$\frac{x_1}{x_0}, \ \frac{x_2}{x_0}, \ \ldots, \ \frac{x_n}{x_0}$$

bezeichnen wir mit $\xi_1, \xi_2, \ldots, \xi_n$. Weiter setzen wir $\xi_0 = 1$. Dann ist $(\xi_0, \xi_1, \ldots, \xi_n)$ ein allgemeiner Punkt von M. Denn aus

$$f(\xi_0, \xi_1, \ldots, \xi_n) = 0$$

oder, was dasselbe ist,

$$f\left(1, \frac{x_1}{x_0}, \ldots, \frac{x_n}{x_0}\right) = 0 \text{ auf } M$$

folgt, da f homogen ist,

$$f(x_0, x_1, \ldots, x_n) = 0 \text{ auf } M$$

und umgekehrt. Also gelten alle homogenen Gleichungen, die für den Punkt ξ gelten, für alle Punkte von M und umgekehrt.

Ein Punkt heißt *normiert*, wenn die erste von Null verschiedene Koordinate gleich Eins ist. Jeder Punkt kann so normiert werden. Durch Umnumerierung der Koordinaten kann man sogar $\xi_0 \neq 0$, also $\xi_0 = 1$ annehmen. $\xi_1, \ldots, \xi_n$ heißen dann die inhomogenen Koordinaten von ξ.

E i n d e u t i g k e i t s s a t z. *Je zwei normierte allgemeine Punkte ξ, η einer Mannigfaltigkeit M können durch einen Körperisomorphismus $K(\xi) \cong K(\eta)$, der die Elemente von K festläßt, ineinander übergeführt werden. Die algebraischen Eigenschaften von ξ und η stimmen also genau überein.*

B e w e i s. Nach Definition des allgemeinen Punktes gelten alle homogenen algebraischen Gleichungen, die für ξ gelten, auch für η, und umgekehrt. Ist also $\xi_0 = 0$, so auch $\eta_0 = 0$, und umgekehrt; ist ξ_i die erste von Null verschiedene Koordinate von ξ, so gilt dasselbe von η_i. Durch Umnumerierung der Koordinaten können wir wegen der Normierung erreichen, daß $\xi_0 = \eta_0 = 1$ ist. Jedes Polynom in $\xi_1, \ldots, \xi_n$ kann durch Hinzufügung von Faktoren ξ_0 zu den einzelnen Gliedern homogen gemacht werden. Wir ordnen nun jedem solchen Polynom $f(\xi_1, \ldots, \xi_n)$ dasselbe Polynom in $\eta_1, \ldots, \eta_n$ zu. Ist $f(\xi_1, \ldots, \xi_n) = g$

$(\xi_1, \ldots, \xi_n)$, so ist $f(\xi) - g(\xi) = 0$, und diese Relation, homogen gemacht, gilt nach dem eingangs Bemerkten auch für η:

$$f(\eta) - g(\eta) = 0, \quad \text{also} \quad f(\eta) = g(\eta).$$

Unsere Zuordnung $f(\xi) \to f(\eta)$ ist also eindeutig. Aus demselben Grunde ist sie auch in der umgekehrten Richtung eindeutig. Sie führt Summen in Summen und Produkte in Produkte über, ist also isomorph. Sie führt weiter ξ_ν in η_ν über. Der so erhaltene Isomorphismus der Ringe $K[\xi_1, \ldots, \xi_n]$ und $K[\eta_1, \ldots, \eta_n]$ läßt sich ohne weiteres zu einem Isomorphismus der Quotientenkörper $K(\xi_1, \ldots, \xi_n)$ und $K(\eta_1, \ldots, \eta_n)$ erweitern. Damit ist alles bewiesen.

Umkehrsatz. *Zu jedem Punkt ξ (dessen Koordinaten irgendeinem Erweiterungskörper von K angehören, z. B. algebraische Funktionen von unbestimmten Parametern sind) gehört eine (irreduzible) algebraische Mannigfaltigkeit M, deren allgemeiner Punkt ξ ist.*

Beweis. Aus der Gesamtheit aller Formen $f(x_0, \ldots, x_n)$ mit konstanten Koeffizienten und mit der Eigenschaft $f(\xi) = 0$ läßt sich nach dem HILBERTschen Basissatz eine endliche Basis $(f_1, \ldots, f_r)$ herausheben. Die Gleichungen $f_1 = 0, \ldots, f_r = 0$ definieren eine algebraische Mannigfaltigkeit M. Der gegebene Punkt ξ ist ein allgemeiner Punkt von M; denn ξ gehört zu M, und alle homogenen Gleichungen, die für ξ gelten, sind Folgen der Gleichungen $f_1 = 0, \ldots, f_r = 0$ und gelten daher für alle Punkte von M.

Auf Grund des Existenz- und Eindeutigkeitssatzes können wir die *Dimension* einer irreduziblen Mannigfaltigkeit definieren als die Anzahl der algebraisch unabhängigen unter den Koordinaten eines normierten allgemeinen Punktes ξ von M. Man kann diese Zahl auch die *Dimension* des allgemeinen Punktes ξ nennen. Die Dimension einer zerfallenden Mannigfaltigkeit M ist die höchste Dimension eines irreduziblen Bestandteils, oder, was dasselbe ist, die höchste Dimension eines Punktes von M. Wenn alle irreduziblen Bestandteile von M die Dimension d haben, so heißt *M rein d-dimensional*.

Dimensionssatz. *Sind M und M' irreduzibel und ist M' M, so ist die Dimension von M' kleiner als die von M.*

Beweis. Wir können annehmen, daß M' und daher auch M nicht in der uneigentlichen Hyperebene $\eta_0 = 0$ liegen; sodann können wir einen allgemeinen Punkt ξ von M und einen allgemeinen Punkt ξ' von M' so normieren, daß $\xi_0 = \xi'_0 = 1$ wird. Jede Relation $f(\xi) = 0$, die für den allgemeinen Punkt ξ von M gilt, kann durch Einführung von ξ_0 homogen gemacht werden und gilt daher auch für ξ'.

Nun seien etwa $\xi'_1, \ldots, \xi'_{d'}$ algebraisch unabhängig. Dann sind $\xi_1, \ldots, \xi_{d'}$ es auch; also ist $d \geq d'$. Wäre $d = d'$, so wären alle ξ_i algebraisch abhängig von $\xi_1, \ldots, \xi_d$. Da M' eine echte Teilmannigfaltigkeit von M

ist, so gibt es eine Form g, die auf M' überall Null ist, aber nicht auf M. Daher ist

$$g(\xi) \neq 0, \qquad g(\xi') = 0.$$

$g(\xi)$ ist algebraisch abhängig von $\xi_1, \ldots, \xi_d$, also Wurzel einer algebraischen Gleichung

$$a_0(\xi)\, g(\xi)^n + a_1(\xi)\, g(\xi)^{n-1} + \cdots + a_n(\xi) = 0,$$

wo die a_ν Polynome in $\xi_1, \ldots, \xi_d$ sind und $a_n(\xi) \neq 0$ ist. Ersetzt man in dieser Gleichung alle ξ durch ξ', so wird $g(\xi') = 0$, also $a_n(\xi') = 0$, in Widerspruch zur Annahme der algebraischen Unabhängigkeit von $\xi_1', \ldots, \xi_{d'}'$.

Folgerung. *Jeder Punkt ξ' von M (im weiteren Sinn) hat eine Dimension $d' \leq d$, wo d die Dimension der irreduziblen Mannigfaltigkeit M ist. Ist $d' = d$, so ist ξ' ein allgemeiner Punkt von M.*

Beweis. Jeder Punkt ξ' von M ist nach dem Umkehrsatz allgemeiner Punkt einer Teilmannigfaltigkeit M' von M von der Dimension d'. Nach dem Dimensionssatz ist $d' < d$ für $M' \; M$, und $d' = d$ für $M' = M$.

Auf einer nulldimensionalen irreduziblen Mannigfaltigkeit M ist demnach jeder Punkt algebraisch über K und allgemeiner Punkt von M. Nach dem Eindeutigkeitssatz sind alle diese Punkte äquivalent über K. Mithin gilt:

Eine nulldimensionale irreduzible Mannigfaltigkeit in S_n ist ein System von konjugierten Punkten in bezug auf den Grundkörper K.

Die einzige n-dimensionale Mannigfaltigkeit in S_n ist der ganze Raum S_n. Denn wenn ξ ein normierter n-dimensionaler Punkt des Raumes ist, so ist $\xi_0 = 1$ und $\xi_1, \ldots, \xi_n$ sind algebraisch unabhängig über K. Es gibt keine Relation $f(\xi_1, \ldots, \xi_n) = 0$ und daher auch keine homogene Relation $f(\xi_0, \xi_1, \ldots, \xi_n) = 0$ mit Koeffizienten aus K, die nicht identisch in den ξ, also für jeden Punkt des ganzen Raumes S_n gilt.

Eine rein $(n-1)$-dimensionale Mannigfaltigkeit M in S_n wird durch eine einzige homogene Gleichung $h(\eta) = 0$ gegeben, und jede Form, welche alle Punkte von M zu Nullstellen hat, ist durch $h(x)$ teilbar.

Beweis. Es genügt, den Beweis für irreduzible Mannigfaltigkeiten zu führen, denn durch Multiplikation der Gleichungen der irreduziblen Bestandteile erhält man die Gleichungen einer zusammengesetzten Mannigfaltigkeit.

M sei irreduzibel und ξ der allgemeine Punkt. Es sei etwa $\xi_0 = 1$; $\xi_1, \ldots, \xi_{n-1}$, seien algebraisch unabhängig, und ξ_n sei mit ihnen durch die irreduzible Gleichung $h(\xi_1, \ldots, \xi_n) = 0$ verknüpft. Dann ist jedes Polynom $f(\xi_1, \ldots, \xi_{n-1}, z)$ mit der Nullstelle ξ_n nach der Körpertheorie durch $h(\xi_1, \ldots, \xi_{n-1}, z)$ teilbar. Oder, was dasselbe ist, da man die algebraisch unabhängigen $\xi_1, \ldots, \xi_{n-1}$, z auch durch andere Unbestimmte $x_1, \ldots, x_{n-1}, x_n$ ersetzen kann, jedes Polynom $f(x_1, \ldots, x_n)$ mit der Nullstelle ξ ist durch $h(x_1, \ldots, x_n)$ teilbar. Die Teilbarkeit bleibt bestehen, wenn man f und h durch Einführung von x_0 homogen macht. Nach Definition des allgemeinen Punktes bedeutet das, daß $h(x) = h(x_0, \ldots, x_n)$ alle Punkte von M zu Nullstellen hat und daß jede Form $f(x)$ mit dieser Eigenschaft durch $h(x)$ teilbar ist. Damit ist alles bewiesen.

Man beweist leicht, daß auch umgekehrt jede nicht triviale homogene Gleichung $f(\eta) = 0$ eine rein $(n-1)$-dimensionale Mannigfaltigkeit definiert. Zum Beweis zerlegen wir die Form f zunächst in irreduzible Faktoren $f_1 f_2 \ldots f_r$. Jede irreduzible Hyperfläche $f_\nu = 0$ besitzt nach § 19 einen allgemeinen Punkt $(1, u_1, \ldots, u_{n-1}, \omega)$ von der Dimension $n-1$. Somit zerfällt die Hyperfläche $f = 0$ in lauter irreduzible Bestandteile $f_\nu = 0$ von der Dimension $n-1$. Wir haben also den Satz:

Jede Hyperfläche $f(\eta) = 0$ ist eine rein $(n-1)$-dimensionale Mannigfaltigkeit, und umgekehrt.

Die Mannigfaltigkeiten von weniger als $n-1$ Dimensionen lassen sich nicht so einfach durch Gleichungen definieren. Wir werden jedoch im nächsten Paragraphen sehen, daß jede irreduzible d-dimensionale Mannigfaltigkeit sich in bestimmter Weise als Partialschnitt von $n-d$ Hyperflächen darstellen läßt.

§ 30. Darstellung von Mannigfaltigkeiten als Partialschnitte von Kegeln und Monoiden.

Ist ξ der allgemeine Punkt einer d-dimensionalen irreduziblen Mannigfaltigkeit M in S_n, so kann man ohne Beschränkung der Allgemeinheit annehmen, daß $\xi_0 = 1$ ist und daß $\xi_1, \ldots, \xi_d$ algebraisch unabhängige Größen sind, von denen $\xi_{d+1}, \ldots, \xi_n$ algebraisch abhängen. Wir nehmen überdies an, daß $\xi_{d+1}, \ldots, \xi_n$ separable algebraische Größen in bezug auf $\mathsf{P} = K(\xi_1, \ldots, \xi_d)$ sind, wie es im Fall eines Grundkörpers von der Charakteristik Null ja immer der Fall ist.

Nach dem Satz vom primitiven Element kann man den Körper $\mathsf{P}(\xi_{d+1}, \ldots, \xi_n)$ auch durch Adjunktion einer einzigen Größe

$$\xi'_{d+1} = \xi_{d+1} + \alpha_{d+2}\,\xi_{d+2} + \cdots + \alpha_n\,\xi_n$$

erzeugen. Wir führen eine Koordinatentransformation aus, indem wir ξ'_{d+1} statt ξ_{d+1} als neue Koordinate einführen und den Strich nachher wieder weglassen. Dann ist also $\mathsf{P}(\xi_{d+1}, \ldots, \xi_n) = \mathsf{P}(\xi_{d+1})$. Die über P algebraische Größe ξ_{d+1} genügt einer irreduziblen Gleichung

$$\varphi(\xi_1, \ldots, \xi_d, \xi_{d+1}) = 0,$$

die man durch Einführung von ξ_0 homogen machen kann:

$$(1) \qquad \varphi(\xi_0, \ldots, \xi_d, \xi_{d+1}) = 0.$$

$\xi_{d+2}, \ldots, \xi_n$ sind rationale Funktionen von $\xi_1, \ldots, \xi_{d+1}$:

$$(2) \qquad \xi_i = \frac{\psi_i(\xi_1, \ldots, \xi_{d+1})}{\chi_i(\xi_1, \ldots, \xi_{d+1})} \qquad (i = d+2, \ldots, n).$$

Multipliziert man mit dem Nenner χ_i und macht die Gleichung durch Einführung von ξ_0 homogen, so folgt

$$(3) \qquad \xi_i \chi_i(\xi_0, \ldots, \xi_{d+1}) - \psi_i(\xi_0, \ldots, \xi_{d+1}) = 0.$$

Die $n-d$ Gleichungen (1), (3) gelten für den allgemeinen Punkt ξ von M und daher auch für jeden speziellen Punkt η von M:

$$(4) \qquad \begin{cases} \varphi(\eta_0, \ldots, \eta_{d+1}) = 0 \\ \eta_i \chi_i(\eta_0, \ldots, \eta_{d+1}) - \psi_i(\eta_0, \ldots, \eta_{d+1}) = 0 \qquad (i = d+2, \ldots, n). \end{cases}$$

Die Gleichungen (4) definieren nunmehr eine algebraische Mannigfaltigkeit D, welche, wie wir zeigen werden, M als irreduziblen Bestandteil enthält.

Es sei χ das kleinste gemeinsame Vielfache der Formen χ_i. Wir werden zeigen, daß alle Punkte von D, für die $\chi \neq 0$ ist, zu M gehören. Es sei η ein solcher Punkt mit $\chi(\eta) \neq 0$, für den (4) gilt. Wir haben zu zeigen, daß η eine relationstreue Spezialisierung des allgemeinen Punktes ξ ist, also daß aus $f(\xi_0, \ldots, \xi_n) = 0$ immer folgt $f(\eta_0, \ldots, \eta_n) = 0$, wenn f eine Form ist.

Setzt man in die Gleichung $f(\xi_0, \ldots, \xi_n) = 0$ für $\xi_{d+2}, \ldots, \xi_n$ die sich aus (3) ergebenden Werte ein, so erhält man

$$(5) \qquad f\left(\xi_0, \ldots, \xi_{d+1}, \frac{\psi_{d+2}(\xi)}{\chi_{d+2}(\xi)}, \ldots, \frac{\psi_n(\xi)}{\chi_n(\xi)} \right) = 0.$$

Durch Multiplikation mit einer Potenz des kleinsten gemeinsamen Vielfachen $\chi(\xi)$ aller Nenner kann man diese Gleichung ganzrational machen; sie hat dann die Gestalt

$$g(\xi_0, \ldots, \xi_{d+1}) = 0 \qquad \text{oder} \qquad g(1, \xi_1, \ldots, \xi_{d+1}) = 0.$$

Daraus folgt, daß das Polynom $g(1, x_1, \ldots, x_{d+1})$ durch das definierende Polynom $\varphi(1, x_1, \ldots, x_{d+1})$ der algebraischen Funktion ξ_{d+1} teilbar ist. Die Teilbarkeit bleibt bestehen, wenn diese Polynome durch Einführung von x_0 homogen gemacht werden:

$$g(x_0, \ldots, x_{d+1}) = \varphi(x_0, \ldots, x_{d+1}) \cdot h(x_0, \ldots, x_{d+1}).$$

Ersetzt man nun die Unbestimmten $x_0, \ldots, x_{d+1}$ durch $\eta_0, \ldots, \eta_{d+1}$, so wird wegen (4) die rechte Seite Null, also

$$g(\eta_0, \ldots, \eta_{d+1}) = 0.$$

Nach der Art, wie die Form g gebildet wurde, bedeutet das

$$f\left(\eta_0, \ldots, \eta_{d+1}, \frac{\psi_{d+2}(\eta)}{\chi_{d+2}(\eta)}, \ldots, \frac{\psi_n(\eta)}{\chi_n(\eta)} \right) = 0$$

oder wegen (4)

$$f(\eta_0, \ldots, \eta_{d+1}, \eta_{d+2}, \ldots, \eta_n) = 0,$$

was wir beweisen wollten.

Die Punkte η von D zerfallen also in zwei Klassen: Die mit $\chi(\eta) \neq 0$, die zu M gehören, und die mit $\chi(\eta) = 0$, die eine echte algebraische

Teilmannigfaltigkeit N von D bilden. Demzufolge zerfällt D in die beiden Teilmannigfaltigkeiten M und N.

Die erste Gleichung (4) stellt, da in ihr $\eta_{d+2}, \ldots, \eta_n$ nicht vorkommen, einen Kegel dar, für dessen Spitze ein beliebiger Punkt O des Raumes $\eta_1 = \cdots = \eta_{d+1} = 0$ genommen werden kann. Wir wählen O so, daß $\eta_{d+2} \neq 0, \ldots, \eta_n \neq 0$ ist. Jede weitere Gleichung (4) stellt dann eine Hyperfläche dar, die mit einer allgemeinen Geraden durch O außer O einen einzigen Schnittpunkt hat. Eine solche Hyperfläche heißt ein *Monoid*.

Im Fall einer Kurve in S_3 nehmen die Gleichungen (4) die Form

$$(6) \qquad \varphi(\eta_0, \eta_1, \eta_2) = 0$$

$$(7) \qquad \eta_3 \chi(\eta_0, \eta_1, \eta_2) = \psi(\eta_0, \eta_1, \eta_2)$$

an. Der Schnitt des Kegels (6) mit dem Monoid (7) besteht nach dem Vorangehenden aus der Kurve M und einer Mannigfaltigkeit N, deren Gleichungen durch (6), (7) und

$$(8) \qquad \chi(\eta_0, \eta_1, \eta_2) = 0$$

gegeben werden. Aus (7) und (8) folgt

$$(9) \qquad \psi(\eta_0, \eta_1, \eta_2) = 0.$$

Die teilerfremden Gleichungen (8), (9) definieren endlich viele Verhältniswerte $\eta_0 : \eta_1 : \eta_2$, also endlich viele Geraden durch den Punkt $O(0, 0, 0, 1)$. Scheidet man von diesen Geraden diejenigen aus, die nicht auf dem Kegel (6) liegen, so bilden die übrigen die Mannigfaltigkeit N. *Der vollständige Schnitt des Kegels* (6) *mit dem Monoid* (7) *besteht somit aus der Kurve M und endlich vielen Geraden durch den Punkt O.*

Für die Theorie der Raumkurven ist die Darstellung durch Kegel und Monoid von großer Bedeutung. HALPHEN[1]) und NOETHER[2]) haben sie zur Grundlage ihrer Klassifikation der algebraischen Raumkurven gemacht. Die monoidalen Darstellungen der höheren algebraischen Mannigfaltigkeiten hat neuerdings SEVERI[3]) näher untersucht und für die Theorie der Äquivalenzscharen auf algebraischen Mannigfaltigkeiten verwertet.

§ 31. Die effektive Zerlegung einer Mannigfaltigkeit in irreduzible mittels der Eliminationstheorie.

Eine Mannigfaltigkeit M sei durch ein homogenes oder inhomogenes Gleichungssystem

$$(1) \qquad f_i(\eta_1, \ldots, \eta_n) = 0$$

gegeben. Es steht uns frei, die η entweder als inhomogene Koordinaten im affinen Raum A_n oder im Fall homogener f_i als homogene Koordinaten in einem projektiven Raum S_{n-1} zu deuten. Vorläufig jedoch

[1]) HALPHEN, G.: J. Ec. Polyt. Bd. 52 (1882) S. 1—200.
[2]) NOETHER, M.: J. reine angew. Math. Bd. 93 (1882) S. 271—318.
[3]) SEVERI, F.: Mem. Accad. Ital. Bd. 8 (1937) S. 387—410.

nennen wir jedes Wertsystem $\eta_1, \ldots, \eta_n$ einfach „Punkt", legen also die affine Deutung zugrunde. — Wir können annehmen, daß das Polynom f_1 nicht identisch verschwindet.

Um alle Lösungen von (1) zu finden, kann man — das ist der Grundgedanke der Eliminationstheorie — der Reihe nach $\eta_n, \ldots, \eta_1$ aus (1) durch Resultantenbildung eliminieren. Wird nach k Schritten das Resultantensystem $R_i(\eta_1, \ldots, \eta_{n-k})$ identisch Null, so sind $\eta_1, \ldots, \eta_{n-k}$ willkürlich wählbar, und (1) hat eine $(n-k)$-dimensionale Lösungsmannigfaltigkeit.

Dieser einfache Grundgedanke wird nun durch dreierlei Umstände kompliziert. Erstens will man nicht nur die irreduziblen Bestandteile von der höchsten Dimension $n-k$ der Mannigfaltigkeit M, sondern auch alle Bestandteile von niedrigerer Dimension mit erhalten. Man darf es also nicht so weit kommen lassen, daß ein Resultantensystem identisch Null ist, sondern man muß vor jedem Eliminationsschritt den größten gemeinsamen Teiler der Polynome entfernen; dann bleiben nämlich teilerfremde Polynome übrig, deren Resultantensystem nicht Null sein kann. Zweitens muß man vor jedem Eliminationsschritt durch eine lineare Koordinatentransformation dafür sorgen, daß in einer der Formen die höchste Potenz der zu eliminierenden Variablen mit einem von Null verschiedenen *konstanten* Koeffizienten vorkommt; denn nur unter diesen Voraussetzungen gilt die Resultantentheorie (vgl. Kap. 2, § 15). Drittens führt man zweckmäßig, damit die Gleichungen der erhaltenen Mannigfaltigkeiten eine formal schöne und brauchbare Form erhalten, nach LIOUVILLE zu den Unbekannten $\eta_1, \ldots, \eta_n$ noch eine weitere

$$(2) \qquad \zeta = u_1 \eta_1 + \cdots + u_n \eta_n$$

ein, wobei $u_1, \ldots, u_n$ Unbestimmte sind. Man betrachtet also nicht nur die Gleichungen (1), sondern das Gleichungssystem (1), (2). Die linken Seiten dieser Gleichungen haben, wenn die η und ζ durch Unbestimmte y und z ersetzt werden, keinen gemeinsamen Teiler, da das lineare Polynom $z - u_1 y_1 - \cdots - u_n y_n$ in keinem der Polynome $f(y_1, \ldots, y_n)$ aufgeht. Diese Teilerfremdheit bürgt dafür, daß der nachfolgende erste Schritt ein nicht identisch verschwindendes Resultantensystem ergibt.

Die schrittweise Elimination von $\eta_n, \ldots, \eta_1$ wird nun folgendermaßen durchgeführt.

1. Schritt. Durch eine vorbereitende lineare Transformation

$$\eta_k' = \eta_k + v_k \eta_n \qquad\qquad (k = 1, \ldots, n-1)$$
$$\eta_n' = v_n \eta_n,$$

wobei die v_k passend gewählte Konstanten sind, kann man erreichen, daß das Glied $\eta_n'^\varrho$, wo ϱ der Grad von f_1 in den η ist, in f_1 mit einem von

Null verschiedenen Koeffizienten vorkommt[1]). Die $u_1, \ldots, u_n$ in (2) werden entsprechend so transformiert, daß $u_1 \eta_1 + \cdots + u_n \eta_n$ ungeändert bleibt. Nach Ausführung der Transformation mögen die Striche bei η', u' wieder weggelassen werden.

Sodann wird das Resultantensystem des Gleichungssystems (1), (2) nach η_n gebildet:

$$(3) \qquad g_j(u_1, \ldots, u_n, \eta_1, \ldots, \eta_{n-1}, \zeta) = 0.$$

Da die Gleichung (2) homogen in $\zeta, u_1, \ldots, u_n$ ist, ist es auch g_j.

Man ersetze nun $\eta_1, \ldots, \eta_{n-1}$, ζ durch Unbestimmte $y_1, \ldots, y_{n-1}$, z und bilde den größten gemeinsamen Teiler $h(u, y, z)$ der Formen $g_j(u, y, z)$, die *erste Teilresultante* des Systems (1). Wie schon erwähnt, muß der Faktor $h(u, y, z)$ aus den g_j entfernt werden, damit der zweite Eliminationsschritt nicht identisch Null ergibt. Wir setzen also

$$(4) \qquad g_j(u, y, z) = h(u, y, z) \cdot l_j(u, y, z),$$

wonach die l_j teilerfremde Polynome sind. Jede Lösung (η, ζ) von (1), (2) ist gleichzeitig eine Lösung von (3), also entweder von

$$(5) \qquad h(u, \eta, \zeta) = 0$$

oder von

$$(6) \qquad l_j(u, \eta, \zeta) = 0.$$

Wir werden nachher sehen, daß die Lösungen von (5) genau die rein $(n-1)$-dimensionalen Bestandteile von M ergeben, während die von (6) die Bestandteile von niedrigerer Dimension ergeben.

Aus (6) wollen wir noch ein von ζ und den u unabhängiges Gleichungssystem bilden. Zu dem Zweck bilden wir das Resultantensystem $r_k(u, y)$ von den $l_j(u, y, z)$ nach z, ordnen die $r_k(u, y)$ nach Potenzen der u und bilden die Koeffizienten $e_j(y_1, \ldots, y_{n-1})$ dieser Potenzprodukte. Diese verschwinden nicht alle identisch, da die $l_j(u, y, z)$ teilerfremd waren. Jede Lösung von (6) ist dann gleichzeitig Lösung von

$$r_k(u, \eta) = 0,$$

also, wenn $\eta_1, \ldots, \eta_n$ von den u unabhängig[2]) sind, auch von

$$(7) \qquad e_j(\eta_1, \ldots, \eta_{n-1}) = 0.$$

Also: Jede Lösung (η, ζ) von (1), (2), bei der $\eta_1, \ldots, \eta_n$ von den u unabhängig sind, ist auch Lösung entweder von (5) oder von (6) und (7).

Umgekehrt: Jede Lösung $(\eta_1, \ldots, \eta_{n-1}, \zeta)$ von (5) oder von (6) und (7) ist auch Lösung von (3), und zu ihr kann man ein η_n so bestimmen, daß man eine Lösung von (1) und (2) erhält. Sind dabei $\eta_1, \ldots, \eta_{n-1}$

---

[1]) Der Koeffizient von $\eta_n'^\varrho$ im transformierten Polynom f_1 wird nämlich gleich $f_1(v_1, \ldots, v_n)$, also bei passender Wahl der v (im Grundkörper oder in einem algebraischen Erweiterungskörper) $\neq 0$.

[2]) D. h. algebraisch über dem ursprünglichen Konstantenkörper K oder auch algebraische Funktionen von anderen Unbestimmten, aber nicht von $u_1, \ldots, u_n$.

von den u unabhängig, so ist η_n es auch, da η_n einer algebraischen Gleichung $f_1(\eta) = 0$ genügen muß, in der das Glied η_n^0 wirklich vorkommt, also bei gegebenen $\eta_1, \ldots, \eta_{n-1}$ nur eine von den endlich vielen Wurzeln dieser Gleichung sein kann.

2. Schritt. Man verfahre mit den Gleichungen (6), (7) genau so wie vorhin mit (1), (2). Nach einer vorbereitenden Transformation von $\eta_1, \ldots, \eta_{n-1}$ [die möglich ist, weil die $e_j(\eta_1, \ldots, \eta_{n-1})$ nicht alle identisch verschwinden] eliminiere man η_{n-1} aus (6), (7), wodurch man

$$(8) \qquad g'_j(u, \eta_1, \ldots, \eta_{n-2}, \zeta) = 0$$

erhält, spalte aus den Polynomen g'_j ihren größten gemeinsamen Faktor, die *zweite Teilresultante* $h'(u, y, z)$, ab:

$$(9) \qquad g'_j(u, y, z) = h'(u, y, z) \cdot l'_j(u, y, z),$$

bilde wieder das Resultantensystem der l'_j nach z und erhält durch identisches Nullsetzen in $u_1, \ldots, u_n$ ein Gleichungssystem

$$(10) \qquad l'_j(u_1, \ldots, u_n, \eta_1, \ldots, \eta_{n-2}, \zeta) = 0$$

$$(11) \qquad e'_j(\eta_1, \ldots, \eta_{n-2}) = 0.$$

Wiederum gilt, daß h' eine homogene Form in $z, u_1, \ldots, u_n$ ist, daß die e'_j nicht identisch verschwinden, daß jede Lösung von (6) und (7), bei der die $\eta_1, \ldots, \eta_{n-1}$ von den u unabhängig sind, entweder Lösung von (10), (11) oder von

$$(12) \qquad h'(u, \eta, \zeta) = 0$$

ist, und daß umgekehrt jede solche Lösung von (10), (11) oder von (12) zu einer Lösung von (6) und (7) Anlaß gibt, bei der auch η_{n-1} von den u unabhängig ist.

So fährt man fort, bis alle η eliminiert sind. Da das Verfahren so eingerichtet ist, daß die $e_j, e'_j, \ldots$ nicht identisch verschwinden, so sind die letzten $e_j^{(n-1)}$ von Null verschiedene Konstanten, das letzte Gleichungssystem $e_j^{(n-1)} = 0$ also *widerspruchsvoll.* Die letzte Teilresultante $h^{(n-1)}(u, z)$ enthält nur noch die u_i und z. Sind die ursprünglichen Gleichungen (1) homogen in $\eta_1, \ldots, \eta_n$, so sind die Resultanten $h, h', \ldots,$ $h^{(n-1)}$ auch homogen in $y_1, \ldots, y_n, z$.

Jede Lösung von (1), (2), bei der die η nicht von den u abhängen, ist eine Lösung von (5) oder von (6) und (7); jede solche Lösung von (6), (7) aber ist wieder eine Lösung von (12) oder von (10) und (11), usw. bis die Wiederholung der letzten Alternative schließlich zu einem widerspruchsvollen Gleichungssystem führt. Es muß also einmal die erste Alternative eintreten, d. h. es muß eine Teilresultante verschwinden. Damit haben wir den

S a t z 1. *Jede Lösung (η, ζ) des Systems* (1), (2), *bei der die η nicht von den u abhängen, ist gleichzeitig Lösung von einer der Gleichungen*

$$(13) \qquad h(u, \eta, \zeta) = 0, \; h'(u, \eta, \zeta) = 0, \ldots, h^{(n-1)}(u, \zeta) = 0.$$

Umgekehrt läßt sich jede Lösung $(\eta_1, \ldots, \eta_{n-r}, \zeta)$ der r-ten Gleichung (13) zu einer Lösung der Gleichungen (1), (2) ergänzen, und wenn $\eta_1, \ldots, \eta_{n-r}$ entweder Konstanten oder neue, von den u unabhängige Unbestimmte sind, so hängen die übrigen $\eta_{n-r+1}, \ldots, \eta_n$ ebenfalls von den u_i nicht ab. Also gilt:

Satz 2. *Jede Lösung ζ der r-ten Gleichung* (13) *bei gegebenen (konstanten oder unbestimmten)* $\eta_1, \ldots, \eta_{n-r}$ *hat die Gestalt*

$$(14) \qquad \zeta = u_1 \eta_1 + \cdots + u_n \eta_n,$$

wobei die η_k von den u_i unabhängig sind und eine Lösung von (1) *bilden.*

Jede einzelne Teilresultante $h(u, y, z)$ oder $h'(u, y, z), \ldots$ zerlegen wir nunmehr in irreduzible Faktoren. Um etwas Bestimmtes vor Augen zu haben, betrachten wir z. B. die zweite Teilresultante:

$$h'(u, y_1, \ldots, y_{n-2}, z) = \Theta(y, u) \prod_\mu h'_\mu(u, y, z)^{\sigma_\mu}.$$

Sollten bei der Zerlegung Faktoren $\Theta(y, u)$ auftreten, die von z nicht abhängen, so können diese Faktoren außer Betracht bleiben, da sie für konstante $\eta_1, \ldots, \eta_{n-2}$ niemals Null werden können; denn wenn sie Null würden, wären sie Null für beliebige ζ, nicht nur für solche der Gestalt (14), entgegen Satz 2.

Wir ersetzen aus formalen Gründen in jedem Faktor h'_μ die $y_1, \ldots, y_{n-2}$ durch neue Unbestimmte $\xi_1, \ldots, \xi_{n-2}$. In einem passenden algebraischen Erweiterungskörper von $K(u, \xi)$ zerfällt $h'_\mu(u, \xi, z)$ vollständig in Linearfaktoren $z - \zeta$, wobei die Nullstellen ζ nach Satz 2 sämtlich die Gestalt (14) mit $\eta_1 = \xi_1, \ldots, \eta_{n-2} = \xi_{n-2}$ haben:

$$(15) \quad h'_\mu(u, \xi, z) = \gamma_\mu \prod_\nu (z - u_1 \xi_1 - \cdots - u_{n-2} \xi_{n-2} - u_{n-1} \xi_{n-1}^{(\nu)} - u_n \xi_n^{(\nu)}).$$

Dabei sind die verschiedenen $\xi^{(\nu)}$ zueinander konjugiert in bezug auf $\mathsf{P}(u, \xi)$, d. h. alle Wertsysteme $\xi^{(\nu)}$ gehen aus einem $\xi = \xi^{(1)}$ durch Körperisomorphismen hervor (sind zu ξ äquivalent). Dieses ξ ist ein $(n-2)$-fach unbestimmter Punkt der Mannigfaltigkeit M, denn $\xi_1, \ldots, \xi_{n-2}$ sind Unbestimmte und ξ_{n-1}, ξ_n algebraische Funktionen von ihnen. Der Faktor γ_μ hängt nur von $\xi_1, \ldots, \xi_{n-2}$ ab und braucht uns weiter nicht zu beschäftigen.

Setzen wir in $h'_\mu(u, \eta, \zeta)$ für ζ den Wert (14) ein, entwickeln nach Potenzprodukten der u_i und setzen alle einzelnen Koeffizienten Null, so erhalten wir ein Gleichungssystem

$$(16) \qquad h'_{\mu 1}(\eta) = 0, \ldots, h'_{\mu m}(\eta) = 0,$$

welches eine algebraische Mannigfaltigkeit M'_μ definiert. Die Sätze 1 und 2 ergeben nun, daß die durch (1) definierte Mannigfaltigkeit M die Vereinigung aller Mannigfaltigkeiten $M_\mu, M'_\mu, \ldots$ ist, die aus den irreduziblen Faktoren der sukzessiven Teilresultanten $h, h', \ldots$ nach (16) definiert werden. Wir werden sehen, daß alle diese Mannigfaltigkeiten

M_μ, M'_μ, ... irreduzibel sind und daß der oben definierte Punkt ξ einen allgemeinen Punkt von M'_μ darstellt, in dem verschärften Sinn, daß *alle* (nicht nur die homogenen) Gleichungen, die für den Punkt ξ gelten, für alle Punkte von M'_μ gelten.

Zunächst ist klar, daß ξ ein Punkt von M'_μ ist. Weiter folgt aus der Herleitung des Satzes 2, daß die Punkte η von M'_μ, oder, was dasselbe ist, die Lösungen (η, ζ) der Gleichung $h'_\mu(u, \eta, \zeta) = 0$ mit $\zeta = u_1 \eta_1 + \cdots + u_n \eta_n$ gleichzeitig Lösungen der Gleichungen (7) und (1) sind, daß also η_{n-1} und η_n durch algebraische Gleichungen mit $\eta_1, \ldots, \eta_{n-2}$ verbunden sind, in denen die Glieder mit η_{n-1} bzw. η_n wirklich vorkommen. Es sind also η_{n-1} und η_n von $\eta_1, \ldots, \eta_{n-2}$ algebraisch abhängig. M'_μ enthält demnach wohl den $(n-2)$-dimensionalen Punkt ξ, aber keinen mehr als $(n-2)$-dimensionalen Punkt[1]).

Hilfssatz. *Wenn eine Mannigfaltigkeit M^* den Punkt ξ vom Transzendenzgrad $n-2$ enthält, aber keinen Punkt von höherem Transzendenzgrad, so ergibt der obige Eliminationsprozeß, auf M^* angewandt, als erste Teilresultante eine Konstante, während die zweite Teilresultante den Faktor h'_μ enthält. M^* enthält daher die durch (16) definierte Mannigfaltigkeit M'_μ.*

Beweis. Würde es eine nicht konstante erste Teilresultante geben, so würde M^* auch einen Punkt ξ^* vom Transzendenzgrad $n-1$ enthalten, entgegen der Voraussetzung. Der Punkt ξ liegt aber auf M^* und daher muß $\zeta = u_1 \xi_1 + \cdots + u_n \xi_n$ eine Nullstelle entweder der zweiten oder einer höheren Teilresultante sein. Da die höheren Teilresultanten nur Punkte vom Transzendenzgrad $< n-2$ ergeben, muß $\zeta = u_1 \xi_1 + \cdots + u_n \xi_n$ eine Nullstelle der zweiten Teilresultante $h'^*(u, \xi_1, \ldots, \xi_{n-2}, z)$ sein. Dann muß aber $h'^*(u, \xi_1, \ldots, \xi_{n-2}, z)$ den ganzen irreduziblen Faktor $h'_\mu(u, \xi_1, \ldots, \xi_{n-2}, z)$, dessen Nullstelle ζ ist, enthalten.

Nun können wir schließlich beweisen:

Satz 3. *Die durch (16) definierte Teilmannigfaltigkeit M'_μ ist irreduzibel und hat den Punkt ξ zum allgemeinen Punkt.*

Beweis. Der Punkt ξ gehört offenbar zu M'_μ. Wir haben also nur noch zu beweisen, daß jede Gleichung $f(\xi) = 0$ mit Koeffizienten aus K, die für den Punkt ξ gilt, auch für alle Punkte η von M'_μ gilt.

Die Gleichungen von M'_μ zusammen mit der Gleichung $f(\eta) = 0$ definieren eine Mannigfaltigkeit M^*, welche in M'_μ enthalten ist und ξ enthält, also die Voraussetzungen des Hilfssatzes erfüllt. Es folgt, daß M^* die Mannigfaltigkeit M'_μ umfaßt, daß also alle Punkte von M'_μ in der Tat der Gleichung $f(\eta) = 0$ genügen.

Wir haben in der Formulierung und beim Beweis des Satzes 3 den Fall einer aus der zweiten Teilresultante h' entspringenden Mannigfaltigkeit M'_μ

---

[1]) Da wir uns auf den Standpunkt des affinen Raumes A_n stellen, verstehen wir unter der Dimension eines Punktes die Zahl der algebraisch unabhängigen unter den Koordinaten (nicht Koordinatenverhältnissen) des Punktes.

nur als Beispiel genommen. Die Überlegungen verlaufen selbstverständlich genau so für jede andere Teilresultante, nur wird die Dimension von M'_μ dann nicht $n-2$, sondern irgendeine der Zahlen $n-1$, $n-3$, ..., 1, 0.

Das geschilderte Eliminationsverfahren liefert also in der Gestalt (16) die Gleichungen der irreduziblen Mannigfaltigkeiten M_μ, M'_μ, ... von den Dimensionen $n-1$, $n-2$, ..., 0, aus denen sich M zusammensetzt; es liefert aber gleichzeitig einen allgemeinen Punkt ξ für jede dieser Mannigfaltigkeiten. Um die *unverkürzbare Zerlegung von M in irreduzible Mannigfaltigkeiten* zu erhalten, braucht man nur von den Mannigfaltigkeiten M'_μ, M''_μ, ... diejenigen wegzulassen, die schon in einer anderen Mannigfaltigkeit höherer Dimension M_λ oder M'_λ, ... enthalten sind. Ein Kriterium dafür, daß z. B. ein M''_μ in einem M'_λ enthalten ist, ist, daß der allgemeine Punkt von M''_μ die Gleichungen von M'_λ erfüllt. Ein anderes Kriterium ist, daß das Eliminationsverfahren, auf die Gleichungen von M'_λ und M''_μ zusammen angewandt, als zweite Resultante eine Potenz von h''_μ und nicht eine Konstante ergibt.

Gleichzeitig lehrt unsere Untersuchung, wie man bei gegebenem allgemeinen Punkt $(\xi_1, ..., \xi_n)$ die Gleichungen der irreduziblen Mannigfaltigkeit M_ξ erhält. Wir formulieren das Ergebnis als

Satz 4. *Wenn* $\xi_{d+1}, ..., \xi_n$ *ganze algebraische Funktionen*[1] *der algebraisch unabhängigen* $\xi_1, ..., \xi_d$ *sind, wenn weiter* $u_1, ..., u_n$ *Unbestimmte sind und* $\zeta = u_1 \xi_1 + \cdots + u_n \xi_n$ *als algebraische Funktion von* $\xi_1, ..., \xi_d, u_1, ..., u_n$ *Nullstelle eines Polynoms* $h(u, \xi, z) = h(u_1, ..., u_n, \xi_1, ..., \xi_d, z)$ *ist, so erhält man die Gleichungen der irreduziblen Mannigfaltigkeiten* M_ξ, *indem man*

$$h(u, \eta, u_1 \eta_1 + \cdots + u_n \eta_n)$$

nach Potenzprodukten der u_i *entwickelt und alle Koeffizienten dieser Potenzprodukte einzeln Null setzt. Die endlich vielen Werte* $\eta_{d+1}, ..., \eta_n$, *die zu gegebenen* $\eta_1, ..., \eta_d$ *gehören, erhält man aus den Nullstellen* $\zeta = u_1 \eta_1 + \cdots + u_n \eta_n$ *des Polynoms* $h(u, \eta, z)$.

Dieses $h(u, \xi, z)$ ist nämlich das h'_μ der obigen Überlegungen.

Sind die Gleichungen (1) homogen, so stellen sie eine Kegelmannigfaltigkeit dar, die mit jedem von O verschiedenen Punkt $(\eta_1, ..., \eta_n)$ auch alle Punkte $(\lambda \eta_1, ..., \lambda \eta_n)$ einer Geraden durch den Anfangspunkt O enthält. Die irreduziblen Bestandteile der Mannigfaltigkeit (1) sind auch Kegelmannigfaltigkeiten. Deutet man nun die Geraden durch den Anfangspunkt als Punkte des projektiven Raumes S_{n-1}, so ergibt jede d-dimensionale Kegelmannigfaltigkeit mit $d > 0$ eine $(d-1)$-dimensionale Mannigfaltigkeit in S_{n-1}. An den Formeln dieses Paragraphen ändert

---

[1] Das bedeutet, daß jede der Größen $\xi_{d+1}, ..., \xi_n$ einer Gleichung mit Koeffizienten aus $K[\xi_1, ..., \xi_d]$ genügt, deren höchster Koeffizient gleich Eins ist.

sich nichts, nur die Deutung ändert sich, und die Dimensionszahlen sind um 1 zu erniedrigen.

Die Entwicklungen dieses Paragraphen ergeben offenbar neue Beweise für die Möglichkeit der Zerlegung der Mannigfaltigkeiten in irreduzible, für die Existenz der allgemeinen Punkte der irreduziblen Mannigfaltigkeiten und für die eindeutige Bestimmtheit der Mannigfaltigkeiten durch einen ihrer allgemeinen Punkte. Wir beweisen schließlich:

Satz 5. *Eine irreduzible d-dimensionale Mannigfaltigkeit M bleibt rein d-dimensional bei einer beliebigen Erweiterung des Grundkörpers K. Eine endliche algebraische Erweiterung von K genügt, um M in absolut irreduzible Mannigfaltigkeiten zu zerlegen, d. h. in solche, die bei weiterer Erweiterung des Grundkörpers irreduzibel bleiben.*

Beweis. Die Gleichungen der Mannigfaltigkeit heißen nach Satz 4

$$(18) \qquad h(u, \eta, u_1\eta_1 + \cdots + u_n\eta_n) = 0 \qquad \text{identisch in } u.$$

Das Polynom $h(u, \xi, z)$ ist über K irreduzibel. Bei einer Erweiterung von K zerfällt $h(u, \xi, z)$ in konjugierte Faktoren

$$h(u, \xi, z) = \prod_\nu h_\nu(u, \xi, z).$$

Die Mannigfaltigkeit (18) zerfällt also in Mannigfaltigkeiten M_ν mit den Gleichungen

$$(19) \qquad h_\nu(u, \eta, u_1\eta_1 + \cdots + u_n\eta_n) = 0 \qquad \text{identisch in } u.$$

Jedes M_ν gehört zu einem Polynom $h_\nu(u, \xi_1, \ldots, \xi_d, z)$ in derselben Weise, wie das ursprüngliche M zu h gehörte. Jedes M_ν ist also eine irreduzible d-dimensionale Mannigfaltigkeit.

Eine endliche algebraische Erweiterung von K genügt nach § 12, um das Polynom $h(u, \xi, z)$ vollständig in absolut irreduzible Faktoren zu zerlegen, die bei weiterer Körpererweiterung nicht mehr zerfallen. Die zugehörigen Mannigfaltigkeiten M_ν sind dann nach dem obigen auch absolut irreduzibel.

Die absolut irreduziblen Faktoren $h_\nu(u, \xi, z)$ von $h(u, \xi, z)$ sind konjugiert in bezug auf K. Also sind auch die zugehörigen absolut irreduziblen Mannigfaltigkeiten M_ν konjugiert über K.

Anhang zum vierten Kapitel.

Algebraische Mannigfaltigkeiten als topologische Gebilde.

Der komplexe projektive Raum S_n ist vom Standpunkt der Topologie nicht eine n-dimensionale, sondern eine $2n$-dimensionale Mannigfaltigkeit, denn ihre Punkte in der Umgebung eines festen Punktes hängen von n komplexen, also von $2n$ reellen Parametern ab. Ebenso ist, wie wir sehen werden, jede d-dimensionale algebraische Mannigfaltigkeit vom Standpunkt der Topologie $2d$-dimensional.

Die Topologie der algebraischen Mannigfaltigkeiten ist ein neuester Zeit, insbesondere von LEFSCHETZ, ausführlich untersucht worden. In dieser Einführung können wir nur die allerersten Grundlagen behandeln[1]). Wir beschränken uns im wesentlichen auf den Nachweis, daß die d-dimensionalen algebraischen Mannigfaltigkeiten $2d$-dimensionale Komplexe im Sinn der Topologie sind, d. h. daß sie in endlich viele krummlinige $2d$-dimensionale Simplices zerlegt werden können.

Bevor wir zum mehrdimensionalen Fall übergehen, wollen wir den Fall einer algebraischen Kurve in der komplexen projektiven Ebene kurz behandeln. Wir wollen zeigen, daß eine solche Kurve in endlich viele krummlinige Dreiecke (topologische Bilder von geradlinigen reellen Dreiecken) zerlegt werden kann, von denen je zwei entweder eine Seite oder eine Ecke oder nichts gemeinsam haben. Dabei müssen wir die Elemente der Funktionentheorie als bekannt voraussetzen.

Die Gleichung der Kurve sei regulär in η_2:

$$(1) \qquad f(\eta_0, \eta_1, \eta_2) = \eta_2^n + a_1(\eta_0, \eta_1)\, \eta_2^{n-1} + \cdots + a_n(\eta_0, \eta_1).$$

Zu jedem Wertverhältnis $\eta_0 : \eta_1$ gehören dann endlich viele Werte von η_2. Die Wertverhältnisse $\eta_0 : \eta_1$ können als Punkte auf einer GAUSSschen Zahlenkugel gedeutet werden. Es gibt dann, wie wir wissen, endlich viele *kritische Punkte* auf der Zahlenkugel, die durch Nullsetzen der Diskriminante der Gleichung (1) gefunden werden. Wir teilen nun die Zahlenkugel in krummlinige Dreiecke ein, und zwar so, daß die kritischen Punkte dabei als Ecken erscheinen und daß die Punkte $\eta_0 = 0$ und $\eta_1 = 0$ nicht im gleichen Dreieck liegen. Ist in einem solchen Dreieck etwa $\eta_0 \neq 0$, d. h. liegt der Punkt $\eta_0 = 0$ außerhalb des Dreiecks, so kann man durch $\eta_0 = 1$ die Koordinaten normieren. In der Umgebung eines jeden Punktes des Dreiecks sind dann die n Wurzeln $\eta_2^{(\nu)}$ der Gleichung (1) reguläre analytische Funktionen von η_1. Da das Dreieck einfach zusammenhängend ist, kann man diese n Funktionselemente eindeutig über das ganze Dreieck fortsetzen; es gibt also n eindeutige analytische Funktionen $\eta_2^{(1)}, \ldots, \eta_2^{(n)}$ im ganzen Dreieck. Auf den Seiten des Dreiecks sind $\eta_2^{(1)}, \ldots, \eta_2^{(n)}$ noch regulär und eindeutig. Nur in den kritischen Ecken kann der reguläre Charakter aufhören; jedoch bleiben die Funktionen dort stetig.

Greift man nun irgendeine dieser analytischen Funktionen $\eta_2^{(\nu)}$ in einem Dreieck $\varDelta$ heraus, so kann man die Punkte $(\eta_0, \eta_1, \eta_2^{(\nu)})$ der komplexen Kurve eineindeutig und stetig auf die Punkte (η_0, η_1) des Dreiecks $\varDelta$ abbilden. Sie bilden also ein krummliniges Dreieck $\varDelta^{(\nu)}$ auf der komplexen Kurve. Zu jedem Dreieck $\varDelta$ gehören n solche Dreiecke $\varDelta^{(\nu)}$, und alle diese Dreiecke zusammen überdecken die ganze Kurve, da die Gleichung (1) keine anderen Lösungen als die $\eta_2^{(\nu)}$ hat. Stoßen zwei Drei-ecke $\varDelta$ und $\varDelta'$ auf der Kugel aneinander, so stimmt auf der gemeinsamen

---

[1]) Für weitergehende Untersuchungen s. S. LEFSCHETZ: l'Analysis situs et la géometrie algébrique, sowie B. L. VAN DER WAERDEN: Topologische Begründung der abzählenden Geometrie. Math. Ann. Bd. 102 (1929) S. 337 und O. ZARISKI: Algebraic Surfaces. Ergebn. Math. Bd. 3 (1935) Heft 5.

Seite je eine Funktion $\eta_2^{(\nu)}$ des einen Dreiecks mit einer Funktion $\eta_2^{(\nu)}$ des anderen Dreiecks überein, d. h. die Dreiecke $\Delta^{(\nu)}$ und $\Delta'^{(\nu)}$ haben eine Seite gemeinsam. In allen anderen Fällen haben zwei Dreiecke auf der komplexen Kurve höchstens Ecken gemeinsam, und durch weitere Unterteilung der Dreiecke kann man erreichen, daß je zwei höchstens eine Ecke gemeinsam haben. Damit ist die gesuchte Triangulierung der komplexen Kurve gefunden.

Aus der Konstruktion ist klar, daß an jeder Seite genau zwei Dreiecke liegen. Betrachten wir nun alle Dreiecke, die eine Ecke E gemeinsam haben, sowie ihre durch E gehenden Seiten, so kann man von jedem solchen Dreieck über eine solche Seite zu einem Nachbardreieck übergehen, von diesem über eine weitere Seite wieder zum Nachbardreieck, usw. bis man zum Ausgangsdreieck zurückgekommen ist. In dieser Weise bilden die an E anstoßenden Dreiecke einen oder mehrere Kränze. Ist $\Delta_1^{(\nu)}, \Delta_2^{(\nu')}, \ldots, \Delta_h^{(\nu'')}$ ein solcher Kranz, so kann es durchaus sein, daß die Serie der zugehörigen Dreiecke $\Delta_1, \Delta_2, \ldots$ auf der Kugel sich schon früher schließt. Während also der Kranz $\Delta_1^{(\nu)}, \Delta_2^{(\nu')}, \ldots$ einmal durchlaufen wird, wird der entsprechende Kranz $\Delta_1, \Delta_2, \ldots$ auf der Kugel öfter, etwa k-mal durchlaufen.

Man sieht, daß dieses k-malige Durchlaufen des Kranzes $\Delta_1, \Delta_2, \ldots$ auf der Kugel sich vollständig deckt mit dem k-maligen Herumlaufen um eine kritische Stelle, durch das wir in § 14 die Zykeln oder Zweige der Kurve definiert haben. *Somit entspricht jedem Zweig einer kritischen Stelle ein Kranz von Dreiecken um einen Punkt E herum auf der komplexen Kurve.*

Die Dreiecke $\Delta^{(\nu)}$ bilden eine topologische „Fläche", die dort singuläre Punkte besitzt, wo eine Ecke mehrere Kränze trägt. Löst man jeden solchen Punkt in mehrere Punkte auf, die je *einen* Kranz von Dreiecken tragen, so erhält man eine topologisch singularitätenfreie Fläche, die man die RIEMANN*sche Fläche* der Kurve nennt. Aus dem eben Gesagten folgt nun, daß die Punkte der RIEMANNschen Fläche eineindeutig den Zweigen der Kurve entsprechen.

Wir können hier auf die Theorie der RIEMANNschen Flächen nicht näher eingehen, sondern verweisen dafür auf das Büchlein von H. WEYL, Die Idee der RIEMANNschen Fläche, Berlin 1923.

Indem wir nun zum n-dimensionalen Fall übergehen, beweisen wir zunächst ein algebraisches

Lemma. *Ist $M\ (\neq S_n)$ eine irreduzible algebraische Mannigfaltigkeit im komplexen S_n, und sorgt man durch eine lineare Koordinatentransformation dafür, daß eine der Gleichungen $F(\eta) = 0$ von M regulär in η_n ist, so besitzt M eine Projektion M' auf den Teilraum S_{n-1} mit der Gleichung $\eta_n = 0$, derart, daß jedem Punkt $\eta'(\eta_0, \ldots, \eta_{n-1}, 0)$ von M' mindestens ein Punkt $\eta(\eta_0, \ldots, \eta_{n-1}, \eta_n)$ von M entspricht. M' ist wieder eine irreduzible algebraische Mannigfaltigkeit. Sondert man die η', die einer gewissen echten*

Teilmannigfaltigkeit N' von M' angehören, aus, so werden bei gegebenem η' die Koordinaten η_n der zugehörigen Punkte η von M durch Lösung einer algebraischen Gleichung $e(\eta', \eta_n) = 0$ gefunden, die rational in η' und ganzrational in η_n ist und die für alle η' auf $M' - N'$ lauter verschiedene Wurzeln hat.

Beweis. Die Gleichungen der Projektion M' ergeben sich durch Elimination von η_n aus den Gleichungen von M. Die Irreduzibilität von M' ergibt sich aus dem ersten Irreduzibilitätskriterium (§ 28); denn wenn ein Produkt $f(\eta_0, \ldots, \eta_{n-1})\, g(\eta_0, \ldots, \eta_{n-1})$ Null ist für alle Punkte von M', so ist es auch Null für alle Punkte von M, also ist ein Faktor Null auf M, also auf M'. (Im Fall $d = n - 1$ erfüllt M' den ganzen S_{n-1}.)

Einem allgemeinen Punkt ξ' von M' entspricht eine endliche Anzahl Punkte ξ von M. Die Koordinaten ξ_n dieser Punkte sind Lösungen einer algebraischen Gleichung, die folgendermaßen gefunden wird: Man setze in den Gleichungen $f_\nu = 0$ von M für $\eta_0, \ldots, \eta_{n-1}$ die Koordinaten $\xi_0, \ldots, \xi_{n-1}$ und für η_n eine Unbestimmte z und bilde den größten gemeinsamen Teiler $d(\xi, z)$ der erhaltenen Polynome $f_\nu(\xi, z)$. Dann ist

$$(1)\qquad \begin{cases} f_\nu(\xi, z) = g_\nu(\xi, z)\, d(\xi, z) \\ d(\xi, z) = \sum h_\nu(\xi, z)\, f_\nu(\xi, z), \end{cases}$$

wobei d, g_ν und h_ν rational in $\xi_0, \ldots, \xi_{n-1}$ und ganzrational in z sind. Aus (1) folgt, daß die gemeinsamen Nullstellen ξ_ν der Polynome $f_\nu(\xi, z)$ genau die Nullstellen von $d(\xi, z)$ sind.

Wir befreien nun $d(\xi, z)$ von mehrfachen Faktoren, indem wir den größten gemeinsamen Teiler von $d(\xi, z)$ und der Ableitung $d'(\xi, z)$ bilden und $d(\xi, z)$ durch diesen größten gemeinsamen Teiler dividieren. Das entstehende Polynom, das als ganzrational in $\xi_0, \ldots, \xi_{n-1}$ angenommen werden kann, heiße $e(\xi, z)$; sein Grad sei h. Dann ist $e(\xi, z)$ ein Teiler von $d(\xi, z)$, aber eine Potenz von $e(\xi, z)$ teilbar durch $d(\xi, z)$. Daher folgt aus (1)

$$(2)\qquad \begin{cases} f_\nu(\xi, z) = a_\nu(\xi, z)\, e(\xi, z) \\ e(\xi, z)^\varrho = \sum b_\nu(\xi, z)\, f_\nu(\xi, z). \end{cases}$$

Aus (2) liest man ab, daß die gemeinsamen Nullstellen ξ_ν der $f_\nu(\xi, z)$ genau die Nullstellen von $e(\xi, z)$ sind. Das bleibt richtig bei jeder Spezialisierung der ξ, solange die in $g_\nu(\xi, z)$ und $h_\nu(\xi, z)$ vorkommenden Nenner nicht Null werden.

Es sei nun $p(\xi)$ das Produkt dieser Nenner, multipliziert mit der Diskriminante von $e(\xi, z)$ und mit dem Koeffizienten der höchsten Potenz von z in $e(\xi, z)$. Dann hat bei einer Spezialisierung $\xi_0 \to \eta_0, \ldots, \xi_{n-1} \to \eta_{n-1}$ das Polynom $e(\xi, z)$ stets h verschiedene Wurzeln, und zwar genau die gemeinsamen Wurzeln aller $f_\nu(\eta, z)$, solange $p(\eta) \neq 0$ bleibt. Statt $e(\eta, z)$ und $p(\eta)$ können wir auch $e(\eta', z)$ und $p(\eta')$ schreiben, da beide nicht von η_n abhängen.

Die Gleichung $p(\eta') = 0$ definiert, zusammen mit den Gleichungen von M', eine echte Teilmannigfaltigkeit N' von M'. Ist dann η' ein Punkt von $M' - N'$, so ist $p(\eta') \neq 0$, und die zugehörigen Punkte η auf M sind genau die Lösungen der Gleichung $e(\eta', \eta_n) = 0$. Damit ist das Lemma bewiesen.

Ist ein System von mehreren Mannigfaltigkeiten M von der Höchstdimension r gegeben, so kann man auf alle r-dimensionalen irreduziblen Bestandteile M_i dieser Mannigfaltigkeiten das Lemma anwenden. Die zugehörigen Projektionen M_i' haben alle die Dimension r, die N_i' demnach Dimensionen $< r$. Die Durchschnitte D_{ik} von je zwei irreduziblen Mannigfaltigkeiten M_i und M_k haben samt ihren Projektionen D_{ik}' ebenfalls Dimensionen $< r$. Sondert man nun außer den Punkten von N_i' auch noch die Punkte η' aus, die einem D_{ik}' angehören, so sind die Wurzeln der Gleichung $e_i(\eta', \eta_n) = 0$ nicht nur voneinander, sondern auch von denen der übrigen Gleichungen $e_k(\eta', \eta_n) = 0$ verschieden; denn sonst müßte ein Punkt η sowohl zu M_i als zu M_k, also zu D_{ik}, und somit η' zu D_{ik}' gehören.

Die Vereinigung sämtlicher D_{ik}' und N_i' heiße V'. Dann folgt also:

Sondert man von den Mannigfaltigkeiten M diejenigen Punkte aus, deren Projektionen η' einer Mannigfaltigkeit V' von einer Dimension $< r$ angehören, so werden alle übrigen Punkte durch Lösung von Gleichungen $e_i(\eta', \eta_n) = 0$ mit lauter verschiedenen Wurzeln gefunden, wobei $\eta'(\eta_0, \ldots, \eta_{n-1}, 0)$ jeweils eine Mannigfaltigkeit M_i' in S_{n-1} durchläuft.

Die Punkte η der Mannigfaltigkeiten M, deren Projektionen η' zu V' gehören, bilden jeweils eine Teilmannigfaltigkeit Q von einer Dimension $< r$. Wendet man auf die Mannigfaltigkeiten Q denselben Satz noch einmal an und wiederholt das, bis man zu Mannigfaltigkeiten von der Dimension Null gelangt, so erhält man schließlich *eine Zerlegung sämtlicher M in Stücke von verschiedener Dimension, so daß jedes Stück in der obigen Weise durch eine Gleichung $e(\eta', \eta_n) = 0$ bestimmt wird, wobei η' jeweils ein Stück der Projektion M' durchläuft. Die Stücke der Projektion sind jeweils Differenzen $U' - V'$, wobei U' und V' algebraische Mannigfaltigkeiten sind.*

Wir gehen nun vom komplexen projektiven zum reellen euklidischen Raum A_n über.

Ein *Simplex* X_r in A_n wird so definiert: Ein X_0 ist ein Punkt, ein X_1 eine Strecke, ein X_2 ein Dreieck. Ein X_{r+1} entsteht, indem alle Punkte eines X_r mit einem festen Punkt außerhalb des linearen Raumes, dem X_r angehört, durch Strecken verbunden werden. Ein X_r hat $r+1$ Ecken, und je $s+1$ von ihnen definieren, wenn $s \leq r$ ist, eine *Seite X_s* von X_r. Ein topologisches Bild eines Simplex heißt ein *krummliniges Simplex* und wird ebenfalls mit X_r bezeichnet. Eine Vereinigung von endlich vielen (geradlinigen oder krummlinigen) Simplices X_r, von denen je zwei entweder nichts oder genau eine Seite (und deren Seiten) gemeinsam haben, heißt ein (geradliniges oder krummliniges) *r-dimensionales Polyeder*. Eine Triangulierung eines Raumteils ist eine Einteilung dieses Raumteils in krummlinige Simplices, von denen je zwei entweder nichts oder genau eine Seite gemeinsam haben.

Satz 1. *Gegeben seien endlich viele algebraische Mannigfaltigkeiten M und eine Vollkugel K,*

$$\eta_1^2 + \eta_2^2 + \cdots + \eta_n^2 \leq a^2,$$

im reellen A_n. Dann gibt es eine Triangulierung der Vollkugel, bei der die Mannigfaltigkeiten M, soweit sie in der Vollkugel liegen, ganz aus Seiten der Triangulierung bestehen.

Beweis. 1. Für $n = 1$ ist die Vollkugel eine Strecke, und jede Mannigfaltigkeit M ($\neq A_1$) besteht aus endlich vielen Punkten. Diese Punkte zerlegen die Strecke in Teilstrecken. Damit ist die gesuchte Triangulierung schon gefunden.

2. Der Satz möge also für den Raum A_{n-1} als richtig angenommen werden. Wir nehmen die Kugelfläche unter die Mannigfaltigkeiten M auf. Durch eine orthogonale Koordinatentransformation wird erreicht, daß jede der Mannigfaltigkeiten M eine in η_n reguläre Gleichung $F(\eta_1, \ldots, \eta_n) = 0$ besitzt. Dann bilden wir auf Grund des Lemmas die Projektionen M' der M auf den Teilraum A_{n-1} und zerlegen diese wie oben in Stücke $U' - V'$. Auf die algebraischen Mannigfaltigkeiten U' und V' und auf die Vollkugel $\eta_1^2 + \cdots + \eta_{n-1}^2 \leq a^2$ wenden wir die Induktionsvoraussetzung an. Danach gibt es eine Triangulierung dieser Vollkugel, bei der sämtliche U' und V' (soweit sie in der Vollkugel liegen) aus Simplices der Triangulierung bestehen. Jede Punktmenge $U' - V'$ wird also erhalten, indem man von den Simplices, aus denen U' besteht, diejenigen Simplices wegläßt, aus denen V' besteht. Was übrig bleibt, sind die inneren Punkte gewisser Simplices (von verschiedener Dimension) der Triangulierung.

Der Gedankengang des folgenden Beweises kann nun folgendermaßen skizziert werden: Die Punkte η der Vollkugel, deren Projektion η' einem Simplex X'_r der Triangulierung angehört, bilden eine zylindrische Punktmenge. Diese wird durch die verschiedenen Mannigfaltigkeiten M, die sie durchsetzen, in „Blöcke" geteilt, die sich als krummlinige Polyeder erweisen werden. Zerlegt man diese in krummlinige Simplices, so ergibt sich die gewünschte Triangulierung der ganzen Vollkugel.

3. Um diese Beweisgedanken auszuführen, betrachten wir die inneren Punkte η' eines ganz zu $U' - V'$ gehörigen Simplex X'_r. Über η' liegen gewisse Punkte η der Mannigfaltigkeiten M, deren Koordinaten η_n durch Lösung der Gleichung $e(\eta', \eta_n) = 0$ gefunden werden. Diese Gleichung hat für jedes η' in X'_r denselben Grad h und dieselbe Anzahl von verschiedenen (komplexen) Wurzeln. Es muß aber auch die Anzahl der reellen Wurzeln der Gleichung konstant sein. Denn bei stetiger

Änderung des Punktes η' kann ein Paar reeller Wurzeln nur dann in ein konjugiert komplexes Paar übergehen, wenn das Paar zwischendurch einmal zusammenfällt.

Die reellen Wurzeln der Gleichung $e(\eta', \eta_n) = 0$ seien also, der Größe nach geordnet,

$$(3) \qquad \eta_n^{(1)} < \eta_n^{(2)} < \cdots < \eta_n^{(l)}.$$

Nach dem Satz von der Stetigkeit der Wurzeln algebraischer Gleichungen sind $\eta_n^{(1)}, \ldots, \eta_n^{(l)}$ stetige Funktionen von η' innerhalb von X_r'.

Wir untersuchen nun das Verhalten der Funktionen $\eta_n^{(1)}, \ldots, \eta_n^{(l)}$ bei Annäherung an den Simplexrand. Nähert sich η' einem Randpunkt ζ' von X_r', so bleiben $\eta_n^{(1)}, \ldots, \eta_n^{(l)}$ als Wurzeln der Gleichung $F(\eta_1, \ldots, \eta_n) = 0$ jedenfalls beschränkt. Würde nun $\eta_n^{(k)}$ sich nicht einem bestimmten Grenzwert ζ_n nähern, so könnte man zwei konvergente Folgen mit verschiedenen Grenzwerten auswählen:

$$\eta'(\nu) \to \zeta', \qquad \eta_n^{(k)}(\nu) \to \zeta_n;$$
$$\tilde{\eta}'(\nu) \to \zeta', \qquad \tilde{\eta}_n^{(k)}(\nu) \to \tilde{\zeta}_n \neq \zeta_n.$$

Nun kann man $\eta'(\nu)$ und $\tilde{\eta}'(\nu)$ durch eine Strecke in der Umgebung des Grenzpunktes ζ' verbinden. Bewegt sich dann η' auf dieser Strecke $\mathfrak{S}(\nu)$, so ändert sich das zugehörige $\eta_n^{(k)}$ stetig von $\eta_n^{(k)}(\nu)$ bis $\tilde{\eta}_n^{(k)}(\nu)$. Durch Wahl von geeigneten Punkten $\overset{*}{\eta}{}'(\nu)$ auf diesen Strecken $\mathfrak{S}(\nu)$ kann man sich eine dritte Folge $\overset{*}{\eta}_n(\nu)$ verschaffen, die zu einem beliebigen Zwischenwert zwischen ζ_n und $\tilde{\zeta}_n$ konvergiert. Also gäbe es unendlich viele Punkte $\overset{*}{\zeta}$ mit der gleichen Projektion ζ', die alle auf einer Mannigfaltigkeit M lägen. Das verträgt sich aber nicht mit der in ζ_n regulären Gleichung $F(\zeta_1, \ldots, \zeta_n) = 0$, die alle Punkte von M erfüllen müssen.

Demnach sind die Punkte $\eta^{(1)}, \ldots, \eta^{(l)}$ stetige Funktionen von η' im Innern und auf dem Rande von X_r'.

Bemerkung. Wenn auf einer Seite X_s' von X_r' $(s < r)$ die Funktionen $\eta_n^{(1)}, \ldots, \eta_n^{(l)}$ Randwerte $\tilde{\zeta}_n^{(1)}, \ldots, \tilde{\zeta}_n^{(l)}$ annehmen, so gehören die dadurch definierten Punkte $\tilde{\zeta}^{(1)}, \ldots, \tilde{\zeta}^{(l)}$ wieder den Mannigfaltigkeiten M an. Die über den Punkten ζ' von X_s' liegenden Punkte ζ der Mannigfaltigkeiten M werden aber (genau so wie es für X_r' der Fall war) durch stetige Funktionen $\zeta_n^{(1)}, \ldots, \zeta_n^{(m)}$ auf X_s' gegeben. Also sind die Randwerte $\tilde{\zeta}_n^{(1)}, \ldots, \tilde{\zeta}_n^{(l)}$ unter den stetigen Funktionen $\zeta_n^{(1)}, \ldots, \zeta_n^{(m)}$ zu finden und teilen deren Eigenschaften. Daraus folgt z. B., daß je zwei Funktionen $\tilde{\zeta}_n^{(\mu)}$ und $\tilde{\zeta}_n^{(\nu)}$ entweder in ganz X_s' übereinstimmen oder im ganzen Inneren von X_s' verschieden sind.

4. Da die Oberfläche der Vollkugel K unter den Mannigfaltigkeiten M vorkommt, müssen die beiden über η' liegenden Punkte der Kugeloberfläche unter den Punkten $\eta^{(1)}, \ldots, \eta^{(l)}$ vorkommen, und zwar

müssen es wegen der Anordnung (3) gerade der erste und der letzte Punkt, $\eta^{(1)}$ und $\eta^{(l)}$ sein.

Wir teilen nun die Vollkugel in „Blöcke" ein. Ein Block besteht aus allen Punkten x, die einer der folgenden Bedingungen genügen:

a) η' in X_r', $\eta_n = \eta_n^{(\nu)}$;

b) η' in X_r', $\eta_n^{(\nu)} < \eta_n < \eta_n^{(\nu+1)}$.

Am Rande der Projektion der Vollkugel, wo $\eta^{(l)} = \eta^{(1)}$ ist, kommen die Blöcke b) natürlich in Wegfall.

Es ist klar, daß jeder Punkt x der Vollkugel einem und nur einem Block angehört. Weiter ist klar, daß die abgeschlossene Hülle eines Blockes wieder aus ähnlich definierten Blöcken besteht. In Abb. 1 ist die Einteilung der Ebene in Blöcke für den Fall gezeichnet, daß die einzige Mannigfaltigkeit M ein Kegelschnitt ist. In Abb. 2 (links) ist die Gestalt eines Blockes vom Typus b) im Fall des dreidimensionalen Raumes gezeichnet. Die obere und untere Fläche dieses Blockes (die obere schraffiert) sind Blöcke vom Typus a).

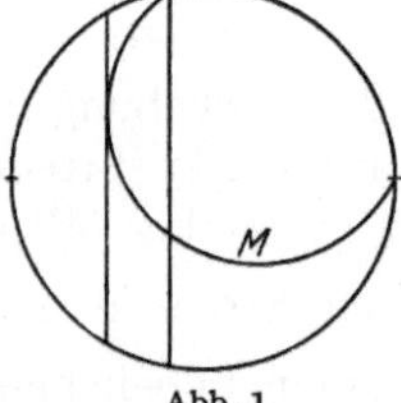
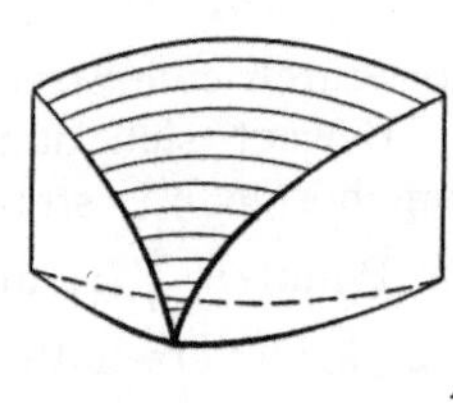
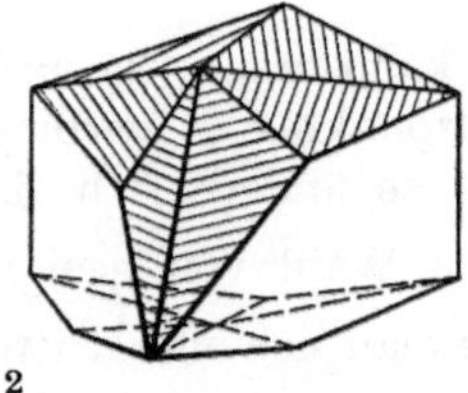

Abb. 1   Abb. 2

5. Wir haben nun noch zu zeigen, daß jeder Block samt Rand topologisch auf ein geradliniges Polyeder abgebildet werden kann, also selber ein krummliniges Polyeder ist.

Für die Blöcke vom Typus a) ist das sehr leicht: Die Projektion $\eta \to \eta'$ bildet den Block a) samt dessen Rand topologisch auf das krumme Simplex X_r' samt Rand ab; also ist der Block selbst ein krummes Simplex.

Einen Block vom Typus b) bilden wir in zwei Schritten ab: Beim ersten Schritt werden die Koordinaten η_n der Punkte η des Blockes ungeändert gelassen, während $\eta_1, \ldots, \eta_{n-1}$ so transformiert werden, daß das Simplex X_r', über dem der Block liegt, auf ein geradliniges Simplex X_r abgebildet wird. Nach der Abbildung haben wir also einen Block, dessen Punkte durch

$$\eta' \text{ in } X_r, \qquad \eta_n^{(\nu)} < \eta_n < \eta_n^{(\nu+1)}$$

definiert werden, wo X_r ein geradliniges Simplex ist, während $\eta_n^{(\nu)}$ und $\eta_n^{(\nu+1)}$ stetige Funktionen von η' im abgeschlossenen Simplex X_r sind. Im Innern von X_r ist, wie wir gesehen haben, $\eta_n^{(\nu)} < \eta_n^{(\nu+1)}$, während auf dem Rande $\eta_n^{(\nu)} \leq \eta_n^{(\nu+1)}$ ist, und zwar ist in jedem Randsimplex X_s von X_r entweder durchweg $\eta_n^{(\nu)} = \eta_n^{(\nu+1)}$, oder im Innern von X_s ist überall $\eta_n^{(\nu)} < \eta_n^{(\nu+1)}$.

Das Simplex X_r wird nun „baryzentrisch unterteilt". Die baryzentrische Unterteilung eines Simplex wird rekursiv definiert: Ein X_1 wird durch einen Teilpunkt J_1 in zwei Strecken geteilt, und wenn alle X_{r-1} auf dem Rande von X_r schon baryzentrisch unterteilt sind, so werden die Simplices dieser Unterteilung mit einem inneren Punkt J_r von X_r zu neuen Simplices verbunden, die dann die Unterteilung von X_r bilden. Die Ecken eines solchen Simplex sind demnach $J_0, J_1, \ldots, J_r$, wo jedes J_k ein innerer Punkt von X_k ist, während X_{k-1} stets eine Seite von X_k ist $(k = 1, 2, \ldots, r)$.

Wir wollen nun die stetigen Funktionen $\eta_n^{(\nu)}$ und $\eta_n^{(\nu+1)}$ durch stückweise lineare Funktionen approximieren. Wir bemerken, daß eine lineare Funktion der Koordinaten in einem geradlinigen Simplex vollständig festgelegt ist, sobald die Werte der Funktion in den Ecken des Simplex bekannt sind. Wir definieren demgemäß im Simplex $(J_0 J_1 \ldots J_r)$ zwei lineare Funktionen $\overline{\eta}_n^{(\nu)}$ und $\overline{\eta}_n^{(\nu+1)}$, deren Werte in den Ecken $J_k (k = 0, \ldots, r)$ mit den gegebenen Werten $\eta_n^{(\nu)}(J_k)$ und $\eta_n^{(\nu+1)}(J_k)$ übereinstimmen.

Wenn zwei verschiedene Simplices $(J_0 J_1 \ldots J_r)$ eine Seite gemeinsam haben, so stimmen die in diesen Simplices definierten Funktionen $\overline{\eta}_n^{(\nu)}$ auf der gemeinsamen Seite überein. Also schließen sich die in den Teilsimplices definierten Funktionen $\overline{\eta}_n^{(\nu)}$ zu einer in ganz X_r samt Rand stetigen, stückweise linearen Funktion $\overline{\eta}_n^{(\nu)}$ zusammen, und dasselbe gilt von $\overline{\eta}_n^{(\nu+1)}$.

Wenn eine lineare Funktion in allen oder einigen Ecken eines Simplex größer ist als eine andere, in den übrigen Ecken aber gleich, so ist sie auch im Inneren größer. Daher gilt im Inneren von X_r

$$\overline{\eta}_n^{(\nu)} < \overline{\eta}_n^{(\nu+1)}.$$

Entsprechendes gilt aber auch auf jeder Seite X_s von X_r: Ist für die inneren Punkte einer solchen Seite $\eta_n^{(\nu)} < \eta_n^{(\nu+1)}$, so gilt dasselbe für $\overline{\eta}_n^{(\nu)}$ und $\overline{\eta}_n^{(\nu+1)}$; ist aber $\eta_n^{(\nu)} = \eta_n^{(\nu+1)}$ in X_s, so ist dort auch $\overline{\eta}_n^{(\nu)} = \overline{\eta}_n^{(\nu+1)}$.

Nun kann man den durch

$$\eta' \text{ in } X_r, \qquad \eta_n^{(\nu)} < \eta_n < \eta_n^{(\nu+1)}$$

definierten Block samt dessen Rand topologisch auf den durch lineare Räume begrenzten Block

$$\eta' \text{ in } X_r, \qquad \overline{\eta}_n^{(\nu)} < \overline{\eta}_n < \overline{\eta}_n^{(\nu+1)}$$

samt Rand abbilden, indem man die Koordinaten $\eta_1, \ldots, \eta_{n-1}$ eines Punktes η ungeändert läßt, die Koordinaten η_n aber durch $\overline{\eta}_n$ ersetzt, wobei η_n und $\overline{\eta}_n$ durch die Formeln

$$\eta_n = \eta_n^{(\nu)} + \lambda \left(\eta_n^{(\nu+1)} - \eta_n^{(\nu)} \right) \qquad\qquad (0 \leq \lambda < 1)$$

$$\overline{\eta}_n = \overline{\eta}_n^{(\nu)} + \lambda \left(\overline{\eta}_n^{(\nu+1)} - \overline{\eta}_n^{(\nu)} \right)$$

miteinander verknüpft sind.

Man beweist leicht, daß die so definierte Abbildung eineindeutig und beiderseits stetig ist. Der Bildblock läßt sich aber ohne weiteres (z. B. baryzentrisch) in geradlinige Simplices zerlegen. Also ist jeder Block b) topologisch auf ein geradliniges Polyeder abbildbar. Damit ist unser Beweis beendet.

Bemerkung. Wenn man den Beweis des letzten Teiles 5 noch einmal durchgeht, wird man sehen, daß die Abbildung der krummlinigen Simplices der Triangulierung auf geradlinige so eingerichtet werden kann, daß die Koordinaten der Punkte eines krummlinigen Simplex *stetig differenzierbare Funktionen* der Koordinaten im Innern des geradlinigen Bildsimplex X_r sind. Man muß die stetige Differenzierbarkeit der Abbildungsfunktionen natürlich in die Induktionsvoraussetzung aufnehmen und den ersten Schritt der Abbildung der Blöcke b) als differenzierbar annehmen. Da die algebraischen Funktionen $\eta_n^{(\nu)}$ außerhalb ihrer kritischen Stellen auch differenzierbar sind, führt der zweite Schritt der Abbildung auch nur auf differenzierbare Funktionen.

Die nächste Frage, die wir zu untersuchen haben, ist die Zurückführung der komplexen algebraischen Mannigfaltigkeiten auf reelle. Wir bedienen uns hier einer Abbildung des komplexen projektiven Raumes auf eine reelle algebraische Mannigfaltigkeit, die durch folgende Formeln gegeben ist:

$$(4) \qquad \begin{cases} \zeta_j\,\bar\zeta_j = \sigma_{jj} \\[4pt] \zeta_j\,\bar\zeta_k = \sigma_{jk} + i\,\tau_{jk} & (j < k) \\[4pt] \zeta_k\,\bar\zeta_j = \sigma_{jk} - i\,\tau_{jk} & (j < k). \end{cases}$$

Dabei sind $\zeta_0, \ldots, \zeta_n$ homogene Koordinaten im komplexen S_n, während die $\sigma_{jk}\,(0 \le j \le k \le n)$ und $\tau_{jk}\,(0 \le j < k \le n)$ homogene Koordinaten in einem reellen S_N sind. Die $\bar\zeta_j$ sind zu den ζ_j konjugiert komplex. Man sieht dann aus (4) unmittelbar, daß die σ_{jk} und τ_{jk} reell ausfallen. Setzt man $\sigma_{kj} = \sigma_{jk}$, $\tau_{kj} = -\tau_{jk}$, $\tau_{jj} = 0$, so kann man statt (4) kürzer schreiben

$$(5) \qquad \zeta_j\,\zeta_k = \sigma_{jk} + i\,\tau_{jk} \qquad (j,\, k = 0, 1, \ldots, n).$$

Ähnlich wie in § 4 sind die σ_{jk} und τ_{jk} durch die Bedingungen

$$(6) \qquad (\sigma_{jk} + i\,\tau_{jk})\,(\sigma_{hl} + i\,\tau_{hl}) - (\sigma_{jl} + i\,\tau_{jl})\,(\sigma_{hk} + i\,\tau_{hk}) = 0$$

miteinander verbunden. Die Bedingungen (6) sind notwendig und hinreichend, damit ein reeller Punkt von S_N Bildpunkt eines Punktes ζ des komplexen S_n ist. Die Gleichungen (6) definieren im reellen S_N eine algebraische Mannigfaltigkeit, die SEGREsche *Mannigfaltigkeit* $\mathfrak{S}$. Wie in § 4 sieht man, daß die Abbildung des Raumes S_n auf die Mannigfaltigkeit $\mathfrak{S}$ eineindeutig ist. Stetig ist sie natürlich auch, mithin topologisch.

Die Segresche Mannigfaltigkeit $\mathfrak{S}$ hat keinen Punkt mit der Hyperebene

$$(7) \qquad \sum \sigma_{jj} = \sigma_{00} + \sigma_{11} + \cdots + \sigma_{nn} = 0$$

gemeinsam, denn $\sum \zeta_j \bar{\zeta}_j$ wird niemals Null, wenn nicht alle $\zeta_j = 0$ sind. Mehr noch: auf $\mathfrak{S}$ gilt überall

$$|\sigma_{jk} + i\tau_{jk}| = |\zeta_j \bar{\zeta}_k| = \sqrt{\zeta_j \bar{\zeta}_j} \cdot \sqrt{\zeta_k \bar{\zeta}_k} = \sqrt{\sigma_{jj}} \cdot \sqrt{\sigma_{kk}}$$
$$\leq \sigma_{jj} + \sigma_{kk} \leq \sum \sigma_{jj}.$$

Betrachtet man also die Hyperebene (7) als uneigentliche Hyperebene und führt durch die Normierung $\sum \sigma_{jj} = 1$ inhomogene Koordinaten ein, so sind alle Koordinaten σ_{jk} und τ_{jk} dem Betrage nach ≤ 1. Also liegt die Mannigfaltigkeit $\mathfrak{S}$ in einem beschränkten Teil des euklidischen Raumes (z. B. in der Vollkugel $\sum \sigma_{jk}^2 + \sum \tau_{jk}^2 \leq n + 1$).

Einer algebraischen Mannigfaltigkeit in S_n mit den Gleichungen

$$(8) \qquad f_\nu(\zeta) = 0$$

entspricht auf $\mathfrak{S}$ eine Bildmannigfaltigkeit, deren Gleichungen gefunden werden, indem man die Gleichungen (8) mit ihren konjugiert-komplexen multipliziert:

$$f_\nu(\zeta)\, \bar{f}_\nu(\bar{\zeta}) = 0$$

und dann die Produkte $\zeta_j \bar{\zeta}_k$ durch $\sigma_{jk} + i\tau_{jk}$ ersetzt.

Sind nun endlich viele algebraische Mannigfaltigkeiten M in S_n gegeben, so entsprechen ihnen ebenso viele reelle Teilmannigfaltigkeiten von $\mathfrak{S}$. Nach Satz 1 gibt es eine Triangulierung von $\mathfrak{S}$, bei der alle diese Teilmannigfaltigkeiten aus Simplices der Triangulierung bestehen. Damit ist bewiesen:

Satz 2. *Es gibt eine Triangulierung des komplexen S_n, bei der endlich viele vorgegebene Mannigfaltigkeiten M in S_n aus lauter Simplices der Triangulierung bestehen.*

Bis hierher haben wir uns um die Dimensionen der Simplices der Triangulierung nicht gekümmert. Aus dem Beweis des Satzes 1 ist aber klar, daß zur Triangulierung einer d-dimensionalen Mannigfaltigkeit M im reellen S_n nur Simplices von höchstens der Dimension d Verwendung finden. Das Beispiel einer ebenen kubischen Kurve mit einem isolierten Punkt zeigt, daß auch Simplices mit Dimensionen $< d$, und zwar nicht nur als Seiten von Simplices X_d, in der Triangulierung vorkommen können.

Beim Übergang vom komplexen S_n zur Segreschen Mannigfaltigkeit $\mathfrak{S}$ verdoppelt sich die Dimension einer jeden irreduziblen Mannigfaltigkeit M, da die Real- und Imaginärteile der Koordinaten der Punkte von M jetzt als unabhängige Veränderliche auftreten. Also haben die

Simplices der Triangulierung von M höchstens die Dimension $2d$. Man kann aber noch mehr beweisen, nämlich

Satz 3. *In der Triangulierung einer d-dimensionalen algebraischen Mannigfaltigkeit M im komplexen S_n kommen nur $2d$-dimensionale Simplices X_{2d} und ihre Seiten vor.*

Beweis. Wir wählen wie in § 31 das Koordinatensystem so, daß die Koordinaten $\xi_{d+1}, \ldots, \xi_n$ eines allgemeinen Punktes von M ganze algebraische Funktionen von $\xi_0, \ldots, \xi_d$ sind. Dann gehören nach Satz 4 (§ 31) zu jedem Wertsystem der Koordinaten $\zeta_0, \ldots, \zeta_d$ gewisse Punkte $\overset{\mu}{\zeta}$ von $M (\mu = 1, \ldots, k)$, deren Koordinaten $\overset{\mu}{\zeta_0}, \ldots, \overset{\mu}{\zeta_n}$ durch Faktorzerlegung des Polynoms

$$(9) \qquad h(u_0, \ldots, u_n, \zeta_0, \ldots, \zeta_d, z) = \prod_1^k (z - \zeta_\mu)$$

$$\zeta_\mu = u_0 \overset{\mu}{\zeta_0} + u_1 \overset{\mu}{\zeta_1} + \cdots + u_n \overset{\mu}{\zeta_n}$$

gefunden werden.

Wir haben gesehen, daß die Koordinaten der Punkte eines krummlinigen Simplex X_r der Triangulierung von M stetig differenzierbare Funktionen von r reellen Parametern sind. Projizieren wir nun X_r in einen Teilraum S_d hinein, indem wir die Koordinaten $\zeta_{d+1}, \ldots, \zeta_n$ durch Null ersetzen, so ist die Projektion von X_r eine Punktmenge, deren Punkte wieder stetig differenzierbar von r reellen Parametern abhängen. Eine solche Punktmenge ist aber, wenn $r < 2d$ ist, im komplexen S_d nirgends dicht. Nimmt man die Projektion für alle Simplices $X_r (r = 0, 1, \ldots, 2d - 1)$ der Triangulierung vor, so erhält man als Vereinigung aller Projektionen eine nirgends dichte Punktmenge W in S_d. Jeder Punkt ζ' von W ist somit Limes einer Folge von Punkten $\zeta'(\nu)$, die nicht zu W gehören.

Wie oben bemerkt, gehört zur Projektion ζ' ein System von k Punkten $\overset{1}{\zeta}, \ldots, \overset{k}{\zeta}$ von M und ebenso zu jedem $\zeta'(\nu)$ ein System von k Punkten $\overset{1}{\zeta}(\nu), \ldots, \overset{k}{\zeta}(\nu)$ von M, die jedesmal durch die Faktorzerlegung (9) bestimmt werden. Normiert man die Koordinaten durch $x_0 = \zeta_0(\nu) = 1$, so sind alle Koordinaten $\zeta_j(\nu)$ gleichmäßig beschränkt. Daher kann man aus der Folge der Systeme von k Punkten eine konvergente Teilfolge auswählen. Für diese Teilfolge gilt dann

$$\overset{1}{\zeta}(\nu) \to \overset{1}{\eta}, \quad \overset{2}{\zeta}(\nu) \to \overset{2}{\eta}, \ldots, \overset{k}{\zeta}(\nu) \to \overset{k}{\eta} \quad (\nu \to \infty).$$

Da die Gleichung (9) beim Grenzübergang erhalten bleibt, andererseits aber die Faktorzerlegung eines Polynoms eindeutig ist, müssen die Grenzpunkte $\overset{1}{\eta}, \ldots, \overset{k}{\eta}$ in irgendeiner Reihenfolge mit $\overset{1}{\zeta}, \ldots, \overset{k}{\zeta}$ übereinstimmen. Also ist jeder der Punkte $\overset{1}{\zeta}, \ldots, \overset{k}{\zeta}$ Grenzpunkt von solchen Punkten von M, deren Projektionen nicht zur Punktmenge W gehören.

Das heißt aber: Jeder Punkt eines Simplex $X_r (r < 2d)$ der Triangulierung von M ist Grenzpunkt von solchen Punkten von M, die nicht zu den X_r mit $r < 2d$ gehören und die somit nur innere Punkte von Simplices X_{2d} sein können. Daraus folgt, daß jedes solche X_r $(r < 2d)$ Seite eines X_{2d} auf M ist.

Man kann die Triangulierung der komplexen Mannigfaltigkeit M auch, in ähnlicher Weise wie die Triangulierung der ebenen Kurven am Anfang dieses Paragraphen, aus einer Triangulierung des Raumes S_d erhalten, indem man davon ausgeht, daß jeder Punkt ζ' von S_d die Projektion von k Punkten ζ von M ist. Man hat dazu S_d so zu triangulieren, daß die Verzweigungsmannigfaltigkeit, die durch Nullsetzen der Diskriminante des Polynoms (9) entsteht, mit trianguliert wird. In dieser Weise haben WIRTINGER und BRAUNER[1]) die algebraischen Funktionen von zwei Veränderlichen untersucht.

---

[1]) BRAUNER, K.: Abh. Math. Inst. Hamburg Bd. 5.

Fünftes Kapitel.

Algebraische Korrespondenzen und ihre Anwendung.

Die algebraischen Korrespondenzen sind fast so alt wie die algebraische Geometrie überhaupt. Ein Satz von CHASLES über die Anzahl der Fixpunkte einer Korrespondenz zwischen Punkten einer geraden Linie (s. § 32), wurde von BRILL[1]) auf Korrespondenzen zwischen den Punkten einer algebraischen Kurve verallgemeinert, von SCHUBERT[2]) mit großem Erfolg auf Systeme von ∞^1 Punktepaaren des Raumes übertragen, von ZEUTHEN[3]) weiter verschärft und mannigfach verwendet.

Es sind aber erst die italienischen Geometer, namentlich SEVERI und ENRIQUES gewesen, die die allgemeinere Bedeutung des Korrespondenzbegriffs für die Begründung der algebraischen Geometrie erkannt haben. Immer dort nämlich, wo geometrische Gebilde so zueinander in Beziehung gesetzt werden, daß diese Beziehung durch algebraische Gleichungen ausgedrückt werden kann, kommt der Korrespondenzbegriff zur Anwendung. Von dieser allgemeinen und grundlegenden Bedeutung des Korrespondenzbegriffs soll hier in erster Linie die Rede sein. Für die anfangs erwähnten Untersuchungen über Fixpunktzahlen von Korrespondenzen müssen wir den Leser auf die erwähnte Literatur verweisen[4]).

Von jetzt an bedeuten $x, y, \ldots$ nicht mehr ausschließlich Unbestimmte, sondern auch komplexe Zahlen oder algebraische Funktionen, wie es sich jeweils aus dem Zusammenhang ergibt.

§ 32. Algebraische Korrespondenzen.
Das CHASLESsche Korrespondenzprinzip.

Es seien S_m und S_n zwei projektive Räume, die auch zusammenfallen dürfen. Eine algebraische Mannigfaltigkeit von Punktepaaren (x, y), wobei x zu S_m und y zu S_n gehört, heißt eine *algebraische Korrespondenz* $\Re$. Die Korrespondenz wird durch ein System von homogenen

---

[1]) BRILL, A. v.: Math. Ann. Bd. 6 (1873) S. 33—65 und Bd. 7 (1874) S. 607—622.

[2]) SCHUBERT, H.: Kalkül der abzählenden Geometrie. Leipzig 1879.

[3]) ZEUTHEN, H. G.: Lehrbuch der abzählenden Methoden der Geometrie. Leipzig 1914.

[4]) Dazu noch S. LEFSCHETZ: Trans. Amer. Math. Soc. Bd. 28 (1928) S. 1—49 und verschiedene Noten von F. SEVERI in Rendiconti Accad, Lincei 1936 und 1937.

Gleichungen (homogen sowohl in den x als in den y)

$$(1) \qquad f_\lambda(x_0, \ldots, x_m, y_0, \ldots, y_n) = 0$$

gegeben. Von den Punkten y wird gesagt, daß sie den Punkten x in der Korrespondenz *entsprechen* oder *zugeordnet sind*; ein zugeordneter Punkt y heißt auch ein *Bildpunkt* von x in der Korrespondenz, während umgekehrt x ein *Urbild* von y heißt.

Beispiele von Korrespondenzen sind die Korrelationen (speziell Polarsysteme und Nullsysteme), die durch eine bilineare Gleichung

$$\sum a_{jk}\, x_j\, y_k = 0$$

gegeben werden, weiter die projektiven Transformationen

$$y_j = \sum a_{jk}\, x_k \qquad \text{oder} \qquad y_i\Big(\sum a_{jk}\, x_k\Big) - y_j\Big(\sum a_{ik}\, x_k\Big) = 0,$$

schließlich die Projektionen (y ist die Projektion von x auf einen Teilraum S_n des Raumes S_m, während x einer beliebigen Mannigfaltigkeit M angehört).

Der Begriff der Korrespondenz kann noch dadurch verallgemeinert werden, daß an Stelle der Punkte x und y andere geometrische Gebilde, z. B. Punktepaare, lineare Räume, Hyperflächen genommen werden, sofern diese Gebilde durch eine oder mehrere Reihen von homogenen Koordinaten gegeben werden. Die Gleichungen (1) müssen dann in jeder einzelnen Koordinatenreihe homogen sein. Alle folgenden Betrachtungen gelten ohne weiteres für diesen allgemeineren Fall, was für die Anwendungen außerordentlich wichtig ist. Bei der Formulierung der Sätze selbst werden wir uns aber auf den Fall beschränken, daß x und y Punkte sind; wir sprechen also nicht von „Gebilden" x und „Gebilden" y, sondern einfach von Punkten x und y.

Eliminiert man die y aus den Gleichungen (1), so erhält man ein homogenes Resultantensystem

$$(2) \qquad g_\mu(x_0, \ldots, x_m) = 0$$

mit der Eigenschaft, daß zu jeder Lösung x von (2) mindestens ein Punktepaar (x, y) der Korrespondenz gehört. Ebenso ergibt die Elimination der x ein homogenes Gleichungssystem

$$(3) \qquad h_\nu(y_0, \ldots, y_n) = 0.$$

Die Gleichungen (2) definieren eine algebraische Mannigfaltigkeit M in S_m, die *Urmannigfaltigkeit* der Korrespondenz $\Re$; ebenso definiert (3) eine Mannigfaltigkeit N in S_n, die *Bildmannigfaltigkeit* der Korrespondenz. Man spricht auch von einer Korrespondenz $\Re$ *zwischen M und N*. Ist (x, y) ein Punktepaar der Korrespondenz, so gehört x zu M und y zu N, und zu jedem Punkt x von M (oder y von N) gibt es mindestens einen entsprechenden Punkt y auf N (bzw. x auf M).

Hält man den Punkt x fest, so definieren die Gleichungen (1) eine algebraische Mannigfaltigkeit im Raume S_n, und zwar eine Teilmannigfaltigkeit N_x von N. N_x ist die Gesamtheit der dem Punkte x entsprechenden Punkte y. Umgekehrt entspricht jedem Punkt y von N eine algebraische Mannigfaltigkeit M_y von Punkten x auf M.

Sind M und N irreduzibel (die Korrespondenz $\mathfrak{K}$ kann reduzibel oder irreduzibel sein) und entsprechen jedem allgemeinen Punkte von M β Punkte von N und umgekehrt jedem allgemeinen Punkte von N α Punkte von M, so spricht man von einer (α, β)-Korrespondenz zwischen M und N. Einem speziellen Punkte von M können dabei endlich oder unendlich viele Punkte von N entsprechen; mit dem Übergang von den allgemeinen Punkten zu den speziellen werden wir uns später noch ausgiebig zu befassen haben.

Ist die Mannigfaltigkeit $\mathfrak{K}$ irreduzibel, so heißt sie eine *irreduzible Korrespondenz*. In diesem Fall sind auch M und N irreduzibel, denn wenn ein Produkt von zwei Formen $F(x) \cdot G(x)$ Null wird in allen Punkten von M, so wird es Null für alle Punktepaare (x, y) der Korrespondenz $\mathfrak{K}$, also wird ein Faktor F oder G Null für alle Punktepaare (x, y) von $\mathfrak{K}$, also für alle Punkte x von M.

Als einfachsten, aber wichtigen Fall betrachten wir zunächst eine (α, β)-Korrespondenz zwischen den Punkten x und y einer Geraden S_1. Die Korrespondenz sei rein eindimensional; sie ist dann eine Hyperfläche im zweifach projektiven Raum $S_{1,1}$ und wird (wie jede Hyperfläche) durch eine einzige Gleichung

$$(4) \qquad\qquad f(x, y) = 0$$

gegeben, die wir als frei von mehrfachen Faktoren voraussetzen. Die Gleichung ist homogen in den beiden Koordinaten x_0, x_1 des Punktes x und ebenso in denen y_0, y_1 des Punktes y. Ist α ihr Grad in den x und β ihr Grad in den y, so entsprechen einem allgemeinen Punkte x offenbar β verschiedene Punkte y und einem allgemeinen Punkte y ebenso α verschiedene Punkte x.

Die Fixpunkte der Korrespondenz werden gefunden, indem man in (4) $x = y$ setzt. Das ergibt eine Gleichung vom Grade $\alpha + \beta$ in y, die entweder identisch erfüllt ist oder genau $\alpha + \beta$ Wurzeln (jede mit ihrer Vielfachheit gezählt) besitzt. *Die Korrespondenz (4) enthält also entweder die Identität als Bestandteil oder hat, wenn man ihre Fixpunkte mit den Vielfachheiten zählt, die sich aus der Gleichung $f(x, x) = 0$ ergeben, genau $\alpha + \beta$ Fixpunkte.* Das ist das „CHASLESsche Korrespondenzprinzip".

Um eine einfache Anwendung des CHASLESschen Korrespondenzprinzips zu geben, betrachten wir zwei Kegelschnitte K, K', die sich nicht berühren. Aus einem Punkt P_0 von K legen wir eine Tangente an K', die K zum zweitenmal in P_1 schneidet. Durch P_1 geht eine zweite Tangente an K', die K zum zweitenmal in P_2 schneidet. So fortfahrend konstruiere man die Kette $P_0, P_1, P_2, \ldots, P_n$. Nun wird behauptet: *Wenn die Kette sich einmal in nicht trivialer Weise mit $P_n = P_0$ schließt, so schließt sie sich immer, wie auch P_0 auf K gewählt wird.* Dabei sagen wir, die Reihe $P_0, P_1, \ldots, P_n$ schließe sich *in trivialer Weise*, wenn entweder (für gerade n) das Mittelglied $P_{\frac{1}{2}n}$ ein Schnitt-punkt von K und K' ist, oder wenn (für ungerade n) die beiden Mittelglieder $P_{\frac{n-1}{2}}$ und $P_{\frac{n+1}{2}}$ zu-sammenfallen und ihre Verbin-dungslinie eine gemeinsame Tan-gente der beiden Kegelschnitte ist (s. die zweite und dritte Figur). In beiden Fällen ist die zweite Hälfte der Kette gleich der ersten in umgekehrter Reihenfolge, also $P_n = P_0$. Dieser triviale Fall kommt (sowohl bei geradem als bei ungeradem n) viermal vor, da

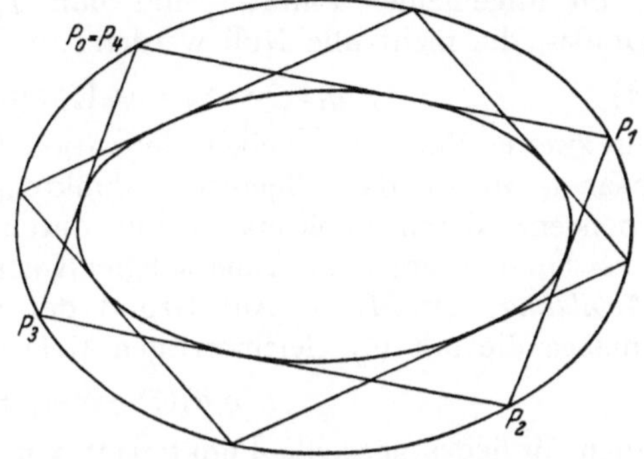

es vier Schnittpunkte und vier gemeinsame Tangenten gibt. Die Korrespondenz zwischen P_0 und P_n ist demnach eine (2,2)-Korrespondenz, die immer vier triviale Fixpunkte hat. Hat sie außerdem noch einen Fixpunkt, so enthält sie nach dem CHASLESschen Korrespondenzprinzip die Identität als Bestandteil. Man kann dann

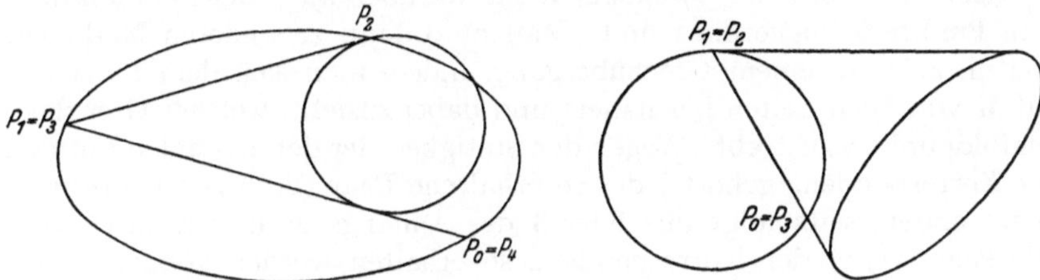

also von jedem Punkt P_0 aus eine geschlossene Kette mit $P_n = P_0$ herstellen. Dieselbe Kette, in umgekehrter Richtung durchlaufen, ergibt eine zweite ge-schlossene Kette mit demselben Ausgangspunkt P_0. Also schließen sich beide von P_0 ausgehenden Ketten, wie auch P_0 gewählt wird.

§ 33. Irreduzible Korrespondenzen.
Das Prinzip der Konstantenzählung.

Eine irreduzible Korrespondenz ist (wie jede irreduzible Mannig-faltigkeit) bestimmt durch ihr allgemeines Punktepaar (ξ, η). Die charakteristische Eigenschaft dieses allgemeinen Punktepaares ist, daß alle homogenen algebraischen Relationen $F(\xi, \eta) = 0$, welche für das allgemeine Punktepaar gelten, überhaupt für alle Punktepaare (x, y) der Korrespondenz gelten; anders ausgedrückt: alle Punktepaare der Korrespondenz entstehen durch relationstreue Spezialisierung aus dem allgemeinen Punktepaar (ξ, η). Will man eine irreduzible Korrespondenz definieren, so geht man zweckmäßig von einem (irgendwie definierten) allgemeinen Punktepaar aus; die Gesamtheit der Paare (x, y), die aus diesem allgemeinen Punktepaar durch relationstreue Spezialisierung entstehen, ist dann stets eine irreduzible Korrespondenz.

Zum Beispiel sei M eine gegebene irreduzible Mannigfaltigkeit, ξ ihr allgemeiner Punkt. Sind nun $\varphi_0, \varphi_1, \ldots, \varphi_n$ Formen gleichen Grades, die nicht alle Null werden auf M, so ist durch

$$(1) \qquad \eta_0 : \eta_1 : \cdots : \eta_n = \varphi_0(\xi) : \varphi_1(\xi) : \cdots : \varphi_n(\xi)$$

ein zweiter Punkt η gegeben, der rational von ξ abhängt. Das Punktepaar (ξ, η) ist das allgemeine Punktepaar einer irreduziblen Korrespondenz, deren Punktepaare alle durch relationstreue Spezialisierung aus ihm hervorgehen. Eine solche Korrespondenz heißt eine *rationale Abbildung* von M. — Auf Grund der relationstreuen Spezialisierung müssen die mit (1) gleichwertigen Relationen

$$\eta_i \varphi_j(\xi) - \eta_j \varphi_i(\xi) = 0$$

auch für jedes spezielle Punktepaar von $\mathfrak{K}$ gelten:

$$(2) \qquad y_i \varphi_j(x) - y_j \varphi_i(x) = 0.$$

Sind nicht alle $\varphi_j(x) = 0$, so sind durch (2) die Verhältnisse der y eindeutig bestimmt. Sind aber die $\varphi_j(x)$ alle $= 0$ für einen Punkt x von M, so sagen die Formeln (2) nichts mehr darüber aus, welche Punkte y dem Punkte x zugeordnet sind. Man muß dann zu anderen Methoden greifen, z. B. zu einem Grenzübergang, indem man sich dem Punkte x auf M von allen Seiten her nähert und dabei zusieht, welcher Grenzlage der Bildpunkt y zustrebt. Wegen der Stetigkeit der definierenden Formen der Korrespondenz gehört jedes so erhaltene Paar (x, y) zur Korrespondenz; andererseits folgt aus Satz 3 des Anhangs zum 4. Kapitel, daß alle Paare (x, y) der Korrespondenz so erhalten werden können.

Die Dimension q einer irreduziblen Korrespondenz $\mathfrak{K}$ ist die Anzahl der algebraisch unabhängigen unter den Koordinatenverhältnissen des allgemeinen Punktepaares (ξ, η). Wenn etwa $\xi_0 \neq 0$ und $\eta_0 \neq 0$ ist, können wir $\xi_0 = \eta_0 = 1$ annehmen; q ist dann die Anzahl der algebraisch unabhängigen unter den Größen $\xi_1, \ldots, \xi_m, \eta_1, \ldots, \eta_n$. Ist nun a die Anzahl der algebraisch unabhängigen unter den ξ in bezug auf den Grundkörper K und b die Anzahl der algebraisch unabhängigen unter den η in bezug auf den Körper $\mathsf{K}(\xi_1, \ldots, \xi_m)$, so ist offenbar

$$(3) \qquad q = a + b.$$

Ebenso ist, wenn c die Anzahl der algebraisch unabhängigen unter den η ist und d die Anzahl der algebraisch unabhängigen unter den ξ nach Adjunktion der η:

$$(4) \qquad q = c + d.$$

Geometrisch bedeuten die Zahlen a, b, c, d Dimensionen von Mannigfaltigkeiten. Die ξ definieren einen allgemeinen Punkt von M, denn jede homogene Relation $F(\xi) = 0$, die für den Punkt ξ gilt, gilt auch für alle Punkte x von M, und umgekehrt. Also ist a die Dimension von M und ebenso c die von N. Es wird nun weiter behauptet, daß *die Teilmannigfaltigkeit N_ξ von N, die dem allgemeinen Punkt ξ von M entspricht, in bezug auf den Körper* $\mathsf{K}(\xi_1, \ldots, \xi_m)$ *irreduzibel und von der Dimension b ist.*

N_ξ besteht aus allen Punkten y derart, daß das Punktepaar (ξ, y) der Korrespondenz angehört, d. h. daß alle homogenen algebraischen Relationen, die für (ξ, η) gelten, auch für (ξ, y) gelten. Durch die Substitution $\xi_0 = 1$ verlieren diese Relationen ihre Homogenität in den ξ, behalten sie aber in den η. Man kann sie somit als homogene Relationen in den η mit Koeffizienten aus dem Körper $\mathsf{K}(\xi) = \mathsf{K}(\xi_1, \ldots, \xi_m)$ auffassen. Demnach gelten alle homogenen algebraischen Relationen mit Koeffizienten aus $\mathsf{K}(\xi)$, die für den Punkt η gelten, auch für alle Punkte y von N_ξ und umgekehrt. Das heißt aber, η ist ein allgemeiner Punkt von N_ξ. Folglich ist N_ξ irreduzibel in bezug auf den Körper $\mathsf{K}(\xi)$ und von der Dimension b. Bei einer Erweiterung des Körpers $\mathsf{K}(\xi)$ kann die Mannigfaltigkeit N_ξ wohl zerfallen, aber ihre absolut irreduziblen Bestandteile haben alle dieselbe Dimension b (vgl. § 31, Satz 5).

Aus (3) und (4) folgt nunmehr das *Prinzip der Konstantenzählung:*

Wenn in einer q-dimensionalen irreduziblen Korrespondenz zwischen M und N einem allgemeinen Punkt ξ der a-dimensionalen Urmannigfaltigkeit M eine b-dimensionale Mannigfaltigkeit von Punkten von N entspricht und umgekehrt einem allgemeinen Punkt η der c-dimensionalen Bildmannigfaltigkeit N eine d-dimensionale Mannigfaltigkeit von Punkten auf M, so ist

$$(5) \qquad q = a + b = c + d.$$

Dazu ist noch zu bemerken, daß alle allgemeinen Punktepaare (ξ, η) der Korrespondenz untereinander äquivalent sind; dasselbe gilt übrigens von den allgemeinen Punkten von M und von N. Es ist also gleichgültig, ob man von einem allgemeinen Punkte ξ von M ausgeht und dazu einen allgemeinen zugeordneten Punkt η von N sucht oder ob man umgekehrt von einem allgemeinen Punkt von N ausgeht, stets findet man dieselben Zahlen a, b, c, d und dieselben Eigenschaften des allgemeinen Punktepaares (ξ, η) der Korrespondenz.

In den meisten Anwendungen benutzt man die Formel (5) zur Bestimmung der Dimension c der Bildmannigfaltigkeit N, wenn a, b und d gegeben sind. Findet man dabei $c = n$, so kann man schließen, daß die Bildmannigfaltigkeit N der ganze Raum S_n ist.

Beispiele und Anwendungen. 1. Es sei die Frage vorgelegt, von wievielen Parametern eine ebene Kurve 3. Ordnung mit einer Spitze abhängt, mit anderen Worten, wievieldimensional die Mannigfaltigkeit der kubischen Kurven mit einer Spitze ist.

Wir bilden eine Korrespondenz $\mathfrak{K}$ zwischen Punkten x und kubischen Kurven y, indem wir einem Punkte x alle die Kurven y zuordnen, die in

x eine Spitze haben. Ein allgemeines Elementepaar (ξ, η) dieser Korrespondenz kann man sich folgendermaßen verschaffen: Man nehme einen allgemeinen Punkt ξ und lege durch ihn die allgemeinste Gerade u in der Ebene. Damit eine kubische Kurve y in ξ eine Spitze mit der Spitzentangente u habe, müssen ihre Koeffizienten einem System von fünf unabhängigen linearen Gleichungen genügen[1]). Da in der Gleichung einer allgemeinen kubischen Kurve 10 Koeffizienten vorkommen, von denen einer gleich Eins gewählt werden kann, hängt die allgemeine Lösung des Gleichungssystems noch von $9-5=4$ willkürlichen Parametern ab. Zählt man dazu noch die eine willkürliche Konstante, von der die Spitzentangente u (bei gegebenem Punkt ξ) abhängt, so erhält man fünf Parameter. Setzt man für alle diese Parameter Unbestimmte, so erhält man ein allgemeines Paar (ξ, η), aus dem alle Paare (x, y) der Korrespondenz durch Parameterspezialisierung (also durch die einfachste Art der relationstreuen Spezialisierung) hervorgehen. Die Korrespondenz ist somit irreduzibel. Das Prinzip der Konstantenzählung ergibt

$$2 + 5 = c + 0; \quad c = 7$$

mithin ist die gesuchte Dimensionszahl gleich 7.

Man pflegt das gefundene Ergebnis auch so ausdrücken: Es gibt ∞^7 ebene kubische Kurven mit einer Spitze. In genau analoger Weise kann man die mannigfachsten Dimensionsbestimmungen vornehmen (vgl. das nachfolgende Beispiel 3, sowie Aufgabe 1).

Beispiel 2. Gegeben eine kubische Raumkurve C. Zu beweisen, daß durch jeden Raumpunkt eine Sehne oder eine Tangente der Raumkurve geht. (In § 11 wurde der Beweis durch Rechnung geführt.)

Durch zwei allgemeine Punkte der Kurve geht eine Sehne. Durch relationstreue Spezialisierung erhält man aus dieser Sehne alle Sehnen und Tangenten (die letzteren entstehen, wenn die beiden Punkte zusammenrücken). Also bilden die Sehnen mit den Tangenten zusammen eine irreduzible zweidimensionale Mannigfaltigkeit. Nunmehr bilden wir eine Korrespondenz zwischen den Sehnen x und ihren Punkten y, indem wir jeder Sehne x alle auf ihr liegenden Punkte y zuordnen. Die Korrespondenz ist wieder irreduzibel. In der Formel (5) ist $a=2$ und $b=1$ zu setzen. Um d zu bestimmen, bemerken wir, daß durch jeden Punkt y außerhalb der Kurve höchstens eine Sehne geht; denn zwei sich schneidende

---

[1]) Legt man den Koordinatenanfangspunkt in den Punkt ξ, wählt die Gerade u als x_1-Achse und setzt die Gleichung der kubischen Kurve in inhomogenen Koordinaten folgendermaßen an:

$$a_0 + a_1 x_1 + a_2 x_2 + a_3 x_1^2 + a_4 x_1 x_2 + a_5 x_2^2 + \ldots = 0,$$

so lauten die Bedingungen für eine Spitze in ξ mit der Spitzentangente u:

$$a_0 = a_1 = a_2 = a_3 = a_4 = 0.$$

Transformiert man die Kurvengleichung nachträglich auf irgendein anderes Koordinatensystem, so werden diese linearen Gleichungen natürlich auch transformiert; es bleiben aber fünf unabhängige lineare Gleichungen.

Sehnen würden eine Ebene bestimmen, die vier Punkte mit der Kurve gemeinsam hätte, was unmöglich ist. Mithin ist $d = 0$. Aus (5) folgt nunmehr $c = 3$, d. h. die Mannigfaltigkeit der Punkte y ist der ganze Raum, was zu beweisen war.

Beispiel 3. Die Teilräume S_m eines Raumes S_n werden vermöge ihrer PLÜCKERschen Koordinaten auf Punkte y eines Bildraumes abgebildet. Wir wollen zeigen, daß die Bildpunkte eine irreduzible Mannigfaltigkeit von der Dimension $(m+1)(n-m)$ bilden. Mit anderen Worten, es gibt $\infty^{(m+1)(n-m)}$ Teilräume S_m in S_n.

Beweis. $(m+1)$ allgemein gewählte Punkte in S_n bestimmen einen Teilraum S_m. Durch relationstreue Spezialisierung erhält man aus diesen Punkten jedes beliebige System von $(m+1)$ linear unabhängigen Punkten und aus dem S_m daher jeden beliebigen S_m. Damit ist schon bewiesen, daß die Teilräume S_m eine irreduzible Mannigfaltigkeit bilden. Nennen wir das allgemeine System von $(m+1)$ Punkten ξ und den durch sie bestimmten Teilraum η, so bestimmt das Paar (ξ, η) eine irreduzible Korrespondenz, deren allgemeines Element eben dieses Paar ist. Da ein System von $(m+1)$ allgemeinen Punkten in S_n von $(m+1)\,n$ Parametern abhängt, ein System von $(m+1)$ allgemeinen Punkten in einem vorgegebenen S_m aber von $(m+1)\,m$ Parametern, so ist

$$a = (m+1)\,n; \qquad b = 0; \qquad d = (m+1)\,m.$$

Aus (5) folgt nunmehr $c = (m+1)(n-m)$.

Aufgabe. 1. Es gibt ∞^{13} ebene Kurven 4. Ordnung mit einem Doppelpunkt, ∞^{12} mit zwei und ∞^{11} mit drei Doppelpunkten. Die Gesamtheit der Kurven 4. Ordnung mit einem oder zwei Doppelpunkten ist irreduzibel; die der Kurven mit drei Doppelpunkten zerfällt in zwei irreduzible Teilmannigfaltigkeiten von der gleichen Dimension 11.

Es möge zum Schluß ein zwar sehr spezielles, aber doch oft nützliches Kriterium für Irreduzibilität einer Korrespondenz erwähnt werden.

Lemma. *Die Gleichungen einer Korrespondenz $\mathfrak{K}$ mögen zerfallen in Gleichungen in den x allein, die eine irreduzible Urmannigfaltigkeit M definieren, und Gleichungen in x und y, die linear in den y sind und immer denselben Rang haben, die also jedem Punkt x von M einen linearen Raum N_x von immer derselben Dimension b zuordnen. Eine solche Korrespondenz ist irreduzibel.*

Beweis. Ein allgemeines Punktepaar (ξ, η) der Korrespondenz wird folgendermaßen erhalten: ξ sei ein allgemeiner Punkt von M und η sei der Schnittpunkt des linearen Raumes N_ξ mit b allgemeinen Hyperebenen $\overset{1}{u}, \ldots, \overset{b}{u}$. Wir haben nun zu zeigen, daß jedes Paar (x, y) der Korrespondenz eine relationstreue Spezialisierung von (ξ, η) ist. Es sei also irgend eine homogene Relation $F(\xi, \eta) = 0$ gegeben; wir haben zu zeigen, daß auch $F(x, y) = 0$ gilt.

Wir legen durch den Punkt y ebenfalls b Hyperebenen $\overset{1}{v}, \ldots, \overset{b}{v}$, die N_x genau in dem einen Punkt y schneiden. Aus den in y linearen Gleichungen der Korrespondenz und den Gleichungen der Hyperebenen $\overset{1}{v}, \ldots \overset{b}{v}$ kann man die Koordinatenverhältnisse von y in Determinantenform errechnen:

$$(6) \qquad y_0 : y_1 : \cdots : y_n = D_0(x, v) : D_1(x, v) : \cdots : D_n(x, v).$$

Da für den speziellen Punkt x und die speziellen Hyperebenen v die Determinanten $D_0, \ldots, D_n$ nicht alle Null sind, sind sie auch für den allgemeinen Punkt ξ von M und die allgemeinen Hyperebenen $\overset{1}{u}, \ldots, \overset{b}{u}$ nicht alle Null. Somit gilt die Determinantenauflösung des linearen Gleichungssystems auch dann, wenn die x und v durch ξ und u ersetzt werden:

$$(7) \qquad \eta_0 : \eta_1 : \cdots : \eta_n = D_0(\xi, u) : D_1(\xi, u) : \cdots : D_n(\xi, u).$$

Aus $F(\xi, \eta) = 0$ folgt nun wegen (7)

$$F(\xi, D_\nu(\xi, u)) = 0,$$

also, da ξ ein allgemeiner Punkt von M ist,

$$F(x, D_\nu(x, u)) = 0$$

und weiter nach Ersetzung der Unbestimmten u durch v

$$F(x, D_\nu(x, v)) = 0$$

oder wegen (6)

$$F(x, y) = 0.$$

Somit ist (ξ, η) ein allgemeines Paar der Korrespondenz und diese irreduzibel.

§ 34. Durchschnitte von Mannigfaltigkeiten mit allgemeinen linearen Räumen und mit allgemeinen Hyperflächen.

Satz 1. *Der Durchschnitt einer irreduziblen a-dimensionalen Mannigfaltigkeit M $(a > 0)$ mit einer allgemeinen Hyperebene $(u\,x) = 0$ ist eine relativ zum Körper $K(u^0, \ldots, u^n)$ irreduzible Mannigfaltigkeit von der Dimension $a - 1$.*

Beweis. Ordnet man den Punkten x der Mannigfaltigkeit M die durch x gehenden Hyperebenen y zu, so erhält man eine algebraische Korrespondenz $\mathfrak{K}$. Die Gleichungen der Korrespondenz sind die Gleichungen von M und die Gleichung $(x\,y) = 0$, die ausdrückt, daß x in der Hyperebene y liegt. Nach dem Lemma von § 33 ist $\mathfrak{K}$ irreduzibel und wird ein allgemeines Paar (ξ, η) von $\mathfrak{K}$ erhalten, indem man durch einen allgemeinen Punkt ξ von M die allgemeinste Hyperebene η legt. Das Prinzip der Konstantenzählung ergibt, wenn c und d die bei Korrespondenzen übliche Bedeutung haben:

$$(1) \qquad a + (n - 1) = c + d.$$

Da die durch den allgemeinen Punkt x gelegte allgemeine Hyperebene u einen zweiten beliebigen, aber festen Punkt x' der Mannigfaltigkeit M nicht enthalten wird, so ist ihr Durchschnitt mit der Mannigfaltigkeit M höchstens $(a-1)$-dimensional. Daher ist $d \leq a-1$. Aus (1) folgt nun $c \geq n$, also ist die Bildmannigfaltigkeit N der gesamte duale Raum (die Gesamtheit aller Hyperebenen des Raumes S_n). Weiter ergibt sich, daß in der Ungleichung $d \leq a-1$ nur das Gleichheitszeichen gelten kann, da sonst $c > n$ folgen würde, was unmöglich ist. Also entspricht einer allgemeinen Hyperebene u in der Korrespondenz eine relativ zum Körper $K(u_0, \ldots, u_n)$ irreduzible Mannigfaltigkeit von Punkten x von der Dimension $a-1$.

Genau so beweist man allgemeiner:

Satz 2. *Der Durchschnitt einer irreduziblen a-dimensionalen Mannigfaltigkeit M $(a > 0)$ mit einer allgemeinen Hyperfläche g-ten Grades ist eine relativ zum Körper der Koeffizienten der Hyperfläche irreduzible Mannigfaltigkeit von der Dimension $a-1$.*

Wendet man diesen Satz a-mal nacheinander an, so folgt:

Satz 3. *Der Durchschnitt einer irreduziblen a-dimensionalen Mannigfaltigkeit mit a allgemeinen Hyperflächen von beliebigen Gradzahlen ist ein System von endlich vielen konjugierten Punkten.*

Insbesondere:

Satz 4. *Ein allgemeiner linearer Teilraum S_{n-a} von S_n schneidet eine irreduzible a-dimensionale Mannigfaltigkeit M in endlich vielen konjugierten Punkten.* — Die Anzahl dieser Schnittpunkte heißt der *Grad* von M.

Man kann diesen letzten Satz auch direkt beweisen, indem man die Korrespondenz betrachtet, die jedem Punkte von M alle durch diesen Punkt gehenden Räume S_{n-a} zuordnet. Ein allgemeines Paar dieser Korrespondenz erhält man, wenn man durch einen allgemeinen Punkt ξ von M den allgemeinsten Raum η von der Dimension $n-a$ legt, etwa indem man ξ mit $n-a$ allgemeinen Punkten des Raumes S_n verbindet. Wie im Beweis des Lemmas von § 33 zeigt sich, daß alle Paare (x, y) der Korrespondenz relationstreue Spezialisierungen von (ξ, η) sind. (Bei Benutzung der PLÜCKERschen Koordinaten von η kann man sogar direkt das Lemma anwenden.) Daraus folgt die Irreduzibilität der Korrespondenz. Anwendung des Prinzips der Konstantenzählung ergibt dann leicht den Satz 4.

Satz 5. *Eine a-dimensionale Mannigfaltigkeit M in S_n hat mit einem allgemeinen linearen Teilraum S_m keine Punkte gemeinsam, sobald $a + m < n$ ist.*

Beweis. Ein allgemeiner linearer Raum S_m wird durch $n-m = a+k$ allgemeine lineare Gleichungen gegeben. a dieser Gleichungen definieren nach dem vorigen Satz endlich viele konjugierte Punkte. Diese genügen aber nicht den hinzukommenden k Gleichungen, deren Koeffizienten neue, von den vorigen unabhängige Unbestimmte sind.

Aus Satz 5 folgt ein wichtiger Satz über Korrespondenzen:

Satz 6. *Wenn einem allgemeinen Punkt der irreduziblen Mannigfaltigkeit M in einer Korrespondenz $\mathfrak{K}$ eine b-dimensionale Mannigfaltigkeit von Bildpunkten entspricht, so entspricht jedem einzelnen Punkt von M eine mindestens b-dimensionale Mannigfaltigkeit von Bildpunkten.*

Beweis. Die Bildmannigfaltigkeit von M möge einem projektiven Raum S_n angehören. Nimmt man zu den Gleichungen der Korrespondenz noch b allgemeine lineare Gleichungen für den Bildpunkt hinzu, so entsteht eine neue Korrespondenz, in welcher einem allgemeinen Punkt von M immer noch mindestens ein Bildpunkt zugeordnet ist. Ein allgemeiner Punkt von M gehört also zur Urmannigfaltigkeit dieser neuen Korrespondenz. Also gehören alle Punkte von M zu dieser Urmannigfaltigkeit, d. h. jedem Punkt von M ist auch in der neuen Korrespondenz mindestens ein Bildpunkt zugeordnet. Das heißt wiederum, daß die Bildmannigfaltigkeit eines jeden Punktes von M in der ursprünglichen Korrespondenz mit einem allgemeinen linearen Teilraum S_{n-b} mindestens einen Punkt gemeinsam hat. Die Dimension dieses Bildraumes muß also mindestens b betragen. (Unter Dimension ist hier bei zerfallenden Mannigfaltigkeiten die Höchstdimension zu verstehen.)

Wenn die Bildmannigfaltigkeit nicht einem projektiven, sondern einem mehrfach-projektiven Raume angehört (Mannigfaltigkeit von Punktepaaren, Punkttripeln, ...), so braucht man nur diesen mehrfach-projektiven Raum in einen projektiven einzubetten (§ 4), um den allgemeineren Fall auf den den schon erledigten, projektiven Fall zurückzuführen.

Man kann auch versuchen, die Sätze 1—4 dieses Paragraphen auf mehrfach projektive Räume zu übertragen, jedoch erleiden sie dabei gelegentlich Ausnahmen. Satz 1 z. B. heißt im mehrfach-projektiven Fall so: *Der Durchschnitt einer irreduziblen a-dimensionalen Mannigfaltigkeit von Punktepaaren (x, y) mit einer allgemeinen Hyperebene $(u\,x) = 0$ des x-Raumes ist eine relativ zum Körper $K(u_0, \ldots, u_m)$ irreduzible Mannigfaltigkeit von der Dimension $a - 1$, ausgenommen in dem Fall, daß die Verhältnisse der x-Koordinaten des allgemeinen Punktepaares von M Konstante sind, in welchem Fall der Durchschnitt leer ist.*

Satz 2 gilt im zweifach projektiven Fall nur dann ausnahmslos, wenn die Gleichung der betrachteten Hyperfläche einen positiven Grad sowohl in den x als in den y hat. Die Ausführung im einzelnen möge dem Leser überlassen bleiben.

Aufgabe. 1. Mit Hilfe des Satzes 6 zeige man: Wenn eine Korrespondenz $\mathfrak{K}$ jedem Punkte x einer irreduziblen Urmannigfaltigkeit M eine irreduzible Bildmannigfaltigkeit M_x zuordnet, die immer dieselbe Dimension b hat, so ist $\mathfrak{K}$ irreduzibel.

Auch in der Liniengeometrie gelten Analoga zu den Sätzen 1—4. Es gibt im Raum S_3 nach § 33 (Beispiel 3) ∞^4 Geraden. Eine rein dreidimensionale Geradenmannigfaltigkeit nennt man einen *Geraden-komplex*, eine rein zweidimensionale eine *Geradenkongruenz*, eine rein eindimensionale eine *Regelschar*. Mit derselben Methode, mit der wir oben den Satz 1 bewiesen haben, zeigt man nun:

Ein irreduzibler Geradenkomplex hat mit einem allgemeinen (durch einen allgemeinen Punkt bestimmten) *Geradenstern ∞^1 Geraden gemeinsam, die einen (relativ) irreduziblen Kegel bilden: den Komplexkegel dieses Punktes. Mit einem allgemeinen* (durch eine allgemeine Ebene be-stimmten) *Geradenfeld hat der Komplex ebenfalls ∞^1 Geraden gemeinsam, die eine irreduzible duale Kurve in der Ebene bilden: die Komplexkurve der Ebene. Der Grad des Komplexkegels und die Klasse der Komplexkurve sind beide gleich der Anzahl der Geraden, die der Komplex mit einem allgemeinen Geradenbüschel gemeinsam hat.* Diese Zahl heißt der *Grad* des Komplexes.

Etwas komplizierter liegt die Sache für eine Kongruenz.

Eine irreduzible Geradenkongruenz hat mit einem allgemeinen Geraden-stern endlich viele Geraden gemeinsam, ausgenommen in dem Fall, daß die Kongruenz nur aus einigen (algebraisch konjugierten) Geradenfeldern besteht, in welchem Fall sie mit einem allgemeinen Geradenstern natürlich nichts gemeinsam hat. Dual dazu hat die Kongruenz mit einem allgemeinen Geradenfeld endlich viele Geraden gemeinsam, ausgenommen in dem Fall, daß sie nur aus einigen (konjugierten) Geradensternen besteht. Die Zahl der Geraden, die die Kongruenz mit einem allgemeinen Geradenstern bzw. Geradenfeld gemeinsam hat, heißt der *Bündelgrad* bzw. *Feldgrad* der Kongruenz.

Beweis. Wir bilden eine algebraische Korrespondenz, indem wir jeder Geraden der gegebenen irreduziblen Kongruenz alle ihre Punkte zuordnen. Nach dem Lemma von § 33 ist die Korrespondenz irreduzibel. Weiter ist $a = 2$, $b = 1$, also $a + b = c + d = 3$. Da die Bildmannigfaltig-keit (die Gesamtheit aller Punkte aller Geraden der Kongruenz) min-destens zweidimensional sein muß, sind nur zwei Fälle möglich:

1. $c = 2$, $d = 1$;
2. $c = 3$, $d = 0$.

Wir haben nur noch zu zeigen, daß im Fall 1. die Kongruenz nur aus endlich vielen (konjugierten) Geradenfeldern besteht. Im Fall 1 ist $d = 1$, d. h. wenn man auf einer allgemeinen Kongruenzgeraden einen allgemeinen Punkt wählt, so gehen durch diesen Punkt gleich ∞^1 Kon-gruenzstrahlen. Wir denken uns die Kongruenz in absolut irreduzible Kongruenzen zerlegt; wir haben dann zu beweisen, daß eine solche absolut irreduzible Kongruenz ein ebenes Feld ist.

Ist g eine allgemeine Kongruenzgerade, so bilden die Geraden der Kongruenz, die g schneiden, eine algebraische Teilmannigfaltigkeit der

Kongruenz. Die Dimension dieser Teilmannigfaltigkeit ist aber gleich der der ganzen Kongruenz, nämlich gleich zwei; denn durch jeden Punkt der Geraden gehen ∞^1 Geraden der Teilmannigfaltigkeit. Da nun die Kongruenz absolut irreduzibel war, ist sie mit der Teilmannigfaltigkeit identisch. Wir sehen also, daß eine allgemeine Gerade der Kongruenz von allen Geraden der Kongruenz geschnitten wird.

Es seien nun g und h zwei allgemeine Geraden der Kongruenz. Da sie sich schneiden, bestimmen sie eine Ebene. Eine dritte, unabhängig von g und h gewählte allgemeine Gerade l der Kongruenz schneidet sowohl g wie h, geht aber nicht durch den Schnittpunkt von g und h (denn durch diesen Schnittpunkt gehen nur ∞^1 Kongruenzgeraden). Also liegt l in der durch g und h bestimmten Ebene. Alle Kongruenzgeraden gehen durch relationstreue Spezialisierung aus l hervor; mithin liegen sie alle in der einen Ebene. Die gesamte Kongruenz ist somit in einem ebenen Feld enthalten, also wegen der Dimensionsgleichheit mit ihm identisch.

§ 35. Die 27 Geraden auf einer Fläche dritten Grades.

Als Anwendung der Methoden dieses Kapitels untersuchen wir die Frage, wieviel gerade Linien auf einer allgemeinen Fläche n-ten Grades des Raumes S_3 liegen.

Es seien p_{jk} die PLÜCKERschen Koordinaten einer Geraden und $f(x) = 0$ die Gleichung einer Fläche n-ten Grades. Dann und nur dann liegt die Gerade auf der Fläche, wenn der Schnittpunkt der Geraden mit einer beliebigen Ebene stets auf der Fläche liegt. Die Koordinaten dieses Schnittpunktes sind

$$ x = \sum_k p_{jk} u^k $$

und die gesuchte Bedingung ist demnach durch

(1) $$ f(\textstyle\sum p_{jk} u^k) = 0, $$

identisch in den u^k, gegeben. Dazu kommt noch die PLÜCKERsche Relation

(2) $$ p_{01} p_{23} + p_{02} p_{31} + p_{03} p_{12} = 0. $$

Die Gleichungen (1) und (2) definieren eine algebraische Korrespondenz zwischen den Geraden g einerseits und den sie enthaltenden Flächen f andererseits. Die Irreduzibilität dieser Korrespondenz folgt aus dem Lemma von § 33, denn die Gleichungen (1) sind in den Koeffizienten von f linear und haben immer den gleichen Rang $n+1$. (Sie drücken ja aus, daß die Fläche f eine vorgegebene Gerade enthalten soll, und dazu genügt es, daß sie $n+1$ verschiedene Punkte der Geraden enthält.)

Die Geraden g bilden eine vierdimensionale Mannigfaltigkeit. Die Flächen f bilden einen Raum S_N von der Dimension N, wenn $N+1$ die Anzahl der Koeffizienten in der Gleichung einer allgemeinen Fläche

n-ten Grades ist. Die Flächen, die eine gegebene Gerade g enthalten, bilden einen linearen Teilraum von der Dimension $N - (n+1)$. Wenden wir also auf unsere irreduzible Korrespondenz das Prinzip der Konstantenzählung an, so folgt

$$(3) \qquad 4 + N - (n+1) = N - n + 3 = c + d.$$

Darin bedeutet c die Dimension der Bildmannigfaltigkeit, d. h. der Mannigfaltigkeit derjenigen Flächen f, die überhaupt Geraden enthalten, und jede solche Fläche enthält mindestens ∞^d Geraden (vgl. § 34, Satz 6).

Ist nun $n > 3$, so folgt $c + d < N$, also $c < N$, d. h. *eine allgemeine Fläche n-ten Grades $(n > 3)$ enthält keine Geraden.* Es bleiben die Fälle $n = 1, 2, 3$, übrig. Eine Ebene enthält bekanntlich ∞^2, eine allgemeine quadratische Fläche ∞^1 Geraden, in Übereinstimmung mit der Formel (3). Im Fall $n = 3$ wird aus (3)

$$c + d = N.$$

Wenn wir nun zeigen können, daß $d = 0$ ist, so folgt $c = N$, d. h. die Bildmannigfaltigkeit ist der ganze Raum; jede Fläche 3. Grades enthält somit mindestens eine und im allgemeinen nur endlich viele Geraden.

Wäre $d > 0$, so würde das heißen, daß jede Fläche 3. Grades, die überhaupt Geraden enthält, gleich unendlich viele, nämlich ∞^d Geraden enthält. Wenn wir also ein einziges Beispiel von einer kubischen Fläche geben können, welche wohl Geraden enthält, aber nur endlich viele, so muß $d = 0$ sein.

Dieses Beispiel ist nun leicht gegeben. Wir betrachten eine kubische Fläche mit einem Doppelpunkt im Koordinatenanfangspunkt; die Gleichung dieser Fläche lautet

$$x_0 f_2(x_1, x_2, x_3) + f_3(x_1, x_2, x_3) = 0$$

wobei f_2 und f_3 teilerfremde Formen vom Grade 2 bzw. 3 sein mögen. Wir untersuchen zunächst, ob eine Gerade durch den Anfangspunkt auf der Fläche liegt. Setzt man die Parameterdarstellung der Geraden

$$x_0 = \lambda_0, \qquad x_1 = \lambda_1 y_1, \qquad x_2 = \lambda_1 y_2, \qquad x_3 = \lambda_1 y_3$$

in die Flächengleichung ein, so findet man die Bedingungen

$$f_2(y_1, y_2, y_3) = 0 \quad \text{und} \quad f_3(y_1, y_2, y_3) = 0.$$

Diese beiden Gleichungen stellen einen quadratischen und einen kubischen Kegel mit gemeinsamer Kegelspitze dar. Wir nehmen an, daß diese genau sechs verschiedene Erzeugende gemeinsam haben, wie es im allgemeinen ja auch der Fall ist. Es gibt also sechs Geraden auf der Fläche durch den Anfangspunkt.

Wir untersuchen sodann, welche Geraden auf der Fläche liegen, die nicht durch den Anfangspunkt O gehen. Ist h eine solche Gerade, so schneidet die Verbindungsebene von h mit dem Anfangspunkt die gegebene Fläche in einer Kurve 3. Ordnung, deren einer Bestandteil die

Gerade h ist, während der andere Bestandteil, ein Kegelschnitt, in O einen Doppelpunkt haben muß, also in zwei Geraden durch O zerfällt. Diese Geraden g_1 und g_2 müssen unter den sechs früher gefundenen durch O gehenden Geraden vorkommen [1]). Es gibt 15 solche Paare, und jedes Paar bestimmt eine Ebene, welche die gegebene Fläche außer in diesem Paar nur noch in einer Geraden schneidet. Es gibt somit (höchstens) 15 Geraden h auf der Fläche, die nicht durch O gehen. Insgesamt enthält die Fläche (höchstens) $6 + 15 = 21$ Geraden.

Damit ist bewiesen: *Es gibt auf einer allgemeinen Fläche 3. Grades endlich viele Geraden, und jede spezielle Fläche enthält mindestens eine solche.*

Wir wollen nun die Anzahl dieser Geraden und ihre gegenseitige Lage bestimmen, und zwar nicht nur für die allgemeine Fläche 3. Grades, sondern für jede kubische Fläche ohne Doppelpunkte.

Die Gleichung der Fläche möge lauten:

$$(4) \qquad f(x_0, x_1, x_2, x_3) = c_{000}\, x_0^3 + c_{001}\, x_0^2\, x_1 + \cdots + c_{333}\, x_3^3 = 0.$$

Es gibt auf der Fläche jedenfalls eine Gerade l; wir wählen das Koordinatensystem so, daß diese Gerade die Gleichungen $x_0 = x_1 = 0$ erhält. Wir wollen nun zunächst diejenigen Geraden auf der Fläche suchen, welche die Gerade l schneiden. Wir legen zu dem Zweck durch die Gerade l eine beliebige Ebene $\lambda_1 x_0 = \lambda_0 x_1$; für die Punkte dieser Ebene können wir dann setzen

$$(5) \qquad\qquad x_0 = \lambda_0 t, \qquad x_1 = \lambda_1 t.$$

Jeder Punkt in der Ebene wird dann durch die homogenen Koordinaten t, x_2, x_3 bestimmt. Der Durchschnitt der Fläche mit der Ebene wird gefunden, indem man (5) in (4) einsetzt:

$$(6) \qquad\qquad f(\lambda_0 t, \lambda_1 t, x_2, x_3) = 0.$$

Diese in t, x_2, x_3 homogene Gleichung stellt eine Kurve 3. Grades dar. Da 'die Gerade $t = 0$ (oder $x_0 = x_1 = 0$) auf der Fläche liegt, zerfällt die Kurve 3. Grades in die Gerade $t = 0$ und einen Kegelschnitt, dessen Gleichung lauten möge

$$(7) \quad a_{11} t^2 + 2\, a_{12} t\, x_2 + 2\, a_{13} t\, x_3 + a_{22}\, x_2^2 + 2\, a_{23}\, x_2\, x_3 + a_{33}\, x_3^2 = 0.$$

Die Gleichung (7) wird aus (6) gefunden durch Abspaltung des Faktors t. Die a_{ik} sind also Formen in λ_1, λ_2, und zwar ist

$$(8) \quad \begin{cases} a_{11} = c_{000}\,\lambda_0^3 + c_{001}\,\lambda_0^2\,\lambda_1 + c_{011}\,\lambda_0\,\lambda_1^2 + c_{111}\,\lambda_1^3 \\[4pt] 2\,a_{12} = c_{002}\,\lambda_0^2 + c_{012}\,\lambda_0\,\lambda_1 + c_{112}\,\lambda_1^2 \\[4pt] 2\,a_{13} = c_{003}\,\lambda_0^2 + c_{013}\,\lambda_0\,\lambda_1 + c_{113}\,\lambda_1^2 \\[4pt] a_{22} = c_{022}\,\lambda_0 + c_{122}\,\lambda_1 \\[4pt] 2\,a_{23} = c_{023}\,\lambda_0 + c_{123}\,\lambda_1 \\[4pt] a_{33} = c_{033}\,\lambda_0 + c_{133}\,\lambda_1. \end{cases}$$

---

[1]) Man überlegt sich leicht, daß g_1 und g_2 nicht zusammenfallen können.

Damit nun die Ebene außer der Geraden l noch eine Gerade enthält, muß der Kegelschnitt (7) zerfallen; die Bedingung dafür ist

$$(9) \qquad \varDelta = \begin{vmatrix} a_{11} & a_{12} & a_{13} \\ a_{21} & a_{22} & a_{23} \\ a_{31} & a_{32} & a_{33} \end{vmatrix} = 0.$$

Die Determinante $\varDelta$ ist auf Grund von (8) eine Form 5. Grades in λ_0 und λ_1. Wenn sie nicht identisch verschwindet, ist (9) eine Gleichung 5. Grades für das Verhältnis $\lambda_0 : \lambda_1$, die also fünf Wurzeln besitzt. So findet man fünf Ebenen, deren jede außer der Geraden l noch zwei Geraden mit der Fläche $f = 0$ gemeinsam hat. Wir zeigen nun unter der Voraussetzung der Doppelpunktfreiheit der Fläche:

1. In jeder Ebene sind die drei Geraden wirklich voneinander verschieden;

2. Die Determinante $\varDelta$ ist nicht identisch Null, und ihre fünf Wurzeln sind alle voneinander verschieden.

Beweis zu 1. Wir nehmen an, die Fläche habe mit einer Ebene e zwei zusammenfallende Geraden g und eine weitere Gerade h gemeinsam.

In jedem Punkt von g ist dann e die Tangentialebene der Fläche; denn alle Geraden in e durch einen solchen Punkt P haben in P zwei zusammenfallende Schnittpunkte mit der Fläche. Wir legen nun durch g irgendeine andere Ebene e'. e' schneidet die Fläche außer in g noch in irgendeinem Kegelschnitt, der mit g noch mindestens einen Punkt gemeinsam haben muß. Wir nennen einen solchen Punkt wieder P. Jede Gerade durch P in e' hat in P zwei zusammenfallende Schnittpunkte mit der Fläche, also ist e' die Tangentialebene der Fläche in P. Diese Eigenschaft kam aber bereits der Ebene e zu. Da es in jedem Punkt einer doppelpunktfreien Fläche nur eine Tangentialebene geben kann, gelangen wir zu einem Widerspruch.

Beweis zu 2. Angenommen, $\lambda_0 : \lambda_1$ wäre Doppelwurzel der Gleichung 5. Grades; dann wählen wir die zugehörige Ebene durch l:

$$\lambda_1 x_0 = \lambda_0 x_1$$

als Koordinatenebene $x_0 = 0$. Das zur Ebene gehörige Parameterverhältnis ist dann $0 : 1$ $(\lambda_0 = 0)$, und $\varDelta$ wäre durch λ_0^2 teilbar. Wir werden daraus einen Widerspruch herleiten, und man wird ohne weiteres sehen, daß derselbe Widerspruch auch auftritt, wenn $\varDelta$ identisch Null ist.

Die Ebene $x_0 = 0$ hat nach dem schon Bewiesenen drei verschiedene Geraden mit der Fläche $f = 0$ gemeinsam. Wir haben hierbei zwei Fälle zu unterscheiden:

a) die drei Geraden bilden ein Dreieck;

b) sie gehen durch einen Punkt.

Im Fall a) wählen wir das Dreieck der drei Geraden als Koordinatendreieck in der Ebene $x_0 = 0$, im Fall b) sei der Schnittpunkt der drei

Geraden Eckpunkt des Koordinatendreiecks. Der Schnittpunkt der beiden von l verschiedenen Geraden heiße in beiden Fällen D; im Fall a) ist $D = (0, 1, 0, 0)$, im Fall b) sei $D = (0, 0, 1, 0)$. Jedenfalls ist D ein Doppelpunkt des Kegelschnittes (7), dessen Koeffizientenmatrix nach (8) für $\lambda_0 = 0$ durch

$$\begin{pmatrix} c_{111} & \tfrac{1}{2}c_{112} & \tfrac{1}{2}c_{113} \\ \tfrac{1}{2}c_{112} & c_{122} & \tfrac{1}{2}c_{123} \\ \tfrac{1}{2}c_{113} & \tfrac{1}{2}c_{123} & c_{133} \end{pmatrix}$$

gegeben ist. In dieser Matrix müssen, da D Doppelpunkt ist, im Fall a) die erste Zeile und Spalte, im Fall b) die zweite Zeile und Spalte verschwinden:

a) $c_{111} = c_{112} = c_{113} = 0$;

b) $c_{112} = c_{122} = c_{123} = 0$.

Um nun die Bedingung, daß Δ durch λ_0^2 teilbar ist, zum Ausdruck zu bringen, entwickeln wir Δ [Gleichung (9)] im Fall a) nach der ersten, im Fall b) nach der zweiten Zeile. Im Fall a) sind die Elemente der ersten Zeile und Spalte durch λ_0 teilbar, die Glieder mit a_{12} und a_{13} also durch λ_0^2 teilbar. Also muß auch das Glied

$$a_{11} \cdot \begin{vmatrix} a_{22} & a_{23} \\ a_{23} & a_{33} \end{vmatrix}$$

durch λ_0^2 teilbar sein. Der zweite Faktor ist $\neq 0$ für $\lambda_0 = 0$, da sonst die beiden Geraden, in die der Kegelschnitt (7) zerfällt, zusammenfallen müßten, was nach 1. unmöglich ist. Also muß a_{11} durch λ_0^2 teilbar sein, d. h. es muß sein

$$c_{011} = 0.$$

Ebenso muß im Fall b) a_{22} durch λ_0^2 teilbar sein, woraus man

$$c_{022} = 0$$

erhält. Weiter gilt in jedem Fall $c_{222} = c_{223} = 0$, da die Gerade $x_0 = x_1 = 0$ ganz auf der Fläche liegt. Somit fehlen im Fall a) in der Gleichung der Fläche die Glieder mit

$$x_1^2 x_0, \quad x_1^3, \quad x_1^2 x_2, \quad x_1^2 x_3$$

und im Fall b) die Glieder mit

$$x_2^2 x_0, \quad x_2^2 x_1, \quad x_2^3, \quad x_2^2 x_3.$$

Das bedeutet aber, daß der Punkt D in beiden Fällen ein Doppelpunkt der Fläche ist. Da nun die Fläche als doppelpunktfrei vorausgesetzt wurde, so führt die Annahme, daß Δ durch λ_0^2 teilbar ist, zu einem Widerspruch. Damit ist die Behauptung bewiesen.

Wir sehen also, daß es durch jede Gerade der Fläche genau fünf Ebenen gibt, die je zwei weitere Geraden der Fläche enthalten. Folglich *wird jede Gerade der Fläche von zehn weiteren Geraden der Fläche geschnitten.*

Es sei π eine Ebene, die die Fläche in drei Geraden l, m, n schneidet. Jede weitere Gerade g der Fläche schneidet die Ebene π in einem Punkt S, der sowohl auf der Fläche als auch in der Ebene π liegt, also deren Schnittkurve und somit einer der drei Geraden l, m, n angehört. S kann nun nicht etwa auf l und m gleichzeitig liegen, denn dann gingen durch S drei nicht in einer Ebene gelegenen Tangenten l, m, g, und S wäre ein Doppelpunkt der Fläche. Alle von l, m, n verschiedenen Geraden der Fläche schneiden also genau eine der Geraden l, m, n. Es gibt außer m und n noch acht Geraden, die l schneiden, ebenso acht, die m, und acht, die n schneiden. Nimmt man zu diesen 24 Geraden noch l, m und n hinzu, so erhält man 27 Geraden. Also:

Eine doppelpunktfreie Fläche 3. Ordnung in S_3 enthält genau 27 verschiedene Geraden.

Diese 27 Geraden, von denen jede durch 10 andere geschnitten wird, bilden eine sehr interessante Konfiguration, über die eine ausgedehnte Literatur existiert[1]).

§ 36. Die zugeordnete Form einer Mannigfaltigkeit M.

Wir haben in § 7 gelernt, die linearen Teilräume eines Raumes S_n durch ihre PLÜCKERschen Koordinaten zu bestimmen. Wir werden nun in derselben Weise auch beliebige rein r-dimensionale Mannigfaltigkeiten M in S_n durch Koordinaten darzustellen lernen.

Wir fangen am besten mit den nulldimensionalen Mannigfaltigkeiten an. Eine nulldimensionale irreduzible Mannigfaltigkeit ist ein System von endlich vielen konjugierten Punkten

$$\overset{i}{p} = \left(\overset{i}{p_0}, \overset{i}{p_1}, \ldots, \overset{i}{p_n}\right).$$

Dabei kann etwa $\overset{i}{p}_0 = 1$ angenommen werden. Sind nun $u_0, u_1, \ldots, u_n$ Unbestimmte, so ist die Größe

$$\vartheta_1 = -\overset{1}{p_1} u_1 - \overset{1}{p_2} u_2 - \cdots - \overset{1}{p_n} u_n$$

algebraisch über $K(u_1, \ldots, u_n)$, also Nullstelle eines irreduziblen Polynoms $f(u_0)$ mit Koeffizienten aus $K(u_1, \ldots, u_n)$. Die übrigen Nullstellen dieses Polynoms sind die zu ϑ_1 konjugierten Größen

$$\vartheta_i = -\overset{i}{p_1} u_1 - \overset{i}{p_2} u_2 - \cdots - \overset{i}{p_n} u_n,$$

also gilt die Faktorzerlegung

$$f(u_0) = \varrho \prod_i (u_0 - \vartheta_i)$$

$$= \varrho \prod_i \left(\overset{i}{p_0} u_0 + \overset{i}{p_1} u_1 + \cdots + \overset{i}{p_n} u_n\right).$$

---

[1]) Siehe A. HENDERSON: The twenty-seven lines upon the cubic surface, Cambridge Tracts Bd. 13 (1911).

Somit ist $f(u_0)$ ganz rational in $u_0, \ldots, u_n$; wir können daher schreiben
$$f(u_0) = F(u_0, u_1, \ldots, u_n).$$
Da $f(u_0)$ als Polynom in u_0 irreduzibel war und da $F(u_0, u_1, \ldots, u_n)$ keinen von $u_1, \ldots, u_n$ allein abhängigen Faktor enthält, so ist $F(u_0, u_1, \ldots, u_n)$ eine irreduzible Form in $u_0, \ldots, u_n$ mit Koeffizienten aus K. Diese heißt die *zugeordnete Form* des Punktesystems. Mit der bekannten Abkürzung
$$(u\,p) = (p\,u) = \sum_j p_j u_j$$
können wir also schreiben

(1)
$$F(u) = \varrho \prod_i \left(u \overset{i}{p}\right).$$

Eine reduzible nulldimensionale Mannigfaltigkeit besteht aus verschiedenen Systemen von konjugierten Punkten. Unter der zugeordneten Form der reduziblen Mannigfaltigkeit verstehen wir nun das Produkt der zugeordneten Formen der einzelnen Systeme konjugierter Punkte:
$$F = F_1 F_2 \ldots F_h.$$
Man kann auch die einzelnen Systeme konjugierter Punkte mit willkürlichen positiven Vielfachheiten ϱ_k versehen und das Produkt
$$F(u) = F_1^{\varrho_1} F_2^{\varrho_2} \ldots F_h^{\varrho_h}$$
als zugeordnete Form des mit Vielfachheiten behafteten Punktsystems bezeichnen. Die Form $F(u)$ hat immer wieder die Gestalt (1) und bestimmt die irreduziblen Punktsysteme samt ihren Vielfachheiten eindeutig.

Es sei nun irgendeine Form $F(u_0, u_1, \ldots, u_n)$ vom Grade g gegeben. Wir wollen die Bedingung dafür aufstellen, daß diese Form zugeordnete Form einer nulldimensionalen Mannigfaltigkeit ist. Dazu ist offenbar notwendig und hinreichend, daß die Form ganz in Linearfaktoren zerfällt:

(2)
$$F(u_0, u_1, \ldots, u_n) = \varrho \prod_{i=1}^{g} \left(\overset{i}{p}_0 u_0 + \overset{i}{p}_1 u_1 + \cdots + \overset{i}{p}_n u_n\right).$$

Vergleicht man in (2) links und rechts die Koeffizienten entsprechender Potenzprodukte von $u_0, \ldots, u_n$, so erhält man Bedingungen

(3)
$$a_\nu = \varrho\, \Psi_\nu\left(\overset{1}{p}, \ldots, \overset{g}{p}\right),$$

wo Ψ_ν eine homogene Form in jeder einzelnen Koordinatenreihe $\overset{i}{p}$ ist. Elimination von ϱ aus (3) ergibt die in den $\overset{i}{p}$ homogenen Gleichungen

(4)
$$a_\mu \Psi_\nu - a_\nu \Psi_\mu = 0.$$

Die Bedingungen für die Lösbarkeit dieses Gleichungssystems werden nach § 15 durch Nullsetzen des Resultantensystems nach $\overset{1}{p}, \ldots, \overset{g}{p}$ gefunden. Man erhält so ein homogenes Gleichungssystem

(5)
$$R(a_\mu) = 0,$$

dessen Erfülltsein notwendig und hinreichend dafür ist, daß die Form F mit den Koeffizienten a_μ eine zugeordnete Form ist.

Es sei nun eine irreduzible r-dimensionale Mannigfaltigkeit M gegeben. Wir schneiden M mit einem allgemeinen linearen Unterraum S_{n-r}, Durchschnitt von r allgemeinen Hyperebenen $\overset{1}{u},\ldots,\overset{r}{u}$. Jedes Symbol $\overset{i}{u}$ steht also für eine Reihe von $n+1$ Unbestimmten $\overset{i}{u}_0, \overset{i}{u}_1, \ldots, \overset{i}{u}_n$. Die Schnittpunkte $\overset{1}{p},\ldots,\overset{g}{p}$ sind zueinander konjugiert über $K\left(\overset{1}{u},\ldots,\overset{r}{u}\right)$. Die zugeordnete Form dieses Punktsystems ist das Produkt

$$\prod_{i=1}^{g}\left(\overset{0}{u}\,p_i\right),$$

wobei $\overset{0}{u}$ eine neue Reihe von Unbestimmten $\overset{0}{u}_0, \overset{0}{u}_1, \ldots, \overset{0}{u}_n$ bedeutet. Sie ist ganz rational in $\overset{0}{u}$ und rational in den $\overset{1}{u},\ldots,\overset{r}{u}$. Macht man sie durch Multiplikation mit einem Polynom in den $\overset{1}{u},\ldots,\overset{r}{u}$ ganz rational und primitiv in bezug auf die $\overset{1}{u},\ldots,\overset{r}{u}$, so erhält man ein in allen Unbestimmten $\overset{0}{u},\ldots,\overset{r}{u}$ ganz rationales und irreduzibles Polynom

$$(6) \qquad F\left(\overset{0}{u},\ldots,\overset{r}{u}\right) = \varrho \prod_{i=1}^{g}\left(\overset{0}{u}\,\overset{i}{p}\right),$$

die *zugeordnete Form* der Mannigfaltigkeit M. Ihr Grad in $\overset{0}{u}$ ist gleich dem Grad g der Mannigfaltigkeit M.

Es ist klar, daß zwei verschiedene irreduzible Mannigfaltigkeiten nicht dieselbe zugeordnete Form haben können. Denn man kann durch Faktorzerlegung nach (6) aus der zugeordneten Form einen allgemeinen Punkt $\overset{1}{p}$ der Mannigfaltigkeit M erhalten, und durch diesen allgemeinen Punkt ist die Mannigfaltigkeit M festgelegt. Die zugeordnete Form F bestimmt demnach die Mannigfaltigkeit M eindeutig, und die Koeffizienten von F können als *Koordinaten der Mannigfaltigkeit* genommen werden.

Beispiel. M sei eine Gerade, bestimmt durch die Punkte y und z. Wir schreiben u und v statt $\overset{0}{u}$ und $\overset{1}{u}$. Der Schnittpunkt der Geraden mit der Hyperebene $\overset{1}{u} = v$ wird aus

$$(v, \lambda_1 y + \lambda_2 z) = \lambda_1 (v\,y) + \lambda_2 (v\,z) = 0$$

gefunden. Eine Lösung dieser Gleichung heißt

$$\lambda_1 = (v\,z), \qquad \lambda_2 = -(v\,y).$$

Der Schnittpunkt ist also

$$p = (v\,z)\,y - (v\,y)\,z,$$

die zugeordnete Linearform

$$F(u, v) = (p\,u) = (v\,z)\,(y\,u) - (v\,y)\,(z\,u)$$
$$= \sum_{i} \sum_{k} (y_j\,z_k - y_k\,z_j)\,u_j\,v_k.$$

Die Koeffizienten dieser Form sind die PLÜCKERschen Koordinaten

$$\pi_{jk} = y_j z_k - y_k z_j.$$

Aufgaben. 1. Ist M ein linearer Teilraum S_r, so sind die Koeffizienten der zugeordneten Form die PLÜCKERschen Koordinaten von M.

2. Ist M eine Hyperfläche $f = 0$, so entsteht die zugeordnete Form F von M aus der Form f, indem man die Veränderlichen $x_0, \ldots, x_n$ in f durch die n-reihigen Determinanten aus der Matrix $\overset{j}{u}_k$ $(j = 0, \ldots, n-1;\ k = 0, \ldots, n)$ mit den üblichen abwechselnden Vorzeichen ersetzt.

Man kann die zugeordnete Form auch anders definieren. Wir bilden eine Korrespondenz zwischen den Punkten y von M einerseits und den Reihen von $r+1$ durch sie gehenden Hyperebenen $\overset{0}{v}, \overset{1}{v}, \ldots, \overset{r}{v}$ andererseits. Die Gleichungen der Korrespondenz drücken aus, daß y zu M gehört und daß $\overset{0}{v}, \overset{1}{v}, \ldots, \overset{r}{v}$ durch y gehen. Ein allgemeines Paar der Korrespondenz erhält man, indem man y durch einen allgemeinen Punkt ξ von M und $\overset{0}{v}, \overset{1}{v}, \ldots, \overset{r}{v}$ durch $r+1$ allgemeine, ξ enthaltende Hyperebenen $\overset{0}{w}, \overset{1}{w}, \ldots, \overset{r}{w}$ ersetzt. Die Korrespondenz ist also irreduzibel.

In der Formel

$$a + b = c + d,$$

die das Prinzip der Konstantenzählung ausdrückt, ist

$$\begin{aligned}
a &= r \\
b &= (r + 1)(n - 1) \\
c &= 0
\end{aligned}$$

also

$$d = (r + 1)\,n - 1.$$

Somit ist die Bildmannigfaltigkeit der Korrespondenz eine Hyperfläche im $(r+1)$-fach projektiven Raum der Hyperebenen $\overset{0}{v}, \overset{1}{v}, \ldots, \overset{r}{v}$. Es gibt also eine einzige irreduzible Gleichung

$$(7) \qquad F_0\!\left(\overset{0}{v}, \overset{1}{v}, \ldots, \overset{r}{v}\right) = 0,$$

deren Bestehen notwendig und hinreichend dafür ist, daß die Hyperebenen $\overset{0}{v}, \overset{1}{v}, \ldots, \overset{r}{v}$ einen Punkt mit M gemeinsam haben.

Nimmt man für $\overset{1}{v}, \ldots, \overset{r}{v}$ in (7) allgemeine Hyperebenen $\overset{1}{u}, \ldots, \overset{r}{u}$, die M in g Punkten $\overset{1}{p}, \ldots, \overset{g}{p}$ schneiden, so wird $F_0\!\left(\overset{0}{v}, \overset{1}{u}, \ldots, \overset{r}{u}\right)$ dann und nur dann Null, wenn einer der Linearfaktoren $\left(\overset{i}{p}\,\overset{0}{v}\right) = 0$ wird; also ist $F_0\!\left(\overset{0}{u}, \overset{1}{u}, \ldots, \overset{r}{u}\right)$ durch das Produkt der Linearformen $\left(\overset{i}{p}\,\overset{0}{u}\right)$, d. h. durch die früher definierte zugeordnete Form $F\!\left(\overset{0}{u}, \overset{1}{u}, \ldots, \overset{r}{u}\right)$ teilbar. Da F_0 aber irreduzibel ist, so folgt

$$F_0(u) = F(u),$$

d. h. die Form $F_0(u)$ ist genau die zugeordnete Form der Mannigfaltigkeit M.

Aus dieser neuen Definition der zugeordneten Form folgt, da $\overset{0}{v}, \overset{1}{v}, \ldots, \overset{r}{v}$ in ihr gleichberechtigt sind, eine wichtige Eigenschaft:

Die zugeordnete Form $F(u)$ ist homogen vom Grade g nicht nur in $\overset{0}{u}$, sondern auch in $\overset{1}{u}, \ldots,$ in $\overset{r}{u}$, und sie geht bei Vertauschung von irgend zwei $\overset{j}{u}$ bis auf einen Faktor in sich über.

Wir gehen nun zu den reduziblen, rein r-dimensionalen Mannigfaltigkeiten über. Die zugeordnete Form einer solchen wird definiert als das Produkt der zugeordneten Formen ihrer irreduziblen Bestandteile, mit beliebig wählbaren ganzen positiven Exponenten ϱ_i versehen:

$$(8) \qquad F = F_1^{\varrho_1} F_2^{\varrho_2} \ldots F_s^{\varrho_s}.$$

Sind $g_1, \ldots, g_s$ die Gradzahlen der irreduziblen Bestandteile, so ist der Grad der Gesamtform F in jeder einzelnen Veränderlichenreihe u_0, $u_1, \ldots, u_r$ gleich

$$g = \sum_i \varrho_i g_i.$$

Die zugeordnete Form F bestimmt die Mannigfaltigkeit M sowie die Vielfachheiten ϱ_i ihrer irreduziblen Bestandteile eindeutig. Weiter gilt:

Die Bedingung $F\left(\overset{0}{v}, \overset{1}{v}, \ldots, \overset{r}{v}\right) = 0$ ist notwendig und hinreichend dafür, daß irgend r Hyperebenen $\overset{0}{v}, \overset{1}{v}, \ldots, \overset{r}{v}$ einen Punkt mit M gemeinsam haben.

Daß dieser Satz für irreduzible Mannigfaltigkeiten gilt, sahen wir oben schon. Vermöge der Faktorzerlegung (8) überträgt er sich aber ohne weiteres auf zerfallende Mannigfaltigkeiten.

Aufgaben. 3. Sind $f_\mu = 0$ die Gleichungen einer irreduziblen Mannigfaltigkeit M und nimmt man zu den Formen $f_\mu(x)$ noch die $r + 1$ Linearformen $\left(\overset{0}{u} x\right)$, $\left(\overset{1}{u} x\right), \ldots, \left(\overset{r}{u} x\right)$ hinzu und bildet aus allen diesen Formen das Resultantensystem, so ist der größte gemeinsame Teiler dieses Resultantensystems eine Potenz der zugeordneten Form $F(u)$.

4. Wie lautet der entsprechende Satz für zerfallende Mannigfaltigkeiten?

§ 37. Die Gesamtheit der zugeordneten Formen aller Mannigfaltigkeiten M.

Wir fragen zunächst: Wie findet man die Gleichungen einer Mannigfaltigkeit M, wenn ihre zugeordnete Form $F(u)$ gegeben ist?

Wenn ein Punkt y auf M liegt, so werden $r+1$ beliebige durch y gelegte Hyperebenen $\overset{0}{v}, \ldots, \overset{r}{v}$ immer einen Punkt mit M gemeinsam haben. Gehört aber y nicht zu M, so kann man durch y immer solche Hyperebenen $\overset{0}{v}, \ldots, \overset{r}{v}$ legen, die auf M keinen gemeinsamen Punkt haben. Man wähle nämlich $\overset{r}{v}$ so, daß sie aus M nur eine Mannigfaltigkeit von der Dimension $r-1$ ausschneidet, und wende vollständige

Induktion nach r an, da für $r = 0$ die Behauptung klar ist. Mithin gehört y dann und nur dann zu M, wenn $r + 1$ beliebige durch y gelegte Hyperebenen stets die Bedingung $F\left(\overset{0}{v}, \overset{1}{v}, \ldots, \overset{r}{v}\right) = 0$ erfüllen.

Eine beliebige durch y gehende Hyperebene erhält man am bequemsten als Nullebene von y in bezug auf ein beliebiges Nullsystem (das auch singulär sein darf):

$$v_j = \sum s_{jl}\, y_l \qquad\qquad (s_{jl} = -s_{lj}).$$

Wir schreiben dafür kurz

$$v = S\,y.$$

Sind also $\overset{0}{s}_{jl}, \overset{1}{s}_{jl}, \ldots, \overset{r}{s}_{jl}$ lauter Unbestimmte mit $\overset{i}{s}_{jl} = -\overset{i}{s}_{lj}$ und sind $S_0, S_1, \ldots, S_r$ die zugehörigen Nullsysteme, so lautet die Bedingung dafür, daß y auf M liegt:

$$(1) \qquad\qquad F(S_0\, y, S_1\, y, \ldots, S_r\, y) = 0$$

(identisch in den $\overset{i}{s}_{jl}$). Setzt man die Koeffizienten aller Potenzprodukte der $\overset{i}{s}_{jl}$ in (1), nachdem man die $\overset{i}{s}_{jl}$ mit $j > l$ durch $-\overset{i}{s}_{lj}$ ersetzt hat, gleich Null, so erhält man die Gleichungen von M.

Die Hauptfrage dieses Paragraphen lautet: *Welche Bedingungen muß eine Form $F\left(\overset{0}{u}, \overset{1}{u}, \ldots, \overset{r}{u}\right)$, die in allen Veränderlichenreihen $\overset{0}{u}, \ldots, \overset{r}{u}$ denselben Grad g hat, erfüllen, damit sie zugeordnete Form einer Mannigfaltigkeit ist?*

Notwendig sind offenbar *drei Bedingungen;*

1. $F(\overset{0}{u})$, betrachtet als Form in $\overset{0}{u}$, zerfällt in einem Erweiterungskörper von $K\left(\overset{1}{u}, \ldots, \overset{r}{u}\right)$ vollständig in Linearfaktoren:

$$(2) \qquad\qquad F(u) = \varrho \prod_{1}^{g} \left(\overset{i}{p}\,\overset{0}{u}\right).$$

2. Die durch (2) definierten Punkte $\overset{i}{p}$ liegen in allen Ebenen $\overset{1}{u}, \ldots, \overset{r}{u}$:

$$(3) \qquad\qquad \left(\overset{i}{p}\,\overset{k}{u}\right) = 0 \qquad (i = 1, \ldots, g;\ k = 1, \ldots, r).$$

3. Sie erfüllen außerdem die Gleichungen von M:

$$(4) \qquad\qquad F\left(S_0\,\overset{i}{p}, S_1\,\overset{i}{p}, \ldots, S_r\,\overset{i}{p}\right) = 0.$$

Die Bedingung **3.** kann auch so formuliert werden: Gehen die Hyperebenen $\overset{0}{v}, \overset{1}{v}, \ldots, \overset{r}{v}$ alle durch einen der Punkte $\overset{i}{p}$, so ist $F\left(\overset{0}{v}, \overset{1}{v}, \ldots, \overset{r}{v}\right) = 0$.

Wir beweisen nun, daß diese drei Bedingungen auch hinreichend sind.

Es gibt (in bezug auf den Grundkörper K) eine irreduzible algebraische Mannigfaltigkeit M_1, die den Punkt $\overset{1}{p}$ als allgemeinen Punkt besitzt. Entsprechend werden $M_2, \ldots, M_g$ definiert; sie brauchen natürlich nicht alle verschieden zu sein. Die Vereinigung der irreduziblen Mannigfaltigkeiten $M_1, M_2, \ldots, M_g$ heiße M.

Nach **2.** liegen die Punkte $\overset{1}{p}, \ldots, \overset{g}{p}$ in dem durch die Hyperebenen $\overset{1}{u}, \ldots, \overset{r}{u}$ definierten linearen Raum S_{n-r}. Die Bedingung **3.** besagt nun, daß S_{n-r} außer $\overset{1}{p}, \ldots, \overset{g}{p}$ keine weiteren allgemeinen Punkte, weder von M_1, noch von $M_2, \ldots$, noch von M_g enthält. Gesetzt nämlich, S_{n-r} enthielte einen weiteren allgemeinen Punkt q von M_1. Dann gäbe es auf Grund des Eindeutigkeitssatzes (§ 29) einen Isomorphismus $K(q) \cong K(\overset{1}{p})$, der q in $\overset{1}{p}$ überführt. Dieser läßt sich zu einem Isomorphismus $K(q, \overset{1}{u}, \ldots, \overset{r}{u}) \cong K(\overset{1}{p}, \overset{1}{w}, \ldots, \overset{r}{w})$ fortsetzen. Die Relationen

$$\left(q\,\overset{k}{u}\right) = 0 \qquad\qquad (k = 1, \ldots, r),$$

die aussagen, daß q in S_{n-r} liegt, bleiben beim Isomorphismus erhalten; also folgt

$$\left(\overset{1}{p}\,\overset{k}{w}\right) = 0 \qquad\qquad (k = 1, \ldots, r).$$

Ist nun $\overset{0}{w}$ eine beliebige weitere Ebene durch $\overset{1}{p}$, also $\left(\overset{1}{p}\,\overset{0}{w}\right) = 0$, so folgt aus Bedingung **3.**

$$F\left(\overset{0}{w}, \overset{1}{w}, \ldots, \overset{r}{w}\right) = 0.$$

Nach dem STUDYschen Lemma (§ 16) ist also, wenn die $\overset{0}{w}$ durch Unbestimmte $\overset{0}{u}$ ersetzt werden, $F\left(\overset{0}{u}, \overset{1}{w}, \ldots, \overset{r}{w}\right)$ durch $\left(\overset{1}{p}\,\overset{0}{u}\right)$ teilbar. Anwendung des Isomorphismus in umgekehrter Richtung ergibt, daß $F\left(\overset{0}{u}, \overset{1}{u}, \ldots, \overset{r}{u}\right)$ durch $\left(\overset{1}{q}\,\overset{0}{u}\right)$ teilbar ist, d. h. wegen (2), daß q doch mit einem der Punkte $\overset{i}{p}$ zusammenfällt.

Da nun ein allgemeiner linearer Raum S_{n-r} nur endlich viele allgemeine Punkte aus der irreduziblen Mannigfaltigkeit M_1 ausschneidet (und zwar mindestens einen Punkt, nämlich $\overset{1}{p}$), so ist M_1 genau r-dimensional. Dasselbe gilt für $M_2, \ldots, M_g$. Die zugeordnete Form von M_1 ist das Produkt

$$F_1 = \prod \left(\overset{i}{p}\,\overset{0}{u}\right),$$

erstreckt über diejenigen $\overset{i}{p}$, die zu $\overset{1}{p}$ konjugiert sind.

Das Produkt (2) kann nunmehr, wenn die $\overset{i}{p}$ zu Gruppen konjugierter Punkte vereinigt werden, so geschrieben werden:

$$F = \varrho \left\{\left(\overset{1}{p}\,\overset{0}{u}\right) \cdots \left(\overset{e}{p}\,\overset{0}{u}\right)\right\}^{\varrho_1} \left\{\left(\overset{e+1}{p}\,\overset{0}{u}\right) \cdots \left(\overset{e+f}{p}\,\overset{0}{u}\right)\right\}^{\varrho_{e+1}} \cdots$$
$$= \varrho\, F_1^{\varrho_1} F_{e+1}^{\varrho_{e+1}} \cdots$$

Diese Faktorzerlegung zeigt, daß F gleich der zugeordneten Form einer Mannigfaltigkeit M ist, die aus den Bestandteilen $M_1, M_{e+1}, \ldots$ mit den Vielfachheiten $\varrho_1, \varrho_{e+1}, \ldots$ besteht.

Die Bedingungen **1.**, **2.**, **3.** sind also hinreichend.

Jetzt werden wir zeigen, daß die Bedingungen **1.**, **2.**, **3.** sich durch homogene algebraische Beziehungen zwischen den Koeffizienten a_λ der Form $F\left(\overset{0}{u}, \overset{1}{u}, \ldots, \overset{r}{u}\right)$ ausdrücken lassen.

Um die Bedingung **1.** durch homogene algebraische Gleichungen auszudrücken, verfahren wir genau so wie in § 36, indem wir in
indem wir in

$$F\left(\overset{0}{u}, \overset{1}{u}, \ldots, \overset{r}{u}\right) = \varrho \prod_1^g \left(\overset{i}{p}\,\overset{0}{u}\right)$$

zunächst die Koeffizienten der Potenzprodukte der $\overset{0}{u}$ vergleichen:

$$\varphi_\nu\left(\overset{1}{u}, \ldots, \overset{r}{u}\right) = \varrho\,\psi_\nu\left(\overset{1}{p}, \ldots, \overset{g}{p}\right)$$

und sodann ϱ eliminieren:

$$(5) \qquad\qquad \varphi_\mu\,\psi_\nu - \varphi_\nu\,\psi_\mu = 0.$$

Die Bedingung **2.** heißt

$$(6) \qquad\qquad \left(\overset{i}{p}\,\overset{k}{u}\right) = 0 \qquad (i = 1, \ldots, g;\ k = 1, \ldots, r).$$

Die Bedingung **3.** wird ausgewertet, indem in (4) die Koeffizienten der Potenzprodukte der Unbestimmten $\overset{i}{s}_{jl}$ gleich Null gesetzt werden:

$$(7) \qquad\qquad \chi_\mu\left(a_\lambda, \overset{i}{p}\right) = 0 \qquad\qquad (i = 1, \ldots, g).$$

Aus den homogenen Gleichungen (5), (6), (7) eliminiere man die $\overset{i}{p}$ durch Bildung des Resultantensystems

$$R_\varkappa\left(a_\lambda, \overset{1}{u}, \ldots, \overset{r}{u}\right) = 0.$$

Diese Gleichungen müssen identisch in $\overset{1}{u}, \ldots, \overset{r}{u}$ bestehen. Setzt man also die Koeffizienten der Potenzprodukte dieser $\overset{k}{u}$ gleich Null, so erhält man das gewünschte Gleichungssystem

$$(8) \qquad\qquad T_\omega(a_\lambda) = 0.$$

Das Erfülltsein von (8) ist notwendig und hinreichend dafür, daß eine Form $F\left(\overset{0}{u}, \overset{1}{u}, \ldots, \overset{r}{u}\right)$ vom Grade g mit den Koeffizienten a_λ die zugeordnete Form einer r-dimensionalen Mannigfaltigkeit M vom Grade g ist.

Durch einen kleinen Zusatz zum obigen Beweis kann man auch die Bedingungen dafür aufstellen, daß die Mannigfaltigkeit M auf einer anderen Mannigfaltigkeit N liegt.

Die Gleichungen von N mögen lauten $g_\nu = 0$. Damit M auf N liegt, müssen die allgemeinen Punkte $\overset{1}{p}, \ldots, \overset{g}{p}$ der irreduziblen Bestandteile von M auf N liegen. Das gibt die Bedingungen

$$(9) \qquad\qquad g_\nu\left(\overset{i}{p}\right) = 0 \qquad\qquad (i = 1, \ldots, g).$$

Diese Gleichungen nehmen wir zu (5), (6), (7) hinzu und eliminieren wieder die $\overset{i}{p}$. Das ergibt ein zu (8) ganz analoges Gleichungssystem, das notwendig und hinreichend dafür ist, daß M auf N liegt. Ist N durch seine Koordinaten b_μ, oder, was dasselbe ist, durch seine zugeordnete Form gegeben, so kann man die Gleichungen $g_\nu = 0$ nach der am Anfang dieses Paragraphen angegebenen Methode herstellen und erhält dann die Bedingungen dafür, daß M auf N liegt, in Gestalt eines doppelt-homogenen Gleichungssystems

$$(10) \qquad\qquad T_\omega(a_\lambda,\, b_\mu) = 0.$$

Beispiel. Wir wollen die Bedingungen (8) im einfachsten Fall $r = 1$, $g = 1$ einmal wirklich aufstellen. Schreiben wir u und v statt $\overset{0}{u}$ und $\overset{1}{u}$, so hat jede Form vom Grade 1 in den u und in den v die Gestalt

$$F = \sum \sum a_{jk}\, u_j\, v_k.$$

Bedingung **1.** ergibt in diesem Fall, wenn p statt $\overset{1}{p}$ geschrieben wird,

$$(11) \qquad\qquad p_j = \sum a_{jk} v_k.$$

Auf das Homogenmachen dieser Gleichungen können wir verzichten, da die Elimination der p_j nachher einfacher durch Einsetzen von (11) geschehen kann. Bedingung **2.** ergibt

$$\sum p_j v_j = 0,$$

oder wenn (11) eingesetzt und der Koeffizient von $v_j v_k$ gleich Null gesetzt wird,

$$(12) \qquad\qquad a_{jk} + a_{kj} = 0.$$

Bedingung **3.** ergibt, wenn man $\overset{0}{s}_{ij} = s_{ij}$ und $\overset{1}{s}_{ij} = t_{ij}$ setzt,

$$\sum \sum a_{ik}\Big(\sum s_{ij} p_j\Big)\Big(\sum t_{kl} p_l\Big) = 0$$

oder wenn (11) eingesetzt wird und die Summenzeichen der Einfachheit halber weggelassen werden:

$$a_{ik} s_{ij} a_{jr} v_r t_{kl} a_{ls} v_s = 0$$

identisch in den s_{ij}, t_{kl} und v_r. Vergleich der Potenzprodukte ergibt, wenn P_{ij} die Permutation der Indices i und j bedeutet,

$$(13) \qquad (1 - P_{ij})\,(1 - P_{kl})\,(1 + P_{rs})\, a_{ik} a_{jr} a_{ls} = 0.$$

Die Gleichungen (12) und (13) sind demnach notwendig und hinreichend dafür, daß die Form F mit den Koeffizienten a_{jk} die zugeordnete Form einer Geraden oder daß die a_{ik} die PLÜCKERschen Koordinaten einer Geraden sind. Die kubischen Gleichungen (13) müssen den früher hergeleiteten quadratischen Relationen (vgl. § 7)

$$a_{ij} a_{kl} + a_{ik} a_{lj} + a_{il} a_{jk} = 0$$

äquivalent sein.

Die Bedeutung der bisherigen Ergebnisse liegt nicht in der konkreten Gestalt der erhaltenen Bedingungsgleichungen, denn das obige Beispiel zeigt, daß diese schon im allereinfachsten Fall sehr kompliziert ausfallen. Sie liegt vielmehr darin, daß wir jetzt die Gesamtheit der rein r-dimensionalen algebraischen Mannigfaltigkeiten gegebenen Grades als eine algebraische Mannigfaltigkeit betrachten können, indem wir die einzelnen Mannigfaltigkeiten M auf Punkte abbilden.

Die zugeordnete Form einer Mannigfaltigkeit M wird nämlich durch ihre Koeffizienten a_λ gegeben. Faßt man diese als Koordinaten eines Punktes a in einem projektiven Raum $\mathfrak{B}$ auf, so entspricht jeder Mannigfaltigkeit M von gegebenem Grad und gegebener Dimension ein *Bildpunkt A*, und umgekehrt ist M durch A eindeutig bestimmt. $\mathfrak{B}$ heißt der *Bildraum* der Mannigfaltigkeiten M vom Grade g und von der Dimension r. Die Gesamtheit aller Bildpunkte A ist eine algebraische Mannigfaltigkeit in $\mathfrak{B}$, deren Gleichungen

$$T_\omega(a) = 0$$

wir eben aufgestellt haben.

Unter einem *algebraischen System von Mannigfaltigkeiten M* versteht man eine solche Menge von Mannigfaltigkeiten M, deren Bildmenge in $\mathfrak{B}$ eine algebraische Mannigfaltigkeit ist. Zum Beispiel ist die Gesamtheit *aller* Mannigfaltigkeiten M (gegebenen Grades und gegebener Dimension) ein algebraisches System. Ebenso die Gesamtheit aller M, die auf einer gegebenen Mannigfaltigkeit N liegen oder die eine gegebene Mannigfaltigkeit L enthalten; denn diese Relationen werden durch die algebraischen Gleichungen (10) ausgedrückt.

Vermöge der eineindeutigen Abbildung der Mannigfaltigkeiten M auf Punkte eines Bildraumes $\mathfrak{B}$ kann man Begriffe und Sätze, die sich auf algebraische Mannigfaltigkeiten in diesem Bildraum beziehen, ohne weiteres auf algebraische Systeme von Mannigfaltigkeiten M übertragen. Man kann z. B. jedes algebraische System in irreduzible Systeme zerlegen, man kann von der *Dimension* und vom *allgemeinen Element* eines algebraischen Systems reden; man hat den Satz, daß ein irreduzibles System von Mannigfaltigkeiten durch sein allgemeines Element eindeutig festgelegt ist, usw. Auch kann man Korrespondenzen zwischen algebraischen Mannigfaltigkeiten und anderen geometrischen Objekten betrachten und das Prinzip der Konstantenzählung anwenden. Für eine nähere Ausführung dieser Ideen verweisen wir auf eine Arbeit von Chow und van der Waerden[1]), für Anwendungen auf weitere Arbeiten des Verfassers[2]).

---

[1]) Chow, W.-L. u. B. L. v. D. Waerden: Zur algebraischen Geometrie IX. Math. Ann. Bd. 113 (1937).

[2]) Waerden, B. L. v. d.: Zur algebraischen Geometrie XI und XIV. Math. Ann. Bd. 114 und 115.

Sechstes Kapitel.

Der Multiplizitätsbegriff.

§ 38. Der Multiplizitätsbegriff
und das Prinzip der Erhaltung der Anzahl.

Wir wollen die Frage untersuchen: Was geschieht mit den Lösungen eines geometrischen Problems bei einer Spezialisierung der Daten des Problems?

Die Daten des Problems seien durch (homogene oder inhomogene) Koordinaten x_μ gegeben. Das gesuchte geometrische Gebilde sei durch eine oder mehrere Reihen von homogenen Koordinaten y_ν gegeben. Um etwas Bestimmtes vor Augen zu haben, denken wir sowohl bei den x wie bei den y an je *eine* Reihe von homogenen Koordinaten und sprechen dementsprechend von dem „Punkt" x und dem „Punkt" y. Diese Annahmen sind nicht wesentlich; wesentlich ist aber die andere, die wir jetzt machen: *Das geometrische Problem sei durch ein System von Gleichungen*

$$(1) \qquad f_\mu(x, y) = 0$$

gegeben, die (wenigstens in den y-Koordinaten) *homogen sind.* Solche Probleme wollen wir *Normalprobleme* nennen.

Die Gleichungen (1) definieren eine algebraische Korrespondenz zwischen den Punkten x und y. Man kann also die Normalprobleme auch durch algebraische Korrespondenzen definieren: diese Definition ist mit der vorigen gleichwertig.

Der Punkt x möge eine *irreduzible* Mannigfaltigkeit M durchlaufen. *Für einen allgemeinen Punkt ξ dieser Mannigfaltigkeit möge das Problem mindestens eine Lösung η mit $f_\mu(\xi, \eta) = 0$ haben.* Dann hat das Problem auch für jeden Punkt x von M mindestens eine Lösung y; denn wenn das Resultantensystem, das aus (1) durch Elimination der y entsteht, für einen allgemeinen Punkt von M erfüllt ist, so ist es für jeden Punkt von M erfüllt. Zweitens nehmen wir an, daß *für einen speziellen Punkt x von M das Problem nur endlich viele Lösungen habe.* Dann hat nach Satz 6 (§ 34) das Problem auch für den allgemeinen Punkt ξ von M nur endlich viele Lösungen. Diese endlich vielen verschiedenen Lösungen seien $\eta^{(1)}, \ldots, \eta^{(h)}$.

Nach einem allgemeinen Satz über relationstreue Spezialisierungen (§ 27) kann man die relationstreue Spezialisierung $\xi \to x$ zu einer relationstreuen Spezialisierung des gesamten Systems

$$(2) \qquad \xi \to x, \; \eta^{(1)} \to y^{(1)}, \ldots, \eta^{(h)} \to y^{(h)}$$

fortsetzen. Wir drücken das auch so aus: „*Bei der Spezialisierung $\xi \to x$ gehen $\eta^{(1)}, \ldots, \eta^{(h)}$ in $y^{(1)}, \ldots, y^{(h)}$ über.*" Alle $y^{(k)}$ sind Lösungen der Gleichungen (1); denn die Relationen $f(\xi, \eta^{(k)}) = 0$ müssen bei jeder relationstreuen Spezialisierung erhalten bleiben. Es ist aber zunächst nicht sicher, ob man in dieser Weise alle Lösungen des Gleichungssystems (1) erhält.

Die Punkte $y^{(1)}, \ldots, y^{(h)}$ brauchen nicht alle verschieden zu sein: es können bei der Spezialisierung $\xi \to x, \eta^{(k)} \to y^{(k)}$ sehr wohl einige Lösungen „zusammenrücken". Die Zahl, die angibt, wie oft eine bestimmte Lösung y des Problems (1) unter den Lösungen $y^{(1)}, \ldots, y^{(h)}$ vorkommt, heißt die *Multiplizität* oder *Vielfachheit* dieser Lösung y bei der relationstreuen Spezialisierung (2). Die Summe der Vielfachheiten aller Lösungen des Problems (1) ist offenbar gleich h, d. h. sie ist gleich der Anzahl der Lösungen des Problems für einen allgemeinen Punkt ξ von M. Wir erhalten so das *Prinzip der Erhaltung der Anzahl: Die Anzahl der Lösungen eines Normalproblems bleibt bei der Spezialisierung $\xi \to x$ erhalten, vorausgesetzt, daß man nach der Spezialisierung jede Lösung so oft zählt, wie ihre Vielfachheit angibt.*

Damit dieses Prinzip nun wirklich fruchtbar wird, müssen allerdings zwei Bedingungen erfüllt sein: Erstens müssen die Multiplizitäten *eindeutig* durch die Spezialisierung $\xi \to x$ allein bestimmt sein (unabhängig davon, wie man die Lösungen $\eta^{(k)}$ spezialisiert), zweitens muß man sicher sein, daß man durch die Spezialisierung (2) *alle* Lösungen des Problems erhält, mit anderen Worten, daß keine Lösung die Multiplizität Null erhält. Diese Erfordernisse sind nun keineswegs von selbst erfüllt: man kann sehr wohl Beispiele von Normalproblemen geben, bei denen die Multiplizitäten nicht eindeutig sind oder bei denen Lösungen mit der Multiplizität Null auftreten. Der folgende Satz aber gibt hinreichende Voraussetzungen, unter denen diese unangenehmen Vorkommnisse nicht auftreten können.

Hauptsatz über Multiplizitäten. *1. Wenn die (normierten) Koordinaten des Punktes ξ rationale Funktionen von einigen algebraisch unabhängigen unter ihnen sind und diese rationalen Funktionen bei der Spezialisierung $\xi \to x$ sinnvoll bleiben, so sind die spezialisierten Lösungen $y^{(1)}, \ldots, y^{(h)}$ durch die Spezialisierung $\xi \to x$ bis auf ihre Reihenfolge eindeutig bestimmt.*

2. Wenn außerdem die durch (1) definierte Korrespondenz irreduzibel ist, so kommt jede Lösung y des Problems (1) unter den Lösungen $y^{(1)}, \ldots, y^{(h)}$ mindestens einmal vor.

Beweis zu 1. Die zu einem allgemeinen ξ gehörigen Lösungen $\eta^{(1)}, \ldots, \eta^{(h)}$ zerfallen in Systeme algebraisch konjugierter Punkte. Es genügt, ein solches System $\eta^{(1)}, \ldots, \eta^{(k)}$ zu betrachten und zu beweisen, daß die relationstreue Spezialisierung dieses Systems für $\xi \to x$ eindeutig bestimmt ist. — Für den Punkt $\eta^{(1)}$ ist mindestens eine der Koordinaten, etwa $\eta_0^{(1)}$, von Null verschieden; diese Koordinate ist dann auch für alle konjugierten Punkte von Null verschieden und kann gleich Eins gesetzt werden: $\eta_0^{(v)} = 1$. Die Koordinaten $\eta_j^{(v)}$ sind dann algebraische Größen über dem Körper $K(\xi)$. Die Koordinaten $\xi_1, \ldots, \xi_m$ seien Unbestimmte, die übrigen algebraische Funktionen von ihnen.

Nunmehr seien $u_0, u_1, \ldots, u_n$ weitere Unbestimmte. Die Größe $- u_1 \eta_1^{(1)} - \cdots - u_n \eta_n^{(1)}$ ist algebraisch über dem Körper $K(\xi, u)$ und daher Nullstelle eines irreduziblen Polynoms $G(u_0)$ mit Koeffizienten aus $K(\xi_1, \ldots, \xi_m, u_1, \ldots, u_n)$. In einem geeigneten Erweiterungskörper zerfällt dieses Polynom ganz in Linearfaktoren, die alle zu $u_0 + u_1 \eta_1^{(1)} + \cdots + u_n \eta_n^{(1)}$ konjugiert sind und daher die Gestalt $u_0 + u_1 \eta_1^{(v)} + \cdots + u_n \eta_n^{(v)}$ haben·

$$(3) \qquad G(u_0) = h(\xi) \cdot \prod_v \left(u_0 + u_1 \eta_1^{(v)} + \cdots + u_n \eta_n^{(v)} \right) = h(\xi) \prod_v \left(u \, \eta^{(v)} \right).$$

Den willkürlichen Faktor $h(\xi)$ denken wir uns so bestimmt, daß das Polynom $G(u_0)$ nicht nur rational, sondern ganzrational in $\xi_1, \ldots, \xi_m$ wird und keinen von den ξ allein abhängigen Faktor enthält. Wir nennen es dann $G(\xi, u)$. $G(\xi, u)$ ist ein unzerlegbares Polynom in $\xi_1, \ldots, \xi_m$, $u_0, \ldots, u_n$ und heißt nach § 36 die *zugeordnete Form* des Punktsystems $\eta^{(1)}, \ldots, \eta^{(k)}$. Diese zugeordnete Form gibt nun das Mittel, die relationstreue Spezialisierung des Punktsystems eindeutig festzulegen.

Entwickeln wir beide Seiten der Identität (3) nach Potenzprodukten der u und vergleichen die Koeffizienten dieser Potenzprodukte, so ergibt sich ein Relationensystem

$$(4) \qquad a_\lambda(\xi) = h(\xi) \, b_\lambda(\eta),$$

das die homogenen Relationen

$$(5) \qquad a_\lambda(\xi) \, b_\mu(\eta) - a_\mu(\xi) \, b_\lambda(\eta) = 0$$

nach sich zieht. Diese homogenen Relationen müssen bei jeder relationstreuen Spezialisierung $\xi \to x$, $\eta^{(v)} \to y^{(v)}$ erhalten bleiben. Also folgt

$$(6) \qquad a_\lambda(x) \, b_\mu(y) - a_\mu(x) \, b_\lambda(y) = 0.$$

Diese Relationen besagen aber, daß die $a_\lambda(x)$ zu den $b_\lambda(y)$ proportional sind. Die $b_\lambda(y)$ sind die Koeffizienten der Form $\prod_v (u \, y^{(v)})$; sie verschwinden somit nicht alle. Also folgt aus (6)

$$(7) \qquad a_\lambda(x) = \varrho \, b_\lambda(y).$$

Das heißt aber, da die $a_\lambda(x)$ die Koeffizienten der Form $G(x, u)$ sind:

$$(8) \qquad G(x, u) = \varrho \prod_v (u \, y^{(v)}).$$

Wenn wir noch nachweisen können, daß die Form $G(x, u)$ nicht identisch verschwindet, so muß in (8) $\varrho \neq 0$ sein. Auf Grund des Satzes von der eindeutigen Faktorzerlegung sind dann die Linearfaktoren rechter Hand und damit auch die Punkte $y^{(1)}, \ldots, y^{(h)}$ bis auf ihre Reihenfolge eindeutig bestimmt.

Zum Nachweis des Nichtverschwindens der Form $G(x, u)$ ersetzen wir die Unbekannten $y_0, \ldots, y_n$ durch Unbestimmte $Y_0, \ldots, Y_{n'}$ und bilden das Resultantensystem der Formen $f_\mu(\xi, Y)$ und der Linearform (uY) nach den Y. Die Formen $R(\xi, u)$ dieses Resultantensystems werden für spezielle Werte der u dann und nur dann Null, wenn die Ebene u durch einen von den Punkten $\eta^{(\nu)}$ geht. Also sind die Formen $R_\lambda(\xi, u)$ durch die Linearformen $(\eta^{(\nu)} u)$ und daher auch durch ihr Produkt, also durch die Form (3) teilbar. In $R(\xi, u)$ setze man $\xi_0 = 1$ und ersetze die $\xi_{m+1}, \ldots, \xi_n$ auf Grund der Voraussetzung 1. durch rationale Funktionen von $\xi_1, \ldots, \xi_m$. Sodann multipliziere man mit einem solchen Hauptnenner $N_\lambda(\xi_1, \ldots, \xi_m)$, daß das Produkt $N_\lambda(\xi)$ $R_\lambda(\xi, u)$ ganzrational in $\xi_1, \ldots, \xi_n$ wird. Da $N_\lambda R_\lambda(\xi, u)$ durch $G(\xi, u)$ teilbar ist und da $G(\xi, u)$ keinen nur von den ξ allein abhängigen Faktor besitzt, gilt die erwähnte Teilbarkeit auch im Bereich der Polynome in den ξ und den u:

$$N_\lambda(\xi) R_\lambda(\xi, u) = A_\lambda(\xi, u) G(\xi, u).$$

Diese Identität bleibt bei der Ersetzung der ξ durch die x gültig. Wäre nun $G(x, u) = 0$, so würde wegen $N_\lambda(x) \neq 0$ folgen $R_\lambda(x, u) = 0$. Das ist aber nicht der Fall, denn die $R_\lambda(x, u)$ bilden das Resultantensystem der Formen $f_\mu(x, Y)$ und einer Linearform (uY), und dieses verschwindet für spezielle Werte der u nur dann, wenn die Ebene u durch einen von den endlich vielen Punkten y geht, welche die Gleichungen (1) befriedigen. Also ist in der Tat $G(x, u) \neq 0$, womit der Beweis beendet ist.

Beweis zu 2. Wenn die Korrespondenz (1) irreduzibel ist, so ist jedes Punktepaar (x, y) eine relationstreue Spezialisierung des allgemeinen Punktepaares (ξ, η). Dabei ist ξ ein beliebiger allgemeiner Punkt von M und η irgendeiner der zugeordneten Punkte $\eta^{(\nu)}$, etwa $\eta = \eta^{(1)}$. Die relationstreue Spezialisierung $(\xi, \eta) \to (x, y)$ läßt sich nach § 27 zu einer relationstreuen Spezialisierung $(\xi, \eta^{(1)}, \eta^{(2)}, \ldots, \eta^{(h)}) \to (x, y, y', \ldots, y'')$ fortsetzen. Nach dem schon bewiesenen Eindeutigkeitssatz (Teil 1 dieses Beweises) müssen $y, y', \ldots, y''$ in irgendeiner Reihenfolge mit $y^{(1)}, \ldots, y^{(h)}$ übereinstimmen. Also kommt y unter den Punkten $y^{(1)}, \ldots, y^{(h)}$ vor, was zu beweisen war.

Aus dem eben bewiesenen Satz folgt, daß die Multiplizitäten der einzelnen Lösungen y des Problems (1) unter den angegebenen Voraussetzungen eindeutig bestimmt und positiv sind.

Die Voraussetzung 1. ist z. B. dann erfüllt, wenn M der ganze projektive oder mehrfach projektive Raum ist; $\xi_1, \ldots, \xi_m$ sind dann einfach die inhomogenen Koordinaten des Punktes ξ. Sie ist aber auch erfüllt, wenn M die Gesamtheit aller Teilräume S_d in S_n ist. Denn nach § 7 sind alle PLÜCKERschen Koordinaten eines solchen S_d rationale Funktionen von $d(n-d-1)$ unter ihnen.

Die angegebenen Voraussetzungen lassen sich wohl abschwächen, aber nicht ganz weglassen. An Stelle der Voraussetzung 1. würde z. B. die schwächere Voraussetzung genügen, daß der Punkt x ein einfacher Punkt von M ist[1]). Ebenso genügt an Stelle der Voraussetzung 2., wie der Beweis zeigt, die schwächere Voraussetzung, daß das Punktepaar (x, y) eine relationstreue Spezialisierung irgendeines der Punktepaare $(\xi, \eta^{(\nu)})$ ist. Macht man aber gar keine Voraussetzungen, so können beide Behauptungen 1. und 2. falsch werden, wie die folgenden Beispiele zeigen.

Beispiel 1. Die Gleichungen, die durch Nullsetzen aller zweireihigen Unterdeterminanten der Matrix

$$\left\| \begin{array}{ccc} x_0 & x_1 & x_2 \\ y_0^2\, y_1 & y_0\, y_1^2 & y_0^3 + y_1^3 \end{array} \right\|$$

entstehen, definieren eine irreduzible (1, 1)-Korrespondenz zwischen der ebenen kubischen Kurve

$$x_0\, x_1\, x_2 = x_0^3 + x_1^3$$

und der y-Geraden. Einem allgemeinen Punkt ξ der Kurve entspricht ein einziger Punkt η:

$$\eta_0 : \eta_1 = \xi_0 : \xi_1.$$

Dem Doppelpunkte $(0, 0, 1)$ der Kurve aber entsprechen zwei verschiedene y-Punkte $(0, 1)$ und $(1, 0)$, die beide relationstreue Spezialisierungen des allgemeinen Paares (ξ, η) sind. Die relationstreue Spezialisierung ist also nicht eindeutig bestimmt, und die Multiplizität einer Lösung $(0, 1)$ oder $(1, 0)$ kann nach Belieben gleich Null oder gleich Eins gesetzt werden.

Beispiel 2. Gegeben sei eine binäre biquadratische Form

$$(9) \qquad a_0\, t_0^4 + a_1\, t_0^3\, t_1 + a_2\, t_0^2\, t_1^2 + a_3\, t_0\, t_1^3 + a_4\, t_1^4$$

(oder geometrisch: Ein System von vier Punkten auf einer Geraden). Wir fragen nach allen projektiven Transformationen

$$t_i' = \sum e_{ik}\, t_k,$$

welche die Form (oder das Punktquadrupel) in sich transformieren. Das Problem läßt sich ohne weiteres durch homogene Gleichungen für die unbekannten Koeffizienten $e_{00}, e_{01}, e_{10}, e_{11}$ umschreiben; denn man braucht nur die Koeffizienten der transformierten Form zu bilden und (durch Nullsetzen von zweireihigen Determinanten) auszudrücken, daß diese den ursprünglichen Koeffizienten a_0, a_1, a_2, a_3, a_4 proportional sein sollen. Bekanntlich hat das Problem für eine allgemeine Form (9)

---

[1]) Für den Beweis s. B. L. v. D. WAERDEN, Zur algebraischen Geometrie VI. Math. Ann. Bd. 110 (1935) S. 144, § 3.

vier Lösungen: Es gibt vier projektive Transformationen, die ein allgemeines Punktquadrupel auf der Gerade in sich transformieren. (Sie bilden die KLEINsche Vierergruppe). Ist aber das Punktquadrupel speziell ein harmonisches (mit dem Doppelverhältnis -1), so gibt es acht solche Transformationen; denn es gibt eine involutorische Transformation, die zwei von den vier Punkten zu Fixpunkten hat und das andere, dazu harmonische Paar vertauscht, und diese Transformation kann man noch mit den Transformationen der Vierergruppe multiplizieren. Im Fall eines äquianharmonischen Quadrupels (mit dem Doppelverhältnis $\frac{1}{2} \pm \frac{1}{2}\sqrt{-3}$) gibt es sogar zwölf Transformationen des Quadrupels in sich, die dieses nach der alternierenden Gruppe permutieren. Die vier bzw. acht neu hinzukommenden Lösungen des Problems haben nun offenbar die Multiplizität Null; denn sie gehen nicht durch relationstreue Spezialisierung aus einer der vier Lösungen im allgemeinen Fall hervor. Die Voraussetzung der Irreduzibilität der Korrespondenz ist hier eben nicht erfüllt.

Nach diesen beiden unerfreulichen Beispielen geben wir nun zwei andere, bei denen alle Voraussetzungen für die Anwendung des Prinzips der Erhaltung der Anzahl gegeben sind.

Beispiel 3. Eine irreduzible Mannigfaltigkeit M von der Dimension d in S_n werde mit einem Teilraum S_{n-d} geschnitten. Ein allgemeiner S_{n-d} schneidet nach § 34 die Mannigfaltigkeit M in endlich vielen Punkten. Wenn nun ein spezieller S_{n-d} die Mannigfaltigkeit M ebenfalls nur in endlich vielen Punkten x schneidet, erhält jeder von ihnen eine bestimmte Multiplizität (Schnittpunktsmultiplizität). Die Summe der Multiplizitäten aller Schnittpunkte ist nach dem Prinzip der Erhaltung der Anzahl gleich der Anzahl der Schnittpunkte von M mit dem allgemeinen S_{n-d}, also gleich dem Grade der Mannigfaltigkeit.

Die Irreduzibilität der Korrespondenz zwischen x und S_{n-d} haben wir in § 34 schon erkannt, indem wir ein allgemeines Paar (ξ, S^*_{n-d}) angegeben haben, aus dem alle Paare (x, S_{n-d}) mit x auf M und x in S_{n-d} durch relationstreue Spezialisierung hervorgehen. Die dabei benutzte „Methode der Problemumkehrung“ führt auch bei sehr vielen anderen Normalproblemen zum Ziel. Sie bestand darin, daß wir nicht von einem allgemeinen S_{n-d}, sondern von einem allgemeinen Punkt ξ auf M ausgegangen sind und dann durch diesen Punkt ξ den allgemeinsten Raum S^*_{n-d} gelegt haben. Wir gingen also nicht von den Daten des Normalproblems, sondern von der Lösung aus und suchten dazu die passenden, aber möglichst allgemeinen Daten.

Da nunmehr alle Voraussetzungen des Hauptsatzes gegeben sind, so folgt, daß *die Multiplizitäten der Schnittpunkte von M mit irgendeinem S_{n-d} eindeutig bestimmt und positiv sind.*

Der Begriff der Schnittpunktsmultiplizität überträgt sich ohne weiteres auf zerfallende, rein d-dimensionale Mannigfaltigkeiten M.

Beispiel 4. Das Problem sei das der Bestimmung der Geraden auf einer Fläche 3. Grades. Daß das Problem auf homogene Gleichungen in den Plückerschen Koordinaten der Geraden führt, haben wir in § 35 schon gesehen. Ebenso sahen wir, daß die durch diese Gleichungen definierte Korrespondenz irreduzibel ist. Eine kubische Fläche ist durch 20 unbeschränkt veränderliche Koeffizienten gegeben. Auf einer allgemeinen kubischen Fläche gibt es, wie wir in § 35 sahen, 27 verschiedene Geraden. Also gibt es auf jeder kubischen Fläche 27 (nicht notwendig verschiedene) Geraden, die durch relationstreue Spezialisierung aus den 27 Geraden auf der allgemeinen Fläche hervorgehen. Schneidende Geraden gehen bei der relationstreuen Spezialisierung natürlich wieder in schneidende über; in diesem Sinne bleibt die Konfiguration der Geraden erhalten. Wenn auf einer speziellen Fläche nur endlich viele Geraden liegen (d. h. wenn die Fläche keine Regelfläche ist), so folgt aus dem Hauptsatz über Multiplizitäten, daß jede von diesen Geraden bei der Spezialisierung eine bestimmte positive Multiplizität erhält und daß die Summe dieser Multiplizitäten gleich 27 ist.

Im Anschluß an das prinzipiell wichtige Beispiel 3 stellen wir folgende Definition auf: Ein Punkt y von M heißt ein *k-facher Punkt* der Mannigfaltigkeit M, wenn ein allgemeiner, durch y gelegter linearer Raum S_{n-d} die Mannigfaltigkeit M in y mit der Multiplizität k schneidet. Ist $k = 1$, so heißt y ein *einfacher Punkt* von M.

§ 39. Ein Kriterium für Multiplizität Eins.

Der im vorigen Paragraphen bewiesene Hauptsatz über Multiplizitäten gab ein Kriterium ab, nach dem man in den meisten wichtigen Fällen entscheiden kann, ob die Lösungen eines Normalproblems eine positive Multiplizität haben. Bei der Anwendung des Prinzips der Erhaltung der Anzahl, insbesondere in der „abzählenden Geometrie", ist es aber ebenso wichtig, Mittel in der Hand zu haben, um Multiplizitäten nach oben abzuschätzen. Das wichtigste von diesen Mitteln ist ein Satz, der aussagt, daß unter gewissen Bedingungen die Multiplizität einer Lösung ≤ 1 ist. Mit Hilfe dieses Kriteriums und des Hauptsatzes über Multiplizitäten kann man dann schließen, daß die Multiplizitäten der Lösungen eines Normalproblems genau gleich 1 sind. Daraus folgt dann nach dem Prinzip der Erhaltung der Anzahl, daß die Anzahl der verschiedenen Lösungen des Problems im allgemeinen Fall genau gleich der Anzahl der Lösungen in dem untersuchten Spezialfall ist. Die letztere Anzahl ist manchmal leichter zu bestimmen als die erste.

Das Kriterium für Multiplizität ≤ 1 beruht auf dem Begriff der *Polar-* oder *Tangentialhyperebene* einer Hyperfläche. Ist y ein Punkt einer Hyperfläche $H = 0$ und bedeutet ∂_k die partielle Ableitung nach y_k, so ist die Polar- oder Tangentialhyperebene von H im Punkt y durch

$$(1) \qquad z_0\,\partial_0 H(y) + z_1\,\partial_1 H(y) + \cdots + z_n\,\partial_n H(y) = 0$$

gegeben. Nach dem EULERschen Satz liegt der Punkt y selbst in dieser Hyperebene:

$$(2) \qquad m \cdot H(y) = y_0\, \partial_0 H(y) + y_1\, \partial_1 H(y) + \cdots + y_n\, \partial_n H(y) = 0.$$

Führt man durch $y_0 = z_0 = 1$ inhomogene Koordinaten ein und subtrahiert man (2) von (1), so erhält man die Gleichung der Polarhyperebene in der Form

$$(3) \qquad (z_1 - y_1)\, \partial_1 H(y) + \cdots + (z_n - y_n)\, \partial_n H(y) = 0.$$

Die Geraden durch y in der Tangentialhyperebene (1) sind die *Tangenten* der Hyperfläche H im Punkt y. Im Gegensatz zu Kap. 3 wollen wir diesen Ausdruck auch dann beibehalten, wenn y ein Doppelpunkt von H und somit die Gleichung (1) identisch in z erfüllt ist: in diesem Fall sollen also *alle* Geraden durch y Tangenten von H im Punkt y heißen.

Das gewünschte Kriterium ergibt der folgende

Satz. *Wenn ein Normalproblem durch die Gleichungen*

$$H_\nu(\xi, \eta) = 0$$

gegeben ist und wenn bei der relationstreuen Spezialisierung $\xi \to x$ zwei verschiedene Lösungen η', η'' in eine einzige Lösung y übergehen, so haben die spezialisierten Hyperflächen

$$(4) \qquad H_\nu(x, z) = 0$$

im Punkte $z = y$ eine gemeinsame Tangente.

Der Beweis beruht darauf, daß die Verbindungslinie von η' und η'' bei der Spezialisierung in eine Tangente übergeht.

Wir können $y_0 \neq 0$ annehmen; dann ist auch $\eta_0' \neq 0$ und $\eta_0'' \neq 0$. Somit kann $y_0 = \eta_0' = \eta_0'' = 1$ angenommen werden. Wir setzen

$$\eta_k'' - \eta_k' = \tau_k;$$

dann ist $\tau_0 = 0$, also ist τ der uneigentliche Punkt der Verbindungslinie $\eta' \eta''$. Die relationstreue Spezialisierung $(\xi, \eta', \eta'') \to (x, y', y'')$ kann zu $(\xi, \eta', \eta'', \tau) \to (x, y', y'', t)$ ergänzt werden. Es gelten die Gleichungen

$$H_\nu(\xi, \eta') = 0$$
$$H_\nu(\xi, \eta'') = H_\nu(\xi, \eta' + \tau) = 0.$$

Die letztere Gleichung möge nach Potenzen von $\tau_1, \ldots, \tau_n$ entwickelt werden. Sie ergibt dann

$$(5) \qquad \sum_1^n \tau_k\, \partial_k H_\nu(\xi, \eta') + \text{Glieder höheren Grades} = 0.$$

In den Gliedern höheren Grades können wir jeweils einen Faktor τ_k stehen lassen, und in den übrigen Faktoren die τ_k wieder durch $\eta_k'' - \eta_k'$

ersetzen. Dadurch wird (5) homogen in $\tau_1, \ldots, \tau_n$. Macht man (5) durch Einführung von η_0' und η_0'' auch homogen in den η' und den η'', so haben wir eine Gleichung erhalten, die bei der relationstreuen Spezialisierung $(\xi, \eta', \eta'', \tau) \to (x, y, y, \tau)$ erhalten bleibt. Die Differenzen $\eta_k'' - \eta_k'$ (oder homogen $\eta_k'' \eta_0' - \eta_k' \eta_0''$) verschwinden aber nach der Spezialisierung, da η' und η'' beide in y übergehen. Also bleibt von der ganzen Gleichung (5) nur das erste Glied übrig:

$$\sum_1^n t_k \, \partial_k \, H_\nu (x, y) = 0.$$

Also haben die Tangentialhyperebenen der spezialisierten Hyperflächen einen gemeinsamen (uneigentlichen) Punkt t. Da sie außerdem alle den (eigentlichen) Punkt y gemeinsam haben, so haben sie eine Tangente gemeinsam, wie behauptet.

Aus dem eben bewiesenen Satz folgt sofort das *Kriterium für Multiplizität Eins:*

Wenn ein Normalproblem die Bedingungen des Hauptsatzes über Multiplizitäten erfüllt und wenn die spezialisierten Hyperflächen (4) *keine Tangente in y gemeinsam haben, so hat die Lösung y genau die Multiplizität Eins.*

Es können dann nämlich nicht zwei verschiedene Lösungen des allgemeinen Problems bei der Spezialisierung zusammenrücken.

Das Schöne bei diesem Kriterium ist, daß man bei seiner Anwendung nur das spezialisierte Problem (das meistens einfacher ist als das allgemeine) in Betracht zu ziehen braucht; über das allgemeine Problem (mit ξ statt x) braucht man nur zu wissen, daß die Voraussetzungen zur Anwendung des Multiplizitätsbegriffes überhaupt gegeben sind.

§ 40. Tangentialräume.

Der Begriff des Tangentialraums, der in § 9 für ebene Kurven und in § 39 für Hyperflächen erklärt wurde, soll jetzt für beliebige rein r-dimensionale Mannigfaltigkeiten M in S_n erklärt werden.

Es sei y ein Punkt von M. Wir betrachten sämtliche Tangentialhyperebenen aller M enthaltenden Hyperflächen im Punkte y. Ihr Durchschnitt ist ein y enthaltender linearer Raum S_q. Falls dieser Raum genau dieselbe Dimension r hat wie die Mannigfaltigkeit M selbst, soll er *Tangentialraum* von M im Punkte y heißen.

Wir zeigen nun zunächst, daß eine irreduzible Mannigfaltigkeit M in jedem *allgemeinen* Punkte ξ einen Tangentialraum besitzt. Wir normieren den Punkt ξ mit $\xi_0 = 1$ und nehmen an, daß $\xi_1, \ldots, \xi_r$ algebraisch unabhängige Größen sind, von denen die übrigen $\xi_{r+1}, \ldots, \xi_n$ algebraische Funktionen darstellen. Diese algebraischen Funktionen können differenziert werden; die Ableitung von ξ_k nach ξ_j heiße $\xi_{k,j}$. Wir betrachten nun den linearen Raum S_r, dessen Gleichungen (in inhomogenen Koordinaten $z_1, \ldots, z_n$) lauten:

$$(1) \qquad \left| \begin{array}{l} z_{r+1} - \xi_{r+1} = \sum_1^r \xi_{r+1,\,j}(z_j - \xi_j) \\[2mm] \cdots \cdots \cdots \cdots \cdots \cdots \cdots \\[2mm] z_n - \xi_n = \sum_1^r \xi_{n,\,j}(z_j - \xi_j). \end{array} \right.$$

Wir wollen nun zeigen, daß dieser Raum S_r genau der Tangentialraum, also der Durchschnitt der Polarhyperebenen

$$(2) \qquad (z_1 - \xi_1)\,\partial_1 f(\xi) + \cdots + (z_n - \xi_n)\,\partial_n f(\xi) = 0$$

ist, wobei $f = 0$ die Gleichungen aller M enthaltenden Hyperflächen sind. Wir haben also erstens zu zeigen, daß S_r in diesem Durchschnitt enthalten ist, und zweitens, daß dieser Durchschnitt in S_r enthalten ist.

Daß der Raum S_r in allen Hyperebenen (2) enthalten ist, ergibt sich sofort, indem man (1) in (2) einsetzt. Die linke Seite von (2) wird dann

$$\sum_{j=1}^r (z_j - \xi_j)\,\partial_j f(\xi) + \sum_{k=r+1}^n \sum_{j=1}^r \xi_{k,j}(z_j - \xi_j)\,\partial_k f(\xi)$$

$$= \sum_{j=1}^r (z_j - \xi_j) \left\{ \partial_j f(\xi) + \sum_{k=r+1}^n \partial_k f(\xi)\,\xi_{k,j} \right\}.$$

Durch Differentiation der Gleichung $f(\xi) = 0$ nach ξ_j sieht man aber, daß die letzte Klammer den Wert Null hat.

Daß der Durchschnitt der Hyperebenen (2) in S_r enthalten ist, zeigen wir, indem wir $n - r$ besondere Hyperebenen (2) angeben, deren Durchschnitt genau S_r ist. Zu dem Zweck betrachten wir diejenige irreduzible Gleichung, die ξ_{r+i} mit $\xi_1, \ldots, \xi_r$ verbindet:

$$(3) \qquad f_i(\xi_1, \ldots, \xi_r, \xi_{r+i}) = 0.$$

Die Gleichung kann durch Einführung von ξ_0 homogen gemacht werden. Da sie für den allgemeinen Punkt von M gilt, gilt sie für alle Punkte von M; also gehört $f_i = 0$ zu den M enthaltenden Hyperflächen. Ihre Polarhyperebene (2) lautet:

$$(4) \qquad \sum_{j=1}^r (z_j - \xi_j)\,\partial_j f_i + (z_{r+i} - \xi_{r+i})\,\partial_{r+i} f_i = 0.$$

Dividiert man durch $\partial_{r+i} f_i$, so erhält man nach Definition von $\xi_{r+i,j}$

$$-\sum_{j=1}^r (z_j - \xi_j)\,\xi_{r+i,\,j} + (z_{r+i} - \xi_{r+i}) = 0.$$

Das sind aber genau die Gleichungen (1). Also ist der Durchschnitt der Polarhyperebenen (4) genau der Raum S_r, womit der Beweis beendet ist.

In einem allgemeinen Punkt von M existiert somit ein Tangentialraum S_r. Das heißt, das lineare Gleichungssystem

$$z_0\,\partial_0 f(\xi) + z_1\,\partial_1 f(\xi) + \cdots + z_n\,\partial_n f(\xi) = 0$$

hat den Rang $n - r$. Bei Spezialisierung der ξ kann der Rang nicht größer werden (denn eine Unterdeterminante, die $= 0$ ist, kann nicht $\neq 0$ werden). Wird der Rang kleiner, so wird der Durchschnitt der Polarhyperebenen ein Raum S_q mit $q > r$. Bleibt der Rang bei der Spezialisierung $\xi \to y$ aber gleich, so hat der Raum M im Punkt y einen Tangentialraum S_r, der eine relationstreue Spezialisierung des Tangentialraums im allgemeinen Punkt ξ darstellt.

Der Tangentialraum kann mit Vorteil gebraucht werden bei der Anwendung des Kriteriums von § 39. Wir beweisen z. B. mit Hilfe dieses Kriteriums den Satz:

Wenn M im Punkt y einen Tangentialraum S_r besitzt, so ist y ein einfacher Punkt von M.

Beweis. Legt man durch y einen allgemeinen linearen Raum S_{n-r}, so hat dieser mit S_r nur den Punkt y gemeinsam. S_{n-r} ist Durchschnitt von r Hyperebenen, und die Tangentialräume dieser Hyperebenen in y sind die Hyperebenen selbst; ihr Durchschnitt ist daher wieder S_{n-r}. Der Durchschnitt der Tangentialhyperebenen der M enthaltenden Hyperflächen ist der Tangentialraum S_r. Betrachtet man nun die Bestimmung der Schnittpunkte von S_r und M als Normalproblem, so sind die Gleichungen dieses Normalproblems die Gleichungen von S_r und die von M zusammengenommen. Der Durchschnitt der Polarhyperebenen von y in bezug auf alle diese Gleichungen ist der Durchschnitt von S_r und S_{n-r}, also der Punkt y allein. Daher hat die Lösung y die Multiplizität Eins, d. h. y ist ein einfacher Schnittpunkt von M und S_{n-r}. Daraus folgt die Behauptung.

Von diesem Satz gilt auch die Umkehrung:

Wenn y ein einfacher Punkt von M ist, so besitzt M in y einen Tangentialraum.

Beweis. Zunächst gilt der Satz für Hyperflächen. Ist nämlich y ein einfacher Punkt der Hyperfläche $H = 0$, so hat die Gleichung $H(y + \lambda z) = 0$ für passende z eine einfache Wurzel $\lambda = 0$, also ist die Ableitung

$$\frac{d}{d\lambda}\,H(y + \lambda z) = \sum_{0}^{n} z_k\,\partial_k H(y + \lambda z)$$

für $\lambda = 0$ von Null verschieden, d. h. die Gleichung der Polarhyperebene von y

$$\sum z_k\,\partial_k H(y) = 0$$

ist nicht identisch in z erfüllt.

Nun sei M eine rein r-dimensionale Mannigfaltigkeit und y ein einfacher Punkt von M. Durch y legen wir einen Raum S_{n-r}, der M in y

nur einfach schneidet. Seine weiteren Schnittpunkte mit M seien $y_2, \ldots, y_g$. In S_{n-r} legen wir durch y einen S_{n-r-1}, der $y_2, \ldots, y_g$ nicht enthält. In S_{n-r-1} wird schließlich ein S_{n-r-2} gewählt, der nicht durch y geht. Verbindet man nun alle Punkte von M mit allen Punkten von S_{n-r-2}, so erhält man einen projizierenden Kegel K, dessen Dimension nach dem Prinzip der Konstantenzählung gleich $n-1$ ist[1]).

K ist also eine Hyperfläche. Der Grad von K ist gleich dem Grad von M, denn eine allgemeine Gerade S_1 schneidet K in ebenso vielen

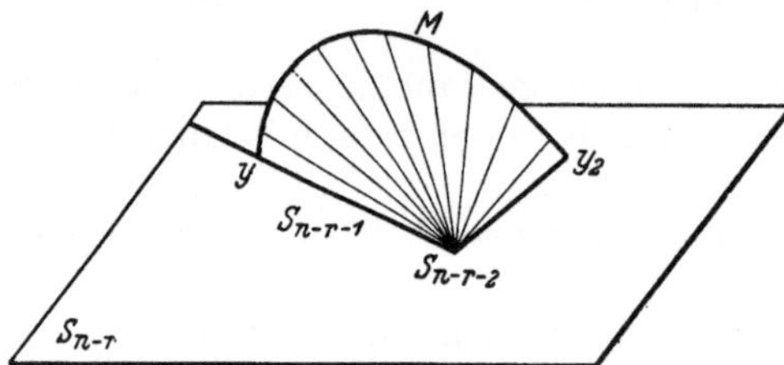

Punkten, wie der Verbindungsraum von S_1 und S_{n-r-2} Schnittpunkte mit M hat. Wählt man diese Gerade speziell so, daß sie durch y geht und in S_{n-r}, aber nicht in S_{n-r-1} liegt, so sieht man, daß y ein einfacher Punkt von K ist. Der Tangentialraum von K in y ist eine Hyperebene durch S_{n-r-1}, deren Durchschnitt mit S_{n-r} genau S_{n-r-1} ist.

Dreht man nun S_{n-r-1} um y, ohne den Raum S_{n-r} zu verlassen, so ist der Durchschnitt aller dieser Räume S_{n-r-1} nur der Punkt y. Also haben die Tangentialhyperebenen sämtlicher Kegel K mit S_{n-r} nur den einen Punkt y gemeinsam. Also ist der Durchschnitt dieser Tangentialhyperebenen ein linearer Raum, dessen Dimension nicht mehr als r beträgt, was zu beweisen war.

§ 41. Schnitt von Mannigfaltigkeiten mit speziellen Hyperflächen. Der BEZOUTsche Satz.

Es sei C eine irreduzible Kurve, H eine allgemeine und H' eine spezielle Hyperfläche vom Grade g, wobei wir annehmen, daß H' die Kurve nicht enthält, also nur endlich viele Punkte mit ihr gemeinsam hat. $\eta^{(1)}, \ldots, \eta^{(h)}$ seien die Schnittpunkte von C und H. Bei der Spezialisierung $H \to H'$ gehen $\eta^{(1)}, \ldots, \eta^{(h)}$ relationstreu in $y^{(1)}, \ldots, y^{(h)}$ über, und jeder Schnittpunkt y von C und H' erhält bei der Spezialisierung

---

[1]) Genauer: Man ordne jedem Punkt x von M alle Punkte z des Verbindungsraums von x mit S_{n-r-2} zu. Dadurch ist eine Korrespondenz definiert, die in ebenso viele irreduzible Teile zerfällt wie die Mannigfaltigkeit M. Die Dimension der Bildmannigfaltigkeit, also der Gesamtheit der Punkte z, ist nach dem Prinzip der Konstantenzählung gleich

$$r + (n-r-1) = n-1.$$

Übrigens ist der Kegel K bei passender Koordinatenwahl kein anderer als der in § 32 (Darstellung von Mannigfaltigkeiten als Partialschnitte von Kegeln und Monoiden) benutzte.

eine eindeutig bestimmte Multiplizität, die wir die *Schnittpunktsmultiplizität* von y als Schnittpunkt von C und H' nennen.

Die Schnittpunktsmultiplizität ist stets positiv.

Beweis. Nach dem Kriterium von § 38 genügt es zu zeigen, daß die Korrespondenz zwischen den Hyperflächen H' und ihren Schnittpunkten y mit C irreduzibel ist. Das ist aber klar (und wurde in § 34 schon bemerkt); denn man erhält ein allgemeines Paar dieser Korrespondenz, indem man durch einen allgemeinen Punkt ξ von C die allgemeinste Hyperfläche H legt.

Genau ebenso beweist man allgemeiner, daß *beim Schnitt einer d-dimensionalen Mannigfaltigkeit M mit d Hyperflächen, die M nur in endlich vielen Punkten schneiden und durch Spezialisierung aus allgemeinen Hyperflächen entstanden gedacht werden, nur Schnittpunkte von positiver Vielfachheit auftreten.* Auch diese Vielfachheiten nennt man *Schnittpunktsmultiplizitäten.*

Aus dieser Tatsache folgt ein

Dimensionssatz. *Der Schnitt einer irreduziblen d-dimensionalen Mannigfaltigkeit M mit einer M nicht enthaltenden Hyperfläche H' enthält nur Bestandteile von der Dimension $d-1$.*

Beweis. Gesetzt, der Durchschnitt D hätte einen irreduziblen Bestandteil D_1 von einer Dimension $< d-1$. y sei ein Punkt von D_1, der nicht einem der anderen irreduziblen Bestandteile $D_2, \ldots, D_r$ von D angehört (z. B. ein allgemeiner Punkt von D_1). Durch den Punkt y kann man $d-1$ Hyperebenen $U_1', \ldots, U_{d-1}'$ legen, die D außerdem nur in endlich vielen Punkten schneiden. Unter diesen Schnittpunkten hat nun der Punkt y die Vielfachheit Null. Denn wenn H eine allgemeine Hyperfläche ist und $U_1, \ldots, U_{d-1}$ allgemeine Hyperebenen sind, so kann man die relationstreue Spezialisierung $H \to H'$, $U_i \to U_i'$ in zwei Schritten vornehmen: Zuerst spezialisiert man $H \to H'$, sodann $(U_1, \ldots, U_{d-1}) \to (U_1', \ldots, U_{d-1}')$. Bei der ersten Spezialisierung gehen die Schnittpunkte $\eta^{(1)} \ldots, \eta^{(h)}$ von $M, H, U_1, \ldots, U_{d-1}$ in Schnittpunkte $\zeta^{(1)}, \ldots, \zeta^{(h)}$ von $M, H', U_1, \ldots, U_{d-1}$, also von $D, U_1, \ldots, U_{d-1}$ über. Keiner dieser Punkte liegt auf D_1, denn D_1 hat mit den allgemeinen Hyperflächen $U_1, \ldots, U_{d-1}$ aus Dimensionsgründen keine Punkte gemeinsam. Also liegen $\zeta^{(1)}, \ldots, \zeta^{(h)}$ alle auf der Vereinigung $D_2 + \ldots + D_r$. Das bleibt aber richtig, wenn man nunmehr $U_1, \ldots, U_{d-1}$ zu $U_1', \ldots, U_{d-1}'$ spezialisiert. $\zeta^{(1)}, \ldots, \zeta^{(h)}$ gehen dabei in Punkte $y^{(1)}, \ldots, y^{(h)}$ über, die auf $D_2 + \cdots + D_r$ liegen, und unter denen daher y nicht vorkommt. — Andererseits aber hat, wie wir gesehen haben, jeder Schnittpunkt y eine positive Multiplizität. Der Widerspruch beweist, daß unsere Annahme falsch war.

Der eben bewiesene Dimensionssatz ist ein Spezialfall eines allgemeineren Satzes über den Schnitt von zwei Mannigfaltigkeiten der

Dimensionen r und s mit $r + s > n$, der aber wesentlich schwieriger zu beweisen ist[1]).

Wir kehren nun zum Fall einer Kurve, die mit einer Hyperfläche geschnitten wird, zurück und beweisen den auf diesen Fall bezüglichen „BEZOUTschen Satz":

Die Anzahl der Schnittpunkte einer irreduziblen Kurve C mit einer allgemeinen Hyperfläche H ist gleich dem Produkt $g\gamma$ der Gradzahlen von C und H.

Beweis. Man betrachte die irreduzible Korrespondenz, die jedem Punkte y von C alle durch y gehenden Hyperebenen v zuordnet. Ein allgemeines Paar (η, u) der Korrespondenz erhält man entweder, indem man durch einen allgemeinen Punkt η von C die allgemeinste Hyperebene legt, oder indem man von einer allgemeinen Hyperebene u ausgeht und für η irgendeinen der Schnittpunkte von u mit C wählt. Aus der *ersten* Bildungsweise des allgemeinen Paares (η, u) ersieht man, daß die Hyperebene u die Tangente der Kurve C im Punkte η nicht enthält, sondern mit ihr nur den Punkt η gemeinsam hat. Dasselbe gilt folglich auch bei der zweiten Erzeugungsweise eines allgemeinen Paares, denn die algebraischen Eigenschaften des allgemeinen Paares sind immer dieselben. Also folgt: *Eine allgemeine Hyperebene hat mit den Kurventangenten in ihren Schnittpunkten mit der Kurve C je nur einen Punkt gemeinsam.*

Nunmehr gehen wir von der allgemeinen Hyperfläche H durch relationstreue Spezialisierung zu einer solchen Hyperfläche H' über, die in γ voneinander unabhängige allgemeine Hyperebenen $L_1, \ldots, L_\gamma$ zerfällt. Die Anzahl der Schnittpunkte η von C mit H' ist offenbar gleich $g\gamma$. Die Vielfachheiten dieser Schnittpunkte η sind einerseits positiv, andererseits aber nach dem Kriterium von § 39 auch nicht größer als Eins, da sonst der Tangentialraum der Kurve im Punkt η (vgl. § 40) mit der Polarhyperebene von η in bezug auf H' mindestens eine Gerade gemeinsam haben müßte. Ist η etwa ein Punkt von L_1, so ist die Polarhyperebene von η in bezug auf H' auch L_1, und L_1 hat mit der Tangente der Kurve nur den einen Punkt η gemeinsam. Also sind die Vielfachheiten der Schnittpunkte η alle gleich Eins. Nach dem Prinzip der Erhaltung der Anzahl ist nun auch die Anzahl der Schnittpunkte von H und C gleich $g\gamma$, was zu beweisen war.

Verallgemeinerung. *Der Durchschnitt einer irreduziblen Mannigfaltigkeit M vom Grade γ mit einer allgemeinen Hyperfläche vom Grade g hat den Grad $g\gamma$.*

Beweis. M habe die Dimension d, der Durchschnitt mit H also die Dimension $d - 1$. Schneidet man M mit $d - 1$ allgemeinen Hyperebenen, so erhält man nach § 33 eine irreduzible Kurve vom Grad γ. Diese schneidet H nach dem BEZOUTschen Satz in $g\gamma$ Punkten. Also

---

[1]) Siehe B. L. v. D. WAERDEN: Zur algebraischen Geometrie XII. Math. Ann. Bd. 115, S. 330.

schneidet der Durchschnitt von M und H einen allgemeinen linearen Raum S_{n-d+1} in $g\gamma$ Punkten, was zu beweisen war.

Wiederholte Anwendung ergibt:

Der Durchschnitt einer irreduziblen d-dimensionalen Mannigfaltigkeit vom reduzierten Grad γ mit $k \leq d$ allgemeinen Hyperflächen von den Graden $e_1, \ldots, e_k$ hat den Grad $\gamma e_1 e_2 \ldots e_k$. Im Fall $k = d$ besteht er also aus $\gamma e_1 e_2 \ldots e_d$ Punkten.

Geht man von den allgemeinen Hyperflächen $H_1, \ldots, H_k$ zu den speziellen Hyperflächen $H_1', \ldots, H_k'$ über, so möge der Durchschnitt $M \cdot H_1' \ldots H_k'$ in die irreduziblen Bestandteile $I_1, \ldots, I_r$ zerfallen. Keiner von ihnen hat eine Dimension $< d - k$. Wir nehmen an, daß sie alle genau die Dimension $d - k$ haben.

Wir wollen nun die *Vielfachheit* oder *Schnittmultiplizität* eines solchen irreduziblen Bestandteils I_ν von der Dimension $d - k$ definieren. Zu dem Zweck nehmen wir noch $d - k$ allgemeine Hyperebenen $L_1, \ldots, L_{d-k}$ hinzu, die I_ν in g_ν konjugierten Punkten schneiden. Irgendeiner von diesen Schnittpunkten möge als Schnittpunkt von $M, H_1, \ldots, H_k$, $L_1, \ldots, L_{d-k}$ die Multiplizität μ_ν haben. Dann haben alle konjugierten Schnittpunkte dieselbe Vielfachheit μ_ν. Diese nennen wir die *Schnittmultiplizität* von I_ν.

Die Zahl g_ν ist die Anzahl der Schnittpunkte von I_ν mit $L_1, \ldots, L_{d-k}$, also der Grad von I_ν. Die Summe der Vielfachheiten aller konjugierten Schnittpunkte von $I_\nu, L_1, \ldots, L_{d-k}$ ist $g_\nu \mu_\nu$, also ist die Summe der Vielfachheiten aller Schnittpunkte von $M, H_1, \ldots, H_k, L_1, \ldots, L_{d-k}$ gleich $\sum g_\nu \mu_\nu$. Andererseits ist diese Summe gleich $\gamma e_1 e_2 \ldots e_k$. Also folgt:

Die Summe der Grade der irreduziblen Bestandteile des Schnittes $M H_1' \ldots H_k'$, multipliziert mit ihren Multiplizitäten, ist gleich dem Produkt der Gradzahlen von M und $H_1', \ldots, H_k'$:

$$\sum g_\nu \mu_\nu = \gamma\, e_1 e_2 \ldots e_k.$$

Man kann diese Sätze nach zwei Richtungen hin verallgemeinern. Erstens kann man sie auf mehrfach projektive Räume übertragen, wie es in Zur algebraischen Geometrie I, Math. Ann. Bd. 108, S. 121 geschehen ist. Zweitens kann man auch Mannigfaltigkeiten von beliebiger Dimension im projektiven S_n zum Schnitt bringen (s. Zur algebraischen Geometrie XIV. Math. Ann. Bd. 115, S. 619).

Aufgabe. Die Vielfachheiten der irreduziblen Schnittbestandteile, die man erhält, wenn man M zuerst mit H_1' und dann die einzelnen Schnittbestandteile mit H_2' schneidet, sind dieselben wie ihre Vielfachheiten als Bestandteile des Durchschnittes $M H_1' H_2'$. [Beweismethode wie beim Dimensionssatz: Die Spezialisierung $(H_1, H_2) \to (H_1', H_2')$ kann auch in zwei Schritten vorgenommen werden.]

Der Anschluß dieses Paragraphen an den früheren § 17 wird durch den folgenden Satz hergestellt:

Im Fall zweier ebener Kurven stimmen die nach § 17 definierten Multiplizitäten der Schnittpunkte mit den jetzt neu definierten überein.

Beweis. Zunächst sei die eine der beiden Kurven eine allgemeine Kurve H des betreffenden Grades. Die Anzahl der Schnittpunkte ist

dann nach dem in diesem Paragraphen bewiesenen „Bezoutschen Satz"
gleich dem Produkt der Gradzahlen. Die Summe der nach § 17 definierten
Schnittpunktsmultiplizitäten ist aber auch gleich dem Produkt der
Gradzahlen; also müssen diese Multiplizitäten gleich Eins sein. Die
nach § 17 definierte Resultante $R(p, q)$ hat somit folgende Faktorzerlegung mit den Exponenten Eins:

$$(1) \qquad R(p, q) = c \prod_{\nu} (p\, q\, s^{(\nu)}).$$

Geht man nun durch relationstreue Spezialisierung von der allgemeinen
Kurve H zu einer speziellen Kurve H' über, so bleibt die Faktorzerlegung (1)
erhalten [vgl. die entsprechende Betrachtung in § 38, Formel (3) bis (8)].
Also stimmen die durch relationstreue Spezialisierung definierten Multiplizitäten mit den aus der Faktorzerlegung von $R(p, q)$ hervorgehenden
überein, was zu beweisen war.

Zum Schluß beweisen wir noch den Satz:

*Sind f und g Formen gleichen Grades, von denen die zweite (aber nicht
die erste) Null wird auf der irreduziblen Mannigfaltigkeit M, so stimmt
der Durchschnitt von M mit der Hyperfläche f = 0 genau überein mit dem
Durchschnitt von M mit f + g = 0, auch was die Vielfachheiten der irreduziblen Bestandteile betrifft.*

Beweis. M habe wieder die Dimension d. In den Punkten von M,
wo $f = 0$ ist, ist auch $f + g = 0$, und umgekehrt, denn g ist Null auf M.
Zur Definition der Vielfachheiten der irreduziblen Bestandteile des
Durchschnittes von M mit $f = 0$ haben wir zunächst $d - 1$ allgemeine
Hyperebenen $L_1, \ldots, L_{d-1}$ hinzuzunehmen und dann die Hyperfläche
$f = 0$ durch Spezialisierung aus einer allgemeinen Hyperfläche $F = 0$
entstehen zu lassen; die relationstreue Spezialisierung der Schnittpunkte liefert dann die gesuchten Vielfachheiten. Wir nehmen nun die
Spezialisierung in zwei Schritten vor: zuerst lassen wir F in $f + \lambda g$
übergehen, wo λ eine Unbestimmte ist, und dann spezialisieren wir
$\lambda \to 0$ oder, wenn wir $f + g$ statt f haben wollen, $\lambda \to 1$. Der Durchschnitt von M mit $f + \lambda g = 0$ ist, als Punktmenge, wieder derselbe wie
von M mit $f = 0$. Die (von λ unabhängigen) Schnittpunkte von M
mit $L_1, \ldots, L_{d-1}, f + \lambda g = 0$ haben für unbestimmte λ gewisse Vielfachheiten, die als Exponenten in einer gewissen Faktorzerlegung bestimmt
werden können und die daher keine Funktionen von λ, sondern ganze
Zahlen sind. Bei der Spezialisierung $\lambda \to 0$ oder $\lambda \to 1$ können diese
Vielfachheiten sich nicht ändern, da sie von λ gar nicht abhängen.
Daraus folgt die Behauptung.

Siebentes Kapitel.

Lineare Scharen.

§ 42. Lineare Scharen auf einer algebraischen Mannigfaltigkeit.

Es sei M eine irreduzible[1]) algebraische Mannigfaltigkeit von der Dimension d im Raum S_n. Eine lineare Schar von Hyperflächen

$$(1) \qquad \lambda_0 F_0 + \lambda_1 F_1 + \cdots + \lambda_r F_r = 0 \qquad\qquad (r \geq 0)$$

sei so beschaffen, daß keine Hyperfläche der Schar die Mannigfaltigkeit M ganz enthält. Dann schneiden die Hyperflächen (1) aus M gewisse Teilmannigfaltigkeiten N_λ von der Dimension $d-1$ aus. Die irreduziblen Bestandteile von N_λ sind nach § 41 mit gewissen Vielfachheiten (Schnittmultiplizitäten) zu versehen. Läßt man $\lambda_0, \ldots, \lambda_r$ variieren, so durchläuft N_λ eine Gesamtheit von Mannigfaltigkeiten, die man eine *lineare Schar* von der *Dimension r* nennt.

Die obige Definition wird nun zweckmäßig noch etwas erweitert, indem man zu den Mannigfaltigkeiten N_λ noch beliebige feste (von den λ unabhängige) auf M gelegene Mannigfaltigkeiten von der gleichen Dimension mit beliebigen (positiven oder negativen) Vielfachheiten hinzufügt oder auch etwa vorhandene feste Bestandteile von N_λ wegläßt.

Um das präziser zu fassen, definieren wir: Eine Summe von irreduziblen Mannigfaltigkeiten gleicher Dimension, mit positiven oder negativen Vielfachheiten versehen, heißt eine *virtuelle Mannigfaltigkeit*. Sind die Vielfachheiten alle positiv, so hat man eine *effektive Mannigfaltigkeit*. Jede Menge von effektiven Mannigfaltigkeiten besitzt eine (eventuell leere) *größte gemeinsame Teilmannigfaltigkeit* derselben Dimension, bestehend aus den allen Mannigfaltigkeiten der Menge gemeinsamen irreduziblen Bestandteilen, jeder mit der niedrigsten Vielfachheit versehen, mit der er in irgendeiner Mannigfaltigkeit der Menge vorkommt.

Die größte gemeinsame Teilmannigfaltigkeit aller durch die Hyperflächen (1) auf M ausgeschnittenen Schnittmannigfaltigkeiten N_λ sei A. Setzt man dann $N_\lambda = A + C_\lambda$, so bilden die C_λ eine *lineare Schar ohne feste Bestandteile*. Ist weiter B eine beliebige virtuelle Mannigfaltigkeit von der Dimension $d-1$ auf M, so bilden die Summen $B + C_\lambda$ die allgemeinste *lineare Schar* mit dem festen Bestandteil B. Nach dieser

---

[1]) Die Bedingung der Irreduzibilität kann man auch fallen lassen, wenn man die Begriffe etwas anders erklärt. Vgl. dazu F. Severi: Un nuovo campo di ricerche. Mem. Reale Accad. d'Italia Bd. 3 (1932).

Definition können also Bestandteile mit negativen Vielfachheiten nur in dem festen Bestandteil B, nicht in dem veränderlichen Teil C_λ enthalten sein.

Beispiel 1. M sei eine ebene kubische Kurve mit Doppelpunkt. Die Hyperflächen (1) seien die Geraden durch den Doppelpunkt. Die Mannigfaltigkeiten N_λ bestehen aus dem zweimal gezählten Doppelpunkt und dem beweglichen Punkt C_λ. Wir erhalten nach Weglassung des zweimal gezählten Doppelpunktes eine lineare Schar ohne feste Bestandteile, deren Elemente die einzelnen Punkte der Kurve sind. Der Doppelpunkt erscheint zweimal als Element der Schar (entsprechend den beiden Doppelpunktstangenten).

Auf einer doppelpunktfreien ebenen kubischen Kurve ist eine solche lineare Schar aus einzelnen Punkten nicht möglich; denn wenn die Hyperflächen (1) den Grad m haben und $3\,m - 1$ Schnittpunkte mit der Kurve festgehalten werden, so ist nach § 24 der $3\,m$-te Schnittpunkt eindeutig bestimmt. In diesem Fall besteht also der bewegliche Teil C_λ einer linearen Schar aus mindestens zwei Punkten.

Beispiel 2. M sei eine quadratische Fläche in S_3. Die Hyperflächen (1) seien Ebenen durch eine Gerade A, die auf der Fläche liegt. Die Mannigfaltigkeiten N_λ bestehen aus dieser Geraden A und noch einer veränderlichen Geraden C_λ. Ist M ein Kegel, so durchläuft C_λ alle Erzeugenden des Kegels; ist M kein Kegel, so durchläuft C_λ eine der beiden Geradenscharen der Quadrik M. Diese beiden Geradenscharen sind demnach lineare Scharen.

Wir lassen nun die Voraussetzung, daß keine Hyperfläche der Schar (1) die Mannigfaltigkeit M enthält, fallen. Es mögen etwa t linear unabhängige Formen der Schar (1) M enthalten. Wir können annehmen, diese seien $F_{r-t+1}, \ldots, F_r$. Dann hat jede Hyperfläche (1) mit M genau denselben Durchschnitt wie die Hyperfläche

$$(2) \qquad \lambda_0 F_0 + \lambda_1 F_1 + \cdots + \lambda_{r-t}\, F_{r-t} = 0,$$

denn der Rest der Summe linker Hand in (1) wird ja Null auf M[1]). Die Hyperflächen (2) schneiden aus M aber eine lineare Schar von der Dimension $r - t$ aus. Also folgt

Satz 1. *Eine lineare Formenschar* (1) *von der Dimension* r, *in der* t *linear unabhängige Formen* M *enthalten, schneidet aus* M *eine lineare Schar von der Dimension* $r - t$ *aus.*

Die Dimension r einer linearen Schar kann durch innere Eigenschaften der Schar charakterisiert werden; sie hängt also nicht davon ab, durch welche Hyperflächen die Schar ausgeschnitten wird.

---

[1]) Vgl. den letzten Satz in § 41.

Es sei nämlich P_1 ein solcher Punkt von M, der nicht Basispunkt der Hyperflächenschar (1) ist. Sucht man dann aus der Schar diejenigen Mannigfaltigkeiten C_λ heraus, die den Punkt P_1 enthalten, so hat man in die Gleichung (1) den Punkt P_1 einzusetzen. Das ergibt eine lineare Gleichung für die Parameter $\lambda_0, \ldots, \lambda_r$, also eine lineare Teilschar von der Dimension $r-1$. Wählt man nun einen zweiten Punkt P_2, der nicht Basispunkt dieser Teilschar ist, und fährt so fort bis P_r, so erhält man schließlich eine Teilschar von der Dimension 0, also ein festes Element C_λ der ursprünglichen Schar, welches die Punkte $P_1, \ldots, P_r$ alle enthält. Also folgt

S a t z 2. *Die Dimension r einer linearen Schar ist gleich der Anzahl der willkürlichen Punkte, durch die ein Element der Schar bestimmt ist.*

F o l g e. *Die Dimension einer linearen Schar von Punktgruppen auf einer Kurve ist höchstens gleich der Anzahl der variablen Punkte in einer Punktgruppe der Schar.*

Im folgenden bezeichne Λ eine Reihe von Unbestimmten $\Lambda_0, \ldots, \Lambda_r$. Das zugehörige Element C_Λ (bzw. $B + C_\Lambda$, wenn die Schar feste Bestandteile B enthält) heißt das *allgemeine Element* der linearen Schar.

S a t z 3. *Eine lineare Schar wird durch ihr allgemeines Element $B + C_\Lambda$ bestimmt, unabhängig von der Formenschar* (1).

B e w e i s. Durch Schnitt von M mit einem allgemeinen linearen Raum S_{n-d+1} kann die Dimension von M zu Eins, die Dimension von $B + C_\Lambda$ zu Null und die Dimension irgendeines speziellen Elementes $B + C_\lambda$ der Schar ebenfalls zu Null erniedrigt werden. Ist aber der Schnitt von $B + C_\lambda$ mit einem allgemeinen linearen S_{n-d+1} bekannt, so ist die Mannigfaltigkeit $B + C_\lambda$ selbst auch bekannt. Wir können uns also vollständig auf den Fall einer Kurve $(d = 1)$ beschränken. Damit ist also Satz 3 zurückgeführt auf den folgenden

S a t z 4. *Auf einer Kurve M sei eine lineare Schar gegeben; ihr allgemeines Element $B + C_\Lambda$ ebenso wie jedes spezielle Element $B + C_\lambda$ sind also Punktgruppen (nulldimensionale Mannigfaltigkeiten) auf M. Dann gehen die Punkte von $B + C_\lambda$ durch die relationstreue Spezialisierung $\Lambda \to \lambda$ aus den Punkten von $B + C_\Lambda$ hervor.*

B e w e i s. Wir setzen

$$F_\Lambda = \Lambda_0 F_0 + \Lambda_1 F_1 + \cdots + \Lambda_r F_r$$
$$F_\lambda = \lambda_0 F_0 + \lambda_1 F_1 + \cdots + \lambda_r F_r$$

und verstehen unter F eine allgemeine Form vom gleichen Grad wie F_λ und F_Λ. Die Vielfachheiten der Punkte von N_Λ (des Schnittes von M mit F_Λ) waren durch die relationstreue Spezialisierung $F \to F_\Lambda$ definiert; ebenso die Vielfachheiten der Punkte von N_λ durch die Spezialisierung $F \to F_\lambda$. Die letztere Spezialisierung kann in zwei Schritten vorgenommen werden: $F \to F_\Lambda$ und $F_\Lambda \to F_\lambda$. Also geht N_Λ bei der relationstreuen Spezialisierung $\Lambda \to \lambda$ genau in N_λ über. Das bleibt gültig, wenn die festen Punkte A weggelassen werden und wenn neue feste Punkte B hinzugefügt werden, denn diese festen Punkte bleiben bei der relationstreuen Spezialisierung einfach ungeändert. Also geht $B + C_A$ bei der relationstreuen Spezialisierung $A \rightarrow \lambda$ in $B + C_\lambda$ über.

Die lineare Schar, deren allgemeines Element C_A ist, wird mit $|C_A|$ bezeichnet.

Aufgaben. 1. Eine lineare Schar von Punktgruppen auf einer Kurve ist ein irreduzibles System von nulldimensionalen Mannigfaltigkeiten im Sinne von § 37. (Man benutze Satz 4 und die Methode von § 38.)

2. Eine lineare Schar von $(d-1)$-dimensionalen Mannigfaltigkeiten auf M_d ist ein irreduzibles System im Sinne von § 37. (Man benutze Aufgabe 1.)

Mit jeder effektiven linearen Schar $|B + C_A|$ ist eine algebraische Korrespondenz zwischen den Parameterwerten λ und den Punkten η von $B + C_\lambda$ verknüpft. Am leichtesten ist das einzusehen für die lineare Schar der vollständigen Schnitte N_λ von (1) mit M; die zugehörige Korrespondenz ist nämlich durch die Gleichungen von M

$$(3) \qquad g_\nu(\eta) = 0$$

und durch die Gleichung der Hyperfläche F_λ

$$(4) \qquad \lambda_0 F_0(\eta) + \lambda_1 F_1(\eta) + \cdots + \lambda_r F_r(\eta) = 0$$

definiert.

Wir lassen nun zunächst einmal alle Basispunkte der Hyperflächenschar (1) außer Betracht und versuchen dann, alle übrigen Paare der Korrespondenz aus einem allgemeinen Paar (λ^*, ξ) zu gewinnen. Zu dem Zweck sei ξ ein allgemeiner Punkt von M und λ^* die allgemeine Lösung der linearen Gleichung

$$(5) \qquad \lambda_0^* F_0(\xi) + \lambda_1^* F_1(\xi) + \cdots + \lambda_r^* F_r(\xi) = 0.$$

Nun wird behauptet: *Alle Paare (λ, η) der durch (3), (4) definierten Korrespondenz, für die nicht alle $F_\nu(\eta) = 0$ sind, sind relationstreue Spezialisierungen des allgemeinen Paares (λ^*, ξ).*

Beweis. Es sei etwa $F_0(\eta) \neq 0$. Wenn eine Relation $H(\lambda^*, \xi) = 0$ gilt, so setzen wir darin

$$(6) \qquad \lambda_0^* = \frac{\lambda_1^* F_1(\xi) + \cdots + \lambda_r^* F_r(\xi)}{-F_0(\xi)}$$

ein; sie ist dann identisch in $\lambda_1^*, \ldots, \lambda_r^*$ erfüllt. Nunmehr ersetzen wir den allgemeinen Punkt ξ von M durch einen speziellen Punkt η. Schließlich ersetzen wir $\lambda_1^*, \ldots, \lambda_r^*$ durch $\lambda_1, \ldots, \lambda_r$. Wegen (4) ist

$$\frac{\lambda_1 F_1(\eta) + \cdots + \lambda_r F_r(\eta)}{-F_0(\eta)} = \lambda_0,$$

also kann man die Substitution (6) nachträglich wieder rückgängig machen. Es folgt $H(\lambda, \eta) = 0$. Somit ist (λ, η) eine relationstreue Spezialisierung von (λ^*, ξ).

Das allgemeine Paar (λ^*, ξ) definiert eine irreduzible Korrespondenz $\Re$. In dieser Korrespondenz entspricht einem allgemeinen Punkt Λ eine relativ irreduzible Mannigfaltigkeit von Punkten η, von der Dimension $d-1$, welche nach dem eben Bewiesenen zumindest alle die Punkte von $N_\Lambda = A + C_\Lambda$ enthält, die nicht Basispunkte der Schar (1) sind. Diejenigen irreduziblen Bestandteile von N_Λ, die aus lauter solchen Basispunkten bestehen, sind fest, also Bestandteile von A. Die übrigen irreduziblen Bestandteile von N_Λ sind alle nach dem eben Gesagten in einer einzigen irreduziblen Mannigfaltigkeit von der Dimension $d-1$ enthalten, also mit dieser identisch. Mithin besteht C_Λ nur aus einem einzigen irreduziblen Bestandteil. Ist weiter Ξ ein allgemeiner Punkt von C_Λ, so ist (Λ, Ξ) ein allgemeines Paar der Korrespondenz $\Re$, das in allen algebraischen Eigenschaften mit dem Paar (λ^*, ξ) übereinstimmen muß. Damit ist bewiesen:

Satz 5. *Das allgemeine Element C_Λ einer linearen Schar ohne feste Bestandteile ist relativ zum Körper $K(\Lambda)$ irreduzibel. Ist Ξ ein allgemeiner Punkt von C_Λ, so stimmt das Punktepaar (Λ, Ξ) in allen algebraischen Eigenschaften mit dem Paar (λ^*, ξ) überein.* Es ist also ganz gleichgültig, ob man zuerst einen allgemeinen Punkt ξ von M wählt und durch diesen das allgemeinste Element C_{λ^*} der linearen Schar $|C_\Lambda|$ legt, oder ob man vom allgemeinen Element C_Λ der linearen Schar ausgeht und auf diesem einen allgemeinen Punkt Ξ wählt.

Wir gehen nun von dem allgemeinen Element C_Λ zu irgendeinem speziellen Element C_λ der linearen Schar über und beweisen:

Satz 6. *Die durch das allgemeine Element (λ^*, ξ) oder (Λ, Ξ) definierte irreduzible Korrespondenz $\Re$ ordnet jedem Wert λ genau die Punkte von C_λ zu.* Das heißt also: Ein Paar (λ, η) ist dann und nur dann eine relationstreue Spezialisierung von (Λ, Ξ), wenn η ein Punkt von C_λ ist.

Beweis. 1. η sei ein Punkt von C_λ, also ein Punkt eines irreduziblen Bestandteils C_λ^1 von C_λ. η^* sei ein allgemeiner Punkt von C_λ^1. Dann ist η eine relationstreue Spezialisierung von η^*. Es genügt also zu beweisen, daß (λ, η^*) eine relationstreue Spezialisierung von (Λ, Ξ) ist.

Man kann η^* als Schnittpunkt von C_λ^1 mit einem allgemeinen linearen Raum S_{n-d+1} erhalten und ebenso Ξ als Schnittpunkt von C_Λ mit S_{n-d+1}. Durch den Schnitt mit S_{n-d+1} wird die Dimension von M auf 1 reduziert; M geht also in eine Kurve $\overline{M}$ über, auf der durch die Hyperflächen (1) eine lineare Schar von Punktgruppen ausgeschnitten wird. Nach Satz 4 geht jede spezielle Punktgruppe dieser Schar durch relationstreue Spezialisierung aus der allgemeinen Punktgruppe der Schar hervor. Also ist (λ, η^*) und damit auch (λ, η) eine relationstreue Spezialisierung von (Λ, Ξ).

2. (λ, η) sei eine relationstreue Spezialisierung von (Λ, Ξ). Dabei kann Ξ wieder als einer der Schnittpunkte von C_Λ mit einem allgemeinen

linearen Raum S_{n-d+1} erklärt werden. Wir legen nun auch durch η einen linearen Raum S'_{n-d+1}, der N_λ nur in endlich vielen Punkten schneidet, z. B. indem wir η mit $n-d+1$ allgemeinen Punkten des Raumes S_n verbinden. Dann hat man, wie leicht ersichtlich, eine relationstreue Spezialisierung

$$(\Lambda, \Xi, S_{n-d+1}) \to (\lambda, \eta, S'_{n-d+1}).$$

Sind $\Xi^{(1)}, \ldots, \Xi^{(g)}$ alle Schnittpunkte von C_Λ mit S_{n-d+1}, so kann man diese relationstreue Spezialisierung zu einer ebensolchen Spezialisierung sämtlicher Schnittpunkte:

$$(\Lambda, S_{n-d+1}, \Xi^{(1)}, \ldots, \Xi^{(g)}) \to (\lambda, S'_{n-d+1}, \eta^{(1)}, \ldots, \eta^{(g)})$$

ergänzen. Dabei sind $\Xi^{(1)}, \ldots, \Xi^{(g)}$ die Lösungen eines Normalproblems, in das Λ und S_{n-d+1} als Daten eingehen und das auch nach der Spezialisierung $(\Lambda, S_{n-d+1}) \to (\lambda, S'_{n-d+1})$ nur endlich viele Lösungen besitzt, da nämlich N_λ mit S'_{n-d+1} nur endlich viele Schnittpunkte hat. Nach dem Hauptsatz von § 38 ist also die relationstreue Spezialisierung eindeutig bestimmt.

Wir können sie nun in zwei Schritten vornehmen, indem wir zuerst Λ in λ und dann S_{n-d+1} in S'_{n-d+1} übergehen lassen. Beim ersten Schritt gehen nach Satz 4 (angewandt auf die Schnittkurve von M mit S_{n-d+1}) die Schnittpunkte von C_Λ und S_{n-d+1} in die von C_λ und S_{n-d+1} über. Beim zweiten Schritt müssen die Punkte von C_λ auf C_λ bleiben, da λ nicht mehr geändert wird. Also sind $\eta^{(1)}, \ldots, \eta^{(g)}$ sämtlich Punkte von C_λ; insbesondere ist η ein Punkt von C_λ.

§ 43. Lineare Scharen und rationale Abbildungen.

Die hervorragende Wichtigkeit, die die linearen Scharen in der algebraischen Geometrie besitzen, beruht in erster Linie darauf, daß sie rationale Abbildungen vermitteln.

Betrachten wir zuerst eine eindimensionale lineare Schar $|C_\Lambda|$ ohne feste Bestandteile, die durch die Formenschar

$$(1) \qquad\qquad \lambda_0 F_0 + \lambda_1 F_1 = 0$$

definiert werden möge. Aus (1) folgt, wenn η ein Punkt von C_λ ist, der nicht zur Basismannigfaltigkeit $F_0 = F_1 = 0$ gehört,

$$(2) \qquad\qquad -\frac{\lambda_1}{\lambda_0} = \frac{F_0(\eta)}{F_1(\eta)}.$$

Zur linearen Schar gehört also eine *rationale Funktion auf M*:

$$(3) \qquad\qquad \varphi(\eta) = \frac{F_0(\eta)}{F_1(\eta)},$$

die natürlich nur dort definiert ist, wo ihr Zähler und ihr Nenner nicht beide verschwinden. Insbesondere ist das für jeden allgemeinen Punkt von M der Fall. Diese rationale Funktion vermittelt eine Abbildung von M auf eine gerade Linie. Ist der Nenner Null, aber der Zähler nicht, so wird der Bildpunkt der uneigentliche Punkt der geraden Linie.

Der Ort der Punkte η von M, in denen die Funktion $\varphi(\eta)$ einen bestimmten Wert

$$\lambda = -\frac{\lambda_1}{\lambda_0}$$

annimmt (der auch ∞ sein kann), ist gerade die Mannigfaltigkeit C_λ; denn dieser Ort wird durch die Gleichung (1) gegeben, wobei wieder die Punkte mit $F_0(\eta) = F_1(\eta) = 0$ außer Betracht zu lassen sind.

Ist z. B. M eine Kurve, so ist $\varphi(\eta)$ eine rationale Funktion auf der Kurve, die in jedem Punkt mit endlich vielen Ausnahmen einen bestimmten Wert annimmt. (Durch Heranziehung des Zweigbegriffs kann man diese Ausnahmen sogar beseitigen: auf jedem Zweig nimmt die Funktion einen bestimmten Wert an.) Für feste λ hat die Funktion endlich viele λ-Stellen, in denen sie den Wert λ annimmt, nämlich die Punkte der Punktgruppe C_λ. Wenn λ variiert, durchläuft diese Punktgruppe die lineare Schar $|C_\Lambda|$.

Jetzt gehen wir zum allgemeinen Fall einer linearen Schar $|C_\Lambda|$, definiert durch die Formenschar

$$(4) \qquad \lambda_0 F_0 + \lambda_1 F_1 + \cdots + \lambda_r F_r = 0$$

über. Wir lassen zunächst wieder alle Punkte von M, in denen alle F_ν Null werden, außer Betracht; damit fallen insbesondere die festen Bestandteile der durch (4) definierten linearen Schar aus der Untersuchung heraus.

Stellt man nun für einen Punkt η von M die Bedingung auf, daß das Element C_λ den Punkt η enthalten soll, so erhält man eine lineare Gleichung für $\lambda_0, \ldots, \lambda_r$:

$$(5) \qquad \lambda_0 F_0(\eta) + \lambda_1 F_1(\eta) + \cdots + \lambda_r F_r(\eta) = 0.$$

Die Koeffizienten dieser linearen Gleichung können als Koordinaten eines Punktes η' im Raume S_r aufgefaßt werden:

$$(6) \qquad \eta'_j = F_j(\eta) \qquad\qquad (j = 0, 1, \ldots, r).$$

Da (6) insbesondere dann sinnvoll ist, wenn η ein *allgemeiner* Punkt von M ist, und da durch die Abbildung eines allgemeinen Punktes von M eine rationale Abbildung überhaupt bestimmt ist, so definiert (6) eine *rationale Abbildung von M in S_r*.

Um die Abbildung rechnerisch zu bestimmen, muß man die Formen $F_0, \ldots, F_r$ kennen. Für die geometrische Bestimmung der Abbildung genügt es aber, wenn man für jeden Wert λ die Mannigfaltigkeit C_λ kennt; denn dann kann man für jeden allgemeinen Punkt η die in den λ lineare Bedingung dafür aufstellen, daß C_λ den Punkt η enthält. Zur Festlegung der C_λ genügt aber nach § 42, Satz 3, die Kenntnis der allgemeinen Elemente C_Λ der linearen Schar. Also folgt:

Zwei lineare Scharen definieren dieselbe Abbildung, wenn ihre allgemeinen Elemente C_λ nach Weglassung ihrer festen Bestandteile miteinander übereinstimmen.

Von diesem Satz gilt nun auch die Umkehrung: *Wenn zwei lineare Scharen dieselbe Abbildung von M in S_r definieren, so stimmen sie, von festen Bestandteilen abgesehen, überein.*

Beweis. Die beiden Scharen seien durch

$$(7) \qquad \lambda_0 F_0 + \lambda_1 F_1 + \cdots + \lambda_r F_r = 0$$

$$(8) \qquad \lambda_0 G_0 + \lambda_1 G_1 + \cdots + \lambda_r G_r = 0$$

gegeben. Die entsprechenden Abbildungen

$$\xi_j' = F_j(\xi)$$
$$\xi_j' = G_j(\xi)$$

eines allgemeinen Punktes ξ von M müssen dann übereinstimmen, d. h. es muß

$$F_0(\xi) : F_1(\xi) : \cdots : F_r(\xi) = G_0(\xi) : G_1(\xi) : \cdots : G_r(\xi)$$

gelten, oder, was dasselbe ist,

$$F_0(\xi)\, G_j(\xi) - G_0(\xi)\, F_j(\xi) = 0 \qquad\qquad (j = 1, \ldots, r).$$

Diese für den allgemeinen Punkt ξ gültige Gleichung muß für jeden Punkt von M gelten:

$$(9) \qquad F_0 G_j - G_0 F_j = 0 \text{ auf } M.$$

Multipliziert man nun die Gleichung (7) mit G_0 und ebenso (8) mit F_0, so ändern sich nur die festen Bestandteile der beiden linearen Scharen, und man erhält

$$(10) \qquad \lambda_0 G_0 F_0 + \lambda_1 G_0 F_1 + \cdots + \lambda_r G_0 F_r = 0,$$

$$(11) \qquad \lambda_0 F_0 G_0 + \lambda_1 F_0 G_1 + \cdots + \lambda_r F_0 G_r = 0.$$

Auf Grund von (9) definieren (10) und (11) genau denselben Durchschnitt mit M. Also stimmen die beiden linearen Scharen bis auf feste Bestandteile überein.

Die Formen gleichen Grades $F_0, \ldots, F_r$ in (4) waren ganz willkürlich bis auf die Bedingung, daß keine Linearkombination $\lambda_0 F_0 + \cdots + \lambda_r F_r$ auf ganz M gleich Null sein sollte. Für die Abbildung (6) heißt das, daß zwischen den η_j' keine lineare Gleichung mit konstanten Koeffizienten bestehen soll, mit anderen Worten, daß die Bildmannigfaltigkeit nicht in einem echten linearen Teilraum von S_r enthalten sein soll. Somit können wir das bis jetzt Bewiesene zusammenfassen in den Satz:

Jeder rationalen Abbildung von M in S_r, wobei die Bildmannigfaltigkeit M' nicht in einem echten linearen Teilraum von S_r liegt, entspricht eindeutig eine lineare Schar auf M, und umgekehrt.

Die Abbildung (6) braucht nicht birational zu sein; sie kann sogar M auf eine Bildmannigfaltigkeit M' von kleinerer Dimension abbilden. Ist $r = 0$, so wird die Abbildung trivial: sie bildet M in einen Punkt S_0 ab.

Wenn zwei Mannigfaltigkeiten M_1 und M_2 birational aufeinander abgebildet sind, so entspricht jeder rationalen Abbildung von M_1 eine rationale Abbildung von M_2, und umgekehrt. Da nun die rationalen Abbildungen von linearen Scharen vermittelt werden, so folgt:

Jeder linearen Schar ohne feste Bestandteile auf M_1 entspricht eineindeutig eine ebensolche lineare Schar auf M_2.

Das eineindeutige Entsprechen erstreckt sich nicht auf die festen Bestandteile. Ist z. B. M_1 eine kubische Kurve mit Doppelpunkt, und ist M_2 eine Gerade, auf die M_1 durch Projektion ihrer Punkte aus dem Doppelpunkt birational abgebildet werden kann, so entsprechen dem Doppelpunkt selbst zwei verschiedene Punkte auf M_2. Kommt also der Doppelpunkt als fester Punkt in einer linearen Schar vor, so weiß man nicht, welchen Punkt auf M_2 man ihm entsprechen lassen soll. Um die eineindeutige Transformation einzelner Punkte zu ermöglichen, müßte man die vielfachen Punkte von M_1 zunächst in ihre einzelnen Zweige zerlegen und dann konsequent nicht von den Punkten von M_1, sondern von den Zweigen reden. Entsprechend kann man auch bei d-dimensionalen Mannigfaltigkeiten M die singulären $(d-1)$-dimensionalen Teilmannigfaltigkeiten in mehrere „Blätter" zerlegen. Diese Modifikation des Begriffs der linearen Schar werden wir jedoch erst später betrachten; vorläufig nehmen wir die Mannigfaltigkeit M so, wie sie ist, und können demzufolge eine birationale Transformation nur für lineare Scharen *ohne* feste Bestandteile definieren.

Aufgaben. 1. Ist M_1 auf M_2 rational abgebildet, so entspricht jeder linearen Schar ohne feste Bestandteile auf M_2 eindeutig eine ebensolche Schar auf M_1.

2. Wird die lineare Schar auf M_2 in Aufg. 1 durch die Formenschar $\sum \lambda_k F_k$ ausgeschnitten und die Abbildung von M_1 auf M_2 durch $\xi'_j = \varphi_j(\xi)$ definiert, so erhält man durch Einsetzen der Formen φ_j an Stelle der Veränderlichen in die Form $\sum \lambda_k F_k$ die entsprechende lineare Schar auf M_1.

3. Welche lineare Schar vermittelt die Projektion von M aus einem Teilraum S_{k-1} auf einen Teilraum S_{n-k} von S_n?

4. Welche Abbildung der Ebene wird durch ein Netz von Kegelschnitten mit drei Basispunkten vermittelt? (Man wähle die Basispunkte als Ecken des Koordinatendreiecks.)

Einem Element C_λ der linearen Schar (4) entspricht in der Abbildung (6) der Schnitt von M' mit einer Hyperebene mit den Koordinaten $\lambda_0, \ldots, \lambda_r$; denn aus (5) und (6) folgt

$$(12) \qquad \lambda_0 \eta'_0 + \lambda_1 \eta'_1 + \cdots + \lambda_r \eta'_r = 0.$$

Wir wollen nun untersuchen, inwieweit das Entsprechen zwischen den Punkten von C_λ und den Punkten der Hyperebene λ noch gültig bleibt, wenn man diejenigen Punkte hinzunimmt, für die $F_0(\eta) = F_1(\eta)$

$= \cdots = F_r(\eta) = 0$ wird. Einem solchen Punkt η können in der Abbildung mehrere Bildpunkte η' entsprechen. Nun wird behauptet:

Wenn η auf C_λ liegt, so liegt mindestens einer der entsprechenden Punkte η' in der Hyperebene (12). *Liegt umgekehrt ein η' in der Hyperebene* (12), *so liegt η stets auf C_λ.*

Zum Beweis betrachten wir die irreduzible Korrespondenz zwischen den Punktepaaren (η, η') der Abbildung einerseits und den durch η' gehenden Hyperebenen λ andererseits. Die Gleichungen der Korrespondenz drücken aus, daß (η, η') ein Punktepaar der Abbildung ist und daß λ durch η' geht, Gleichung (12). Ein allgemeines Elementepaar oder besser Tripel (ξ, ξ', λ^*) der Korrespondenz erhält man, indem man vom allgemeinen Paar (ξ, ξ') der rationalen Abbildung ausgeht und durch ξ' die allgemeinste Hyperebene λ^* legt. λ^* wird genau so definiert wie in § 42. Ist (η, η') ein Punktepaar der Abbildung und λ eine Hyperebene durch η', so ist (η, η', λ) eine relationstreue Spezialisierung von (ξ, ξ', λ^*), also (η, λ) eine relationstreue Spezialisierung von (ξ, λ^*). Nach Satz 6 (§ 42) folgt daraus, daß η ein Punkt von C_λ ist. Ist umgekehrt η ein Punkt von C_λ, so ist (η, λ) eine relationstreue Spezialisierung von (ξ, λ^*), die man zu einer relationstreuen Spezialisierung (η, η', λ) von (ξ, ξ', λ^*) ergänzen kann. Also gibt es einen Punkt η', der η in der Abbildung zugeordnet ist und in der Hyperebene λ liegt. Damit ist alles bewiesen.

Aus dem eben bewiesenen Satz ergibt sich eine bemerkenswerte Folgerung. Die Punkte η von M, denen in der rationalen Abbildung eine mindestens eindimensionale Mannigfaltigkeit von Punkten η' entspricht, heißen *Fundamentalpunkte* der Abbildung. Ist η ein Fundamentalpunkt, so enthält jede Hyperebene im Bildraum mindestens einen zugeordneten Punkt η', also liegt η auf allen Mannigfaltigkeiten C_λ. Liegt umgekehrt η auf allen C_λ, so enthält jede Hyperebene im Bildraum mindestens einen zugeordneten Punkt η', mithin bilden die Punkte η' eine mindestens eindimensionale Mannigfaltigkeit im Bildraum. Also:
Die Fundamentalpunkte einer rationalen Abbildung sind genau diejenigen Punkte von M, die allen Mannigfaltigkeiten der die Abbildung vermittelnden linearen Schar gemeinsam sind.

Ist M eine Kurve, so kann es keine Fundamentalpunkte geben, denn die Punktgruppen C_λ haben keinen gemeinsamen Bestandteil. Im Fall einer Fläche aber kann es endlich viele Fundamentalpunkte geben. Die in § 25 behandelten quadratischen Cremonatransformationen z. B. haben drei Fundamentalpunkte.

Für rationale Abbildungen gilt (wie für alle irreduziblen Korrespondenzen) das Prinzip der Konstantenzählung, das in diesem Fall so lautet:

$$d = d' + e,$$

wobei d und d' die Dimensionen von M und M' sind und e die Dimension derjenigen Teilmannigfaltigkeit von M ist, die auf einen allgemeinen Punkt ξ' von M' abgebildet wird. Diese Teilmannigfaltigkeit erhält man folgendermaßen: Man nimmt einen allgemeinen Punkt ξ von M und sucht diejenigen Mannigfaltigkeiten der linearen Schar $|C_\Lambda|$, die durch ξ gehen. Der Durchschnitt dieser Mannigfaltigkeiten sei E. *Dann besteht E aus einem festen, von ξ unabhängigen Teil E_0, dessen Punkte die Fundamentalpunkte der Abbildung sind, und einem ξ enthaltenden, in bezug auf den Körper $K(\xi')$ irreduziblen Teil E_ξ, dessen Punkte den gemeinsamen Bildpunkt ξ' besitzen.* Der Teil E_0 kann eventuell auch fehlen oder ganz oder teilweise in E_ξ enthalten sein. E_ξ dagegen kann nicht fehlen, denn E_ξ enthält ξ.

Beweis. Wenn η zu E gehört, so gehen alle durch ξ gehenden C_λ auch durch η. Diesen C_λ entsprechen die Hyperebenen durch ξ'. Also enthalten alle durch ξ' gehenden Hyperebenen je mindestens einen Bildpunkt η' von η. Das ist aber nur dann möglich, wenn entweder die Bildpunkte von η' mindestens eine Kurve bilden (d. h. wenn η Fundamentalpunkt ist) oder wenn einer der endlich vielen Bildpunkte von η mit ξ' zusammenfällt. Der Schluß läßt sich Wort für Wort umkehren; also besteht E genau aus den Fundamentalpunkten der Abbildung und den Punkten, die ξ' als Bildpunkt haben. Die Fundamentalpunkte bilden aber eine feste algebraische Mannigfaltigkeit E_0, und die Punkte, deren Bildpunkt ξ' ist, bilden nach § 33 eine relativ zum Körper $K(\xi')$ irreduzible Mannigfaltigkeit E_ξ.

Die Dimension von E_ξ ist die oben mit e bezeichnete Zahl. Ist sie Null, so ist $d = d'$, und E_ξ besteht aus endlich vielen Punkten. Ist ihre Anzahl β, so haben wir eine $(\beta, 1)$-Abbildung von M auf M'. Ist schließlich $\beta = 1$, so ist die Abbildung $(1, 1)$, also birational.

Wenn E_ξ nur aus einem Punkt besteht, also wenn die Elemente C_λ der linearen Schar, die den vorgegebenen allgemeinen Punkt ξ enthalten, außer ξ nur noch die Basispunkte der Schar miteinander gemeinsam haben, so heißt die Schar $|C_\Lambda|$ *einfach.* Im entgegengesetzten Fall, wenn also die C_λ, die den Punkt ξ enthalten, von selbst noch weitere Punkte (nicht Basispunkte) miteinander gemeinsam haben, die eine Mannigfaltigkeit E_ξ bilden, heißt die lineare Schar $|C_\Lambda|$ *zusammengesetzt,* und zwar *zusammengesetzt aus dem irreduziblen Mannigfaltigkeitensystem* $|E_\xi|$, *dessen allgemeines Element E_ξ ist.*

Es folgt also: *Dann und nur dann ist die von einer linearen Schar vermittelte rationale Abbildung birational, wenn die Schar einfach ist.*

Es sei noch erwähnt, daß im Fall $e = 0$, wenn also die Mannigfaltigkeiten E_ξ Punktgruppen sind, das irreduzible System $|E_\xi|$ eine *Involution* genannt wird.

Aufgaben. 5. Eine Involution kann auch definiert werden als ein algebraisches System von nulldimensionalen Mannigfaltigkeiten (ungeordneten Punktgruppen) auf M, derart, daß ein allgemeiner Punkt von M genau einem Element des Systems angehört.

§ 44. Das Verhalten der linearen Scharen in den einfachen Punkten von M.

Dieser Paragraph beruht ganz auf dem folgenden

Satz 1. *Bei einer rationalen Abbildung von M entsprechen einem k-fachen Punkt von M, der nicht Fundamentalpunkt ist, höchstens k Bildpunkte.*

Beweis. Durch den k-fachen Punkt P lege man einen allgemeinen linearen Raum S_{n-d}. Da die Mannigfaltigkeit der Fundamentalpunkte eine Dimension $< d$ hat und da P auch kein Fundamentalpunkt ist, so wird diese Mannigfaltigkeit von S_{n-d} nicht getroffen. Die Schnittpunkte von S_{n-d} mit M sind somit keine Fundamentalpunkte.

Die Schnittpunkte eines allgemeinen S^*_{n-d} mit M seien $Q_1, \ldots, Q_g$. Sie sind allgemeine Punkte von M; daher entsprechen ihnen in der Abbildung eindeutig bestimmte Bildpunkte $Q'_1, \ldots, Q'_g$. Bei der Spezialisierung $S^*_{n-d} \to S_{n-d}$ mögen die Punkte $Q_1, \ldots, Q_g, Q'_1, \ldots, Q'_g$ relationstreu in $P_1, \ldots, P_g, P'_1, \ldots, P'_g$ übergehen. Da (Q_ν, Q'_ν) ein Paar der Abbildung ist, ist (P_ν, P'_ν) es auch $(\nu = 1, \ldots, g)$. $P_1, \ldots, P_g$ sind die Schnittpunkte von S_{n-d} mit M, jeder so oft gezählt, wie seine Vielfachheit beträgt. Da P ein k-facher Punkt ist, können wir $P_1 = P_2 = \cdots = P_k = P$ annehmen, dagegen alle weiteren $P_{k+1}, \ldots, P_g \neq P$. Wenn wir noch zeigen können, daß alle Bildpunkte von P unter den Punkten $P'_1, \ldots, P'_k$ vorkommen, so folgt, daß es höchstens k solche Bildpunkte gibt.

Die Punktpaare (P_ν, P'_ν) sind Lösungen eines Normalproblems im Sinne von § 38: Die Gleichungen dieses Normalproblems drücken aus, daß das Paar (P_ν, P'_ν) zur Abbildung gehört und daß P_ν in S_{n-d} liegt. Für den allgemeinen S^*_{n-d} an Stelle von S_{n-d} hat das Problem genau die Lösungen (Q_ν, Q'_ν) $(\nu = 1, \ldots, g)$, aber auch nach der Spezialisierung $S^*_{n-d} \to S_{n-d}$ hat das Problem nur endlich viele Lösungen; denn die Schnittpunkte P_ν von S_{n-d} mit M haben nur endlich viele Bildpunkte P'_ν. Also sind nach dem Hauptsatz von § 38 die spezialisierten Lösungen (P_ν, P'_ν) bis auf ihre Reihenfolge eindeutig bestimmt. Weiter ist die Korrespondenz zwischen den S_{n-d} und den Paaren (P, P') irreduzibel; denn ein allgemeines Element der Korrespondenz erhält man, indem man von einem allgemeinen Paar (R, R') der Abbildung ausgeht und durch R den allgemeinsten Raum S_{n-d} legt. Also kommt, wieder nach dem Hauptsatz über Multiplizitäten, jedes Paar (P, P'), das die Gleichungen des Normalproblems erfüllt, mindestens einmal in der Reihe (P_ν, P'_ν) vor. Das gilt insbesondere, wenn P der anfangs schon mit P bezeichnete k-fache Punkt und P' einer seiner Bildpunkte ist. Also ist ein P'_ν gleich P'.

Wir haben noch zu zeigen, daß ν eine von den Nummern $1, 2, \ldots, k$ und nicht eine von $k+1, \ldots, g$ ist. Wäre das letztere der Fall, so wäre P' Bildpunkt von einem der Punkte $P_{k+1}, \ldots, P_g$, in denen S_{n-d} die Mannigfaltigkeit M außer in P noch schneidet. Das ist aber nicht möglich, denn diejenigen Punkte von M, deren Bildpunkt P' ist, bilden eine Teilmannigfaltigkeit von einer Dimension $< d$, und eine solche wird von einem allgemeinen durch P gehenden Raum S_{n-d} außer in P nicht mehr getroffen.

Ein Spezialfall von Satz 1 ist: *Ein einfacher Punkt von M, der nicht Fundamentalpunkt der Abbildung ist, hat genau einen Bildpunkt.*

Auf diesem Spezialfall beruht

Satz 2. *Diejenigen Mannigfaltigkeiten einer effektiven linearen Schar von der Dimension r auf M, die einen gegebenen einfachen Punkt P von M enthalten, bilden eine lineare Teilschar von der Dimension $r-1$, sofern P nicht allen Mannigfaltigkeiten der Schar angehört.*

Beweis. Die lineare Schar, deren feste Bestandteile wir weglassen können, vermittelt eine rationale Abbildung von M in S_r. Dem Punkt P entspricht dabei nach Satz 1 ein einziger Bildpunkt P', sofern P nicht Fundamentalpunkt ist. Den Elementen der linearen Schar entsprechen nach § 43 Hyperebenen in S_r; insbeson-
dere entsprechen den Elementen, die den
Punkt P enthalten, Hyperebenen durch
P'. Das Durch-P'-Gehen bedeutet aber
eine lineare Bedingung für die Schar-
parameter $\lambda_0, \ldots, \lambda_r$. Damit ist die Be-
hauptung schon bewiesen.

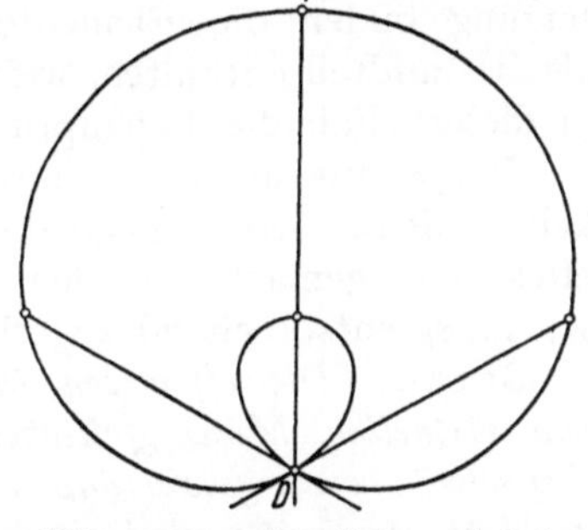

Bemerkung. Die Voraussetzung,
daß P ein einfacher Punkt ist, ist wesent-
lich, wie das nachfolgende Beispiel zeigt.
Ist P ein k-facher Punkt, so kann man ebenso beweisen, daß die durch P gehenden Elemente der Schar höch-stens k lineare Teilscharen von der Dimension $r-1$ bilden.

Beispiel. M sei eine ebene Kurve 4. Ordnung mit einem Knoten-punkt D. Die durch D gehenden Geraden schneiden, außer dem doppelt gezählten Punkt D, eine lineare Schar von Punktepaaren aus. Hält man einen von D verschiedenen Punkt P fest, so erhält man ein einziges P enthaltendes Element der Schar. Hält man aber D selbst fest, so erhält man zwei verschiedene Punktepaare, entsprechend den beiden Tangenten im Punkt D.

Aus Satz 2 folgt durch k-malige Anwendung:

Wenn man irgendwelche einfache Punkte $P_1, \ldots, P_k$ von M festhält, so bilden diejenigen Elemente einer effektiven linearen Schar auf M, die

diese Punkte enthalten, eine lineare Teilschar von einer Dimension r' mit
$$r - k \leq r' \leq r.$$

(Im Fall $k > r$ kann die Teilschar auch leer sein).

Daraus folgt weiter:

S a t z 3. *Wenn irgendwelche irreduzible $(d-1)$-dimensionale Mannig-faltigkeiten $F_1, \ldots, F_k$ auf M festgehalten werden, die nicht aus lauter viel-fachen Punkten von M bestehen, so bilden diejenigen Elemente einer linearen Schar auf M, die diese $F_1, \ldots, F_k$ mit beliebig vorgegebenen Vielfach-heiten $s_1, \ldots, s_k$ enthalten, eine lineare Teilschar (die auch leer sein kann).*

B e w e i s durch vollständige Induktion nach $r + s_1 + \cdots + s_k$. Der Fall $s_1 = \cdots = s_k = 0$ ist trivial; es sei $s_1 > 0$. Wenn F_1 in allen Elementen der Schar als Bestandteil enthalten ist, lassen wir diesen festen Be-standteil weg, erhalten eine Schar von derselben Dimension r und suchen darin die Elemente, die $F_1, F_2, \ldots, F_k$ mit den Vielfachheiten $s_1 - 1, s_2, \ldots, s_k$ enthalten. Nach der Induktionsvoraussetzung bilden diese eine lineare Teilschar. Dieser können wir nun den festen Bestand-teil F_1 wieder hinzufügen.

Ist F_1 nicht fester Bestandteil der Schar, so wählen wir auf F_1 einen Punkt P, der weder Basispunkt der Schar noch vielfacher Punkt von M ist. Diejenigen Elemente der Schar, die den Punkt P enthalten, bilden eine Teilschar von der Dimension $r - 1$. Nach der Induktionsvoraus-setzung bilden die Elemente dieser Teilschar, die $s_1 F_1 + \cdots + s_k F_k$ als Bestandteil enthalten, wieder eine lineare Teilschar. Damit ist auch in diesem Fall die Behauptung bewiesen.

Satz 3 gilt auch für lineare Scharen aus virtuellen Mannigfaltig-keiten, denn diese können durch Addition von festen Bestandteilen zu effektiven gemacht werden, wobei die vorgegebenen Vielfachheiten $s_1, \ldots, s_k$ entsprechend zu erhöhen sind. Insbesondere folgt:

S a t z 4. *Die effektiven Mannigfaltigkeiten in einer linearen Schar von virtuellen Mannigfaltigkeiten bilden, falls vorhanden, eine lineare Teilschar, vorausgesetzt daß keiner der festen Bestandteile negativer Viel-fachheit aus lauter vielfachen Punkten bestehen.*

Unter derselben Voraussetzung folgt weiter:

Sind $r + 1$ linear unabhängige Elemente einer r-dimensionalen linearen Schar effektiv, so sind alle Elemente der Schar effektiv.

Aus allen diesen Sätzen sieht man, daß die linearen Scharen in den einfachen Punkten einer algebraischen Mannigfaltigkeit ein viel ver-nünftigeres und einfacheres Verhalten zeigen als in den vielfachen Punkten. Es ist also für das Studium der linearen Scharen von sehr großem Vorteil, wenn es gelingt, die algebraischen Mannigfaltigkeiten durch birationale Transformation in solche ohne mehrfache Punkte zu verwandeln. Im nächsten Paragraphen wollen wir das wenigstens für den Fall der Kurven durchführen.

§ 45. Transformation der Kurven in solche ohne mehrfache Punkte. Stellen und Divisoren.

Unter dem *Grad* einer linearen Schar von Punktgruppen auf einer Kurve versteht man die Anzahl der Punkte, aus denen jede Punktgruppe der Schar besteht. Ist m der Grad und r die Dimension der Schar, so besteht nach § 42, Satz 2 (Folge) die Ungleichung

$$(1) \qquad r \leqq m.$$

Für zusammengesetzte Scharen (im Sinne von § 43) gilt sogar noch eine schärfere Ungleichung. Hält man nämlich einen allgemeinen Punkt der zusammengesetzten Schar fest, so bleiben nach Definition der zusammengesetzten Schar gleichzeitig k Punkte fest, wobei $k \geqq 2$ ist. Hält man dann einen zweiten, ..., einen r-ten allgemeinen Punkt fest (vgl. § 42, Satz 2), so bleiben jedesmal k Punkte fest. Also gilt die Ungleichung

$$r k \leqq m$$

aus der wegen $k \geqq 2$ folgt

$$2 r \leqq m.$$

Obwohl wir es im folgenden nicht brauchen, können wir hier die Bemerkung einschieben, daß das Gleichheitszeichen in (1) nur dann gelten kann, wenn die Kurve sich birational auf eine Gerade abbilden läßt. Ist nämlich $r = m$ und erniedrigt man die Dimension der Schar um $m-1$, indem man nach dem in § 42 beim Beweis von Satz 2 angewandten Verfahren der Reihe nach $m-1$ allgemeine Punkte festhält, so erhält man eine lineare Schar von der Dimension 1 mit genau einem veränderlichen Punkt. Diese lineare Schar bildet die Kurve birational auf eine Gerade ab.

Jede algebraische Kurve kann durch birationale Transformation, nämlich durch Projektion, in eine ebene Kurve verwandelt werden (vgl. etwa § 30). Wenn wir uns also die Aufgabe stellen, alle algebraischen Kurven birational in solche ohne mehrfache Punkte zu transformieren, so können wir uns dabei auf ebene Kurven beschränken

Es sei Γ eine ebene Kurve n-ten Grades. Die Kurven vom Grade $n-2$ schneiden aus Γ eine lineare Schar von der Dimension

$$r = \frac{(n-2)(n+1)}{2}$$

und vom Grade

$$m = (n-2) n$$

aus; denn es gibt $\binom{n}{2} = r + 1$ linear unabhängige Kurven dieses Grades, und jede schneidet Γ nach BEZOUT in $(n-2) n$ Punkten. Für diese lineare Schar gilt also

$$(2) \qquad 2 r > m.$$

Daraus folgt schon, daß die Schar nicht zusammengesetzt sein kann. Sie bildet also Γ birational auf eine Bildkurve Γ_1 des Raumes S_r ab. Die Punktgruppen der Schar werden auf dieser Bildkurve von den Hyperebenen des Raumes S_r ausgeschnitten.

Wenn nun die Kurve Γ_1 einen mehrfachen Punkt P hat, so betrachten wir die Teilschar von der Dimension $r-1$, die von den Hyperebenen ausgeschnitten wird, die P enthalten. Aus den Punktgruppen der Teilschar lassen wir dann den festen Punkt P, so oft er in allen diesen Punktgruppen vorkommt, weg. Da P ein mehrfacher Punkt von Γ_1 sein sollte, so kommt er mindestens zweifach in allen ihn enthaltenden Punktgruppen vor. Also verringert sich der Grad der Schar durch das Weglassen der festen Punkte um mindestens zwei. Die Ungleichung (2) bleibt beim Übergang auf die Teilschar erhalten, denn die linke Seite wurde um zwei, die rechte um mindestens zwei vermindert.

Wir wiederholen nun dasselbe Verfahren, indem immer r um 1 verringert wird, so lange es möglich ist, d. h. solange die durch die lineare Schar jeweils vermittelte Bildkurve noch vielfache Punkte hat. Das Verfahren muß einmal zu einem Ende kommen, da m immer kleiner wird und doch den Wert $m=0$ nicht erreichen kann; denn für $m=0$ würde aus (2) $r>0$ folgen, in Widerspruch zur allgemeingültigen Ungleichung (1). Wenn nun das Verfahren zu Ende ist, haben wir eine lineare Schar, die Γ birational auf eine Bildkurve ohne mehrfache Punkte in einem projektiven Raum abbildet.

Damit ist bewiesen:

Jede algebraische Kurve kann durch birationale Transformation in eine Kurve ohne mehrfache Punkte verwandelt werden.

Eine solche Kurve Γ' ohne mehrfache Punkte, auf die Γ birational abgebildet ist, nennt man ein *singularitätenfreies Modell* der Kurve Γ. Zwei solche Modelle Γ', Γ'' sind natürlich auch aufeinander birational abgebildet. Diese letztere Abbildung ist (nach § 44, Satz 1) sogar *ausnahmslos* eineindeutig: Jedem Punkt von Γ' entspricht ein einziger Punkt von Γ'' und umgekehrt. Die Abbildung von Γ auf Γ' ist dagegen nur in der umgekehrten Richtung ausnahmslos eindeutig. Jedem Punkt von Γ' entspricht ein einziger Punkt von Γ, aber einem mehrfachen Punkt von Γ können mehrere Punkte von Γ' entsprechen.

Unter einer *Stelle der Kurve* Γ versteht man einen Punkt P von Γ zusammen mit einem Bildpunkt P' von P auf einem festen singularitätenfreien Modell Γ'. Welches Modell (Γ' oder Γ'') man dabei zugrunde legt, ist gleichgültig, da die Punkte von Γ' denen von Γ'' eineindeutig entsprechen. Bei einem einfachen Punkt von Γ genügt die Angabe des Punktes P selbst zur Bestimmung der Stelle; denn ein einfacher Punkt P von Γ hat nur einen Bildpunkt P' auf Γ'. Einem k-fachen Punkt von Γ können dagegen mehrere (und zwar nach § 44, Satz 1, höchstens k) Stellen entsprechen.

Der Begriff der Stelle ist (im Gegensatz zu dem des Punktes) *birational invariant:* Sind Γ und Γ_1 birational aufeinander abgebildet, so entspricht jeder Stelle von Γ eineindeutig eine Stelle von Γ_1. Denn für Γ und Γ_1 kann ein und dasselbe singularitätenfreie Modell Γ' benutzt werden. Jeder Stelle von Γ entspricht ein Punkt von Γ' und jedem Punkt von Γ' wieder eine Stelle von Γ_1.

In der Theorie der linearen Scharen auf einer algebraischen Kurve werden wir fortan nie mehr die *Punkte* von Γ, sondern nur noch die *Stellen* zugrunde legen. Dadurch erhält die Theorie einen invarianten Charakter gegenüber birationaler Transformation[1]). Ein Element einer linearen Schar ist also fortan nicht, wie bisher, eine Gruppe von Punkten mit Vielfachheiten, sondern eine Gruppe von Stellen mit Vielfachheiten. Solche Gruppen von Stellen mit willkürlichen (positiven oder negativen) Vielfachheiten nennt man auch *Divisoren.* Sind alle Vielfachheiten positiv oder Null, so hat man einen *effektiven* (oder *ganzen*) *Divisor*[2]).

Um die Vielfachheiten der Stellen eines Divisors, der in einer linearen Schar vorkommt, zu ermitteln, verfährt man folgendermaßen: Man geht von der allgemeinen Punktgruppe C_Λ im bisherigen Sinn (also unter Weglassung aller festen Punkte) aus. Die Punkte von C_Λ sind sämtlich allgemeine Punkte von Γ, also keine mehrfachen Punkte; daher entsprechen ihnen eindeutig bestimmte Stellen. Aus der allgemeinen Punktgruppe C_Λ entsteht jede Punktgruppe C_λ der Schar nach § 42 durch relationstreue Spezialisierung. Nimmt man nun diese relationstreue Spezialisierung nicht nur für die Punkte von Γ, sondern gleichzeitig auch für die ihnen entsprechenden Punkte von Γ' vor, so erhält man eine eindeutig bestimmte Gruppe von Punkten auf Γ mit Bildpunkten auf Γ', also einen eindeutig bestimmten Divisor, der der bisher betrachteten Punktgruppe C_λ entspricht. Zu den so erhaltenen Divisoren addiert man nun noch einen beliebigen festen Divisor und erhält so die allgemeinste *lineare Divisorenschar* auf Γ.

Der hier definierte Begriff der Stelle hat genau denselben Umfang wie der in § 20 auf ganz anderem Wege eingeführten Begriff des Zweiges einer ebenen Kurve. Es gilt nämlich der Satz:

---

[1]) Eine äquivalente, ebenfalls invariante Theorie würde man erhalten, wenn man nur lineare Scharen auf dem singularitätenfreien Modell Γ' betrachten würde; jedoch ist es für manche Zwecke vorteilhaft, sich auf eine beliebige Kurve Γ beziehen zu können. Statt Punkten muß man dann eben Stellen betrachten.

[2]) Das Wort Divisor ist der DEDEKIND-WEBERschen arithmetischen Theorie der algebraischen Funktionen entnommen. In dieser Theorie, die mit der geometrischen Theorie in ihren Ergebnissen völlig übereinstimmt, nennt man das, was hier immer *Summe* bzw. *Differenz* von Punktgruppen oder Divisoren genannt wird, *Produkt* bzw. *Quotient.* So erklärt sich auch das Wort Divisor. Man sehe das Lehrbuch von BLISS, Algebraic Functions, oder das in kurzem in dieser Sammlung erscheinende Werk von M. DEURING über algebraische Funktionen. Die Originalarbeit von DEDEKIND und WEBER findet sich im J. reine angew. Math. Bd. 92 (1882) S. 181—290.

Den Zweigen einer ebenen algebraischen Kurve Γ entsprechen ein-eindeutig die Stellen von Γ.

Beweis. Es sei Γ' ein singularitätenfreies Modell von Γ und $\mathfrak{z}$ ein Zweig von Γ. Der Zweig war durch Reihenentwicklung eines allgemeinen Punktes ξ von Γ definiert:

$$\begin{cases} \xi_0 = a_0 + a_1 \tau + a_2 \tau^2 + \cdots \\ \xi_1 = b_0 + b_1 \tau + b_2 \tau^2 + \cdots \\ \xi_2 = c_0 + c_1 \tau + c_2 \tau^2 + \cdots. \end{cases}$$

Dem allgemeinen Punkt ξ entspricht ein Punkt ξ' von Γ', dessen Koordinaten homogene ganze rationale Funktionen von ξ_0, ξ_1, ξ_2, also wieder Potenzreihen in τ sind. Nach Heraushebung einer gemeinsamen Potenz von τ als Faktor lauten diese so:

$$\xi'_\nu = \tau^h (a'_{\nu\,0} + a'_{\nu\,1} \tau + a'_{\nu\,2} \tau^2 + \cdots) \quad (\nu = 0, 1, \ldots, n).$$

Die Koordinaten ξ'_ν erfüllen, auch nach Weglassung des Faktors τ^h, die Gleichungen der Kurve Γ'. Das bleibt aber richtig, wenn man $\tau = 0$ setzt, also den Punkt ξ' zum Punkt P' mit Koordinaten $a'_{\nu\,0}\,(\nu = 0, 1, \ldots, n)$ spezialisiert. Ebenso geht ξ für $\tau = 0$ in einen bestimmten Punkt P, den Ausgangspunkt des Zweiges $\mathfrak{z}$ über. In der birationalen Abbildung von Γ auf Γ' ist P' ein Bildpunkt von P; denn auch die Gleichungen der Abbildung, die für (ξ, ξ') gelten, bleiben für $\tau = 0$ bestehen. Das Paar (P, P') definiert somit eine Stelle von Γ. Also entspricht jedem Zweig $\mathfrak{z}$ von Γ eindeutig eine bestimmte Stelle.

Wir haben noch zu beweisen, daß man in dieser Weise *alle* Stellen von Γ, und zwar jede genau einmal, erhält. Es sei also (P, P') eine bestimmte Stelle von Γ. Wir wollen nun Γ' durch Projektion in eine ebene Kurve Γ_1 überführen, und zwar so, daß dem einfachen Punkt P' in der Projektion wieder ein einfacher Punkt P_1 von Γ_1 entspricht. Zu dem Zweck legen wir durch P' einen Teilraum S_{n-1}, der die Kurve Γ' in P' nur einfach schneidet. In S_{n-1} legen wir durch P' einen S_{n-2}, der außer P' keinen der Schnittpunkte von S_{n-1} mit der Kurve enthält. In S_{n-2} wählen wir schließlich einen S_{n-3}, der nicht durch P' geht, und projizieren die Kurve Γ' aus S_{n-3} auf eine Ebene S_2, wodurch eine Kurve Γ_1 entsteht. Man sieht nun sehr leicht, daß die Projektion eine birationale Abbildung von Γ' auf Γ_1 vermittelt, und daß der Punkt P' dabei in einen einfachen Punkt P_1 von Γ_1 übergeht. Dieser einfache Punkt P_1 trägt einen einzigen Zweig $\mathfrak{z}_1$ von Γ_1. Ebenso wie jedem Zweige $\mathfrak{z}$ von Γ ein Punkt von Γ' entsprach, so entspricht auch dem Zweig $\mathfrak{z}_1$ von Γ_1 ein Punkt von Γ'. Dieser kann nur der Punkt P' sein, denn P' ist der einzige Punkt von Γ', der bei der Projektion in P_1 übergeht.

Nun sind aber auch die ebenen Kurven Γ und Γ_1 durch Vermittlung von Γ' birational aufeinander abgebildet; also entspricht jedem Zweig $\mathfrak{z}_1$ von Γ_1 genau ein Zweig $\mathfrak{z}$ von Γ (s. § 20). Also entspricht dem Punkt P' von Γ' ein einziger Zweig $\mathfrak{z}$ von Γ, was wir beweisen wollten.

Der geometrisch definierte Begriff der Stelle ist demnach geeignet, die Rolle zu übernehmen, die bisher der (auf Reihenentwicklungen gegründete) Zweigbegriff spielte. Die Vorteile liegen auf der Hand. An Stelle einer unendlichen Reihe tritt eine durch geschlossene Formeln darstellbare rationale Abbildung. Die Stellen sind ganz von selbst auch für Kurven im n-dimensionalen Raum definiert. Schließlich fallen die bei den PUISEUXschen Reihen nötigen Einschränkungen über die Charakteristik des Grundkörpers hier ganz fort, worauf wir jedoch nicht näher eingehen.

Auch die früher (§ 20) erklärte „Schnittmultiplizität eines Zweiges mit einer Kurve" läßt sich mit Hilfe des Stellenbegriffs neu definieren und auf n Dimensionen übertragen. Es sei Γ eine Kurve in S_n und H eine Hyperfläche, die die Kurve in P schneidet. Dem Punkt P können mehrere Stellen entsprechen; wir greifen eine davon, definiert durch einen Bildpunkt P' auf einem singularitätenfreien Modell Γ', heraus. Wir betten nun H in die lineare Schar aller Hyperflächen gleichen Grades ein, deren allgemeines Element H^* sei. Diese lineare Schar schneidet auf Γ eine lineare Schar $|C_\Lambda|$ aus, deren Bild auf Γ' wieder eine lineare Schar $|C'_\Lambda|$ ist. Bei der Spezialisierung $H^* \to H$ rückt eine gewisse Anzahl von Punkten von C_Λ in den Punkt P hinein; diese Anzahl ist (nach Definition) die Schnittmultiplizität von H und Γ im Punkt P. Es rückt aber auch eine gewisse Anzahl von Punkten von C'_Λ in P' hinein; diese Anzahl soll die *Schnittmultiplizität von H mit Γ an der Stelle* (P, P') heißen. Offenbar ist die gesamte Schnittmultiplizität von H und Γ im Punkt P gleich der Summe der Schnittmultiplizitäten von H und Γ an den verschiedenen zu P gehörigen Stellen von Γ.

Die Begriffe der Stelle und des Divisors lassen sich *nicht* ohne weiteres auf d-dimensionale Mannigfaltigkeiten M übertragen. Erstens nämlich ist es für $d > 2$ noch fraglich, ob jede Mannigfaltigkeit ein singularitätenfreies Bild besitzt[1]). Zweitens aber sind zwei verschiedene singularitätenfreie Modelle keineswegs eineindeutig aufeinander abbildbar, so daß die Bedeutung der Begriffe Stelle und Divisor davon abhängt, welches Modell man benutzt.

Wir werden daher fortan für $d > 1$ die Begriffe Stelle und Divisor nur im Fall singularitätenfreier Mannigfaltigkeiten M benutzen und unter einer *Stelle* dann einen Punkt von M, unter einem *Divisor* eine virtuelle $(d-1)$-dimensionale Teilmannigfaltigkeit von M verstehen. Für $d = 1$, wenn also M eine singularitätenfreie Kurve ist, gehen diese Begriffe in die früher definierten über, indem M selbst als singularitätenfreies Modell von M gewählt werden kann.

§ 46. Äquivalenz von Divisoren. Divisorenklassen. Vollscharen.

Satz 1. *Wenn zwei lineare Scharen auf M ein Element D_0 gemeinsam haben, so sind beide in einer umfassenden linearen Schar enthalten.*

Beweis. Die eine Schar möge durch

$$(1) \qquad \lambda_0 F_0 + \lambda_1 F_1 + \cdots + \lambda_r F_r = 0,$$

---

[1]) Für einen Beweis im Fall $d = 2$ s. R. J. WALKER: Ann. of Math. Bd. 36 (1935) S. 336—365.

die andere durch

$$(2) \qquad \mu_0 G_0 + \mu_1 G_1 + \cdots + \mu_s G_s = 0$$

gegeben sein. Zu den vollständigen Schnitten L_λ und N_μ von (1) bzw. (2) mit M werden noch feste virtuelle Mannigfaltigkeiten A und B addiert und so die Elemente

$$D_\lambda = A + L_\lambda$$
$$E_\mu = B + N_\nu$$

der beiden linearen Scharen erhalten.

Es mögen etwa F_0 und G_0 die beiden Scharen gemeinsame Mannigfaltigkeit D_0 bestimmen. Dann bilden wir die Formenschar

$$(3) \qquad \begin{aligned} &\lambda_0 F_0 G_0 + G_0(\lambda_1 F_1 + \cdots + \lambda_r F_r) \\ &\quad + F_0(\lambda_{r+1} G_1 + \cdots + \lambda_{r+s} G_s)\,, \end{aligned}$$

schneiden sie mit M und addieren zu den Schnittmannigfaltigkeiten die feste Mannigfaltigkeit $A + B - D_0$. Die Formenschar (3) enthält eine Teilschar

$$G_0(\lambda_0 F_0 + \lambda_1 F_1 + \cdots + \lambda_r F_r)\,,$$

die nach Hinzufügung von $A + B - D_0$ genau die lineare Schar $|D_A|$ $= |A + L_A|$ ausschneidet, und ebenso enthält sie eine Teilschar

$$F_0(\lambda_0 G_0 + \lambda_{r+1} G_1 + \cdots + \lambda_{r+s} G_s)\,,$$

die nach Hinzufügung von $A + B - D_0$ die lineare Schar $|E_A| = |B + N_A|$ ergibt. Damit ist Satz 1 bewiesen.

Der Satz gilt zwar für Mannigfaltigkeiten M mit beliebigen Singularitäten; seine wahre Bedeutung erhält er aber erst bei der Anwendung auf singularitätenfreie Mannigfaltigkeiten. Es kann nämlich bei Mannigfaltigkeiten mit vielfachen Punkten vorkommen, daß die linearen Scharen $|D_A|$ und $|E_A|$ aus lauter effektiven Mannigfaltigkeiten bestehen, während die sie umfassende lineare Schar feste Bestandteile mit negativen Vielfachheiten enthält[1]).

Ist aber M von mehrfachen Punkten frei, so bilden nach § 44, Satz 4, die in der umfassenden Schar enthaltenen effektiven Mannigfaltigkeiten eine lineare Teilschar, die die beiden gegebenen linearen Scharen umfaßt. Also folgt der

---

[1]) Beispiel: M sei ein Kegel 4. Ordnung mit einer Doppelgeraden D mit getrennten Tangentialebenen, welche die Kurve außer in D noch in den Geraden A und B schneiden. Die Ebenen durch A schneiden außer A eine lineare Schar von Geradentripeln aus, die durch B ebenfalls. Diese beiden linearen Scharen haben das Tripel $3\,D$ (die dreimal gezählte Gerade D) gemeinsam. (3) ist die Schar der quadratischen Kegel durch A, B, D; ihre Schnitte mit M, vermehrt um $- A - B - 3\,D$, definieren eine lineare Schar von virtuellen Kurven aus vier Geraden positiver Vielfachheit und einer Geraden D mit der Vielfachheit -1.

Zusatz zu Satz 1. *Wenn zwei effektive lineare Scharen auf einer singularitätenfreien Mannigfaltigkeit ein Element D_0 gemeinsam haben, so sind beide in einer effektiven linearen Schar enthalten.*

Zwei Divisoren C und D auf einer singularitätenfreien d-dimensionalen Mannigfaltigkeit M heißen *äquivalent*, wenn es eine lineare Schar gibt, die C und D als Elemente enthält. Man schreibt dann

$$C \sim D.$$

Ebenso heißen zwei Divisoren auf einer algebraischen Kurve *äquivalent*, wenn es eine lineare Divisorenschar gibt, welche beide enthält. Durch Übergang zu einem singularitätenfreien Modell der Kurve reduziert sich dieser Äquivalenzbegriff auf den ersten. Erinnert man sich an die Deutung der eindimensionalen linearen Scharen, die wir am Anfang von § 43 gegeben haben, so kann man auch sagen: *Zwei Divisoren auf einer algebraischen Kurve sind äquivalent, wenn ihre Differenz aus den Nullstellen und Polen einer rationalen Funktion auf der Kurve besteht, wobei die Nullstellen mit positiven Vielfachheiten, die Pole mit negativen Vielfachheiten zu versehen sind.*

Der Äquivalenzbegriff ist offenbar reflexiv und symmetrisch. Nach Satz 1 ist er aber auch transitiv: Aus $C \sim D$ und $D \sim E$ folgt $C \sim E$. Man kann also alle zu einem Divisor äquivalenten Divisoren in eine *Divisorenklasse* vereinigen.

Aus $C \sim D$ folgt offenbar $C + E \sim D + E$. Also kann man die *Summe von zwei Divisorenklassen* bilden, indem man aus jeder Klasse einen Divisor herausgreift und diese addiert. Die Klasse der Summe $C + E$ ist von der Auswahl der Divisoren C und E unabhängig. *Die Divisorenklassen bilden bei der Addition eine abelsche Gruppe.*

Wir betrachten nun die in einer Klasse enthaltenen *effektiven* oder ganzen Divisoren. Man kann leicht zeigen, daß die Dimension einer linearen Schar von effektiven Divisoren, die einen vorgegebenen Divisor D enthält, beschränkt ist[1]). Wir werden diesen Satz künftig nur für den Fall einer Kurve M brauchen; in diesem Fall aber folgt er sofort aus der Ungleichung (1), § 45. Betrachtet man nun eine lineare Schar von maximaler Dimension, die einen vorgegebenen effektiven Divisor D enthält, so umfaßt diese Schar auf Grund von Satz 1 alle zu D äquivalenten effektiven Divisoren; sonst nämlich würde man nach Satz 1 eine noch umfassendere lineare Schar bilden können. Eine solche maximale lineare Schar heißt eine *Vollschar*. Sie besteht somit aus allen effektiven Divisoren einer gegebenen Divisorenklasse. Ihre Dimension

---

[1]) Der Satz folgt z. B. daraus, daß die Gesamtheit aller d-dimensionalen Mannigfaltigkeiten gegebenen Grades auf M ein algebraisches System von endlicher Dimension im Sinne von § 37 ist. Er kann aber auch durch vollständige Induktion nach d bewiesen werden, indem man M mit einer allgemeinen Hyperebene schneidet.

heißt die *Dimension* der Klasse[1]). Es kann aber auch vorkommen, daß eine Klasse überhaupt keine effektiven Divisoren enthält; in dem Fall setzt man die Dimension der Klasse gleich — 1.

Die durch den effektiven Divisor D bestimmte Vollschar wird auch mit $|D|$ bezeichnet.

Unter dem *Rest* eines Divisors E in bezug auf eine Vollschar $|D|$ versteht man die Vollschar aller zu $D - E$ äquivalenten ganzen Divisoren, falls es solche gibt. Ist F ein solcher Divisor, so ist

$$D \sim E + F;$$

man kann also den Rest von E in bezug auf $|D|$ auch definieren als Gesamtheit derjenigen ganzen Divisoren F, die mit E zusammen einen Divisor der Vollschar ausmachen.

Aus der zuerst gegebenen Definition folgt, daß *äquivalente Divisoren in bezug auf eine Vollschar $|D|$ denselben Rest besitzen.*

Aufgaben. 1. Man führe den in Fußnote 1, S. 199, angedeuteten Induktionsbeweis durch.

2. Zwei Punktgruppen $P_1, \ldots, P_g$ und $Q_1, \ldots, Q_h$ auf einer kubischen Kurve ohne Doppelpunkte sind dann und nur dann äquivalent, wenn $g = h$ und die Summe der Punkte P im Sinne von § 24 gleich der Summe der Punkte Q ist.

3. Auf einer Geraden und daher auch auf jedem birationalen Bild einer Geraden sind zwei Divisoren gleichen Grades stets äquivalent. Die Dimension einer Vollschar ist daher gleich dem Grad eines Divisors der Vollschar, vorausgesetzt, daß dieser $\geqq 0$ ist.

§ 47. Die Sätze von BERTINI.

Der erste BERTINISche Satz bezieht sich auf lineare Scharen von Punktgruppen auf einer algebraischen Kurve und besagt:

Satz 1. *Die allgemeine Punktgruppe $|C_\Lambda|$ einer linearen Schar ohne feste Punkte besteht aus lauter einfach gezählten Punkten.*

Beweis. Die Punktgruppe $C_\Lambda + A$ werde durch die Hyperfläche

$$(1) \qquad \Lambda_0 F_0 + \Lambda_1 F_1 + \cdots + \Lambda_r F_r = 0$$

ausgeschnitten, wobei $\Lambda_1, \ldots, \Lambda_r$ Unbestimmte sind. Die Punkte von C_Λ sind algebraische Funktionen dieser Unbestimmten. Ist ξ ein solcher Punkt, so ist ξ ein allgemeiner Punkt von M und es gilt

$$(2) \qquad \Lambda_0 F_0(\xi) + \Lambda_1 F_1(\xi) + \cdots + \Lambda_r F_r(\xi) = 0.$$

Wenn eine algebraische Funktion gleich der Konstanten Null ist, sind auch ihre Ableitungen Null; mithin kann man (2) nach Λ_j differenzieren:

$$(3) \quad F_j(\xi) + \sum_k \left\{ \Lambda_0\, \partial_k F_0(\xi) + \Lambda_1\, \partial_k F_1(\xi) + \cdots + \Lambda_r\, \partial_k F_r(\xi) \right\} \frac{\partial \xi_k}{\partial \Lambda_j} = 0.$$

---

[1]) In der arithmetischen Theorie pflegt man unter der Dimension einer Schar die Zahl der linear-unabhängigen Elemente der Schar, also die Zahl $r + 1$ zu verstehen. Alle Dimensionszahlen sind also beim Übergang zur arithmetischen Theorie um 1 zu erhöhen.

Gesetzt nun, ξ wäre ein mehrfacher Schnittpunkt der Kurve M mit der Hyperfläche (1), so müßte nach § 40 die Kurventangente im Punkt ξ in der Polarhyperebene der Hyperfläche (1) liegen. Der Punkt

$$\frac{\partial \xi_0}{\partial \varLambda_j}, \; \frac{\partial \xi_1}{\partial \varLambda_j}, \ldots, \frac{\partial \xi_n}{\partial \varLambda_j}$$

liegt aber immer auf der Kurventangente[1]); also wäre

$$(4) \qquad \sum_k \left\{ \varLambda_0 \, \partial_k F_0(\xi) + \varLambda_1 \, \partial_k F_1(\xi) + \cdots + \varLambda_r \, \partial_k F_r(\xi) \right\} \frac{\partial \xi_k}{\partial \varLambda_j} = 0.$$

Aus (3) und (4) folgt

$$F_j(\xi) = 0 \qquad\qquad (j = 0, 1, \ldots, r);$$

mithin wäre ξ ein Basispunkt der Schar (1), im Gegensatz zur Voraussetzung, daß ξ ein Punkt der aus lauter veränderlichen Punkten bestehenden Punktgruppe $C_{\varLambda}$ sein sollte.

Aus Satz 1 folgt fast unmittelbar:

Satz 1a. *Das allgemeine Element $C_{\varLambda}$ einer linearen Schar von effektiven $(d-1)$-dimensionalen Mannigfaltigkeiten ohne feste Bestandteile besitzt keine mehrfach gezählten Bestandteile.*

Denn durch Schnitt mit einem allgemeinen linearen Raum S_{n-d+1} kommt man auf Satz 1 zurück.

Der zweite BERTINIsche Satz besagt aber noch etwas mehr, nämlich daß das allgemeine Element $C_{\varLambda}$ außerhalb der Basispunkte der Schar und der mehrfachen Punkte der Trägermannigfaltigkeit M überhaupt keine mehrfachen Punkte besitzt. Ich kann den Satz hier nur in der folgenden, etwas spezielleren Fassung beweisen:

Satz 2. *Die allgemeine Hyperfläche einer linearen Schar:*

$$(5) \qquad\qquad \varLambda_0 F_0 + \varLambda_1 F_1 + \cdots + \varLambda_r F_r = 0$$

schneidet auf M eine Mannigfaltigkeit $C_{\varLambda}$ aus, die außerhalb der Basispunkte der Schar (5) und der mehrfachen Punkte von M keine mehrfachen Punkte besitzt.

Beweis. Wir führen zunächst den Fall einer beliebigen linearen Schar auf den Fall eines Büschels

$$(6) \qquad\qquad \varLambda F_0 + F = 0 \qquad (F = \varLambda_1 F_1 + \cdots + \varLambda_r F_r)$$

zurück, indem wir in (5) die Größen $\varLambda_1, \ldots, \varLambda_r$ dem Grundkörper adjungieren, sie also als Konstante behandeln. Wenn für das Büschel (6) die Behauptung einmal bewiesen ist, so folgt, daß jeder mehrfache Punkt P von $C_{\varLambda}$, der nicht mehrfacher Punkt von M ist, notwendig Basispunkt des Büschels (6) ist, also der Gleichung $F_0(P) = 0$ genügt.

---

[1]) Denn wenn die Hyperfläche $f = 0$ die Kurve enthält, so folgt aus $f(\xi) = 0$ durch Differentiation

$$\frac{\partial f}{\partial \xi_0} \frac{\partial \xi_0}{\partial \varLambda_j} + \frac{\partial f}{\partial \xi_1} \frac{\partial \xi_1}{\partial \varLambda_j} + \cdots + \frac{\partial f}{\partial \xi_n} \frac{\partial \xi_n}{\partial \varLambda_j} = 0.$$

Genau so folgt $F_1(P) = 0, \ldots, F_r(P) = 0$, mithin ist P auch Basispunkt der Schar (5).

Es genügt also, den Fall eines Büschels zu betrachten. Die allgemeine Hyperfläche des Büschels heiße F_Λ; ihr Schnitt mit M ist C_Λ. Es sei nun P ein mehrfacher Punkt von C_Λ außerhalb der Basispunkte des Büschels. Das Paar (Λ, P) definiert als allgemeines Paar eine irreduzible Korrespondenz. Dem allgemeinen Punkt Λ der Parametergeraden des Büschels entspreche in dieser Korrespondenz eine b-dimensionale Mannigfaltigkeit von Punkten P', die relationstreue Spezialisierungen von P, also mehrfache Punkte von C_Λ sind. Indem man diese Mannigfaltigkeit mit einem linearen Raum S_{n-b} schneidet, kann man ihre Dimension b auf 0 reduzieren, ohne daß die Eigenschaft der Punkte P', Doppelpunkte von C_Λ zu sein, dabei verlorengeht. Im Prinzip der Konstantenzählung

$$a + b = c + d$$

ist nun $a = 1$, $b = 0$ zu setzen. Wäre $c = 0$, $d = 1$, so würden einem Punkt P' der Bildmannigfaltigkeit sämtliche ∞^1 Punkte λ der Parametergeraden entsprechen, entgegen der Annahme. Es bleibt somit nur die Möglichkeit $c = 1$, $d = 0$. Die Bildmannigfaltigkeit der Korrespondenz ist eine Kurve Γ.

Die Hyperflächen des Büschels schneiden auf Γ eine lineare Schar von Punktgruppen aus, und zwar schneidet die allgemeine Hyperfläche F_Λ unter anderem den Punkt P aus. Nach Satz 1 ist P ein einfacher Schnittpunkt von F_Λ und Γ. Der Beweis des Satzes 1 lehrt außerdem, daß der Tangentialraum S_{n-1} von F_Λ die Tangente von Γ in P nicht enthält.

Wenn nun P ein einfacher Punkt von M ist, so besitzt M in P einen Tangentialraum S_d (vgl. § 40). Die Tangente von Γ liegt in S_d. Da S_{n-1} diese Tangente nicht enthält, kann S_{n-1} auch S_d nicht enthalten; der Durchschnitt von S_{n-1} und S_d ist also ein S_{d-1}. Das bedeutet aber, daß die Schnittmannigfaltigkeit C_Λ von F_Λ und M in P einen Tangentialraum S_{d-1} besitzt, also daß P ein einfacher Punkt von C_Λ ist, entgegen der Annahme. Also kann P kein einfacher Punkt von M sein.

Die beiden folgenden Sätze mögen hier für lineare Scharen von Kurven auf einer algebraischen Fläche M bewiesen werden, obwohl sie sich ohne Mühe auf lineare Scharen von M_{d-1} auf M_d erweitern lassen[1]). Die Beweise rühren von ENRIQUES her.

Unter dem *Grad* einer linearen Kurvenschar versteht man die Anzahl der Schnittpunkte von zwei allgemeinen Kurven der Schar außerhalb der Basispunkte.

---

[1]) Siehe B. L. v. D. WAERDEN: Zur algebraischen Geometrie X. Math. Ann. Bd. 113 (1937) S. 711.

Unter einem *Kurvenbüschel* auf M versteht man ein irreduzibles eindimensionales System von Kurven auf M, das durch jeden allgemeinen Punkt von M genau eine Kurve schickt. Der Begriff eines irreduziblen Kurvensystems ist dabei nach § 37 zu erklären. Handelt es sich speziell um eine eindimensionale lineare Schar, so spricht man von einem *linearen Büschel*[1]).

Satz 3. *Eine lineare Schar* $|C_A|$ *vom Grade Null ohne feste Bestandteile ist aus einem Büschel, dessen allgemeine Kurven absolut irreduzibel sind, zusammengesetzt.*

Beweis. Die Kurven der r-dimensionalen linearen Schar $|C_A|$, die durch einen allgemeinen Punkt P von M gehen, bilden eine lineare Teilschar von der Dimension $r-1$. Ordnet man nun dem allgemeinen Punkte P ein allgemeines Elementepaar C, C' dieser Teilschar zu, so ist durch das allgemeine Tripel P, C, C' eine irreduzible Korrespondenz zwischen den Punkten P und den Kurvenpaaren C, C' definiert. Im Prinzip der Konstantenzählung

$$a + b = c + d$$

ist $a = 2$ und $b = 2(r-1)$ zu setzen. Wäre nun $d = 0$, so wäre $c = 2r$, d. h. das Paar (C, C') wäre ein allgemeines Elementepaar der Schar; das hieße, je zwei allgemeine Kurven C, C' von $|C_A|$ hätten einen (allgemeinen) Punkt P der Fläche gemeinsam, in Gegensatz zur Annahme des Grades Null. Also ist $d \geq 1$, d. h. wenn zwei Kurven C, C' durch einen allgemeinen Punkt von M gelegt werden, so haben sie nicht nur einen, sondern mindestens ∞^1 Punkte gemeinsam. (Mehr als ∞^1 ist natürlich nicht möglich; also ist $d = 1$.)

Das bleibt richtig, wenn für C zwar eine allgemeine, aber für C' eine bestimmte Kurve durch P gewählt wird. Die gemeinsamen Bestandteile von C und C' mögen eine Kurve K bilden. Diese ist aus irreduziblen Bestandteilen der festen Kurve C' zusammengesetzt, also kann sie von den (unbestimmten) Parametern von C gar nicht abhängen. Wir sehen also, daß *alle durch P gehenden Kurven C der Schar $|C_A|$ eine feste, nur von P abhängige Kurve K gemeinsam haben.*

Ist nun P' ein anderer Punkt von K (aber kein Basispunkt der Schar $|C_A|$), so bilden die durch P' gehenden Kurven von $|C_A|$ wieder eine lineare Schar von der Dimension $r-1$, welche die vorige umfaßt, also mit ihr identisch ist. *Die durch irgendeinen Punkt von K gehenden Kurven der Schar $|C_A|$ haben also wieder die Kurve K gemeinsam.*

Die Kurve K möge in absolut irreduzible Bestandteile $K_1, K_2, \ldots$ zerfallen. Wenn P variiert wird, bleibt keiner der Bestandteile K_ν fest, denn sonst hätten ja alle Kurven der Schar $|C_A|$ diesen festen

---

[1]) Es gibt auch nicht lineare Büschel, z. B. das System aller Erzeugenden eines kubischen Kegels ohne Doppelgerade. Auf manchen Flächen aber, z. B. in der Ebene, sind alle Büschel linear.

Bestandteil gemeinsam. Das irreduzible System $|K_\nu|$, dessen allgemeines Element K_ν ist, hat also mindestens die Dimension 1. Wir wollen zeigen, daß $|K_\nu|$ ein Büschel ist.

Wir stellen eine irreduzible Korrespondenz zwischen den Elementen des Systems $|K_\nu|$ und den Punkten von M her. Das allgemeine Paar (K_ν, P_ν) dieser Korrespondenz erhält man, indem man auf der Kurve K_ν einen allgemeinen Punkt P_ν wählt. Im Prinzip der Konstantenzählung

$$a + b = c + d$$

ist $\qquad\qquad a \geq 1,\ b = 1,\qquad$ also $\qquad a + b \geq 2,$

aber auch $\qquad c \leq 2,\ d = 0,\qquad$ also $\qquad c + d \leq 2,$

mithin $\qquad\quad a + b = c + d = 2,\ a = 1,\ c = 2.$

Das System $|K_\nu|$ ist somit eindimensional, und die Bildmannigfaltigkeit der Korrespondenz ist die ganze Fläche M. Durch einen allgemeinen Punkt P von M geht folglich mindestens eine Kurve K_1' von $|K_1|$, mindestens eine Kurve K_2' von $|K_2|$, usw., insgesamt etwa h verschiedene Kurven K_ν'. Alle diese Kurven sind allgemeine Elemente ihrer Systeme $|K_\nu|$.

Alle durch P gehenden Kurven C der Schar $|C_\Lambda|$ müssen, nach dem im 3. Absatz des Beweises Gesagten, alle h Kurven K_ν' enthalten. Das heißt, es gehen mindestens h verschiedene Bestandteile jeder Kurve C durch den Punkt P.

Nun haben wir aber in § 42 gesehen, daß es genau auf dasselbe hinauskommt, ob man durch einen allgemeinen Punkt P von M die allgemeinste Kurve C legt, oder ob man zuerst eine allgemeine Kurve C von $|C_\Lambda|$ wählt und dann auf einem Bestandteil von C einen allgemeinen Punkt P. Macht man das erstere, so ist P nach dem Vorangehenden ein mindestens h-facher Punkt von C; macht man aber das letztere, so ist P offenbar ein einfacher Punkt von C. Also ist $h = 1$. Das heißt, es gibt nur ein einziges System $|K_\nu|$, und von diesem geht durch den allgemeinen Punkt P nur eine Kurve. Demnach ist $|K_\nu|$ ein Büschel. Weiter: Wählt man auf irgendeinem irreduziblen Bestandteil der allgemeinen Kurve C_Λ einen allgemeinen Punkt P, so liegt dieser stets auf einer Kurve K_ν', die in C_Λ enthalten ist; also ist jeder irreduzible Bestandteil von C_Λ eine der Kurven K_ν' des Systems $|K_\nu|$. Das heißt, $|C_\Lambda|$ ist aus dem Büschel $|K_\nu|$ zusammengesetzt.

Satz 4. *Eine lineare Schar $|C_\Lambda|$ ohne feste Bestandteile, deren allgemeine Kurve C_Λ absolut reduzibel ist, hat den Grad Null* (und ist folglich nach Satz 3 aus einem Büschel zusammengesetzt).

Beweis. Es seien C_1 und C_2 zwei allgemeine Kurven der Schar $|C_\Lambda|$. Wenn C_1 und C_2 einen Schnittpunkt P' außerhalb der Basispunkte der Schar haben, so ist dieser Punkt P' kein Doppelpunkt der Fläche und kein Doppelpunkt von C_1; denn C_1 enthält nur endlich viele solche Doppelpunkte und die unabhängig von C_1 allgemein gewählte Kurve C_2 geht durch keinen von diesen endlich vielen Punkten, sofern sie nicht Basispunkte sind.

C_1 und C_2 definieren innerhalb der Schar ein Büschel $|C_\lambda|$, und da C_1 und C_2 durch P' gehen, gehen alle Kurven des Büschels durch P'. Wie jedes lineare Büschel, hat $|C_\lambda|$ den Grad Null und ist daher nach Satz 1 aus einem Büschel $|K|$ zusammengesetzt, dessen allgemeine Kurve K absolut irreduzibel ist. Die allgemeine Kurve C_λ geht durch P', also muß mindestens ein irreduzibler Bestandteil K von C_λ durch P' gehen. Wenn aber eine allgemeine Kurve des Systems $|K|$ durch den festen Punkt P' geht, so gehen alle Kurven des Systems $|K|$ durch P'. Insbesondere gehen also alle irreduziblen Bestandteile von C_λ durch P'. Nach Voraussetzung sind mindestens zwei solche Bestandteile vorhanden; P' ist also ein mehrfacher Punkt von C_λ. Bei der Spezialisierung $\lambda \to 0$ bleibt die Eigenschaft eines Punktes, mehrfacher Punkt zu sein, erhalten. Somit ist P' ein mehrfacher Punkt auch von C_1, in Widerspruch zu dem anfangs Gesagten. Also kann der Punkt P' gar nicht existieren.

Die Sätze 3 und 4 geben, zusammengenommen, eine erschöpfende Antwort auf die Frage: Wie ist eine lineare Schar beschaffen, deren allgemeines Element reduzibel ist? Eine solche Schar hat nämlich entweder einen festen Bestandteil, oder sie ist aus einem (linearen oder nicht linearen) Büschel zusammengesetzt.

Eine unmittelbare Folge von Satz 4 ist der folgende Satz: *Der Schnitt einer absolut irreduziblen Fläche mit einer allgemeinen Hyperebene ist eine absolut irreduzible Kurve.* Denn die Hyperebenen schneiden auf der Fläche eine lineare Schar aus, deren Grad positiv (nämlich gleich dem Grad der Fläche) ist; also kann eine allgemeine Kurve der Schar nicht reduzibel sein.

Auf die linearen Scharen auf algebraischen Kurven kommen wir im nächsten Kapitel (§ 49—51) noch zurück. Für die eingehendere Theorie der linearen Kurvenscharen auf algebraischen Flächen verweisen wir auf den Bericht von ZARISKI, Algebraic Surfaces, Ergebn. Math. Bd. **3**, Heft **5**, sowie auf die dort zitierte Literatur.

Achtes Kapitel.

Der Noethersche Fundamentalsatz und seine Folgerungen.

§ 48. Der Noethersche Fundamentalsatz.

Es seien $f(x)$ und $g(x)$ zwei teilerfremde Formen in den Unbestimmten x_0, x_1, x_2. Damit für eine weitere Form $F(x)$ eine Identität der Gestalt

$$(1) \qquad F = Af + Bg$$

bestehe, wobei A und B wieder Formen sind, ist jedenfalls notwendig, daß alle Schnittpunkte der Kurven $f = 0$ und $g = 0$ auch auf der Kurve $F = 0$ liegen. Hinreichend ist diese Bedingung aber, wie wir sehen werden, nur in dem einen Fall, daß alle Schnittpunkte von $f = 0$ und $g = 0$ die Multiplizität Eins haben. Bei mehrfachen Schnittpunkten treten noch weitere Bedingungen hinzu.

Der berühmte „Noethersche Fundamentalsatz", zuerst von Max Noether in den Math. Annalen, Bd. 6, publiziert, gibt notwendige und hinreichende Bedingungen für das Bestehen der Identität (1).

Im weiteren Sinne werden wir alle Sätze, in denen notwendige und hinreichende oder auch nur hinreichende Bedingungen für (1) angegeben werden, „Noethersche Sätze" nennen.

Alle diese Sätze können nach P. Dubreil aus dem folgenden Lemma hergeleitet werden:

Lemma von van der Woude. *Die Form f enthalte das Glied x_2^n, und es sei*

$$(2) \qquad R = Uf + Vg$$

die Resultante von f und g nach x_2 (vgl. § 16). Dann und nur dann gilt (1), wenn der Rest T von VF bei Division durch f (beide als Polynome in x_2 betrachtet) durch R teilbar ist.

Beweis. Division von VF durch f ergibt

$$(3) \qquad VF = Qf + T.$$

Aus (2) und (3) folgt

$$RF = UFf + VFg$$
$$= UFf + (Qf + T)g$$
$$= (UF + Qg)f + Tg$$

oder

$$(4) \qquad RF = Sf + Tg.$$

Ist nun T durch R teilbar, so ist auch Sf durch R teilbar, also, da f keinen von x_0 und x_1 allein abhängigen Faktor enthält, S durch R teilbar. Man kann somit (4) durch R kürzen und erhält (1).

Ist umgekehrt (1) erfüllt, so kann man in (1) stets A und B durch

$$A_1 = A + Wg, \qquad B_1 = B - Wf$$

ersetzen. Wählt man speziell W so, daß B_1 einen Grad $< n$ in x_2 hat (Division mit Rest von B durch f), so wird die Darstellung

$$F = A_1 f + B_1 g$$

eindeutig[1]). Multipliziert man diese eindeutige Darstellung mit R und vergleicht mit (4), worin T_1 ebenfalls einen Grad $< n$ in x_2 hat, so folgt wegen der Eindeutigkeit der Darstellung

$$S = RA_1, \qquad T = RB_1,$$

also ist T in der Tat durch R teilbar.

Es seien nun $\overset{1}{s}, \overset{2}{s}, \ldots, \overset{h}{s}$ die Schnittpunkte von $f = 0$ und $g = 0$, und $\sigma_1, \ldots, \sigma_h$ ihre Multiplizitäten. Dann gilt nach § 17

$$(5) \qquad R = \prod_v \left(\overset{v}{s_0} x_1 - \overset{v}{s_1} x_0 \right)^{\sigma_v}.$$

Wir können die Koordinaten so einrichten, daß keine zwei Schnittpunkte dasselbe Verhältnis $s_0 : s_1$ haben. Dann sind die Faktoren $\overset{v}{s_0} x_1 - \overset{v}{s_1} x_0$ in (5) alle verschieden. Dann und nur dann ist VF durch R teilbar, wenn VF durch alle einzelnen Faktoren

$$\left(\overset{v}{s_0} x_1 - \overset{v}{s_1} x_0 \right)^{\sigma_v}$$

teilbar ist. Damit haben wir schon einen ersten „Noetherschen Satz“:

Satz 1. *Dann und nur dann gilt* (1), *wenn für jeden Schnittpunkt s der Kurven $f = 0$ und $g = 0$ mit der Multiplizität σ der im obigen Lemma definierte Rest T durch*

$$(s_0 x_1 - s_1 x_0)^{\sigma}$$

teilbar ist.

Aus dem Beweis ergibt sich noch der folgende

Zusatz. *Die Koeffizienten von A und B lassen sich rational aus den Koeffizienten der gegebenen Formen f, g, F berechnen.*

Auf Grund des Satzes 1 gehören zu jedem einzelnen Schnittpunkt s gewisse Bedingungen, die die Teilbarkeit von T durch $(s_0 x_1 - s_1 x_0)^{\sigma}$ ausdrücken, und die in ihrer Gesamtheit (für alle Schnittpunkte zusammengenommen) notwendig und hinreichend für (1) sind. Wir nennen diese die Noetherschen *Bedingungen* für den betreffenden Schnittpunkt s.

---

[1]) Denn aus $F = A_1 f + B_1 g = A_2 f + B_2 g$ würde folgen $(A_1 - A_2) f = (B_2 - B_1) g$, also wäre $B_2 - B_1$ durch f teilbar, was nicht möglich ist, wenn B_1 und B_2 Grade $< n$ haben.

Die Noetherschen Bedingungen sind offensichtlich *lineare* Bedingungen für die Form F: wenn F_1 und F_2 sie erfüllen, erfüllt $F = F_1 + F_2$ sie auch.

Um von Satz 1 gleich eine Anwendung zu geben, betrachten wir den Fall $\sigma = 1$.

Es sei etwa $Q = (1, 0, 0)$ ein einfacher Schnittpunkt der Kurven $f = 0$ und $g = 0$. Wir wählen ein für alle Mal die Koordinaten so, daß die Gerade $x_1 = 0$ die Kurve $f = 0$ nirgends berührt und nur im Endlichen schneidet. Aus (2) folgt, daß V in den $n - 1$ von Q verschiedenen Schnittpunkten von $f = 0$ und $x_1 = 0$ Null werden muß; denn R enthält den Faktor x_1 und g ist in diesen Punkten $\neq 0$. Aus (3) folgt nun, daß auch T in diesen Punkten Null wird. Im Punkt Q selbst verschwinden F und f, also nach (3) auch T. Setzt man nun in T ein $x_0 = 1$ und $x_1 = 0$, so erhält man ein Polynom in x_2 von einem Grade $\leq n - 1$, das an n verschiedenen Stellen Null wird, also identisch verschwinden muß. Das heißt, T ist durch x_1 teilbar. Also hat man das Ergebnis:

Die Noether*schen Bedingungen sind in einem einfachen Schnittpunkt von $f = 0$ und $g = 0$ bereits dann erfüllt, wenn $F = 0$ durch diesen Punkt geht.*

Als nächstes betrachten wir den Fall, daß der Punkt $Q = (1, 0, 0)$ ein einfacher Punkt der Kurve $f = 0$ ist. Diese Kurve hat dann im Punkt Q einen einzigen Zweig $\mathfrak{z}$. Für das Bestehen der Identität (1) ist jedenfalls notwendig, daß die Form F auf dem Zweig $\mathfrak{z}$ mindestens dieselbe Ordnung[1]) hat wie die Form g. Wir werden nun zeigen, daß diese Bedingung auch hinreichend im Sinne der Noetherschen Bedingungen ist.

T sei genau durch x_1^λ teilbar,

$$T = x_1^\lambda T_1.$$

Ist $\lambda \geq \sigma$, so ist die Noethersche Bedingung (Teilbarkeit von T durch x_1^σ) erfüllt. Es sei also $\lambda < \sigma$. Aus (4) folgt, daß auf dem Zweig $\mathfrak{z}$ die Form RF dieselbe Ordnung hat wie Tg. Wäre $T_1 \neq 0$ im Punkt Q, so hätte T die Ordnung λ und R die Ordnung σ, also R eine größere Ordnung als T, weiter nach Voraussetzung F mindestens dieselbe Ordnung wie g, mithin RF eine größere Ordnung als Tg, was nicht geht. Also muß T_1 im Punkte Q Null werden. Genau derselbe Schluß gilt aber auch für alle Zweige in den übrigen $n - 1$ Schnittpunkten von $f = 0$ mit der Geraden $x_1 = 0$; denn in diesen Punkten hat g sogar die Ordnung Null. Also hat das Polynom T_1 für $x_0 = 1$ und $x_1 = 0$ n verschiedene Nullstellen; daraus folgt wie beim vorigen Beweis, daß T_1 durch x_1 teilbar und somit T durch $x_1^{\lambda + 1}$ teilbar ist, entgegen der Annahme, daß T genau durch x_1^λ teilbar ist. Damit ist ein Satz von Kapferer bewiesen:

---

[1]) Die Ordnung von F auf $\mathfrak{z}$ ist die Schnittmultiplizität von $F = 0$ mit dem Zweig $\mathfrak{z}$ (vgl. § 20 und § 45), oder, was in diesem Fall auf dasselbe hinauskommt, die Schnittmultiplizität von $F = 0$ und $f = 0$ in Q.

Satz 2. *Wenn alle Schnittpunkte der Kurven $f=0$ und $g=0$ einfache Punkte von $f=0$ sind, und wenn sie mindestens mit derselben Vielfachheit auch Schnittpunkte von $f=0$ und $F=0$ sind, so gilt die Identität* (1).

In den mehrfachen Punkten der Kurven $f=0$ und $g=0$ lassen sich die NOETHERSchen Bedingungen nicht als bloße Multiplizitätsbedingungen ausdrücken. Die genauen notwendigen und hinreichenden Bedingungen werden wir später (Satz 4) auf eine vom Koordinatensystem unabhängige Form bringen. Es gibt aber in jedem Fall Multiplizitätsbedingungen, die zur Identität (1) hinreichend sind. Wir behandeln in dieser Hinsicht zunächst den Fall, daß die Kurve $f=0$ in Q einen r-fachen Punkt mit r getrennten Tangenten hat. Die zugehörigen Zweige seien $\mathfrak{z}_1, \ldots, \mathfrak{z}_r$; die Kurve $g=0$ schneide diese Zweige mit den Vielfachheiten $\sigma_1, \ldots, \sigma_r$. Die gesamte Schnittmultiplizität des Punktes Q ist dann $\sigma = \sigma_1 + \cdots + \sigma_r$. Wir beweisen nun:

Satz 3. *Wenn die Kurve $F=0$ jeden der r sich nicht berührenden Zweige $\mathfrak{z}_j (j=1, 2, \ldots, r)$ der Kurve $f=0$ in Q mindestens mit der Vielfachheit $\sigma_j + r - 1$ schneidet, so sind die NOETHERSchen Bedingungen für Q erfüllt.*

Beweis. Wie im Beweis von Satz 3 sei

$$T = x_1^\lambda T_1$$

und $\lambda < \sigma$. Auf jedem Zweig $\mathfrak{z}_j$ hat wieder RF dieselbe Ordnung wie Tg. Das heißt, wenn δ_j die Ordnung von T_1 auf $\mathfrak{z}_j$ ist,

$$\sigma + (\sigma_i + r - 1) \leq \lambda + \delta_j + \sigma_j.$$

Wegen $\lambda \leq \sigma - 1$ folgt daraus

$$(6) \qquad\qquad\qquad r \leq \delta_j.$$

Wir wollen nun zeigen, daß die Kurve $T_1 = 0$ einen mindestens r-fachen Punkt in Q hat. Wäre das nicht der Fall, hätte sie also höchstens einen $(r-1)$-fachen Punkt in Q, so hätte sie auch höchstens $r-1$ Tangenten in Q, und da die Zweige $\mathfrak{z}_1, \ldots, \mathfrak{z}_r$ zusammen r verschiedene Tangenten haben, so gäbe es einen Zweig $\mathfrak{z}_j$, der keinen Zweig der Kurve $T_1 = 0$ berührt. Die Schnittmultiplizität von $T_1 = 0$ mit diesem Zweig $\mathfrak{z}_j$ betrüge dann nach den Regeln des § 20 höchstens $r-1$. Dem widerspricht aber die Ungleichung (6). Also hat $T_1 = 0$ einen mindestens r-fachen Punkt in Q.

Außerdem enthält die Kurve $T_1 = 0$ wie früher die übrigen $n - r$ Schnittpunkte von $f=0$ und $x_1 = 0$. Insgesamt wird das Polynom T_1 für $x_0 = 1$, $x_1 = 0$ n-mal Null. Daraus folgt wie oben, daß T_1 durch x_1, also T durch $x_1^{\lambda + 1}$ teilbar ist, entgegen der Annahme, daß T genau durch x_1^λ teilbar ist.

Bemerkung. Der letzte Teil des Beweises läßt sich auch so führen, daß die Annahme, die Gerade $x_1 = 0$ schneide die Kurve noch in $n - r$ verschiedenen Punkten, darin nicht benutzt wird, sondern nur die, daß $x_1 = 0$ keine Tangente im Punkt Q ist, durch keinen weiteren Schnittpunkt von $f = 0$ und $g = 0$ geht, und daß ihr uneigentlicher Punkt $(0, 0, 1)$ nicht auf der Kurve $f = 0$ liegt. Man schließt so: In (4) sind R und T durch x_1^λ teilbar, also muß auch S durch x_1^λ teilbar sein. Kürzt man x_1^λ weg, so folgt

$$R_1 F = S_1 f + T_1 g.$$

Setzt man hier $x_1 = 0$, so gehen S_1, T_1, f, g in S_1^0, T_1^0, f^0, g^0 über, während R_1 durch x_1 teilbar ist; somit folgt

$$- S_1^0 f^0 = T_1^0 g^0.$$

f^0 enthält den Faktor x_2^r, der auch in T_1^0 aufgeht; denn $f = 0$ und $T_1 = 0$ haben beide in Q einen r-fachen Punkt. Die übrigen Faktoren von f^0 sind zu g^0 teilerfremd, da die Gerade $x_1 = 0$ außer Q keine weiteren Schnittpunkte von $f = 0$ und $g = 0$ enthält. Also müssen diese Faktoren von f^0 in T_1^0 aufgehen. Daher ist T_1^0 durch f^0 teilbar. Aber T_1^0 hat einen Grad $< n$ in x_2, während f^0 den Grad n hat. Also ist $T_1^0 = 0$, d. h. T_1 ist durch x_1 teilbar, usw. wie oben.

Nachdem wir uns so über die wichtigsten Spezialfälle einen Überblick verschafft haben, gehen wir zum allgemeinen Fall über. Der NOETHER*sche Fundamentalsatz* gibt die notwendigen und hinreichenden Bedingungen für das Bestehen der Identität (1) in einer solchen Form, die die bisherige Auszeichnung der Veränderlichen x_2 vermeidet. Wir setzen $x_0 = 1$, gehen also zu inhomogenen Koordinaten über. Um den Satz und seinen Beweis einfach formulieren zu können, führen wir den Begriff der *Ordnung eines Polynoms* $f(x_1, x_2)$ *in einem Punkt* Q ein: f hat in Q die Ordnung r, wenn die Kurve $f = 0$ in Q einen r-fachen Punkt hat. Ist wieder $Q = (1, 0, 0)$ und entwickelt man f nach aufsteigenden Potenzen von x_1 und x_2, so fängt die Entwicklung mit den Gliedern vom Grade r (in x_1 und x_2 zusammen) an. Der NOETHERsche Satz heißt nun in einer von P. DUBREIL angegebenen Fassung so:

Satz 4. *f und g seien teilerfremde Polynome in x_1, x_2. Die Ordnungen von f und V im Punkte s seien r und l. Die Schnittvielfachheit von $f = 0$ und $g = 0$ in s sei σ. Wenn es dann zwei solche Polynome A' und B' gibt, daß die Differenz*

$$\varDelta = F - A'f - B'g$$

in s mindestens die Ordnung

$$\sigma + r - 1 - l$$

hat, so sind die NOETHER*schen Bedingungen für F im Punkt s erfüllt.*

Beweis. Wenn $\varDelta$ und $A'f + B'g$ beide die NOETHERschen Bedingungen im Punkt s erfüllen, so erfüllt ihre Summe F sie auch. Nach Satz 1 erfüllt $A'f + B'g$ immer die NOETHERschen Bedingungen. Also genügt es zu beweisen, daß $\varDelta$ sie erfüllt, sobald die Ordnung von $\varDelta$ in s mindestens $\sigma + r - 1 - l$ ist.

Um die früheren Bezeichnungen anwenden zu können, nennen wir Δ wieder F. Wir nehmen wieder $s = (1, 0, 0)$ an und legen die Gerade $x_1 = 0$ durch s so, daß sie die Kurve in s nicht berührt.

Es sei wieder

$$T = x_1^\lambda T_1, \quad \lambda < \sigma.$$

Aus (3) folgt dann

$$(7) \qquad VF = Qf + x_1^\lambda T_1.$$

Entwickeln wir in (7) beide Seiten nach aufsteigenden Potenzen von x_1 und x_2, so fehlen auf der linken Seite alle Glieder, deren Grad (in x_1 und x_2 zusammen) kleiner als $\sigma + r - 1$ ist; denn V hat im Punkt s die Ordnung l und F mindestens die Ordnung $\sigma + r - 1 - l$. Da das letzte Glied in (7) durch x_1^λ teilbar ist, so müssen auch in Qf alle die Glieder, deren Grad kleiner als $\sigma + r - 1$ ist, durch x_1^λ teilbar sein. Die Entwicklungen von Q und f nach Bestandteilen steigenden Grades mögen lauten:

$$Q = Q_0 + Q_1 + Q_2 + \cdots$$
$$f = f_r + f_{r+1} + f_{r+2} + \cdots.$$

Dann folgt

$$Qf = Q_0 f_r + (Q_1 f_r + Q_0 f_{r+1}) + (Q_2 f_r + Q_1 f_{r+1} + Q_0 f_{r+2}) + \cdots$$
$$+ (Q_{\sigma-2} f_r + Q_{\sigma-3} f_{r+1} + \cdots) + \cdots.$$

Auf der linken Seite sind alle Bestandteile vom Grad $< r + \sigma - 1$ durch x_1^λ teilbar. Dasselbe muß auch rechts gelten. Aber f_r ist zu x_1 teilerfremd. Also sieht man der Reihe nach, daß $Q_0, Q_1, \ldots, Q_{\sigma-2}$ durch x_1^λ teilbar sein müssen. Daher können wir schreiben

$$(8) \qquad Q = x_1^\lambda C + D,$$

wobei D in s eine Ordnung $\geq \sigma - 1$ hat.

Einsetzen von (8) in (7) ergibt

$$VF - Df = x_1^\lambda (T_1 - Cf).$$

Die linke Seite hat eine Ordnung $\geq r + \sigma - 1$ in s. Also hat die Klammer rechts,

$$T_1 - Cf,$$

in s eine Ordnung $\geq r + \sigma - 1 - \lambda \geq r$. Da auch Cf in s eine Ordnung $\geq r$ hat, hat T_1 in s eine Ordnung $\geq r$.

Von hier an verläuft der Beweis genau so wie der letzte Teil des Beweises von Satz 3.

Die Wichtigkeit des Noetherschen Fundamentalsatzes beruht auf folgendem. Gesetzt, man findet, daß von den mn Schnittpunkten der Kurven $F = 0$ und $f = 0$ (wobei m der Grad von F und n der von f ist) eine gewisse Anzahl $m'n$ auf einer Kurve $g = 0$ der Ordnung $m' < m$

liegt. Wenn dann in diesen Punkten außerdem die NOETHERschen Bedingungen erfüllt sind, so kann man schließen, daß die übrigen $(m - m') \cdot n$ Schnittpunkte auf einer Kurve $B = 0$ vom Grade $m - m'$ liegen. Aus der Identität (1) folgt nämlich unmittelbar, daß die $m\,n$ Schnittpunkte von $F = 0$ mit $f = 0$ dieselben sind wie die von $Bg = 0$ mit $f = 0$, also aus den $m'n$ Schnittpunkten von f mit g und den $(m - m')\,n$ Schnittpunkten von f mit B bestehen. Wie wichtig Sätze von dieser Art sein können, haben wir in § 24 gesehen: die dortigen Sätze 1, 2, 6, 7 lassen sich in der angegebenen Weise unmittelbar aus dem NOETHERschen Satz 2 herleiten.

Aufgaben. 1. Wenn zwei Kegelschnitte zwei andere Kegelschnitte in 16 verschiedenen Punkten schneiden und wenn von diesen 16 Schnittpunkten 8 auf einem weiteren Kegelschnitt liegen, so tun es die übrigen 8 ebenfalls.

2. Man leite aus Satz 3 oder Satz 4 den sogenannten *„einfachen Fall des* NOETHER*schen Satzes"* ab: Wenn in einem Schnittpunkt der Kurven $f = 0$ und $g = 0$, der ein r-facher Punkt der ersten und ein t-facher Punkt der zweiten Kurve ist, die r Tangenten der ersten Kurve von den t Tangenten der zweiten Kurve im Punkt s verschieden sind, und wenn F in diesem Punkt mindestens die Ordnung $r + s - 1$ hat, so sind die NOETHERschen Bedingungen in diesem Punkt erfüllt.

3. Man beweise den NOETHERschen Fundamentalsatz in der ursprünglichen NOETHERschen Fassung: Wenn in jedem eigentlichen Schnittpunkt s (mit den inhomogenen Koordinaten s_1, s_2) der Kurven $f = 0$ und $g = 0$ eine Identität

$$F = Pf + Qg$$

gilt, wobei f, g, F Polynome in x_1, x_2 und P, Q Potenzreihen in $x_1 - s_1$, $x_2 - s_2$ sind, so gilt auch eine Identität (1) mit Polynomen A und B. [Man breche die Potenzreihen bei den Gliedern $(r + \sigma - 1 - l)$-ten Grades ab und mache die erhaltene Gleichung homogen.]

§ 49. Adjungierte Kurven. Der Restsatz.

Man kann die Betrachtungen dieses Paragraphen ebensogut auf den in § 20 definierten Begriff des Zweiges wie auf den in § 45 unabhängig davon definierten Begriff der Stelle gründen. Wir wählen das erstere, weil wir die Begriffsbildungen des Kap. 3 sowieso brauchen. Unter einer *Stelle* einer ebenen Kurve Γ verstehen wir in diesem Zusammenhang einen Zweig zusammen mit dem Anfangspunkt dieses Zweiges. Ein *Divisor* auf der Kurve Γ ist eine endliche Menge von Stellen mit ganzzahligen Vielfachheiten. Die *Summe* von zwei Divisoren wird durch Zusammenfassung der in ihnen vorkommenden Stellen und Addition der Vielfachheiten definiert. Eine beliebige Kurve $g = 0$, die keinen Bestandteil mit Γ gemeinsam hat, schneidet auf Γ einen bestimmten Divisor aus. Eine lineare Formenschar $\lambda_0 g_0 + \lambda_1 g_1 + \cdots + \lambda_r g_r$ schneidet aus Γ eine *lineare Divisorenschar* aus, zu der man noch einen festen Divisor addieren darf (vgl. § 42). Zwei Divisoren derselben linearen Schar heißen *äquivalent*. Eine *Vollschar* ist eine lineare Schar von ganzen Divisoren, die alle zu einem gegebenen Divisor äquivalenten enthält. Das Ziel dieses Paragraphen ist die Konstruktion der Vollscharen auf einer gegebenen Kurve. Zu dieser Konstruktion dienen die adjungierten Kurven, die jetzt erklärt werden sollen.

Es sei s ein mehrfacher Punkt einer irreduziblen ebenen Kurve Γ mit der Gleichung $f = 0$, und $\mathfrak{z}$ sei ein bestimmter Zweig im Punkte s. Die Polaren der Punkte y der Ebene, deren Gleichung lautet

$$y_0\, \partial_0 f + y_1\, \partial_1 f + y_2\, \partial_2 f = 0,$$

gehen alle durch s; sie schneiden also aus Γ eine lineare Divisorenschar aus, in der die Stelle $(\mathfrak{z}, s)$ als fester Bestandteil mit einer gewissen Vielfachheit ν vorkommt. Für spezielle y kann die Schnittvielfachheit der Polare mit dem Zweig $\mathfrak{z}$ natürlich erhöht werden; ν ist eben definiert als der kleinste Wert, den diese Schnittmultiplizität annehmen kann.

Der Punkt s hat auf dem Zweig $\mathfrak{z}$ auch eine bestimmte Vielfachheit $\varkappa$ (vgl. § 21): $\varkappa$ ist die kleinste Schnittmultiplizität von $\mathfrak{z}$ mit einer Geraden durch s.

Wir werden nachher sehen, daß die Differenz

$$\delta = \nu - (\varkappa - 1)$$

stets positiv ist. Unter einer *zu Γ adjungierten Kurve* verstehen wir eine solche Kurve $g = 0$, deren Schnittmultiplizität mit jedem Zweig $\mathfrak{z}$ (in jedem vielfachen Punkt von Γ) immer $\geq \delta$ ist. Die Form g heißt dann auch eine *adjungierte Form*.

Für einen einfachen Punkt der Kurve ist $\nu = 0$, $\varkappa = 1$, also $\delta = 0$. Somit gibt es da keine Adjungiertheitsbedingung. Für einen r-fachen Punkt mit getrennten Tangenten ist nach § 25

$$\nu = r - 1, \quad \varkappa = 1,$$

also $\delta = r - 1$. Eine adjungierte Kurve hat also alle Zweige dieses r-fachen Punktes mindestens mit der Vielfachheit $r - 1$ zu schneiden. Im Fall einer gewöhnlichen Spitze ist $\nu = 3$, $\varkappa = 2$, also $\delta = 2$. Eine adjungierte Kurve soll also den Spitzenzweig mindestens mit der Vielfachheit 2 schneiden, d. h. sie soll mindestens einfach durch die Spitze gehen.

Aufgaben. 1. In einem r-fachen Punkt mit getrennten Tangenten muß jede adjungierte Kurve mindestens einen $(r - 1)$-fachen Punkt haben.

2. Man überlege sich, wie die Adjungiertheitsbedingung für eine Schnabelspitze und für einen Berührungsknoten lautet.

Es ist für die rechnerische Auswertung der Adjungiertheitsbedingung bequem, zu wissen, daß es nicht nötig ist, die Polaren *aller* Punkte y zu bilden (wie es in der Definition oben geschah), sondern daß die Polare eines beliebigen Punktes außerhalb der Kurve zur Berechnung der Differenz δ ausreicht. Es sei nämlich ν' die Schnittmultiplizität der Polare eines solchen festen Punktes y mit dem Zweig $\mathfrak{z}$ und $\varkappa'$ die Schnittmultiplizität der Verbindungsgeraden ys mit dem Zweig $\mathfrak{z}$. Dann werden wir zeigen, daß die Differenz

$$\delta' = \nu' - (\varkappa' - 1)$$

unabhängig von der Wahl von y und gleich δ ist.

Vergleichen wir zwei verschiedene Punkte y', y'' miteinander, so können wir annehmen, daß diese nicht auf einer Geraden mit dem Punkt s liegen; sonst könnten wir ja einen dritten Punkt außerhalb der Geraden als Zwischenglied einschalten und mit beiden vergleichen. Wir können also s, y', y'' als Ecken des Koordinatendreiecks annehmen:

$$s = (1, 0, 0)$$
$$y' = (0, 1, 0)$$
$$y'' = (0, 0, 1).$$

Die Polare von y' ist $\partial_1 f = 0$, die von y'' ist $\partial_2 f = 0$. Die Schnittmultiplizitäten dieser Polaren mit dem Zweig $\mathfrak{z}$ in s seien v' bzw. v''. Die Schnittmultiplizitäten der Geraden $s y' (x_2 = 0)$ und $s y'' (x_1 = 0)$ mit der Kurve seien $\varkappa'$ und $\varkappa''$. Dann haben wir zu beweisen

$$v' - (\varkappa' - 1) = v'' - (\varkappa'' - 1).$$

Ein allgemeiner Punkt der Kurve sei $\xi = (1, \xi_1, \xi_2)$. Dann wissen wir, daß

$$(2) \qquad \frac{d \xi_2}{d \xi_1} = - \frac{\partial_1 f(\xi)}{\partial_2 f(\xi)}$$

ist. Ausgedrückt in der Ortsuniformisierenden des Zweiges $\mathfrak{z}$ hat ξ_2 die Ordnung $\varkappa'$, also $d\xi_2$ die Ordnung $\varkappa' - 1$, und ebenso $d\xi_1$ die Ordnung $\varkappa'' - 1$; weiter haben $\partial_1 f(\xi)$ und $\partial_2 f(\xi)$ die Ordnungen v' und v''. Daher folgt aus (2)

$$(\varkappa' - 1) - (\varkappa'' - 1) = v' - v''$$

oder

$$v'' - (\varkappa'' - 1) = v' - (\varkappa' - 1).$$

Damit ist bewiesen, daß δ' unabhängig von der Wahl von y ist. Wählt man y so, daß $\varkappa'$ minimal wird, so wird wegen

$$\delta' = v' - (\varkappa' - 1)$$

von selbst auch v' minimal, und δ' geht in δ über. Also ist, unabhängig von der Wahl des Punktes y,

$$\delta = v' - (\varkappa' - 1).$$

Daß $v' \geqq \varkappa' - 1$ ist (mit dem Gleichheitszeichen nur im Fall eines einfachen Punktes), folgt sofort aus den Entwicklungen in § 21 (vgl. die dortige Aufg. 4). Daraus folgt also

$$\delta \geqq 0,$$

mit dem Gleichheitszeichen nur im Fall eines einfachen Punktes.

Die adjungierten Formen vom Grad $n - 3$ (wo n der Grad der Kurve ist) haben eine besondere Bedeutung wegen ihrer Beziehung zu den Differentialen erster Gattung des zugehörigen algebraischen Funktionenkörpers. Ist nämlich g eine solche Form vom Grade $n - 3$, so bilde man für einen allgemeinen Punkt ξ von Γ den Ausdruck

$$d\Omega = \frac{g(\xi)(\xi_0 \, d\xi_1 - \xi_1 \, d\xi_0)}{\partial_2 f(\xi)}.$$

Da man den Ausdruck auch so schreiben kann

$$d\,\Omega = \frac{g\,(\xi)\cdot\xi_0^2}{\partial_2 f\,(\xi)}\;d\,\frac{\xi_1}{\xi_0},$$

wobei im ersten Bruch Zähler und Nenner denselben Grad haben, so hängt er nur von den Verhältnissen der ξ ab, d. h. $d\,\Omega$ ist ein Differential des Körpers $K(\xi_1:\xi_0,\,\xi_2:\xi_0)$ im Sinne von § 26.

Auf einem Zweig $\mathfrak{z}$ von Γ hat $g(\xi)$ mindestens die Ordnung δ. Da weiter $\partial_2 f(\xi)$ die Ordnung ν' und $\xi_0 d\xi_1 - \xi_1 d\xi_0$ die Ordnung $\varkappa' - 1$ hat[1]), so hat $d\,\Omega$ auf dem Zweig $\mathfrak{z}$ mindestens die Ordnung

$$\delta - \nu' + (\varkappa' - 1) = 0.$$

Das heißt also, das Differential $d\,\Omega$ hat keine Pole (es ist „überall endlich"). Solche Differentiale nennt man *Differentiale erster Gattung*. Genauer ergibt sich aus der eben durchgeführten Rechnung: *Wenn g auf $\mathfrak{z}$ die Ordnung $\delta + \varepsilon$ hat, so hat $d\,\Omega$ die Ordnung ε.*

Der Divisor, der aus den Stellen besteht, die zu den vielfachen Punkten von Γ gehören, mit den oben definierten Vielfachheiten δ für jeden Zweig $\mathfrak{z}$, heißt der *Doppelpunktdivisor* der Kurve Γ. Jeder vielfache Punkt gibt demnach einen Beitrag zum Doppelpunktdivisor. Ein r-facher Punkt mit getrennten Tangenten trägt seine r Stellen bei (den r Zweigen des r-fachen Punktes entsprechend), jede mit der Vielfachheit $r - 1$. Eine gewöhnliche Spitze gibt als Beitrag die Stelle der Spitze mit der Vielfachheit 2 usw. Der Doppelpunktdivisor wird künftig mit D bezeichnet.

Der wichtigste Satz über die adjungierten Kurven, der BRILL-NOETHERsche Restsatz, ergibt sich aus dem folgenden *Satz vom Doppelpunktdivisor:*

Wenn eine Kurve $g = 0$ aus Γ den Divisor G ausschneidet und wenn eine adjungierte Kurve $F = 0$ mindestens den Divisor $D + G$ ausschneidet, so gilt eine Identität:

$$(3) \qquad\qquad F = A f + B g$$

mit adjungiertem B.

Anders ausgedrückt: *Wenn die Schnittmultiplizität von $F = 0$ mit jedem Zweig $\mathfrak{z}$ von Γ mindestens $\delta + \sigma$ beträgt, wobei δ wie oben definiert ist und σ die Schnittmultiplizität von $g = 0$ mit Γ ist, so gilt (3), und die Kurve $B = 0$ ist zu Γ adjungiert.*

Der letzte Teil der Behauptung, die Adjungiertheit von B, ist eine Folge von (3). Denn nach (3) hat $F = 0$ mit jedem Zweig $\mathfrak{z}$ dieselbe

---

[1]) Nimmt man wieder $\xi_0 = 1$ an, so geht $\xi_0 d\xi_1 - \xi_1 d\xi_0$ in $d\xi_1$ über, und wir sahen schon früher, daß $d\xi_1$ an einer eigentlichen Stelle die Ordnung $\varkappa' - 1$ hat. Im Fall eines uneigentlichen Punktes vertauscht man einfach die Rollen von ξ_0 und ξ_1.

Schnittmultiplizität wie $Bg = 0$, und da $g = 0$ nur die Schnittmultiplizität σ, $F = 0$ aber mindestens $\sigma + \delta$ hat, muß $B = 0$ für die restlichen δ aufkommen.

In dem Fall, daß alle mehrfachen Punkte von Γ getrennte Tangenten haben, ist der Satz vom Doppelpunktdivisor offensichtlich in Satz 3 (§ 48) enthalten; denn wenn die NOETHERschen Bedingungen in jedem Schnittpunkt von $f = 0$ und $g = 0$ erfüllt sind, so gilt eben (3). Den schwierigeren allgemeinen Fall werden wir im nächsten Paragraphen erledigen.

Wir kommen nun zum BRILL-NOETHERschen Restsatz. Er besagt in seiner prägnantesten Fassung:

Die adjungierten Kurven irgendeines Grades m schneiden aus Γ außer dem Doppelpunktdivisor D eine Vollschar aus.

Denken wir an die Definition einer Vollschar, so können wir dasselbe auch so ausdrücken:

Wenn eine adjungierte Kurve φ aus Γ den Divisor $D + E$ ausschneidet und wenn E' irgendein zu E äquivalenter ganzer Divisor ist, so gibt es eine zweite adjungierte Kurve, die aus Γ den Divisor $D + E'$ ausschneidet.

Beweis. Die äquivalenten Divisoren E und E' werden durch zwei Formen g und g' einer linearen Formenschar ausgeschnitten, die außerdem noch einen festen Divisor C ausschneiden möge. Dann schneidet die Form

$$F = \varphi\, g'$$

den Divisor $D + E + C + E'$ aus, die Form g aber den Divisor $C + E$. Nach dem Satz vom Doppelpunktdivisor gilt also

$$F = A f + B g.$$

Dabei schneiden F und Bg aus Γ denselben Divisor $D + E + C + E'$ aus. Daher muß B den Divisor $D + E'$ ausschneiden, womit die Behauptung bewiesen ist.

Der Restsatz gibt die Mittel, jede beliebige Vollschar zu konstruieren. Ist nämlich G irgendein ganzer Divisor, so lege man durch $G + D$ eine adjungierte Kurve. Diese möge aus Γ insgesamt den Divisor $G + D + F$ ausschneiden. Dann lege man durch $D + F$ alle möglichen adjungierten Kurven desselben Grades m; man erhält so lauter Punktgruppen $G' + D + F$, wobei G' zu G äquivalent ist. Ist umgekehrt G' zu G äquivalent, so ist $G + F$ zu $G' + F$ äquivalent, also gehört $G' + F$ zu der von den adjungierten Kurven m-ten Grades ausgeschnittenen Vollschar, d. h. es gibt eine adjungierte Kurve m-ten Grades, die den Divisor $G' + D + F$ ausschneidet. *Die gesuchte Vollschar $|G|$ wird somit von den adjungierten Kurven ausgeschnitten, die außerdem den festen Divisor $D + F$ ausschneiden.* Man kann das auch so ausdrücken: *Die Vollschar $|G|$ ist der Rest von F in bezug auf die Vollschar, die von den adjungierten Kurven eines genügend hohen Grades m ausgeschnitten wird.*

Will man entscheiden, ob zwei Divisoren C, C' äquivalent sind, so stelle man die Differenz $C - C'$ als Differenz von zwei ganzen Divisoren dar:

$$C - C' = G - G',$$

und sehe nach, ob G' der Vollschar $|G|$ angehört.

Aufgaben. 3. Auf einer Geraden hat eine Vollschar vom Grade n die Dimension n.

4. Auf einer kubischen Kurve ohne Doppelpunkte hat eine Vollschar vom Grade n für $n > 0$ die Dimension $n - 1$.

5. Auf einer Kurve 4. Ordnung mit einem Knotenpunkt oder einer Spitze bestimmt ein einzelner Punkt oder ein Punktepaar eine Vollschar von der Dimension 0, ausgenommen wenn das Punktepaar auf einer Geraden mit dem Doppelpunkt liegt. Ein Punkttripel bestimmt eine Vollschar von der Dimension 1, ein Punktquadrupel eine Vollschar von der Dimension 2.

§ 50. Der Satz vom Doppelpunktdivisor.

Wir haben in § 49 den Satz vom Doppelpunktdivisor für den Spezialfall bewiesen, daß die Grundkurve $f = 0$ keine anderen Singularitäten als mehrfache Punkte mit getrennten Tangenten hat. Hier soll nun der allgemeine Fall erledigt werden.

Hilfssatz. *Wenn von zwei Potenzreihen*

$$A(t) = a_\mu t^\mu + a_{\mu+1} t^{\mu+1} + \cdots \qquad (a_\mu \neq 0)$$
$$B(t) = b_\nu t^\nu + b_{\nu+1} t^{\nu+1} + \cdots \qquad (b_\nu \neq 0)$$

die erste mindestens dieselbe Ordnung hat wie die zweite, d. h. wenn

$$\mu \geq \nu,$$

so ist die erste durch die zweite teilbar:

$$(1) \qquad\qquad A(t) = B(t)\, Q(t).$$

Beweis. Wir setzen an:

$$Q(t) = c_{\mu-\nu} t^{\mu-\nu} + c_{\mu-\nu+1} t^{\mu-\nu+1} + \cdots,$$

setzen das in (1) ein und vergleichen die Koeffizienten von $t^\mu, t^{\mu+1}, \ldots$ auf beiden Seiten. Das ergibt die Bedingungsgleichungen

$$b_\nu c_{\mu-\nu} = a_\mu$$
$$b_\nu c_{\mu-\nu+1} + b_{\nu+1} c_{\mu-\nu} = a_{\mu+1}$$
$$\cdot \quad \cdot \quad \cdot \quad \cdot \quad \cdot \quad \cdot \quad \cdot \quad \cdot \quad \cdot$$

aus denen man wegen $b_\nu \neq 0$ der Reihe nach $c_{\mu-\nu}, c_{\mu-\nu+1}, \ldots$ bestimmen kann.

Im folgenden bedeuten $f(t, z)$, $g(t, z)$ usw. Polynome in z, deren Koeffizienten Potenzreihen in t (mit ganzen nichtnegativen Exponenten) sind. Von $f(t, z)$ setzen wir voraus, daß es doppelwurzelfrei und regulär in z ist (d. h. daß der Koeffizient der höchsten Potenz von z gleich 1 ist).

Weiter möge $f(t, z)$ im Bereich der Potenzreihen ganz in Linearfaktoren zerfallen:

$$(2) \qquad f(t, z) = (z - \omega_1)(z - \omega_2) \ldots (z - \omega_n).$$

Unter diesen Voraussetzungen gilt

Satz 1. *Wenn $F(t, z)$ und $g(t, z)$ so beschaffen sind, daß die Ordnung der Potenzreihe $F(t, \omega_j)$ für $j = 1, 2, \ldots, n$ stets mindestens gleich der Ordnung des Produktes*

$$(3) \qquad (\omega_j - \omega_1) \ldots (\omega_j - \omega_{j-1})(\omega_j - \omega_{j+1}) \ldots (\omega_j - \omega_n) g(t, \omega_j)$$

ist, so gilt eine Identität

$$(4) \qquad F(t, z) = L(t, z) f(t, z) + M(t, z) g(t, z).$$

Beweis. Nach dem Hilfssatz ist $F(t, \omega_j)$ durch das Produkt (3) teilbar; insbesondere gilt für $j = 1$

$$F(t, \omega_1) = (\omega_1 - \omega_2) \ldots (\omega_1 - \omega_n) g(t, \omega_1) R(t),$$

wobei $R(t)$ eine Potenzreihe in t ist. Die Differenz

$$F(t, z) - (z - \omega_2) \ldots (z - \omega_n) g(t, z) R(t)$$

wird Null für $z = \omega_1$, also ist sie durch $z - \omega_1$ teilbar:

$$(5) \qquad F(t, z) = R(t)(z - \omega_2) \ldots (z - \omega_n) g(t, z) + S(t, z)(z - \omega_1).$$

Im Fall $n = 1$ lautet diese Gleichung einfach

$$F(t, z) = R(t) g(t, z) + S(t, z) f(t, z);$$

damit ist für $n = 1$ die Behauptung (4) schon bewiesen. Sie werde daher für Polynome vom Grad $n - 1$ als richtig angenommen.

Setzt man in (5) $z = \omega_j (j = 2, \ldots, n)$, so verschwindet das erste Glied rechts, und man sieht, daß $S(t, \omega_j)(\omega_j - \omega_1)$ dieselbe Ordnung hat wie $F(t, \omega_j)$, also mindestens dieselbe Ordnung wie

$$(\omega_j - \omega_1)(\omega_j - \omega_2) \ldots (\omega_j - \omega_{j-1})(\omega_j - \omega_{j+1}) \ldots (\omega_j - \omega_n) g(t, \omega_j).$$

Folglich hat $S(t, \omega_j)$ für $j = 2, \ldots, n$ mindestens dieselbe Ordnung wie

$$(\omega_j - \omega_2) \ldots (\omega_j - \omega_{j-1})(\omega_j - \omega_{j+1}) \ldots (\omega_j - \omega_n) g(t, \omega_j).$$

Daraus folgt nach der Induktionsvoraussetzung, auf $f_1 = (z - \omega_2) \ldots (z - \omega_n)$ angewandt,

$$(6) \qquad S(t, z) = C(t, z)(z - \omega_2) \ldots (z - \omega_n) + D(t, z) g(t, z).$$

Setzt man (6) in (5) ein, so erhält man sofort die Behauptung (4).

Die Ableitung von $f(t, z)$ nach z ist

$$\partial_2 f(t, z) = \sum_{i=1}^{n} (z - \omega_1) \ldots (z - \omega_{j-1})(z - \omega_{j+1}) \ldots (z - \omega_n).$$

Die Voraussetzung des Satzes 1 kann also auch so formuliert werden: *$F(t, \omega_j)$ soll für $j = 1, \ldots, r$ mindestens dieselbe Ordnung haben wie $\partial_2 f(t, \omega_j) \cdot g(t, \omega_j)$.*

Nun sei $f(u, z)$ ein Polynom in u und z, regulär in z und frei von mehrfachen Faktoren. Nach § 14 zerfällt $f(u, z)$ in Linearfaktoren

$$f(u, z) = (z - \omega_1) \ldots (z - \omega_n),$$

wobei $\omega_1, \ldots, \omega_n$ Potenzreihen nach gebrochenen Potenzen von u sind. Es mögen jeweils $\varkappa_j$ Potenzreihen ω_j zusammen einen Zweig $\mathfrak{z}_j$ bilden; dann ist ω eine Potenzreihe in der Ortsuniformisierenden τ_j, die durch

$$u = \tau_j^{\varkappa_j}$$

definiert ist. Ist h das kleinste gemeinsame Vielfache aller $\varkappa_j$, so können wir

$$u = t^h$$

setzen und sämtliche $\omega_1, \ldots, \omega_n$ als Potenzreihen in t schreiben.

Es seien $F(u, z)$ und $g(u, z)$ weitere Polynome in u und z. Die Ordnungen von $g(u, \omega_j)$, $\partial_2 f(u, \omega_j)$ und $F(u, \omega_j)$ als Potenzreihen in τ_j seien σ_j, ν_j und ϱ_j. Entsprechend den Voraussetzungen des Satzes vom Doppelpunktdivisor (§ 49) sei

$$\varrho_j \geqq \delta_j + \sigma_j = \nu_j - (\varkappa_j - 1) + \sigma_j$$

oder

$$\varrho_j + (\varkappa_j - 1) \geqq \nu_j + \sigma_j.$$

Dann hat also $F(u, \omega_j) \cdot \tau_j^{\varkappa_j - 1}$ eine größere Ordnung als $\partial_2 f(u, \omega_j) \, g(u, \omega_j)$. Das gilt erst recht, wenn $\tau_j^{\varkappa_j - 1}$ durch t^{h-1} ersetzt wird, denn es ist

$$\tau_j^{\varkappa_j - 1} = t^{\frac{h}{\varkappa_j}(\varkappa_j - 1)} = t^{h - \frac{h}{\varkappa_j}},$$

$$h - \frac{h}{\varkappa_j} \leqq h - 1.$$

Also hat $F(t^h, \omega_j) \, t^{h-1}$ als Potenzreihe in t mindestens dieselbe Ordnung wie $\partial_2 f(t^h, \omega_j) \, g(t^h, \omega_j)$. Daraus folgt nach Satz 1

$$(7) \qquad F(t^h, z) \, t^{h-1} = L(t, z) \, f(t^h, z) + M(t, z) \, g(t^h, z).$$

Ordnen wir beide Seiten von (7) nach Potenzen von t, so kommen links nur solche Potenzen vor, deren Exponenten kongruent $-1 \pmod h$ sind. Man kann also aus $L(t, z)$ und $M(t, z)$ alle die Glieder t^λ weglassen, deren Exponenten λ nicht $\equiv -1 \pmod h$ sind, ohne die Gültigkeit von (7) zu zerstören. Sodann kann man beide Seiten von (7) durch t^{h-1} kürzen und t^h durch u ersetzen. So erhält man

$$(8) \qquad F(u, z) = P(u, z) \, f(u, z) + Q(u, z) \, g(u, z),$$

wobei P und Q Polynome in z und Potenzreihen in u sind.

In der ursprünglichen Fassung des Satzes vom Doppelpunktdivisor hatten wir es nicht mit Polynomen $f(u, z)$, sondern mit Formen $f(x_0, x_1, x_2)$ zu tun. Für die Untersuchung der NOETHERSchen Bedingungen in einem bestimmten Punkt $O = (1, 0, 0)$ können wir aber $x_0 = 1$ setzen. Dementsprechend schreiben wir jetzt $f(1, u, z)$ statt $f(u, z)$ und fassen das bisher Bewiesene zusammen:

Unter den Voraussetzungen des Satzes vom Doppelpunktdivisor gilt eine Identität

$$(9) \qquad F(1, u, z) = P(u, z)\, f(1, u, z) + Q(u, z)\, g(1, u, z),$$

wobei P und Q Polynome in z sind, deren Koeffizienten Potenzreihen in u sind.

Bricht man diese Potenzreihen alle bei einer genügend hohen Potenz von u ab, so folgt aus Satz 4 (§ 48) sofort, daß die NOETHERschen Bedingungen im Punkte O erfüllt sind. Wir wollen aber, um zu einem möglichst kurzen Beweis des Satzes vom Doppelpunktdivisor zu kommen, die Anwendung des Satzes 4 vermeiden und lieber direkt Satz 1 desselben Paragraphen verwenden.

Wie in § 48 gezeigt wurde, kann man in einer Identität der Gestalt (9) den Grad von $Q(u, z)$ in z immer $< n$ annehmen. Die Darstellung wird dann eindeutig. Multipliziert man diese eindeutige Darstellung auf beiden Seiten mit der Resultante R von f und g nach z und vergleicht sie mit (4), § 48, so folgt wegen der Eindeutigkeit der Darstellung

$$S = RP, \qquad T = RQ.$$

Dabei ist R ein Polynom in u allein, das den Faktor u^σ enthält (wo σ die Schnittmultiplizität von O als Schnittpunkt von $f = 0$ und $g = 0$ ist), während Q eine Potenzreihe in u ist, deren Koeffizienten Polynome in z sind. Ordnet man nun in der letzten Gleichung $T = RQ$ beide Seiten nach steigenden Potenzen von u, so sieht man, daß T durch u^σ teilbar ist. Das sind aber genau die NOETHERschen Bedingungen im Punkt O.

Da dasselbe für jeden beliebigen Schnittpunkt von $f = 0$ und $g = 0$ gilt, so folgt nach Satz 1 (§ 48), daß im Bereich der Formen eine Identität

$$F = A f + B g$$

besteht. Damit ist der Satz vom Doppelpunktdivisor bewiesen.

Aufgabe. Man stelle den hier gegebenen Beweis so dar, daß darin keine Potenzreihen mehr vorkommen, indem man alle vorkommenden Potenzreihen bei einer genügend hohen Potenz von t bzw. u abbricht.

§ 51. Der RIEMANN-ROCHsche Satz.

Die Frage, die durch den RIEMANN-ROCHschen Satz beantwortet wird, lautet: Wie groß ist die Dimension einer Vollschar, oder, was dasselbe ist, die Dimension einer Divisorenklasse gegebenen Grades auf einer algebraischen Kurve Γ?

Da der Begriff einer Vollschar birational invariant ist, können wir Γ durch jedes birationale Bild von Γ ersetzen. Wir können daher annehmen, daß Γ eine ebene Kurve mit nur normalen Singularitäten (das sind mehrfache Punkte mit getrennten Tangenten) ist. Der Grad

dieser Kurve sei m, die „Zahl der Doppelpunkte" d, das Geschlecht p.
Dann ist also

$$p = \frac{(m - 1)\,(m - 2)}{2} - d$$

und

$$d = \sum \frac{r\,(r - 1)}{2},$$

summiert über alle mehrfachen (r-fachen) Punkte der Kurve.

Eine besondere Rolle spielt eine Divisorenklasse, die *Differential-klasse* oder *kanonische Klasse*. Die Nullstellen und Pole eines Differentials im Sinn von § 26,

$$f(u, \omega)\,du,$$

bilden, wenn man die Nullstellen mit positiven und die Pole mit negativen Vielfachheiten rechnet, einen Divisor. Da alle Differentiale aus dem Differential du durch Multiplikation mit einer Funktion $f(u, \omega)$ entstehen, so sind alle zugehörigen Divisoren äquivalent. Sie bilden somit eine Klasse, die *Differentialklasse*.

Der Grad der Differentialklasse, d. h. die Zahl der Nullstellen vermindert um die Zahl der Pole eines Differentials, ist nach § 26 gleich

$$2\,p - 2.$$

Wir fragen nun nach der Dimension der Differentialschar, d. h. nach der Dimension der Vollschar, die aus den effektiven Divisoren der Differentialklasse besteht. Diese effektiven Divisoren gehören zu Differentialen ohne Pole (Differentialen erster Gattung). Nach § 49 stehen diese Differentiale in enger Beziehung zu den adjungierten Kurven ($m - 3$)-ten Grades, die man auch *kanonische Kurven* nennt. Schneidet nämlich eine solche kanonische Kurve außer dem Doppelpunktdivisor D einen Divisor C aus Γ aus, so ist C ein effektiver Divisor der Differentialklasse, und da die kanonischen Kurven außer D stets eine Vollschar ausschneiden, so erhält man in dieser Weise auch alle effektiven Divisoren der Differentialklasse.

Wenn wir im folgenden sagen, eine adjungierte Kurve φ schneide den Divisor C aus, so meinen wir stets, daß die Kurve außer dem Doppelpunktdivisor D den Divisor C ausschneidet. Ebenso sagen wir, φ gehe durch den Divisor C', wenn φ mindestens den Divisor $D + C'$ ausschneidet, also wenn C' in dem vorhin betrachteten Divisor C als Teil enthalten ist.

Im Fall $p = 0$ ist $2\,p - 2$ negativ, daher kann es keine effektiven Divisoren in der Differentialklasse geben. Die Dimension der Differentialklasse ist in diesem Fall nach der in § 46 getroffenen Vereinbarung gleich -1 zu setzen.

Es sei also $p \geq 1$ und somit $m \geq 3$. Die Anzahl der linear unabhängigen Kurven ($m - 3$)-ten Grades in der Ebene ist

$$\frac{(m - 1)\,(m - 2)}{2}.$$

Soll eine solche Kurve adjungiert sein, so haben ihre Koeffizienten in jedem r-fachen Punkt

$$\frac{r\,(r-1)}{2}$$

lineare Bedingungsgleichungen zu erfüllen. Die Zahl der linear unabhängigen adjungierten Kurven $(m-3)$-ten Grades ist also mindestens gleich

$$\frac{(m-1)\,(m-2)}{2} - \sum \frac{r\,(r-1)}{2} = \frac{(m-1)\,(m-2)}{2} - d = p.$$

Es gibt also für $p \geq 1$ immer kanonische Kurven[1]), und die Dimension der von ihnen ausgeschnittenen Vollschar beträgt mindestens $p-1$.

Bestimmen wir in derselben Weise die Dimension der von den adjungierten Kurven $(m-1)$-ten Grades ausgeschnittenen Vollschar, so finden wir mindestens den Wert

$$\frac{m\,(m+1)}{2} - d - 1 = p + 2\,m - 2.$$

Der Grad dieser Vollschar ist gleich

$$m\,(m-1) - 2\,d = 2\,p + 2\,m - 2.$$

Diese Rechnungen gelten auch für $p = 0$.

Folgerung. *Wenn der Divisor C aus $p+1$ Punkten besteht, so hat die Vollschar $|C|$ mindestens die Dimension 1.*

Beweis. Durch die $p+1$ Punkte kann man eine adjungierte Kurve $(m-1)$-ten Grades legen; denn die oben errechnete Dimension ist $\geq p+1$, wenn der triviale Fall $m=1$ ausgeschlossen wird. Diese Kurve schneidet außer C einen Rest C' aus, der aus

$$(2\,p + 2\,m - 2) - (p+1) = p + 2\,m - 3$$

Punkten besteht. Der Rest von C' in bezug auf die adjungierten Kurven $(m-1)$-ter Ordnung ist nunmehr eine Vollschar, die den Divisor C enthält und mindestens die Dimension

$$(p + 2\,m - 2) - (p + 2\,m - 3) = 1$$

hat. Damit ist die Behauptung bewiesen.

Ist speziell $p = 0$, so folgt, daß jeder einzelne Punkt einer Vollschar von der Dimension 1 angehört. Diese Vollschar bildet die Kurve Γ birational auf eine Gerade ab. *Somit ist jede Kurve vom Geschlechte 0 birational äquivalent einer Geraden.* Solche Kurven heißen *rationale* oder *unikursale Kurven.*

---

[1]) Nur im Fall $m = 3$ kann man nicht eigentlich von adjungierten „Kurven" des Grades $m - 3 = 0$ sprechen; wohl aber gibt es bei einer doppelpunktfreien kubischen Kurve adjungierte Formen vom Grad 0, nämlich die Konstanten. Die von ihnen ausgeschnittene Vollschar (von der Dimension 0) besteht nur aus dem Nulldivisor, wie übrigens immer im Fall $p = 1$.

Zum Beweis des RIEMANN-ROCHschen Satzes haben BRILL und NOETHER den folgenden Reduktionssatz aufgestellt:

Es sei C ein effektiver Divisor und P ein einfacher Punkt von Γ. Wenn es dann eine kanonische Kurve φ gibt, die durch C, aber nicht durch $C + P$ geht, so ist P ein fester Punkt der Vollschar $|C + P|$.

Beweis. Man lege durch P eine Gerade g, die Γ in m verschiedenen Punkten $P, P_2, \ldots P_m$, schneidet. g und φ bilden zusammen eine adjungierte Kurve vom Grade $m - 2$, die durch $C + P$ geht und außerdem einen Rest E aus Γ ausschneidet, zu dem wohl die Punkte $P_2, \ldots, P_m$ gehören, aber nicht der Punkt P. Um nun die Vollschar $|C + P|$ zu erhalten, hat man nach § 49 durch E alle möglichen adjungierten Kurven der Ordnung $m - 2$ zu legen. Alle diese haben mit der Geraden g die $m - 1$ Punkte $P_2, \ldots, P_m$ gemeinsam; also enthalten diese die Gerade und daher auch den Punkt P. Mithin ist P ein fester Punkt der Vollschar.

Unter dem *Spezialitätsindex i* eines effektiven Divisors C versteht man die Anzahl der linear unabhängigen kanonischen Kurven, die durch C gehen. Gibt es keine solche Kurven, so ist $i = 0$ zu setzen. Ist $i > 0$, so heißt C ein *spezieller Divisor* und die Vollschar $|C|$ eine *Spezialschar*.

Eine Spezialschar $|C|$ kann stets als Rest eines zweiten speziellen Divisors C' in bezug auf die kanonische Schar $|W|$ erhalten werden. Legt man nämlich durch C eine kanonische Kurve, so schneidet diese einen Divisor $C + C' = W$ aus, und die Vollschar $|C|$ ist nach § 49 der Rest von C' in bezug auf die kanonische Vollschar $|W|$.

Ein Divisor, dessen Grad $> 2p - 2$ ist, ist sicher nicht speziell, denn W hat den Grad $2p - 2$. Andererseits ist ein Divisor, dessen Grad $< p$ ist, sicher speziell; denn durch $p - 1$ Punkte kann man immer einen Divisor der Vollschar $|W|$ legen, da diese mindestens die Dimension $p - 1$ hat.

Der RIEMANN-ROCHsche Satz (in der BRILL-NOETHERschen Fassung) besagt nun:

Ist n der Grad und i der Spezialitätsindex eines effektiven Divisors C, und ist r die Dimension der Vollschar $|C|$, so gilt

$$(1) \qquad\qquad r = n - p + i.$$

Beweis. 1. Fall. $i = 0$. Ist $r > 0$, so halten wir einen Punkt P, der nicht von vornherein fester Punkt für alle Divisoren der Vollschar ist, fest und bilden den Rest $|C_1|$ von P in bezug auf $|C|$. Der Spezialitätsindex von C_1 ist dann wieder Null; denn wenn es adjungierte Kurven gäbe, die durch C_1 gingen, so wäre nach dem Reduktionssatz P ein fester Punkt von $|C_1 + P| = |C|$, was nicht der Fall ist. Beim Übergang von C auf C_1 verringern sich die Dimension r und der Grad n beide um 1, während p und $i\,(=0)$ sich nicht ändern; also gilt (1) für C, sobald (1) für C_1 gilt.

In dieser Weise fährt man fort, indem man immer wieder einen Punkt festhält, bis die Dimension der Vollschar Null geworden ist. Wir haben nun zu beweisen, daß für diesen Fall ($r=i=0$) die Formel (1) gilt, d. h. daß in diesem Fall $n=p$ ist. Jedenfalls kann n nicht $< p$ sein, da dann nach einer vorhin gemachten Bemerkung der Divisor speziell, also $i>0$ wäre. Wäre nun $n>p$, so könnte man $p+1$ Punkte von C auswählen und diesen Divisor in eine lineare Schar von einer Dimension >0 einbetten (s. die „Folgerung" oben). Fügte man nun noch die übrigen Punkte von C als feste Punkte hinzu, so erhielte man eine lineare Schar, die C enthält, von einer Dimension >0, im Widerspruch zur Annahme $r=0$. Also bleibt nur die Möglichkeit $n=p$ übrig, womit (1) für diesen Fall bewiesen ist.

2. Fall. $i>0$. Vollständige Induktion nach i: für Divisoren vom Spezialitätsindex $i-1$ sei die Formel (1) richtig. Wir legen durch C eine kanonische Kurve, was wegen $i>0$ möglich ist, und wählen einen einfachen Punkt P von Γ außerhalb dieser Kurve. Nach dem Reduktionssatz ist dann P ein fester Punkt der Vollschar $|C+P|$. Diese Vollschar hat somit dieselbe Dimension r wie die ursprüngliche Vollschar $|C|$, sie hat weiter den Grad $n+1$ und den Spezialitätsindex $i-1$; denn die Bedingung, außer C noch P zu enthalten, kommt auf eine lineare Bedingungsgleichung für die Koeffizienten einer kanonischen Kurve hinaus. Nach der Induktionsvoraussetzung ist also

$$r = (n+1) - p + (i-1) = n - p + i.$$

Damit ist der Beweis beendet. Er hat einfach darin bestanden, daß man im ersten Fall $|C-P|$, im zweiten Fall $|C+P|$ bildet und beide Male den Reduktionssatz anwendet, wodurch r und i solange verringert werden, bis sie beide Null geworden sind.

1. Folgerung. Es gilt stets $r \geq n-p$, mit dem Gleichheitszeichen für nicht spezielle Divisoren.

2. Folgerung. Die Dimension der kanonischen Schar ist genau gleich $p-1$. Denn ihr Grad ist $n=2p-2$ und ihr Spezialitätsindex $i=1$.

Der Riemann-Rochsche Satz läßt sich auch anders formulieren. Bedeutet $\{C\}$ die Dimension der Vollschar $|C,|$ so ist offenbar

$$\{W-C\} = i-1,$$

also nimmt die Formel (1) die Gestalt

$$(2) \qquad \{C\} = n - p + 1 + \{W-C\}$$

an. Führt man noch die Ordnung von $|W-C|$,

$$n' = (2p-2) - n$$

ein, so kann man (2) auf die symmetrische Form

$$(3) \qquad \{C\} - \frac{n}{2} = \{W-C\} - \frac{n'}{2}$$

bringen.

Die Formel (3) wurde für den Fall bewiesen, daß C ein effektiver Divisor oder wenigstens äquivalent einem solchen war. Da man aber die Rollen von C und $W-C$ vertauschen kann, so gilt (3) und damit (2) auch dann, wenn $W-C$ äquivalent einem effektiven Divisor ist. Es ist nun aber sehr leicht zu zeigen, daß (2) sogar dann gilt, wenn weder C noch $W-C$ einem ganzen Divisor äquivalent sind, also wenn $\{C\} = \{W-C\} = -1$ ist.

C sei die Differenz von zwei ganzen Divisoren: $C = A - B$. Der Grad von B sei b, der von A also $n + b$. Wäre $n \geq p$, so wäre die Dimension der Vollschar $|A|$ nach der 1. Folgerung

$$\geq (n + b) - p \geq b,$$

also könnte man einen zu A äquivalenten effektiven Divisor A' finden, der B als Bestandteil enthält, und es wäre $C = A - B \sim A' - B$ äquivalent einem effektiven Divisor, entgegen der Voraussetzung. Also ist $n \leq p - 1$. Ebenso ist aber auch

$$n' = (2p - 2) - n \leq p - 1, \quad \text{also } n \geq p - 1.$$

Es folgt $n = p - 1$; mithin haben beide Seiten von (2) den Wert -1.

Somit gilt die Formel (2) *für jeden Divisor* C *vom Grade* n. Diese Aussage ist der allgemeine Riemann-Rochsche Satz.

Aufgaben. 1. Ist $C = A - B$ die Differenz von zwei ganzen Divisoren, so ist der Spezialitätsindex

$$i = \{W - C\} + 1$$

gleich der Anzahl der linear unabhängigen Differentiale, die in den Punkten von A Nullstellen von mindestens der durch die Vielfachheit des Punktes angegebenen Ordnung und nur in den Punkten von B Pole von höchstens der durch die Vielfachheit angegebenen Ordnung haben.

2. Auf Grund von Aufgabe 1 zeige man: Es gibt genau p linear unabhängige Differentiale ohne Pole. Es gibt keine Differentiale mit genau einem Pol 1. Ordnung. Die Anzahl der linear unabhängigen Differentiale mit zwei Polen 1. Ordnung oder einem Pol 2. Ordnung ist $p + 1$, also um 1 größer als die Anzahl der Differentiale ohne Pole. Nimmt man einen weiteren Pol hinzu oder erhöht die Ordnung eines Poles um 1, so erhöht sich die Anzahl der linear unabhängigen Differentiale jedesmal um 1.

3. Eine Kurve vom Geschlecht 1 („elliptische Kurve") ist stets birational äquivalent einer ebenen Kurve 3. Ordnung ohne Doppelpunkt. (Die rationale Abbildung wird durch eine Vollschar von der Dimension 2 und der Ordnung 3 vermittelt.)

4. Eine Kurve vom Geschlecht 2 ist äquivalent einer Kurve 4. Ordnung mit einem Doppelpunkt.

5. Eine Kurve vom Geschlecht 3 ist entweder birational äquivalent einer Kurve 4. Ordnung ohne Doppelpunkte oder einer Kurve 5. Ordnung mit einem dreifachen Punkt, je nachdem ob ihre kanonische Schar einfach oder zusammengesetzt ist.

§ 52. Der Noethersche Satz für den Raum.

Es seien f und g zwei teilerfremde Formen in x_0, x_1, x_2, x_3. Wir fragen nach den Bedingungen, unter denen eine dritte Form F sich in der Gestalt

$$(1) \qquad F = A f + B g$$

darstellen läßt. Die Antwort wird durch den folgenden Satz gegeben:

Wenn eine allgemeine Ebene die Flächen $f=0$, $g=0$ und $F=0$ in solchen Kurven schneidet, daß die dritte Kurve in jedem Schnittpunkt der ersten beiden die NOETHERschen Bedingungen (vgl. § 48) erfüllt, so gilt (1).

Beweis. Die allgemeine Ebene sei durch drei allgemeine Punkte p, q, r bestimmt; ihre Parameterdarstellung laute

$$(2) \qquad y_k = \lambda_1 p_k + \lambda_2 q_k + \lambda_3 r_k.$$

Die Gleichungen der Schnittkurven werden erhalten durch Einsetzen von (2) in die Gleichungen $f=0$, $g=0$, $F=0$. Nach dem NOETHERschen Satz für die Ebene gilt, da die NOETHERschen Bedingungen erfüllt sind,

$$(3) \qquad \begin{cases} F(\lambda_1 p + \lambda_2 q + \lambda_3 r) = \\ A(\lambda)\, f(\lambda_1 p + \lambda_2 q + \lambda_3 r) + B(\lambda)\, g(\lambda_1 p + \lambda_2 q + \lambda_3 r) \end{cases}$$

identisch in $\lambda_1, \lambda_2, \lambda_3$. Nach dem Zusatz zu Satz 1 (§ 48) sind die Koeffizienten der Formen $A(\lambda)$ und $B(\lambda)$ rationale Funktionen von p, q, r.

Die Punkte p, q, r können so spezialisiert werden, daß diese rationalen Funktionen sinnvoll bleiben. Wir wählen speziell für p und q feste Punkte, für r den allgemeinen Punkt einer festen Geraden

$$r = s + \mu\, t.$$

Setzen wir das in (3) ein, so erhalten wir

$$(4) \qquad \begin{cases} F(\lambda_1 p + \lambda_2 q + \lambda_3 s + \lambda_3 \mu\, t) \\ = A(\lambda)\, f(\lambda_1 p + \lambda_2 q + \lambda_3 s + \lambda_3 \mu t) + B(\lambda)\, g(\lambda_1 p + \lambda_2 q + \lambda_3 s + \lambda_3 \mu t). \end{cases}$$

Wir bezeichnen die linke Seite kurz mit $F_1(\lambda, \mu)$ und verwenden entsprechend die Bezeichnungen f_1 und g_1. Die Formen $A(\lambda)$ und $B(\lambda)$ hängen rational von μ ab. Wir multiplizieren beide Seiten von (4) mit einem solchen Polynom in μ, daß die rechte Seite ganzrational in μ wird:

$$(5) \qquad h(\mu)\, F_1(\lambda, \mu) = A_1(\lambda, \mu)\, f_1(\lambda, \mu) + B_1(\lambda, \mu)\, g_1(\lambda, \mu).$$

Wir zerlegen $h(\mu)$ in Linearfaktoren:

$$h(\mu) = (\mu - \alpha_1)(\mu - \alpha_2) \ldots (\mu - \alpha_s)$$

und versuchen, (5) schrittweise so umzuformen, daß diese Linearfaktoren der Reihe nach weggekürzt werden können. Setzen wir in (5) $\mu = \alpha_1$, so verschwindet die linke Seite und es kommt

$$(6) \qquad A_1(\lambda, \alpha_1)\, f_1(\lambda, \alpha_1) + B_1(\lambda, \alpha_1)\, g_1(\lambda, \alpha_1) = 0.$$

Falls die Schnittkurve der Flächen $f=0$ und $g=0$ ebene Kurven Γ_e als Bestandteile enthält, können wir immer p und q so wählen, daß sie nicht beide zusammen mit einer Kurve Γ_e in einer Ebene liegen. Das bedeutet, daß die Formen in $\lambda_1, \lambda_2, \lambda_3$

$$f_1(\lambda, \alpha) = f(\lambda_1 p + \lambda_2 q + \lambda_3 s + \lambda_3 \alpha\, t)$$
$$g_1(\lambda, \alpha) = g(\lambda_1 p + \lambda_2 q + \lambda_3 s + \lambda_3 \alpha\, t)$$

für jeden Wert von α teilerfremd sind. Aus (6) folgt sodann, daß $A_1(\lambda, \alpha_1)$ durch $g_1(\lambda, \alpha_1)$ und $B_1(\lambda, \alpha_1)$ durch $f_1(\lambda, \alpha_1)$ teilbar ist:

$$A_1(\lambda, \alpha_1) = C_1(\lambda)\, g_1(\lambda, \alpha_1)$$
$$B_1(\lambda, \alpha_1) = -\, C_1(\lambda)\, f_1(\lambda, \alpha_1).$$

Die Differenzen

$$A_1(\lambda, \mu) - C_1(\lambda)\, g_1(\lambda, \mu)$$
$$B_1(\lambda, \mu) + C_1(\lambda)\, f_1(\lambda, \mu)$$

werden beide Null für $\mu = \alpha_1$ und sind somit durch $\mu - \alpha_1$ teilbar:

$$A_1(\lambda, \mu) = C_1(\lambda)\, g_1(\lambda, \mu) + (\mu - \alpha_1)\, A_2(\lambda, \mu)$$
$$B_1(\lambda, \mu) = -\, C_1(\lambda)\, f_1(\lambda, \mu) + (\mu - \alpha_1)\, B_2(\lambda, \mu).$$

Setzt man das in (5) ein, so heben sich die Glieder mit $C_1(\lambda)$ weg, und es folgt

$$h(\mu)\, F_1(\lambda, \mu) = (\mu - \alpha_1)\, A_2(\lambda, \mu)\, f_1(\lambda, \mu) + (\mu - \alpha_1)\, B_2(\lambda, \mu)\, g_1(\lambda, \mu).$$

Man kann nun beide Seiten durch $\mu - \alpha_1$ kürzen und das Verfahren so oft wiederholen, bis alle Faktoren $(\mu - \alpha_1) \ldots (\mu - \alpha_s)$ weggekürzt sind. Es folgt

$$F_1(\lambda, \mu) = A(\lambda, \mu)\, f_1(\lambda, \mu) + B(\lambda, \mu)\, g_1(\lambda, \mu).$$

Wir setzen hier links und rechts

$$\mu = \frac{\lambda_4}{\lambda_3}$$

ein, wo λ_4 eine neue Unbestimmte ist, multiplizieren links und rechts mit einer solchen Potenz von λ_3, daß alles wieder ganzrational wird, und kürzen die Faktoren λ_3 nach dem eben beschriebenen Verfahren dann wieder weg. So erhalten wir

$$(7) \quad \left\{ \begin{aligned} &F_1(\lambda_1 p + \lambda_2 q + \lambda_3 s + \lambda_4 t) \\ &= A'(\lambda)\, f(\lambda_1 p + \lambda_2 q + \lambda_3 s + \lambda_4 t) + B'(\lambda)\, g(\lambda_1 p + \lambda_2 q + \lambda_3 s + \lambda_4 t). \end{aligned} \right.$$

Schließlich löse man die Gleichungen

$$\lambda_1 p_k + \lambda_2 q_k + \lambda_3 s_k + \lambda_4 t_k = x_k$$

nach $\lambda_1, \lambda_2, \lambda_3, \lambda_4$ auf, was immer möglich ist, wenn p, q, r, s linear unabhängige Punkte sind, und setze die so gefundenen λ-Werte in (7) ein. (7) geht dann in die gesuchte Identität (1) über.

Aus dem Beweis folgt, daß man statt der Forderung, die Noetherschen Bedingungen seien in einer *allgemeinen* Ebene erfüllt, auch die andere stellen kann, daß sie in einer allgemeinen Ebene eines bestimmten Büschels erfüllt sein sollen, wobei nur vorausgesetzt werden muß, daß keine Ebene dieses Büschels einen Bestandteil der Schnittkurve der Flächen $f = 0$ und $g = 0$ enthält.

Die Bedingungen des Noetherschen Satzes für den Raum sind insbesondere dann erfüllt, wenn jeder Bestandteil der Schnittkurve von

$f=0$ und $g=0$ die Multiplizität Eins hat und wenn $F=0$ die ganze Schnittkurve enthält, oder auch dann, wenn die Schnittpunkte einer allgemeinen Ebene mit der Schnittkurve von $f=0$ und $g=0$ einfache Punkte von $f=0$ sind und jeder irreduzible Bestandteil dieser Schnittkurve mit mindestens derselben Vielfachheit auch in der Schnittkurve von $F=0$ und $f=0$ vorkommt (vgl. § 48, Satz 2).

In genau derselben Weise, wie der NOETHERsche Satz hier von der Ebene auf den Raum übertragen wurde, kann er auch vom Raum S_n auf den Raum S_{n+1} übertragen werden. Durch vollständige Induktion nach n folgt somit der *NOETHERsche Satz für den Raum S_n:*

Wenn eine allgemeine Ebene S_2 in S_n die Hyperflächen $f=0$, $g=0$ und $F=0$ (wobei f und g teilerfremde Formen sind) in solchen Kurven schneidet, daß die dritte Kurve in jedem Schnittpunkt der ersten beiden die NOETHERschen *Bedingungen erfüllt, so gilt eine Identität*

$$F = A f + B g.$$

Als Anwendung beweisen wir den folgenden Satz:

Eine algebraische Mannigfaltigkeit M von der Dimension $n-2$ auf einer doppelpunktfreien Quadrik Q des Raumes S_n ist für $n>3$ stets der Durchschnitt von Q mit einer anderen Hyperfläche.

Beweis. Wir projizieren M aus einem außerhalb von M gelegenen Punkt O der Quadrik Q. Der projizierende Kegel K ist eine Hyperfläche des Raumes S_n. Der Durchschnitt von Q und K besteht aus den Punkten A von Q, deren Verbindungslinien mit O die Mannigfaltigkeit M treffen. Liegt ein solcher Punkt A nicht in der Tangentialhyperebene von Q in O, so liegt OA nicht auf Q und trifft daher Q nur in O und A; da nun O nicht zu M gehört, muß A zu M gehören. Der vollständige Durchschnitt von Q und K besteht also aus allen Punkten von M und möglicherweise noch aus gewissen Punkten der Tangentialhyperebene S_{n-1} von Q in O.

Nun schneidet S_{n-1} die Quadrik Q in einem quadratischen Kegel K_{n-2}, dessen Durchschnitt mit einem beliebigen S_{n-2} in S_{n-1} nach § 9 eine doppelpunktfreie Quadrik Q_{n-3} in S_{n-2} ist. Eine solche ist für $n>3$ stets irreduzibel; also ist der Kegel K_{n-2} auch irreduzibel (und von der Dimension $n-2$).

Alle irreduziblen Bestandteile des Durchschnittes von Q und K haben nach § 41 die Dimension $n-2$. Zu diesen Bestandteilen gehören zunächst die irreduziblen Bestandteile von M. Falls es noch weitere irreduzible Bestandteile gibt, so sind sie, wie wir sahen, in dem irreduziblen Kegel K_{n-2} enthalten, also, da dieser irreduzibel ist und die gleiche Dimension $n-2$ hat, mit ihm identisch. Der Durchschnitt von Q und K besteht also aus M und dem Kegel K_{n-2} mit einer gewissen Vielfachheit μ, die auch Null sein kann.

Ist $\mu = 0$, so sind wir schon fertig. Es sei also $\mu > 0$. Die μ-mal gezählte Ebene S_{n-1} möge die Gleichung $L^\mu = 0$ haben. Weiter mögen K und Q die Gleichungen $K = 0$ und $Q = 0$ haben. Dann ist der Durchschnitt von L^μ und Q in K enthalten. Die NOETHERSchen Bedingungen sind, wenn man L^μ, Q und K mit einer allgemeinen Ebene schneidet, erfüllt, denn Q hat keine vielfachen Punkte und K schneidet Q in K_{n-2} mit derselben Vielfachheit μ wie L^μ. Also besteht eine Identität

$$K = A\,Q + B\,L^\mu.$$

Der Schnitt von $K = 0$ mit $Q = 0$ ist derselbe wie der Schnitt von $Q = 0$ und $B L^\mu = 0$. Er zerfällt in den μ-mal gezählten Kegel K_{n-2} und die Mannigfaltigkeit M. Also ist M der vollständige Schnitt der Hyperflächen $Q = 0$ und $B = 0$. Damit ist der Satz bewiesen.

Im Spezialfall $n = 5$ erhalten wir, wenn wir die Punkte der Quadrik Q nach § 7 auf die Geraden des Raumes S_3 abbilden, den folgenden Satz von FELIX KLEIN:

Jeder Geradenkomplex in S_3 wird gegeben durch zwei Gleichungen in den PLÜCKERschen Koordinaten, von denen die erste die Identität

$$\pi_{01}\pi_{23} + \pi_{02}\pi_{31} + \pi_{03}\pi_{12} = 0$$

ist.

§ 53. Raumkurven bis zur vierten Ordnung.

Wir wollen in diesem Paragraphen die irreduziblen Raumkurven der niedrigsten Ordnungen 1, 2, 3 und 4 in S_3 aufzählen und untersuchen.

Eine Raumkurve der Ordnung 1 ist eine Gerade.

Legt man nämlich durch 2 ihrer Punkte zwei Ebenen, so haben diese beide mehr als einen Schnittpunkt mit der Kurve und enthalten sie daher.

Eine irreduzible Raumkurve der Ordnung 2 ist ein Kegelschnitt.

Legt man nämlich durch drei ihrer Punkte eine Ebene, so muß diese die Raumkurve enthalten. Eine ebene Kurve 2. Ordnung ist aber ein Kegelschnitt.

Eine irreduzible Raumkurve der Ordnung 3 ist entweder eine ebene Kurve oder eine kubische Raumkurve im Sinne des § 11.

Durch 7 Punkte der Kurve kann man nämlich immer zwei quadratische Flächen legen. Beide müssen die Kurve enthalten, da sie mehr als 6 Schnittpunkte mit ihr haben. Zerfällt eine dieser Flächen in zwei Ebenen, so liegt die Kurve in einer dieser Ebenen und ist eine ebene kubische Kurve. Sind aber beide Flächen irreduzibel, so haben sie keinen Bestandteil gemeinsam und ihr Durchschnitt ist eine Kurve 4. Ordnung, welche die gegebene Kurve 3. Ordnung enthält und daher in sie und eine Gerade zerfällt. Der Schnitt von zwei quadratischen Flächen, die eine Gerade gemeinsam haben, besteht nach § 11 aus dieser Geraden und einer kubischen Raumkurve (oder zerfällt in Geraden und Kegelschnitten).

Eine irreduzible Raumkurve 4. Ordnung ist entweder eine ebene Kurve oder liegt auf mindestens einer irreduziblen quadratischen Fläche.

Durch 9 Punkte der Kurve kann man nämlich immer eine Quadrik legen. Diese muß die Kurve enthalten, da sie mehr als 8 Schnittpunkte mit ihr hat. Zerfällt sie in zwei Ebenen, so liegt die Kurve in einer von diesen Ebenen; andernfalls liegt sie auf einer irreduziblen Quadrik.

Von den ebenen Kurven 4. Ordnung können wir absehen; wir wenden uns den eigentlichen Raumkurven zu. Gehen durch eine solche zwei verschiedene (irreduzible) Quadriken, so ist die Raumkurve offenbar der vollständige Schnitt dieser beiden Flächen. Sie heißt dann eine *Raumkurve 4. Ordnung erster Art* und wird mit C_I^4 bezeichnet. Geht durch sie dagegen nur eine Quadrik, so heißt sie eine *Raumkurve 4. Ordnung zweiter Art C_{II}^4.*

Dabei gilt der folgende Satz:

Liegt eine Raumkurve 4. Ordnung auf einem quadratischen Kegel K, so ist sie von erster Art, d. h. sie ist der vollständige Schnitt des Kegels mit einer zweiten Quadrik.

Beweis. Durch 13 Punkte der Kurve gehen mindestens ∞^6 kubische Flächen, denn die kubischen Flächen können nach § 10 auf Punkte eines linearen Raumes S_{19} abgebildet werden, in dem 13 lineare Gleichungen einen mindestens 6-dimensionalen Teilraum bestimmen. Zu diesen ∞^6 Flächen gehören die ∞^3 zerfallenden Flächen, die den Kegel K als Bestandteil enthalten. Es gibt somit mindestens eine die Kurve enthaltende kubische Fläche, die den Kegel K nicht als Bestandteil enthält. Diese Fläche F schneidet K in einer Kurve 6. Ordnung, welche die gegebene Kurve C^4 als Bestandteil enthält, also aus C^4 und einem Kegelschnitt oder aus C^4 und zwei Geraden besteht. Ein Kegelschnitt oder Geradenpaar auf K ist aber immer ein ebener Schnitt des Kegels K[1]), etwa der Schnitt von K mit einer Ebene E.

Wir wenden nun auf F, K und E den räumlichen NOETHERschen Satz an. F enthält den vollständigen Schnitt von K und E. Besteht diese aus zwei zusammenfallenden Geraden, so enthält der Schnitt von F und K diese Gerade ebenfalls doppelt; die NOETHERschen Bedingungen sind also jedenfalls erfüllt. Sind $F = 0$, $K = 0$, $E = 0$ die Gleichungen von F, K, E, so folgt

$$F = AK + BE.$$

Die Kurve C^4 liegt auf den Flächen $F = 0$ und $K = 0$, aber nicht in der Ebene $E = 0$, also liegt sie auf der Quadrik $B = 0$. Damit ist der Satz bewiesen.

---

[1]) Der Schluß gilt nur für Kegel, nicht für andere Quadriken; denn ein Geradenpaar auf einer quadratischen Regelfläche kann aus zwei windschiefen Geraden bestehen.

Aus dem Satz folgt, daß eine Raumkurve 4. Ordnung zweiter Art nicht auf einem Kegel, sondern auf einer doppelpunktfreien Quadrik Q liegt. Bringt man weiter durch die Kurve C^4 eine Q nicht enthaltende kubische Fläche F, so besteht der vollständige Schnitt von F und Q aus der Kurve C^4 und zwei (eventuell zusammenfallenden) Geraden *derselben* Schar. Denn wenn der Restschnitt ein irreduzibler Kegelschnitt wäre oder aus zwei Geraden von verschiedenen Scharen bestünde, könnte man auf Grund der beim letzten Beweis angewandten Schlußweise mit Hilfe des NOETHERschen Satzes folgern, daß C noch auf einer zweiten quadratischen Fläche gelegen, mithin von erster Art wäre.

Die beiden Regelscharen auf der Quadrik Q mögen mit I und II bezeichnet werden, die beiden windschiefen oder zusammenfallenden Geraden, in denen F und Q sich außer in C^4 noch treffen, mit g und g'. Wir können annehmen, daß g und g' zur Schar I gehören. Eine allgemeine Gerade der Schar I schneidet die Fläche F in drei Punkten, also schneidet sie auch die Kurve C^4 in drei Punkten. (Daß diese alle drei verschieden sind, folgt z. B. aus dem ersten Satz von BERTINI, § 47). Eine allgemeine Gerade der Schar II schneidet F ebenfalls in drei Punkten, von denen aber zwei auf g und g' entfallen, so daß nur einer für C^4 übrig bleibt. Die Kurve C^4 wird somit von jeder allgemeinen Geraden der Schar I in drei Punkten, von jeder Geraden der Schar II aber in einem Punkt getroffen.

Durch diese Eigenschaft unterscheidet sie sich wesentlich von den auf Q gelegenen Kurven erster Art C_I^4, die man erhält, indem man Q mit einer anderen quadratischen Fläche schneidet. Denn diese werden von allen Erzeugenden von Q offenbar in zwei Punkten geschnitten. Daraus folgt, daß der Restschnitt von Q mit einer kubischen Fläche F, die zwei Erzeugende der Schar I mit Q gemeinsam hat, niemals eine Kurve erster Art C_I^4 sein kann; denn er schneidet jede Erzeugende der Schar I in drei Punkten und jede der Schar II in einem Punkt.

Wir fassen zusammen: *Es gibt zwei Arten von biquadratischen Raumkurven. Eine Kurve C_I^4 ist nach Definition der vollständige Schnitt von zwei Quadriken. Eine Kurve C_{II}^4 ist der Restschnitt einer quadratischen Regelfläche Q mit einer kubischen Fläche F, die zwei Erzeugende einer Regelschar von Q enthält. Umgekehrt ist jeder solche Restschnitt, sofern er irreduzibel ist, eine C_{II}^4. Eine C_{II}^4 schneidet jede Erzeugende der einen Regelschar von Q in drei Punkten, jede der anderen Schar in einem Punkt. Eine C_I^4 dagegen schneidet jede Erzeugende einer jeden sie enthaltenden Quadrik in zwei Punkten.*

Die Kurve C_{II}^4 ist *rational*. Legen wir nämlich durch eine Erzeugende der Schar I alle möglichen Ebenen, so schneiden diese die Fläche Q in den Erzeugenden der Schar II, die Kurve C_{II}^4 also je in einem Punkt (abgesehen von den drei festen Schnittpunkten der Kurve mit der Erzeugenden der Schar I, von der wir ausgingen). Es gibt somit auf C_{II}^4

eine lineare Schar von Punktgruppen der Ordnung 1. Diese bildet die C_{II}^4 nach § 43 birational auf eine Gerade ab.

Zum näheren Studium der Kurven 4. Ordnung auf einer quadratischen Regelfläche Q bringen wir die Gleichung von Q auf die Form

$$y_0 y_1 - y_2 y_3 = 0$$

und führen zwei homogene Parameterpaare λ, μ ein durch

$$(1) \qquad \begin{cases} y_0 = \lambda_1 \mu_1 \\ y_1 = \lambda_2 \mu_2 \\ y_2 = \lambda_1 \mu_2 \\ y_3 = \lambda_2 \mu_1 \end{cases}$$

Die Parameterlinien $\lambda = \text{konst.}$ und $\mu = \text{konst.}$ sind dann die Erzeugenden der Scharen I und II. Schneidet man Q mit einer zweiten quadratischen Fläche $g = 0$, indem man (1) in die Gleichung $g = 0$ einsetzt, so erhält man eine Gleichung vom Grade 2 in den λ und ebenso in den μ:

$$(2) \qquad a_0 \lambda_1^2 \mu_1^2 + a_1 \lambda_1^2 \mu_1 \mu_2 + \cdots + a_8 \lambda_2^2 \mu_2^2 = 0,$$

welche somit, falls ihre linke Seite unzerlegbar ist, eine Kurve C_I^4 darstellt. Schneidet man Q in derselben Weise mit einer kubischen Fläche $F = 0$, so erhält man eine Gleichung, die sowohl in den λ als in den μ den Grad 3 hat. Enthält nun die kubische Fläche F zwei Geraden $\lambda = \text{konst.}$, so muß die erwähnte Gleichung von den Gradzahlen 3,3 zwei Linearfaktoren in den λ allein enthalten; nach deren Abspaltung bleibt eine Gleichung mit den Gradzahlen 1,3:

$$(3) \qquad a_0 \lambda_1 \mu_1^3 + a_1 \lambda_1 \mu_1^2 \mu_2 + \cdots + a_7 \lambda_2 \mu_2^3 = 0.$$

Die Gleichung (3) stellt demnach die Kurve C_4^{II} dar.

Auf Grund der Abbildung (1) erscheint die Fläche Q als Abbild eines doppeltprojektiven Raumes (vgl. § 4). Die ebenen Schnitte von Q bilden die Projektivitäten ab, die die Punkte einer λ-Geraden projektiv in die einer μ-Geraden transformieren. Die kubischen Raumkurven auf Q werden durch Gleichungen in λ und μ von den Gradzahlen 2,1 oder 1,2 dargestellt. Diese knappen Hinweise auf die Geometrie der Kurven auf einer quadratischen Fläche mögen genügen.

Das Geschlecht der Kurve C_{II}^4 ist, weil die Kurve rational ist, gleich 0. Um das Geschlecht der Kurve C_I^4 zu ermitteln, projiziere man diese aus einem allgemein gewählten Punkt O von Q auf eine Ebene. Es entsteht eine irreduzible ebene Kurve 4. Ordnung. Auf jeder der beiden Geraden von Q durch O liegen zwei Punkte von C_I^4, die bei der Projektion in einen Punkt der Ebene übergehen; also hat die Projektion jedenfalls zwei Knotenpunkte. Weitere Doppelpunkte hat die Projektion dann und nur dann, wenn die Originalkurve C_I^4 welche hat. Rechnet man nun nach der Formel von § 26 das Geschlecht der projizierten Kurve aus, so ergibt sich der Wert 1 oder 0, je nachdem, ob die ursprüngliche

Kurve keinen oder einen Doppelpunkt hat; bei mehr als einem Doppelpunkt müßte sie zerfallen. Auf Grund der Invarianz des Geschlechtes bei birationalen Abbildungen folgt daraus:

Das Geschlecht einer Raumkurve C_I^4 ist 1, wenn die Kurve keinen Doppelpunkt, und 0, wenn sie einen Doppelpunkt hat.

Aufgaben. 1. Schneidet man eine quadratische Regelfläche Q mit drei Ebenen und konstruiert auf jeder Erzeugenden der einen Schar den vierten harmonischen Punkt P zu ihren Schnittpunkten mit diesen drei Ebenen, so durchläuft der Punkt P eine Kurve C_{II}^4. (Man berechne die Gleichung der Kurve in den Parametern λ, μ).

2. Eine rationale Raumkurve 4. Ordnung ist entweder eine C_I^4 mit Doppelpunkt oder eine C_{II}^4. In beiden Fällen sind die Koordinaten eines allgemeinen Kurvenpunktes proportional zu vier Formen 4. Grades in zwei homogenen Parametern λ, μ.

3. Projektion einer Kurve C_I^4 oder C_{II}^4 aus einem einfachen Punkt der Kurve ergibt eine ebene Kurve 3. Ordnung mit oder ohne Doppelpunkt, je nach dem Geschlecht.

4. Man zeige durch Berechnung der Kurvengleichung, daß die beiden bei der Projektion von C_I^4 aus einem allgemeinen Punkt von Q entstehenden Doppelpunkte tatsächlich gewöhnliche Knotenpunkte sind. (Man wähle die Flächengleichung wie oben und O als Ecke des Koordinatensystems.)

5. Das Geschlecht einer Kurve auf Q, die durch eine Gleichung von den Graden n und m in den Parametern λ und μ gegeben wird, ist gleich

$$p = (n-1)(m-1) - d - s,$$

wobei d die Zahl der Doppelpunkte und s die Zahl der Spitzen im Sinne von § 26 ist.

Neuntes Kapitel.

Die Analyse der Singularitäten ebener Kurven.

Der in diesem Kapitel behandelte Gegenstand ist für die Theorie der algebraischen Flächen von grundlegender Bedeutung. Es handelt sich in der Hauptsache um die exakte Definition des Begriffs der „unendlich benachbarten Punkte", oder, wie wir hier sagen werden, der Nachbarpunkte, den M. NOETHER zuerst im Anschluß an seine Auflösung der Singularitäten (vgl. § 25) geprägt und den F. ENRIQUES[1]) weiter entwickelt hat.

Um den Umfang dieses Buches nicht über Gebühr anschwellen zu lassen, war es leider nötig, diesen Gegenstand wesentlich gedrängter zu behandeln als die der früheren Kapitel; insbesondere habe ich darauf verzichten müssen, den Sinn der dargestellten Begriffe an einfachen Beispielen zu erläutern. Dem Leser sei daher das Durcharbeiten der Übungsaufgaben, die solche Beispiele enthalten, dringend empfohlen. Eine ausführliche, didaktisch ausgezeichnete Darstellung mit ausgeführten Beispielen findet man in dem unter[1]) schon zitierten Werk von ENRIQUES. Weiter sei noch auf eine interessante Arbeit von O. ZARISKI[2]) hingewiesen, in der die Theorie der unendlich benachbarten Punkte zur Bewertungstheorie und zur Idealtheorie in Beziehung gesetzt wird.

§ 54. Die Schnittmultiplizität zweier Kurvenzweige.

Wir benutzen in diesem Kapitel inhomogene Koordinaten x, y; der Koordinatenanfangspunkt $(0, 0)$ werde mit O bezeichnet.

Ein Zweig einer algebraischen Kurve im Punkte O, dessen Tangente nicht die y-Achse ist, wird durch einen Zyklus von konjugierten Potenzreihe gegeben, die aus einer Potenzreihe

$$(1) \qquad y = a\,x + a_1\,x^{\frac{\nu + \nu'}{\nu}} + a_2\,x^{\frac{\nu + \nu' + \nu''}{\nu}} + \cdots + a_s\,x^{\frac{\nu + \nu' + \cdots + \nu^{(s)}}{\nu}} + \cdots$$

durch die Substitutionen

$$x^{1/\nu} \to \zeta\,x^{1/\nu} \quad \text{mit} \quad \zeta^\nu = 1$$

---

[1]) F. ENRIQUES, O. CHISINI: Teoria geometrica delle equazioni e delle funzione algebriche, Vol. II, Libro Quarto. Bologna, ed. Zanichelli.

[2]) ZARISKI, O.: Polynomial ideals defined by infinitely near base points. Amer. J. Math. Bd. 60 (1938) S. 151—204.

entstehen. Ein zweiter Zweig sei in derselben Weise durch

$$(2) \quad \bar{y} = b\,x + b_1\,x^{\frac{\mu+\mu'}{\mu}} + b_2\,x^{\frac{\mu+\mu'+\mu''}{\mu}} + \cdots + b_s\,x^{\frac{\mu+\mu'+\cdots+\mu^{(s)}}{\mu}} + \cdots$$

gegeben[1]). Wenn die Anfangskoeffizienten $a, a_1, \ldots, a_s$ mit den Anfangskoeffizienten von einer der zu (2) konjugierten Potenzreihen $\bar{y}_1, \bar{y}_2, \ldots, \bar{y}_\mu$ übereinstimmen, wenn also

$$a = b$$
$$a_1 = b_1\,\zeta^{\mu'}$$
$$\cdots\cdots\cdots$$
$$a_s = b_s\,\zeta^{\mu'+\cdots+\mu^{(s)}}$$

ist, so schreiben wir dafür kurz

$$(a, a_1, \ldots, a_s) = (b, b_1, \ldots, b_s).$$

Die Schnittmultiplizität der beiden durch (1), (2) gegebenen Zweige ist definiert als die Ordnung der Potenzreihe

$$(y - \bar{y}_1)\,(y - \bar{y}_2)\ldots(y - \bar{y}_\mu)$$

in der Ortsuniformisierenden $\tau = x^{1/\nu}$ der ersten Reihe, wobei die Rollen der beiden Zweige auch vertauscht werden dürfen. Der folgende Satz gibt den genauen Wert dieser Multiplizität an:

Satz 1. *Die durch* (1), (2) *gegebenen Zweige mögen in den ersten* $s+1$ *Gliedern ihrer Reihenentwicklung übereinstimmen. Es sei also*

$$(3) \quad \begin{cases} \dfrac{\nu'}{\nu} = \dfrac{\mu'}{\mu} = \dfrac{\varrho'}{\varrho}, & (\varrho', \varrho) = 1 \\[2mm] \dfrac{\nu''}{\nu} = \dfrac{\mu''}{\mu} = \dfrac{\varrho''}{\varrho\,\varrho_1}, & (\varrho'', \varrho_1) = 1 \\[2mm] \cdots\cdots\cdots\cdots\cdots\cdots\cdots\cdots\cdots\cdots\cdots \\[2mm] \dfrac{\nu^{(s)}}{\nu} = \dfrac{\mu^{(s)}}{\mu} = \dfrac{\varrho^{(s)}}{\varrho\,\varrho_1\cdots\varrho_{s-1}}, & (\varrho^{(s)}, \varrho_{s-1}) = 1 \end{cases}$$

$$(a, a_1, \ldots, a_s) = (b, b_1, \ldots, b_s).$$

Ist nun

$$\frac{\nu^{(s+1)}}{\nu} \neq \frac{\mu^{(s+1)}}{\mu},$$

so ist die Schnittmultiplizität der beiden Zweige gleich der kleineren der beiden Zahlen

$$\lambda = \mu\,\nu + \mu\,\nu' + \frac{\mu\,\nu''}{\varrho} + \frac{\mu\,\nu'''}{\varrho\,\varrho_1} + \cdots + \frac{\mu\,\nu^{(s+1)}}{\varrho\,\varrho_1\cdots\varrho_{s-1}},$$

$$\lambda' = \nu\,\mu + \nu\,\mu' + \frac{\nu\,\mu''}{\varrho} + \frac{\nu\,\mu'''}{\varrho\,\varrho_1} + \cdots + \frac{\nu\,\mu^{(s+1)}}{\varrho\,\varrho_1\cdots\varrho_{s-1}}.$$

Ist dagegen

$$\frac{\nu^{(s+1)}}{\nu} = \frac{\mu^{(s+1)}}{\mu} = \frac{\varrho^{(s+1)}}{\varrho\,\varrho_1\cdots\varrho_s},$$

---

[1]) In beiden Potenzreihen mögen nur die von Null verschiedenen Glieder aufgeschrieben werden; nur das Anfangsglied $a\,x$ bzw. $b\,x$ darf auch Null sein.

so stellt $\lambda = \lambda'$ die Schnittmultiplizität dar, sofern nicht

$$(a, a_1, \ldots, a_{s+1}) = (b, b_1, \ldots, b_{s+1}).$$

Vorbemerkung. Aus den Formeln (3) schließt man

$$(\nu, \nu') = \frac{\nu}{\varrho}, \qquad (\mu, \mu') = \frac{\mu}{\varrho}$$

$$(\nu, \nu', \nu'') = \frac{\nu}{\varrho \varrho_1}, \qquad (\mu, \mu', \mu'') = \frac{\mu}{\varrho \varrho_1}$$

$$\cdots\cdots\cdots\cdots\cdots\cdots\cdots\cdots\cdots\cdots\cdots\cdots\cdots\cdots$$

$$(\nu, \nu', \ldots, \nu^{(s)}) = \frac{\nu}{\varrho \varrho_1 \cdots \varrho_{s-1}}, \quad (\mu, \mu', \ldots, \mu^{(s)}) = \frac{\mu}{\varrho \varrho_1 \cdots \varrho_{s-1}}$$

Beweis. Es sei etwa $\bar{y}_1$ diejenige unter den zu $\bar{y}$ konjugierten Potenzreihen, deren Anfangskoeffizienten genau mit $a, a_1, \ldots, a_s$ übereinstimmen:

$$\bar{y}_1 = a\,x + a_1 x^{\frac{\mu+\mu'}{\mu}} + a_2 x^{\frac{\mu+\mu'+\mu''}{\mu}} + \cdots + a_s x^{\frac{\mu+\mu'+\cdots+\mu^{(\varkappa)}}{\mu}} + \cdots$$

In der Differenz $y - \bar{y}_1$ fallen die Glieder mit $a, a_1, \ldots, a_s$ weg. Nehmen wir etwa

$$\mu\,\nu^{(s+1)} < \nu\mu^{(s+1)}, \quad \text{also} \quad \lambda < \lambda'$$

an, so hat das erste nicht wegfallende Glied

$$a_{s+1} x^{\frac{\nu+\nu'+\cdots+\nu^{(s+1)}}{\nu}} = a_{s+1}\, \tau^{\nu+\nu'+\cdots+\nu^{(s+1)}}$$

die Ordnung $\nu + \nu' + \cdots + \nu^{(s+1)}$ in τ. Geht man nun durch die Substitution

$$x^{1/\mu} \to \zeta\,x^{1/\mu}, \qquad \zeta^\mu = 1$$

von $\bar{y}_1$ zu einer konjugierten Potenzreihe $\bar{y}_i$ über, so bleiben einige Anfangsglieder von $\bar{y}$ ungeändert, dagegen ändert sich von einer gewissen Stelle an der Koeffizient. Es sei etwa

$$\zeta^{\frac{\mu}{\varrho}} = 1, \quad \zeta^{\frac{\mu}{\varrho \varrho_1}} = 1, \ldots, \quad \zeta^{\frac{\mu}{\varrho \varrho_1 \cdots \varrho_{t-1}}} = 1,$$

dagegen $\zeta^{\frac{\mu}{\varrho \varrho_1 \cdots \varrho_t}} \neq 1$. Dann hat $\bar{y}_1 - y$ ein Anfangsglied mit

$$x^{\frac{\mu+\mu'+\cdots+\mu^{(t+1)}}{\mu}} = x^{\frac{\nu+\nu'+\cdots+\nu^{(t+1)}}{\nu}} = \tau^{\nu+\nu'+\cdots+\nu^{(t+1)}}$$

von der Ordnung $\nu + \nu' + \cdots + \nu^{(t+1)}$.

Bildet man nun das Produkt $(y - \bar{y}_1)(y - \bar{y}_2) \ldots (y - \bar{y}_\mu)$, so wird dessen Ordnung eine Summe von Ausdrücken $\nu + \nu' + \cdots + \nu^{(s+1)}$ und $\nu + \nu' + \cdots + \nu^{(t+1)}$, und zwar kommt in dieser Summe das Glied $\nu^{(t+1)}$ so oft vor, wie es Lösungen der Gleichung

$$\zeta^{\frac{\mu}{\varrho \varrho_1 \cdots \varrho_{t-1}}} = 1$$

gibt, d. h. $\dfrac{\mu}{\varrho\,\varrho_1\cdots\varrho_{t-1}}$-mal. Daher wird die Schnittmultiplizität gleich

$$\lambda = \mu\,\nu + \mu\,\nu' + \frac{\mu}{\varrho}\,\nu'' + \cdots + \frac{\mu}{\varrho\,\varrho_1\cdots\varrho_{t-1}}\,\nu^{(t+1)} + \cdots + \frac{\mu}{\varrho\,\varrho_1\cdots\varrho_{s-1}}\,\nu^{(s+1)}\,.$$

Ganz analog schließt man im Fall $\lambda > \lambda'$ und auch im Fall $\lambda = \lambda'$.

Wir wollen nun den gewonnenen Ausdruck für die Schnittmultiplizität näher analysieren. Um einen bestimmten Fall vor Augen zu haben, nehmen wir $s = 2$ an; die Reihen (1) und (2) können dann schon beim dritten Glied abgebrochen werden. Wir bestimmen nun die größten gem. Teiler (ν, ν') und (μ, μ') nach dem euklidischen Algorithmus:

$$(4) \qquad \begin{cases} \nu' = h\,\nu + \nu_1 \\ \nu\, = h_1\nu_1 + \nu_2 \\ \cdots\cdots\cdots \\ \nu_{\sigma-1} = h_\sigma\,\nu_\sigma \end{cases} \qquad \begin{cases} \mu' = h\,\mu + \mu_1 \\ \mu\, = h_1\mu_1 + \mu_2 \\ \cdots\cdots\cdots \\ \mu_{\sigma-1} = h_\sigma\,\mu_\sigma \end{cases}$$

Die beiden Entwicklungen laufen genau parallel, da $\dfrac{\nu'}{\nu} = \dfrac{\mu'}{\mu}$ ist. Wir fahren nun genau so fort, indem wir die größten gem. Teiler (ν_σ, ν'') und (μ_σ, μ'') bestimmen. Die beiden Entwicklungen laufen vielleicht ein Stück weit parallel, müssen sich aber im Fall $\dfrac{\nu''}{\nu} \neq \dfrac{\mu''}{\mu}$ einmal trennen:

$$(5) \qquad \begin{cases} \nu'' = k\,\nu_\sigma + \nu_{\sigma+1} \\ \nu_\sigma = k_1\,\nu_{\sigma+1} + \nu_{\sigma+2} \\ \cdots\cdots\cdots \\ \nu_{\sigma+j-1} = k_j\nu_{\sigma+j} + \nu_{\sigma+j+1} \\ \nu_{\sigma+j} = k_{j+1}\nu_{\sigma+j+1} + \nu_{\sigma+j+2} \\ \cdots\cdots\cdots\cdots \end{cases} \qquad \begin{cases} \mu'' = k\,\mu_\sigma + \mu_{\mu+1} \\ \mu_\sigma = k_1\,\mu_{\sigma+1} + \mu_{\sigma+2} \\ \cdots\cdots\cdots \\ \mu_{\sigma+j-1} = k_j\,\mu_{\sigma+j} + \mu_{\sigma+j+1} \\ \mu_{\sigma+j} = l_{j+1}\mu_{\sigma+j+1} + \mu_{\sigma+j+2} \\ \cdots\cdots\cdots\cdots \end{cases}$$

mit $k_{j+1} \neq l_{j+1}$. Es kann auch sein, daß $k_{j+1} = l_{j+1}$, daß aber die Division mit dem Quotienten k_{j+1} auf der linken Seite aufgeht, auf der rechten nicht (oder umgekehrt). Im zweiten Fall $\dfrac{\nu''}{\nu} = \dfrac{\mu''}{\mu}$ laufen die Entwicklungen ganz paralell bis zum Abschluß

$$\nu_{\sigma+\sigma'-1} = k_{\sigma'}\,\nu_{\sigma+\sigma'}, \qquad \mu_{\sigma+\sigma'-1} = k_{\sigma'}\,\mu_{\sigma+\sigma'}\,.$$

Um wieder etwas Bestimmtes vor Augen zu haben, betrachten wir den ersten Fall und nehmen $l_{j+1} < k_{j+1}$ an. Das bedeutet

a) wenn j gerade, $\dfrac{\mu''}{\mu} > \dfrac{\nu''}{\nu}$, also $\nu\mu'' > \mu\nu''$,

b) wenn j ungerade, $\dfrac{\mu''}{\mu} < \dfrac{\nu''}{\nu}$, also $\nu\mu'' < \mu\nu''$.

Da $(v, v') = v_\sigma$, so ist nach der Vorbemerkung $v = \varrho v_\sigma$; ebenso ist $\mu = \varrho \mu_\sigma$. Die Schnittmultiplizität ist nach Satz 1 im Fall a)

$$\lambda = \mu v + \mu v' + \frac{\mu v''}{\varrho} = \mu v + \mu v' + \mu_\sigma v''$$

und im Fall b)

$$\lambda' = v \mu + v \mu' + \frac{v \mu''}{\varrho} = v \mu + v \mu' + v_\sigma \mu''.$$

Das erste Glied μv lassen wir ungeändert. Das zweite Glied wird auf Grund von (4) entwickelt:

$$\mu v' = \mu (h v + v_1) \quad = h \mu v + \mu v_1$$
$$\mu v_1 = (h_1 \mu_1 + \mu_2) v_1 = h_1 \mu_1 v_1 + \mu_2 v_1$$
$$\mu_2 v_1 = \mu_2 (h_2 v_2 + v_3) = h_2 \mu_2 v_2 + \mu_2 v_3$$
$$\cdots\cdots\cdots\cdots\cdots\cdots\cdots\cdots\cdots$$
$$\mu_\sigma v_{\sigma-1} = \mu_{\sigma-1} v_\sigma = h_\sigma \mu_\sigma v_\sigma.$$

Das ergibt

$$v \mu' = \mu v' = h \mu v + h_1 \mu_1 v_1 + h_2 \mu_2 v_2 + \cdots + h_\sigma \mu_\sigma v_\sigma.$$

Ebenso wird das dritte Glied $\mu_\sigma v''$ bzw. $v_\sigma \mu''$ in den Fällen a) und b) nach (5) entwickelt. Die Ausführung möge dem Leser überlassen bleiben. Faßt man nun die verschiedenen Glieder zusammen, so ergibt sich in beiden Fällen a) und b) für die Schnittmultiplizität Λ:

$$(6) \quad \left\{ \begin{aligned} \Lambda &= v \mu + h v \mu + h_1 v_1 \mu_1 + \cdots + h_\sigma v_\sigma \mu_\sigma \\ &\quad + k v_\sigma \mu_\sigma + k_1 v_{\sigma+1} \mu_{\sigma+1} + \cdots + k_j v_{\sigma+j} \mu_{\sigma+j} \\ &\quad + l_{j+1} v_{\sigma+j+1} \mu_{\sigma+j+1} + v_{\sigma+j+1} \mu_{\sigma+j+2}. \end{aligned} \right.$$

Geht die Division $\mu_{\sigma+j} : \mu_{\sigma+j+1}$ auf, so ist das letzte Glied in (6) durch Null zu ersetzen. Ist $k_{j+1} < l_{j+1}$ oder ist $k_{j+1} = l_{j+1}$ und geht die Division $v_{\sigma+j} : v_{\sigma+j+1}$ auf, so sind die Rollen von k und l, sowie von μ und v zu vertauschen. Im Fall $\mu v'' = v \mu''$ tritt an Stelle der letzten beiden Glieder das Schlußglied

$$k_\sigma \cdot v_{\sigma+\sigma'} \mu_{\sigma+\sigma'}.$$

Aufgaben. 1. Von einer gewissen Nummer m an wird

$$v_{\sigma+\sigma'} + \cdots + \sigma^{(m)} = (v, v', \ldots, v^{(m+1)}) = 1,$$
$$\varrho \varrho_1 \cdots \varrho_m = v.$$

2. Ein Zweig von der Ordnung 2:

$$y = a_1 x + a_2 x^2 + \cdots + a_s x^s + a_{s+1} a^{s+\frac{1}{2}} + a_{s+2} x^{s+1} + \cdots$$

hat mit einem linearen Zweig

$$\bar{y} = b_1 x + b_2 x^2 + \cdots$$

die Schnittmultiplizität

$$2, 4, \ldots, 2s \text{ oder } 2s + 1,$$

wenn ihre Entwicklungen bis zu den Gliedern mit

$$1, x, \ldots, x^{s-1} \text{ oder } x^s$$

übereinstimmen.

Eine höhere Multiplizität ist ausgeschlossen.

§ 55. Die Nachbarpunkte.

Nach der Formel (6) berechnet sich die Schnittpunktszahl zweier Zweige im Punkte O genau so, als ob man statt der beiden Zweige zwei Kurven mit mehreren Schnittpunkten $O, O_1, \ldots, O_h, O_{h+1}, \ldots,$ $O_{h+h_1+\cdots+h_\sigma+k+k_1+\cdots+k_j+l_{j+1}+1}$ hätte, wobei den Kurven in diesen Punkten die folgenden Vielfachkeiten zukämen:

in $O, O_1, \ldots, O_h$ die Vielfachheiten v und μ,

in $O_{h+1}, \ldots, O_{h+h_1}$ die Vielfachheiten v_1 und μ_1,

usw. gemäß der Formel (6)

Um diesem Sachverhalt gerecht zu werden, führt man folgende Sprechweise ein: Es sei gegeben erstens ein Anfangsstück einer Potenzreihe, etwa

$$(7) \qquad y = a\,x + a_1\,x^{\frac{v+v'}{v}}$$

und zweitens eine Reihe von natürlichen Zahlen $p, p_1, \ldots, p_j,\ p_{j+1}$ (eventuell auch eine einzige natürliche Zahl p). Der zu diesen Bestimmungsstücken gehörige *Nachbarpunkt* von O ist dann definiert als *die Gesamtheit aller Kurvenzweige, deren Potenzreihenentwicklung* (1) *mit den Gliedern* (7) *anfängt, während der Exponent* $\dfrac{v+v'+v''}{v}$ *des nächstfolgenden Gliedes so beschaffen ist, daß die Quotienten* $k, k_1, \ldots, k_{j+1}$ *der sukzessiven Divisionen* (5) *den Bedingungen*

$$k = p - 1$$
$$k_1 = p_1, \ldots, k_j = p_j$$
$$k_{j+1} > p_{j+1}\ \textit{oder}\ k_{j+1} = p_{j+1}, k_{j+2} > 0$$

bzw. im Fall einer einzigen Zahl p *der Bedingung*

$$k \geq p - 1$$

genügen.

Welche Nachbarpunkte von O gehören nach dieser Definition zu einem bestimmten Zweig, dessen Reihenentwicklung durch (1) gegeben ist? Es sind zunächst die zum Anfangsstück $a\,x$ gehörigen Nachbarpunkte, und zwar:

O_1 mit der Zahlenreihe 1

O_2 mit der Zahlenreihe 2

. . . .

O_{h+1} mit der Zahlenreihe $h+1$

O_{h+2} mit der Zahlenreihe $h+1,\ 1$

. . . .

O_{h+h_1+1} mit der Zahlenreihe $h+1,\ h_1$

O_{h+h_1+2} mit der Zahlenreihe $h+1,\ h_1,\ 1$

. . . .

$O_{h+h_1+\cdots+h_\sigma}$ mit der Zahlenreihe $h+1,\ h_1, \ldots, h_\sigma-1.$

Sodann kommen die zum Anfangsstück

$$(7) \qquad a\,x + a_1\,x^{\frac{v+v'}{v}}$$

gehörigen Nachbarpunkte, und zwar, wenn $h + h_1 + \cdots + h_\sigma = H$ gesetzt wird,

$$O_{H+1} \qquad \text{mit der Zahlenreihe } 1$$
$$O_{H+2} \qquad \text{mit der Zahlenreihe } 2$$
$$\cdots\cdots\cdots\cdots\cdots\cdots\cdots\cdots\cdots\cdots\cdots$$
$$O_{H+k+1} \quad \text{mit der Zahlenreihe } k+1$$
$$O_{H+k+2} \quad \text{mit der Zahlenreihe } k+1,\ 1$$
$$\cdots\cdots\cdots\cdots\cdots\cdots\cdots\cdots\cdots\cdots\cdots$$
$$O_{H+k+k_1+1} \quad \text{mit der Zahlenreihe } k+1,\ k_1$$
$$\cdots\cdots\cdots\cdots\cdots\cdots\cdots\cdots\cdots\cdots\cdots$$
$$O_{H+k+k_1+\cdots+k_{\sigma'}} \quad \text{mit der Zahlenreihe } k+1,\ k_1,\ \ldots,\ k_{\sigma'}.$$

Dann kommen die Nachbarpunkte mit dem Anfangsstück

$$a\,x + a_1\,x^{\frac{v+v'}{v}} + a_2\,x^{\frac{v+v'+v''}{v}}$$

usw.

Wir definieren weiter, daß der durch (1) definierte Zweig in den Nachbarpunkten $O_1, \ldots, O_H, O_{H+1}, \ldots$ die folgenden *Vielfachheiten* haben soll:

in $O_1, \ldots, O_h$ die Vielfachheit v,

in $O_{h+1}, \ldots, O_{h+h_1}$ die Vielfachheit v_1,

$$\cdots\cdots\cdots\cdots\cdots\cdots\cdots\cdots\cdots\cdots\cdots$$

in $O_{h+h_1+\cdots+h_{\sigma-1}+1}, \ldots, O_H$ die Vielfachheit v_σ,

in $O_{H+1}, \ldots, O_{H+k}$ ebenfalls v_σ,

in $O_{H+k+1}, \ldots, O_{H+k+k_1}$ die Vielfachheit $v_{\sigma+1}$,

usw.

Die Formel (6) des vorigen Paragraphen ergibt jetzt

Satz 2. *Die Schnittmultiplizität von zwei Zweigen in O ist gleich der Summe der Produkte der Vielfachheiten der beiden Zweige in O und in den ihnen gemeinsamen Nachbarpunkten von O.*

Der erste Nachbarpunkt O_1 besteht aus den Zweigen, deren Potenzreihen mit $a\,x$ anfangen, d. h. aus den Zweigen mit bestimmter Tangente in O. Er hängt von einem stetig veränderlichen Parameter a ab.

Solche Nachbarpunkte wie $O_1, \ldots, O_{h+1}$, deren Zahlenreihe $(p, p_1, \ldots)$ nur aus einer natürlichen Zahl p besteht, heißen *freie Nachbarpunkte*, weil jeder von ihnen unter Festhaltung der ihm vorangehenden Nachbarpunkte stetig variiert werden kann. Um das an einem Beispiel klar zu machen, betrachten wir (in der Annahme $h > 1$) den Nachbarpunkt O_h. Dieser besteht aus allen den Zweigen, deren Entwicklung mit

$$a\,x + 0\,x^h$$

anfängt. Hier ist der Koeffizient von x^h (der nur zufällig den Wert Null hat) stetig veränderlich. Entsprechendes gilt für alle Punkte $O_1, \ldots, O_{h+1}$, ebenso für $O_{H+1}, \ldots, O_{H+k+1}$, usw. Dagegen sind $O_{h+2}, \ldots, O_H$ nicht frei, denn sie werden, wenn $O_1, \ldots, O_{h+1}$ festgehalten werden, ausschließlich durch arithmetische Daten bestimmt. Sie hängen von der Existenz des zweiten Gliedes in der Entwicklung (1) und von dem Wert seines Exponenten $\dfrac{v+v'}{v}$ ab, nicht aber von dem Wert des Koeffizienten a_1 dieses Gliedes. Solche nicht freien Nachbarpunkte heißen *Satellitpunkte* des letzten vorangehenden freien Nachbarpunktes.

Aufgaben. 1. Zu einem linearen Zweig gehören lauter freie, einfache Nachbarpunkte $O_1, O_2, \ldots$ von O.

2. Auf einem quadratischen Zweig

$$y = a_1 x + a_2 x^2 + \cdots + a_s x^s + a_{s+1} x^{s+\frac{1}{2}} + a_{s+2} x^{s+1} + \cdots$$

folgen dem Doppelpunkt O zuerst $s-1$ freie zweifache Nachbarpunkte $O_1, \ldots, O_{s-1}$, dann ein freier einfacher Punkt O_s, ein einfacher Satellitpunkt O_{s+1} und schließlich lauter freie einfache Nachbarpunkte $O_{s+2}, O_{s+3}, \ldots$. Für eine gewöhnliche Spitze ist $s = 1$.

3. Von einer gewissen Nummer an sind alle Nachbarpunkte von O auf einem Zweig $\mathfrak{z}$ frei und einfach.

4. Wenn $(v, v', \ldots, v^{(s+1)}) > (v, v', \ldots, v^{(s)})$, also $\varrho_s > 1$ ist, so heißt das Glied mit dem Exponenten $\dfrac{v + v' + \cdots + v^{(s+1)}}{v}$ in der Reihe (1) ein *charakteristisches Glied*. Es gibt endlich viele solche. Die zugehörigen freien Nachbarpunkte sind solche, die unmittelbar auf Satellitpunkte folgen.

Betrachtet man die oben definierten Vielfachheiten $v, v_1, \ldots, v_\sigma, \ldots$ eines Zweiges in den Nachbarpunkten $O_1, \ldots, O_{h+1}, \ldots, O_{H+1}, \ldots$ genauer, so sieht man, daß es für einen Nachbarpunkt O_n mit der Vielfachheit v_i zwei Möglichkeiten gibt:

Entweder der nächste Nachbarpunkt O_{n+1} hat dieselbe Vielfachheit v_i; dann nennt man O_{n+1} *den Nachfolger* von O_n.

Oder O_{n+1} hat eine kleinere Vielfachheit v_{i+1}; dann gilt wegen (4) oder (5) eine der beiden Gleichungen

$$(8\,\text{a}) \qquad v_i = q\, v_{i+1} + v_{i+2}$$

$$(8\,\text{b}) \qquad v_i = q\, v_{i+1}.$$

In diesen Fällen folgen auf O_n zunächst q Nachbarpunkte $O_{n+1}, \ldots, O_{n+q}$ von der Vielfachheit v_{i+1} und dann im Fall (8a) noch einer von der Vielfachheit v_{i+2}. Alle diese Punkte heißen *die Nachfolger*[1] von O_n.

Gehört der erste Nachfolger O_{n+1} zur Zahlenreihe $(p, p_1, \ldots, p_j)$, so sind die Nachfolger von O_n in jedem Fall durch die Zahlreihen

$$(p, p_1, \ldots, p_j)$$
$$(p, p_1, \ldots, p_j, 1)$$
$$(p, p_1, \ldots, p_j, 2)$$
$$\cdots\cdots\cdots\cdots$$

---

[1] ENRIQUES: Punti prossimi. ZARISKI: Proximate points.

gegeben; die Folge ist soweit fortzusetzen, bis sie den untersuchten Zweig verläßt. Wenn demnach O_{n+k} auf einem Zweig zu den Nachfolgern von O_n gehört, so gilt dasselbe auf jedem anderen durch O_n, $O_{n+1}, \ldots, O_{n+k}$ gehenden Zweig.

Die Relationen (8) ergeben nun folgenden Satz, der trivialerweise auch im Fall eines einzigen Nachfolgers von gleicher Vielfachheit richtig ist:

Satz 3. *Die Vielfachheit von O_n auf einem Zweig $\mathfrak{z}$ ist gleich der Summe der Vielfachheiten der Nachfolger von O_n auf $\mathfrak{z}$.*

Satz 3 gilt auch, wenn statt O_n der Punkt O genommen wird.

Betrachtet man in Satz 3 nur diejenigen Nachfolger, die gleichzeitig einem zweiten Zweig $\mathfrak{z}'$ angehören, so ist das Gleichheitszeichen durch $\geq$ zu ersetzen.

Aufgaben. 5. Stellt man $O, O_1, O_2, \ldots$ graphisch durch aufeinanderfolgende Punkte auf einem Linienzug dar, wobei man jedesmal dann, wenn O_{n+1} eine kleinere Vielfachheit als O_n hat, im Punkt O_{n+1} einen Knick macht (s. Figur), so sind die Nachfolger von O_n der Punkt O_{n+1} und, falls dieser Knickpunkt ist, die darauffolgenden Punkte bis zum nächsten Knickpunkt (einschließlich) oder bis zum nächsten freien Punkt (ausschließend). Werden die charakteristischen Punkte (vgl. Aufg. 3) — das sind die freien Punkte, die unmittelbar auf Satellitpunkte folgen — besonders markiert (in der Figur durch Kringel), so kann man in der graphischen Darstellung die Nachfolgerpunkte sofort erkennen und mit Hilfe des Satzes 3 die Vielfachheiten $v, v_1, \ldots, v_\omega$ graphisch ermitteln, von der letzten $v_\omega = 1$ ausgehend. Die zu einem Nachbarpunkt gehörige Zahlenreihe $(p, p_1, \ldots, p_{j+1})$ gibt an, wieviele Schritte man jeweils bis zu einem Knick machen muß, um von einem Punkt wie O oder O_H zu diesem Nachbarpunkt zu gelangen.

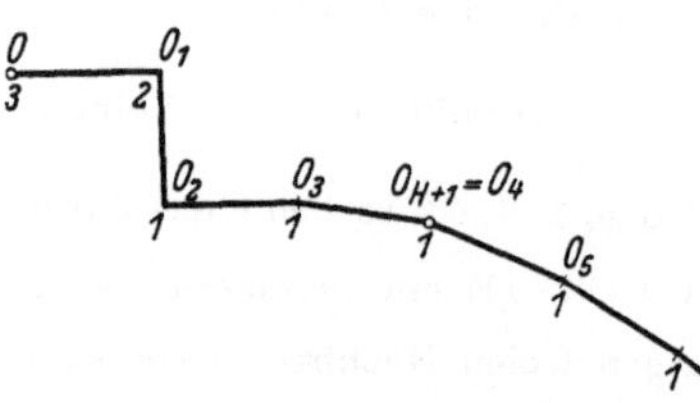

6. Man fertige für die Zweige $y = x^{\frac{3}{2}}$ und $y = x^{\frac{7}{5}}$ graphische Darstellungen im Sinne von Aufgabe 5 an und verzeichne bei jedem Punkt seine Vielfachheit.

Satz 4. *Wird die Reihe der Nachbarpunkte $O_1, O_2, \ldots$ auf einem Zweig willkürlich bei O_m abgebrochen, so gibt es stets eine Kurve, die in O nur einen einzigen Zweig besitzt, welcher durch $O_1, \ldots, O_m$, aber nicht durch O_{m+1} geht und in O_m die Vielfachheit Eins hat, während der Nachfolger von O_m auf diesem Zweig frei ist.*

Beweis: Man berechne zunächst die Reihe der Vielfachheiten v, $v_1, \ldots, v_\tau$ für den zu bildenden Zweig auf Grund der Relationen (8) rückwärts, von $v_\tau = 1$ ausgehend. Durch diese Zahlen sind die Exponenten der Reihenentwicklung des Zweiges festgelegt. Die Koeffizienten bestimme man so, daß das erforderliche Anfangsstück der Reihe mit dem des gegebenen Zweiges übereinstimmt. Der Koeffizient des nächsten (zum freien Nachfolger von O_m gehörigen) Gliedes ist frei wählbar, darf aber nicht gleich dem entsprechenden Koeffizienten des gegebenen Zweiges (oder eines konjugierten) gewählt werden. Mit diesem Gliede wird die

Reihe dann abgebrochen. Diese abbrechende Potenzreihe ω_1 definiert, zusammen mit ihren konjugierten $\omega_2, \ldots, \omega_\nu$, eine algebraische Kurve

$$(y - \omega_1)\,(y - \omega_2) \ldots (y - \omega_\nu) = 0\,,$$

die allen Anforderungen genügt.

Wir gehen nun zur Betrachtung von Kurven über, die mehrere Zweige im Punkt O besitzen. Definieren wir die Vielfachheit einer solchen Kurve in einem Nachbarpunkt O_n von O als die Summe der Vielfachheiten von O_n auf den verschiedenen Zweigen der Kurve, soweit diese O_n enthalten, so ist es klar, daß Satz 2 auch für die Schnittmultiplizität von zwei beliebigen Kurven in einem Punkt O gilt.

Wir betrachten nun einen festen Zweig $\mathfrak{z}'$ in O mit den Nachbarpunkten $O_1, O_2, \ldots$ und stellen die Frage, ob es Kurven C gibt, die in $O, O_1, \ldots, O_s$ vorgegebene Vielfachheiten $r_0, r_1, \ldots, r_s$ haben. Notwendig sind jedenfalls folgende *Nachfolgerbeziehungen:*

$$(9) \qquad r_n \geq r_{n+1} + \cdots + r_{n+q}\,,$$

wobei die Summation sich über alle Nachfolger $O_{n+1}, \ldots, O_{n+q}$ von O_n auf $\mathfrak{z}'$ erstreckt. Denn nach Satz 3 gilt die Ungleichung (9) für jeden einzelnen Zweig $\mathfrak{z}$ von C, also auch für C selbst.

Die Bedingungen (9) sind aber auch hinreichend:

Satz 5. *Sind die Nachfolgerbeziehungen* (9) *erfüllt, so gibt es eine Kurve C, die in $O, O_1, \ldots, O_s$ die Vielfachheiten $r_0, r_1, \ldots, r_s$ hat.*

Beweis durch vollständige Induktion nach $r_0 + r_1 + \cdots + r_s$. Ist die Summe Null, so ist alles klar. Ist nun r_m die letzte von Null verschiedene unter den Zahlen $r_0, \ldots, r_s$, so subtrahieren wir von den gegebenen $r_0, r_1, \ldots, r_s$ die Vielfachheiten $\varrho_0, \varrho_1, \ldots, \varrho_s$ der nach Satz 4 existierenden Kurve C_m, für die $\varrho_m = 1$, $\varrho_{m+1} = \cdots = \varrho_s = 0$ ist. (Für $m = 0$ wähle man für C_m eine willkürliche, $\mathfrak{z}'$ nicht berührende Gerade durch O). Für diese Kurve C_m gelten die Nachfolgerrelationen sogar mit dem Gleichheitszeichen:

$$(10) \qquad \varrho_n = \varrho_{n+1} + \cdots + \varrho_{n+q} \qquad\qquad (n < m)$$

Durch Subtraktion folgt aus (9) und (10)

$$(r_n - \varrho_n) \geq (r_{n+1} - \varrho_{n+1}) + \cdots + (r_{n+q} - \varrho_{n+q}) \qquad (n < m).$$

Diese Ungleichung gilt aber auch für $n \geq m$, da dann die rechte Seite Null ist. Also gibt es nach der Induktionsvoraussetzung eine Kurve C' mit den Vielfachheiten $r_0 - \varrho_0, \ldots, r_s - \varrho_s$. Die Kurve $C_m = C + C'$ erfüllt dann die gestellten Bedingungen.

Die Vielfachheiten der im Beweis benutzten Kurven C_m in den Punkten $O, O_1, \ldots, O_m$ mögen nun ausführlicher mit

$$\varrho_{m0},\ \varrho_{m1},\ \ldots,\ \varrho_{mm}$$

bezeichnet werden. Eine Kurve mit den vorgeschriebenen Vielfachheiten $r_0, r_1, \ldots, r_s$ hat dann nach Satz 2 mit C_m die Schnittmultiplizität

$$(11) \qquad \sigma_m = r_0 \varrho_{m0} + r_1 \varrho_{m1} + \cdots + r_m \varrho_{mm} \qquad (m = 0, 1, \ldots, \mathfrak{s})$$

falls sie mit C_m nicht noch einen weiteren Nachbarpunkt außer $O_1, \ldots, O_m$ gemeinsam hat. C_m hängt aber von einem freien Parameter ab, und bei allgemeiner Wahl dieses Parameters stellt der Ausdruck (11) die genaue Schnittmultiplizität dar.

Umgekehrt: *Wenn die Schnittmultiplizität von C mit C_m $(m = 0, 1, \ldots, s)$ bei allgemeiner Wahl des in C_m vorkommenden Parameters durch (11) dargestellt wird, so hat C in $O, O_1, \ldots, O_s$ die Vielfachheiten $r_0, r_1, \ldots, r_s$.*

Der Beweis ergibt sich ohne weiteres durch vollständige Induktion nach s; denn für $s = 0$ ist die Behauptung klar, und wenn $r_0, r_1, \ldots, r_{s-1}$ einmal mit den Vielfachheiten von C übereinstimmen, so folgt dasselbe für r_s aus der letzten der Gleichungen (11).

Die Kurven eines festen Grades, die mit C_m bei allgemeiner Wahl des in C_m vorkommenden Parameters eine Schnittmultiplizität $\geq \sigma_m$ in O haben, wobei σ_m durch (11) gegeben ist, bilden für jedes m eine *lineare Schar*; denn die Substitution der Reihenentwicklung des einzigen Zweiges von C_m in die Gleichungen von C und das Nullsetzen der Koeffizienten der Glieder, deren Ordnungen $< \sigma_m$ sind, ergibt lineare Bedingungen für die Koeffizienten von C. Wenn nun eine Kurve C für $m = 0, 1, \ldots, s$ jedesmal dieser linearen Schar angehört, also allen erwähnten linearen Bedingungen genügt, so sagt man, die Kurve C habe in $O, O_1, \ldots, O_s$ die *virtuellen Vielfachheiten* $r_0, r_1, \ldots, r_s$. Die wirklichen oder *effektiven* Vielfachheiten $\bar{r}_0, \ldots, \bar{r}_s$ können zum Teil größer, zum Teil kleiner sein als die virtuellen; sie müssen aber den Ungleichungen

$$\bar{r}_0 \varrho_{m0} + \bar{r}_1 \varrho_{m1} + \cdots + \bar{r}_m \varrho_{mm} \geq \sigma_m$$

genügen.

Aufgaben. 7. Man zeige, daß die Nachfolgerbeziehungen erfüllt sind, wenn für den ν-fachen Punkt O die Vielfachheit $\nu - 1$ und für jeden ν_i-fachen Nachbarpunkt die Vielfachheit $\nu_i - 1$ vorgeschrieben wird.

8. Man stelle die linearen Bedingungen für die Koeffizienten der Kurven C mit vorgegebenen virtuellen Vielfachheiten wirklich auf für den Fall, daß der gegebene Zweig eine gewöhnliche Spitze hat $\left(\text{etwa } y = x^{\frac{3}{2}}\right)$ und daß die virtuellen Vielfachheiten durch

$$r_0 = 3, \quad r_1 = 2, \quad r_2 = 1$$

gegeben sind.

§ 56. Das Verhalten der Nachbarpunkte bei Cremonatransformationen.

Wir wollen untersuchen, wie sich die Folge der Nachparpunkte $O, O_1, O_2, \ldots$ eines Punktes O auf einem Zweig $\mathfrak{z}$ bei der in § 25 definierten quadratischen Cremonatransformation

$$(1) \qquad \begin{cases} \zeta_0 : \zeta_1 : \zeta_2 = \eta_1 \eta_2 : \eta_2 \eta_0 : \eta_0 \eta_1 \\ \eta_0 : \eta_1 : \eta_2 = \zeta_1 \zeta_2 : \zeta_2 \zeta_0 : \zeta_0 \zeta_1 \end{cases}$$

verhält, wenn O die Ecke $(1, 0, 0)$ und die Zweigtangente keine Seite des Koordinatendreiecks ist.

Wie in § 25 entspricht jeder Kurve $f(\eta) = 0$ nach der Transformation eine Kurve $g(\zeta) = 0$, wobei die Form g durch

$$(2) \qquad f(z_1 z_2,\ z_2 z_0,\ z_0 z_1) = z_0^r z_1^s z_2^t z\, g(z_0, z_1, z_2)$$

definiert wird. Auch entspricht jedem Zweig $\mathfrak{z}$ mit Anfangspunkt O ein Zweig $\mathfrak{z}'$, dessen Anfangspunkt auf der gegenüberliegenden Seite $\zeta_2 = 0$ liegt. Sind $\zeta_0(\tau)$, $\zeta_1(\tau)$, $\zeta_2(\tau)$ die Potenzreihen des Zweiges $\mathfrak{z}'$, so sind

$$(3) \qquad \eta_0(\tau) = \zeta_1(\tau)\,\zeta_2(\tau)\,, \quad \eta_1(\tau) = \zeta_2(\tau)\,\zeta_0(\tau)\,, \quad \eta_2(\tau) = \zeta_0(\tau)\,\zeta_1(\tau)$$

die Potenzreihen des Zweiges $\mathfrak{z}$.

Wir betrachten nun die Schnittmultiplizität des Zweiges $\mathfrak{z}$ mit der Kurve $f = 0$ in der Annahme, daß der Zweig nicht auf der Kurve liegt. Diese Multiplizität ist definiert als die Ordnung der Potenzreihe $f\big(\eta_0(\tau),\ \eta_1(\tau),\ \eta_2(\tau)\big)$. Setzt man hier (3) ein und benutzt (2), so erhält man die Potenzreihe

$$\zeta_0(\tau)^r\,\zeta_1(\tau)^s\,\zeta_2(\tau)^t\, g\big(\zeta_0(\tau),\ \zeta_1(\tau),\ \zeta_2(\tau)\big)\,.$$

Da $\zeta_1(\tau)$ und $\zeta_2(\tau)$ für $\tau = 0$ nicht verschwinden, ist die Ordnung dieser Potenzreihe gleich der Ordnung von

$$\zeta_0(\tau)^r\,\zeta_1(\tau)^r\, g\big(\zeta_0(\tau),\ \zeta_1(\tau),\ \zeta_2(\tau)\big) = \eta_2(\tau)^r\, g\big(\zeta_0(\tau),\ \zeta_1(\tau),\ \zeta_2(\tau)\big)\,,$$

also gleich der Schnittmultiplizität von $g = 0$ mit $\mathfrak{z}'$, vermehrt um das r-fache der Schnittmultiplizität der Geraden $\eta_2 = 0$ mit $\mathfrak{z}$. Die letzere Multiplizität ist genau die Ordnung des Zweiges $\mathfrak{z}$ (oder die Vielfachheit des Punktes O auf dem Zweig $\mathfrak{z}$), während r die Vielfachheit von O auf der Kurve $f = 0$ ist. Also haben wir den

Satz 6. *Die Schnittmultiplizität des Zweiges $\mathfrak{z}$ mit einer Kurve C ist gleich der Schnittmultiplizität des transformierten Zweiges $\mathfrak{z}'$ mit der transformierten Kurve C', vermehrt um das Produkt der Vielfachheiten von C und von $\mathfrak{z}$ in O.*

Die sukzessiven Nachbarpunkte von O auf $\mathfrak{z}$ seien $O_1, O_2, \ldots$. Die Vielfachheiten von $\mathfrak{z}$ in $O, O_1, O_2, \ldots$ mögen mit $r_0, r_1, r_2, \ldots$, die Vielfachheiten von C in diesen Punkten mit $\varrho_0, \varrho_1, \varrho_2, \ldots$ bezeichnet werden. Die Schnittmultiplizität von C und $\mathfrak{z}$ sei $\varLambda$, die von C' und $\mathfrak{z}'$ sei $\varLambda'$. Dann ergibt Satz 6 die Formel

$$(4) \qquad \varLambda = \varLambda' + \varrho_0 r_0\,.$$

Mit Hilfe des Satzes 6 beweisen wir nun den

Satz 7. *Bei der Transformation (1) gehen die sukzessiven Nachbarpunkte $O_1, O_2, \ldots, O_m, \ldots$ von O auf dem Zweig $\mathfrak{z}$ der Reihe nach in O', $O'_1, \ldots, O'_{m-1}$ über, wobei O' der Ausgangspunkt des transformierten Zweiges $\mathfrak{z}'$ und $O'_1, O'_2, \ldots$ die sukzessiven Nachbarpunkte von O' auf $\mathfrak{z}'$ sind. Hat $\mathfrak{z}$ in $O, O_1, O_2, \ldots, O_m$ die Vielfachheiten $r_0, r_1, r_2, \ldots, r_m$, so hat $\mathfrak{z}'$ in $O'_1, O'_1, \ldots, O'_{m-1}$ die Vielfachheiten $r_1, r_2, \ldots, r_m$.*

Wir beweisen den Satz für O_m in der Annahme, daß er für $O_1, \ldots, O_{m-1}$ richtig ist. Man wird sehen, daß der Beweis auch für $m = 1$ gilt.

Wir wählen für C die nach Satz 4 (§ 55) existierende Kurve C_m, die in $O, O_1, \ldots, O_m$ die Vielfachheiten $\varrho_0, \varrho_1, \ldots, \varrho_m$ mit $\varrho_m = 1$ hat. Nach der Induktionsvoraussetzung hat C' in $O', O'_1, \ldots, O'_{m-2}$ die Vielfachheiten $\varrho_1, \varrho_2, \ldots, \varrho_{m-1}$. Der auf O'_{m-2} folgende Nachbarpunkt auf der Kurve C' sei O'_{m-1}, die Vielfachheiten von $\mathfrak{z}'$ und von C' in O'_{m-1} seien r'_m und ϱ'_m. Dann ist nach Satz 2 (§ 55) die Schnittmultiplizität von $\mathfrak{z}$ und C gleich

$$(5) \qquad \Lambda = \varrho_0 r_0 + \varrho_1 r_1 + \cdots + \varrho_m r_m,$$

andererseits ist sie nach Satz 6 gleich

$$(6) \qquad \begin{cases} \Lambda = \varrho_0 r_0 + \Lambda' \\ = \varrho_0 r_0 + \varrho_1 r_1 + \cdots + \varrho_{m-1} r_{m-1} + \varrho'_m r'_m + \cdots, \end{cases}$$

wobei die Glieder $+ \cdots$ sich auf etwaige weitere Nachbarpunkte nach O'_{m-1} beziehen, die $\mathfrak{z}'$ und C' noch gemeinsam haben könnten.

Der Vergleich von (5) und (6) ergibt

$$(7) \qquad \varrho_m r_m = \varrho'_m r'_m + \cdots.$$

Aus (7) folgt zunächst, da ϱ_m und ϱ'_m positiv sind: $r'_m > 0$ dann und nur dann, wenn $r_m > 0$ ist. Das heißt: $\mathfrak{z}'$ geht durch den Nachbarpunkt O'_{m-1} dann und nur dann, wenn $\mathfrak{z}$ durch O_m geht. Der Nachbarpunkt O_m, d. h. die Gesamtheit der Zweige durch O_m, geht also bei der Transformation tatsächlich in die Gesamtheit der Zweige durch O'_{m-1} über.

In der Wahl der Kurven C_m besteht, wie wir wissen, eine Freiheit, da der Nachfolger von O_m auf C_m frei ist. Die Kurven C_m haben je nur einen Zweig. Wählen wir nun für C eine Kurve C_m, für $\mathfrak{z}$ den einzigen Zweig einer anderen Kurve C_m, die mit der ersten wohl $O, O_1, \ldots, O_m$, aber nicht den Nachfolger von O_m gemeinsam hat! Dann ist in (7) $r_m = \varrho_m = 1$. Es folgt, daß auch auf der rechten Seite nur ein Glied vorkommen kann und daß dieses den Wert Eins hat. Also: die verschiedenen C_m enthalten O'_{m-1} nur einfach und haben keinen weiteren Nachbarpunkt nach O'_{m-1} miteinander gemeinsam.

Nun betrachten wir wieder einen beliebigen Zweig $\mathfrak{z}$ durch $O, O_1, \ldots, O_m$. Eine passend gewählte Kurve C_m hat mit $\mathfrak{z}$ nur $O, O_1, \ldots, O_m$ gemeinsam, und die Transformierte C'_m mit $\mathfrak{z}'$ auch nur $O', O_1, \ldots, O'_{m-1}$. In (7) sind daher rechts die Glieder $+ \cdots$ zu streichen; weiter ist $\varrho_m = \varrho'_m = 1$ zu setzen. Es folgt $r_m = r'_m$, d. h. die Vielfachheit von $\mathfrak{z}'$ in O'_{m-1} ist gleich der von $\mathfrak{z}$ in O_m. Damit ist die Induktion vollständig.

Da durch die einmalige quadratische Cremonatransformation (1) die Nummern aller Nachbarpunkte von O um Eins erniedrigt werden, kann man durch k-mal wiederholte quadratische Transformationen jeden beliebigen Nachbarpunkt O_k in einen gewöhnlichen Punkt verwandeln. Man kann die Nachbarpunkte sogar, wie es NOETHER ursprünglich getan hat, durch diese wiederholten Transformationen definieren.

Die gleiche Untersuchungsmethode kann auch auf beliebige Cremonatransformationen (d. h. birationale Transformationen der Ebene in sich) angewandt werden. Besonders einfach werden die Ergebnisse für den Fall, daß die Transformation an der Stelle O eineindeutig ist, genauer, daß die rationalen Formeln für die Transformation sowie für ihre Umkehrung an der Stelle O bzw. an der entsprechenden Stelle O' sinnvoll bleiben. Für diesen Fall tritt an Stelle von Satz 6 die einfachere Aussage, daß die Schnittmultiplizität von $\mathfrak{z}$ und C sich bei der Transformation nicht ändert; statt (3) hat man also

$$\varLambda = \varLambda'.$$

Die beim Satz 7 angewandte Beweismethode ergibt dann das einfache Ergebnis, daß die Folge der Nachbarpunkte $O_1, O_2, \ldots$ von O auf $\mathfrak{z}$ in die Folge der Nachbarpunkte $O_1', O_2', \ldots$ von O' auf $\mathfrak{z}'$ transformiert wird, während die Vielfachheiten von $\mathfrak{z}$ in $O, O_1, O_2, \ldots$ ungeändert bleiben.

An Stelle von algebraischen Kurven und Kurvenzweigen kann man in diesen Untersuchungen allgemeiner analytische Kurven $F(x, y) = 0$ in der Umgebung eines festen Punktes O und analytische Kurvenzweige in Betracht ziehen. Die Beweismethoden und Ergebnisse ändern sich nicht wesentlich. Man erhält z. B. den Satz, daß der Begriff des Nachbarpunktes und die Vielfachheiten eines Zweiges in den Nachbarpunkten von O ungeändert bleiben bei solchen analytischen Transformationen, die in der Nachbarschaft von O eindeutig und eindeutig analytisch umkehrbar sind.

Aufgabe. 1. Man führe die angedeuteten Beweise durch.

Eine andere Theorie der Nachbarpunkte, die für beliebige Grundkörper gilt und einfacher ist als die hier dargestellte Theorie von Enriques, findet man bei van der Waerden: Infinitely near points, Proceedings Ned. Akademie Amsterdam **53** (1950), p. 401.

ANHANG

Math. Ann. 193, 89—108 (1971) — © by Springer-Verlag 1971

Zur algebraischen Geometrie 20
Der Zusammenhangssatz und der Multiplizitätsbegriff

B. L. VAN DER WAERDEN

Als Grundlage einer Theorie der Schnittmultiplizitäten habe ich 1926 den Begriff Spezialisierungsmultiplizität entwickelt und unter gewissen Voraussetzungen die Eindeutigkeit dieser Multiplizität bewiesen [1]. Der Gedankengang war so:

Ein „Normalproblem" sei durch Gleichungen

$$G_j(\xi, \eta) = 0 \tag{A}$$

definiert, die homogen in den Unbekannten $\eta_0, \ldots, \eta_n$ sein sollen, während die ξ Unbestimmte sind. Das Problem (A) habe für unbestimmte ξ endlich viele Lösungen $\eta^{(1)}, \ldots, \eta^{(h)}$. Jede Spezialisierung $\xi \to x$ läßt sich zu einer Spezialisierung

$$(\xi, \eta^{(1)}, \ldots, \eta^{(h)}) \to (x, y^{(1)}, \ldots, y^{(h)})$$

fortsetzen. Die $y^{(\nu)}$ sind Lösungen des spezialisierten Problems

$$G_j(x, y) = 0. \tag{B}$$

Die Eindeutigkeit der spezialisierten Lösungen $y^{(1)}, \ldots, y^{(h)}$ wurde in [1] unter der Voraussetzung bewiesen, daß das spezialisierte Problem (B) bei gegebenem x nur endlich viele Lösungen hat. Wenn eine Lösung y des Problems (B) genau μ-mal unter den $y^{(\nu)}$ vorkommt, so sagt man, sie habe bei der Spezialisierung $\xi \to x$ die *Multiplizität* μ.

Unter allgemeineren Voraussetzungen hat Weil [2] die Eindeutigkeit der Multiplizität μ einer Lösung y des spezialisierten Problems bewiesen. Weil verlangt nämlich nicht, daß es nur endlich viele Lösungen des Problems (B) gibt, sondern nur, daß eine Lösung y isoliert ist. Northcott [3] und Leung [4] haben die Voraussetzungen von Weil noch weiter abgeschwächt.

Der Beweis für die Eindeutigkeit der Multiplizität einer isolierten Lösung y ist bei Weil recht kompliziert: er beruht auf der analytischen Theorie der lokalen Ringe. Auch Northcott und Leung benutzen diese analytische Theorie. Im folgenden soll ein Beweis mit klassischen Hilfsmitteln gegeben werden, der auf einem Spezialfall des Zusammenhangssatzes beruht.

Um den *Zusammenhangssatz* zu erklären, müssen wir einige Definitionen vorausschicken.

Eine Varietät V im projektiven Raum P^n heißt *zusammenhängend*, wenn es auch nach Erweiterung des Körpers k, über dem V definiert ist, unmöglich ist, V in zwei disjunkte, nicht leere Teilvarietäten zu zerlegen. Eine Varietät V heißt *linear zusammenhängend*, wenn je zwei Punkte innerhalb V durch eine Kette von rationalen Kurven $C_1, \ldots, C_h$ miteinander verbunden werden können. Offensichtlich folgt daraus, daß V zusammenhängend ist.

Ein *Zykel* Z^d ist eine formale Summe von absolut irreduziblen Varietäten V^d, die alle dieselbe Dimension d haben, mit ganzzahligen Koeffizienten e_i. Wir betrachten nur positive Zykel, bei denen alle e_i positiv oder Null sind. Die Vereinigung aller V^d mit $e_i \neq 0$ heißt der *Träger* des Zykels.

Nun sei ξ ein allgemeiner und x ein spezieller Punkt einer über k irreduziblen Varietät U. Dem Punkte ξ sei ein Zykel Z zugeordnet, der über $k(\xi)$ definiert und zusammenhängend ist. Die Varietät U sei im Punkte x analytisch irreduzibel, d. h. die komplette Erweiterung des lokalen Ringes sei nullteilerfrei. Zur Spezialisierung $\xi \to x$ gehören Spezialisierungen Z_x des Zykels Z_ξ. Dann besagt der Zusammenhangssatz, daß die Vereinigung der Träger aller Z_x zusammenhängend ist.

Der Zusammenhangssatz wurde von Zariski [5] zuerst aufgestellt und im Rahmen seiner Theorie der holomorphen Funktionen auf algebraischen Varietäten bewiesen. Eine Verallgemeinerung und einen einfacheren Beweis hat Chow [6] gegeben.

Für die Anwendung, die wir hier im Auge haben, ist ein Spezialfall des Zusammenhangssatzes von besonderer Bedeutung. Der Zykel Z_ξ sei ein einzelner Punkt η, der rational von ξ abhängt. Ferner sei x ein einfacher Punkt von U. In diesem Fall kann man, wie Chow gezeigt hat, den Zusammenhangssatz verschärfen und zeigen, daß alle zu $\xi \to x$ gehörigen Spezialisierungen y von η eine *linear zusammenhängende* Varietät bilden.

In der vorliegenden Arbeit wird zunächst angenommen, daß U ein projektiver Raum P^m ist. Der Satz, der hier bewiesen werden soll, lautet also (§ 5, Satz 2):

Bei einer rationalen Abbildung von P^m in P^n ist die Bildvarietät V_A eines jeden Punktes A linear zusammenhängend.

In § 1 werden nur Grundbegriffe erklärt. In § 2 und § 3 werden bekannte Ergebnisse der klassischen algebraischen Geometrie mit klassischen Methoden bewiesen. Für den Kenner enthalten § 1 bis § 3 nichts Neues.

In § 4 wird der obige Satz in den Fällen $U = P^1$ und $U = P^2$ bewiesen. In § 5 wird der Fall $U = P^m$ auf den Fall $U = P^2$ zurückgeführt.

In § 6 wird gezeigt, daß die Eindeutigkeit der Spezialisierungsmultiplizität einer isolierten Lösung y im Falle $U = P^m$ unmittelbar aus Satz 2 folgt.

Hat man einmal die Spezialisierungsmultiplizität, so kann man nach A. Weil auch Schnittmultiplizitäten von Zykeln definieren. Das soll in § 7 näher ausgeführt werden.

In § 8 wird der lineare Zusammenhangssatz für den Fall bewiesen, daß x ein einfacher Punkt einer beliebigen Varietät U ist. Durch eine Parallelprojektion wird der allgemeine Fall auf den Fall $U = P^m$ zurückgeführt.

§ 1. Grundbegriffe

Es sei k ein fester Grundkörper und Ω ein *Universalkörper* im Sinne von Weil [2], d. h. ein algebraisch abgeschlossener Erweiterungskörper von unendlichem Transzendenzgrad über k. Eine über k definierte *Korrespondenz K* zwischen P^m und P^n ist die Gesamtheit der Punktepaare (x, y) mit Koordinaten aus Ω, die einem System von homogenen Gleichungen

$$G_j(x, y) = 0 \tag{1}$$

mit Koeffizienten aus k genügen. Im x-Raum werden wir häufig $x_0 = 1$ setzen und inhomogene Koordinaten $x_1, \ldots, x_n$ einführen, aber der y-Raum soll immer der volle projektive Raum P^n sein.

Wenn die Korrespondenz K über k irreduzibel ist, so besteht sie aus allen Paaren (x, y), die Spezialisierungen eines allgemeinen Paares (ξ, η) sind. Man nennt (x, y) eine *Spezialisierung* von (ξ, η) über k, wenn alle homogenen Gleichungen $H(\xi, \eta) = 0$ mit Koeffizienten aus k, die für das Paar (ξ, η) gelten, auch für das Paar (x, y) gelten. Die Spezialisierungen von ξ bilden die *Urvarietät U*, die von η die *Bildvarietät V* der Korrespondenz, und man spricht von einer *Korrespondenz K zwischen U und V*.

Die Korrespondenz K heißt eine *rationale Abbildung*, wenn die Koordinatenverhältnisse von η rationale Funktionen von denen von ξ sind. Man hat dann

$$\beta \eta_k = F_k(\xi). \tag{2}$$

Dabei sind die F_k Formen gleichen Grades in $\xi_0, \ldots, \xi_m$, die nicht alle Null sind.

Zu den homogenen Gleichungen $H(\xi, \eta) = 0$, die für das allgemeine Paar (ξ, η) der rationalen Abbildung (2) gelten, gehören die folgenden:

$$\eta_j F_k(\xi) - \eta_k F_j(\xi) = 0. \tag{3}$$

Also muß für jedes Paar (x, y) gelten

$$y_j F_k(x) - y_k F_j(x) = 0 \tag{4}$$

und daher

$$\gamma y_k = F_k(x). \tag{5}$$

Sind die $F_k(x)$ nicht alle Null, so nennt man den Punkt x für die Abbildung *regulär*; er hat dann einen einzigen, durch (5) bestimmten Bildpunkt y. Sind alle $F_k(x)$ Null, so ist der Punkt x für die Abbildung *singulär*; er kann dann mehrere Bildpunkte haben. In jedem Fall bilden die Bildpunkte y eines gegebenen Punktes x eine Varietät V_x; man nennt sie die *Bildvarietät* des Punktes x in der durch (2) definierten Abbildung.

In § 2 wird gezeigt, wie man die einzelnen Punkte y der Bildvarietät V_x durch Reihenentwicklungen erhalten kann. Diese Reihenentwicklungen bilden das wichtigste Hilfsmittel beim Beweis des linearen Zusammenhangs der Bildvarietät V_x in § 4 und § 5.

Wir brauchen einige Begriffe aus der Theorie der algebraischen Kurven. Eine Kurve C in P^m kann durch eine birationale Transformation auf eine Kurve C' ohne mehrfache Punkte in P^n abgebildet werden (siehe etwa meine Einführung in die algebraische Geometrie, § 45). Einem Punkt A von C können mehrere Punkte A' von C' entsprechen; jeder von diesen definiert einen *Zweig* $\mathfrak{z}$ der Kurve C im Punkte A. Man nennt A den *Anfangspunkt* des Zweiges $\mathfrak{z}$. Ist C'' ein anderes birationales Bild von C, so sind die Punkte von C'' eineindeutig denen von C' zugeordnet, also ist der Zweigbegriff von der Wahl der Bildkurve C' unabhängig.

Zu jedem Zweig $\mathfrak{z}$ kann man eine Ortsuniformisierende τ wählen und die Koordinaten eines allgemeinen Punktes von C in Potenzreihen nach τ entwickeln:

$$X_i(\tau) = a_i + b_i \tau + \cdots. \tag{6}$$

Dabei sind die a_i die Koordinaten des Anfangspunktes A des Zweiges $\mathfrak{z}$.

Wir schneiden nun die Kurve C mit einer Hyperfläche $F = 0$ des Raumes P^m und fragen, wie man die Schnittmultiplizität $(C \cdot F)_A$ im Punkt A erhalten kann. Die Hyperfläche $F = 0$ sei durch eine Form

$$F(X) = F(X_0, X_1, \ldots, X_m)$$

definiert. Will man sich genau ausdrücken, so muß man zwischen der *Hyperfläche* $F = 0$ und dem $(m-1)$-dimensionalen *Zykel* F unterscheiden, der so erhalten wird: Die Form F wird über dem algebraisch abgeschlossenen Körper $\overline{k}$ in Primfaktoren P_i mit Exponenten e_i zerlegt. Jeder dieser Primfaktoren P_i definiert eine unteilbare Hyperfläche $P_i = 0$, die kurz als Hyperfläche P_i bezeichnet werden möge. Werden diese Hyperflächen e_i mal gezählt und addiert, so erhält man den $(m-1)$-dimensionalen Zykel

$$F = \Sigma \, e_i P_i .$$

Es ist zweckmäßig, denselben Buchstaben F für die Form $F(X)$ und den Zykel F zu verwenden.

Die *Schnittmultiplizität* $(\mathfrak{z} \cdot F)_A$ eines Zweiges $\mathfrak{z}$ mit dem Zykel F im Punkte A kann bestimmt werden, indem man die Potenzreihen $X_i(\tau)$ des Zweiges in die Form F einsetzt. Ist

$$F(X_i(\tau)) = c \tau^\mu + \cdots \qquad (c \neq 0),$$

so ist μ die Schnittmultiplizität:

$$(\mathfrak{z} \cdot F)_A = \mu .$$

Die Schnittmultiplizität $(C \cdot F)_A$ der Kurve C mit dem Zykel F im Punkte A ist die Summe der Schnittmultiplizitäten der einzelnen Zweige $\mathfrak{z}$ der Kurve mit F in A:

$$(C \cdot F)_A = \Sigma (\mathfrak{z} \cdot F)_A . \tag{7}$$

Für den Beweis der Formel (7) siehe meine Einführung in die algebraische Geometrie, § 20. Für die Zwecke der vorliegenden Arbeit würde es übrigens genügen, die Formel (7) als Definition der Schnittmultiplizität einer Kurve C mit einem $(m-1)$-dimensionalen Zykel F zu betrachten.

§ 2. Wie erhält man alle Bildpunkte eines Punktes x^0 in einer rationalen Abbildung?

Eine irreduzible Korrespondenz K sei durch Gl. (1) definiert. Durch die Substitution

$$z_{ik} = x_i y_k \tag{8}$$

kann man K auf eine Bildvarietät in einem projektiven Raum P_N abbilden. Wir bezeichnen diese Bildvarietät wieder mit K; ihre Dimension sei d.

Ist speziell K eine rationale Abbildung (2), so bilden die *singulären Paare* (x, y), für die alle $F_k(x)$ Null sind, eine Teilvarietät K' von höchstens der Dimension $d-1$. Es sei (x^0, y^0) mit Bildpunkt z^0 ein singuläres Paar. Durch z^0 legen wir eine Hyperebene u, die keinen $(d-1)$-dimensionalen Teil von K' enthält. Durch den Schnitt mit u werden die Dimensionen von K und K' um je eine Einheit vermindert. Dieses Verfahren wird wiederholt; nach $d-1$ Schritten erhält man eine Kurve C^* auf K, die durch z^0 geht und mit K' nur endlich viele Punkte gemeinsam hat. Es sei C ein durch z^0 gehender absolut irreduzibler Bestandteil einer solchen Kurve C^*. Ein allgemeiner Punkt von C sei Z. Das entsprechende Paar (X, Y) ist regulär, weil Z nicht in K' liegt.

Mindestens ein Zweig $\mathfrak{z}$ der Kurve C hat seinen Ursprung in z^0. Ist τ eine Ortsuniformisierende für diesen Zweig $\mathfrak{z}$, so sind die Koordinaten der Punkte X und Y als Potenzreihen in τ darstellbar.

In einer Umgebung des Punktes x^0 kann man inhomogene Koordinaten $x_1, \ldots, x_n$ einführen, mit x^0 als Koordinatenanfangspunkt. Die Reihenentwicklungen für die Koordinaten der Punkte X und Y sehen dann so aus:

$$X_i(\tau) = a_i \tau + b_i \tau^2 + \cdots \quad (i = 1, \ldots, m), \tag{9}$$

$$Y_k(\tau) = c_k + d_k \tau + e_k \tau^2 + \cdots \quad (k = 0, 1, \ldots, n). \tag{10}$$

Da das Paar $X(\tau)$, $Y(\tau)$ regulär ist, müssen die Gleichungen

$$\gamma Y_k(\tau) = F_k(X(\tau)) \quad \text{mit} \quad \gamma \neq 0 \tag{11}$$

gelten. Sind die Potenzreihen $X_i(\tau)$ gegeben, so kann man die rechte Seite von (11) ausrechnen. Wenn die so erhaltenen Potenzreihen mit τ^r anfangen, kann man schreiben

$$F_k(X(\tau)) = p_k \tau^r + q_k \tau^{r+1} + \cdots, \tag{12}$$

wobei die p_k nicht alle Null sind. Auf der linken Seite von (11) kann man $\gamma = \tau^r$ wählen und erhält

$$\tau^r Y_k(\tau) = p_k \tau^r + q_k \tau^{r+1} + \cdots$$

oder

$$Y_k(\tau) = p_k + q_k \tau + \cdots .$$ (13)

Den Anfangspunkt y^0 dieses Kurvenzweiges erhält man, indem man $\tau = 0$ setzt:

$$y_k^0 = p_k .$$ (14)

Daraus folgt das gewünschte Ergebnis:

Satz 1. *Jeder zu x^0 gehörige Bildpunkt y^0 kann folgendermaßen erhalten werden. Man wählt auf U einen Kurvenzweig mit Anfangspunkt x^0 so, daß ein allgemeiner Punkt $X(\tau)$ dieses Zweiges regulär für die Abbildung ist. Man entwickelt die Koordinaten $X_i(\tau)$ in Potenzreihen nach τ. Man setzt diese Potenzreihen in die Polynome F_k ein und entwickelt nach (12). Dann sind die Anfangskoeffizienten p_k die Koordinaten eines Bildpunktes y^0.*

Wir werden das Verfahren im folgenden kurz so beschreiben: „Man nähert sich auf dem Zweige $\mathfrak{z}$ dem Punkte x^0 und erhält als Grenzpunkt den Bildpunkt y^0.“

Selbstverständlich kann das gleiche Verfahren auch für reguläre x^0 angewandt werden; nur ist das Ergebnis in diesem Fall von der Wahl des Kurvenzweiges unabhängig.

Ist insbesondere U der ganze Raum P^m, so kann man die Koeffizienten a_i, b_i, ... in den Potenzreihen (9) ganz beliebig wählen, sofern nur die $F_k(X(\tau))$ nicht alle identisch in τ Null werden. Diese Freiheit in der Wahl der Koeffizienten kann man dazu benutzen, die Potenzreihen (9) nach dem Glied mit τ^r abzubrechen: die weiteren Glieder haben auf y^0 sowieso keinen Einfluß. Man kann dann also die $X_i(\tau)$ als Polynome in τ wählen.

§ 3. Reduktion der Schnittmultiplizitäten ebener Kurven durch Cremonatransformationen

Max Noether hat in seinen grundlegenden Arbeiten über die Auflösung der Singularitäten der algebraischen Kurven gezeigt, daß man durch eine geeignete Cremonatransformation die Schnittmultiplizität $(F, G)_A$ von zwei ebenen Kurven F und G im Punkte A immer kleiner machen kann. Noether verwendete die Cremonatransformation

$$x_0 = z_1 z_2 , \quad x_1 = z_2 z_0 , \quad x_2 = z_1 z_2 .$$ (15)

Wenn F in A einen r-fachen Punkt und G einen s-fachen Punkt hat, so wird die Schnittmultiplizität $(F, G)_A$ nach Noether durch die Transformation um rs verkleinert.

Statt der Transformation (15) kann man auch die etwas einfachere Transformation

$$x_1 = z_1 , \quad x_2 = z_1 z_2 .$$ (16)

benutzen. Die inhomogenen Koordinaten x_1, x_2 werden so gewählt, daß der Punkt A die Koordinaten $(0, 0)$ hat und die Achse $x_2 = 0$ die Kurven F und G in A nicht berührt. Die Kurve F mit der Gleichung $F(x_1, x_2) = 0$ wird so transformiert:

$$F(z_1, z_1 z_2) = \Phi(z_1, z_2) = z_1^r \varphi(z_1, z_2). \tag{17}$$

Die Kurve φ in der z-Ebene heißt die *reduzierte Transformierte* der Kurve F. Ebenso erhält man für die Kurve G die reduzierte Transformierte ψ. Die Kurven φ und ψ können einen oder mehrere Schnittpunkte α auf der Geraden $z_1 = 0$ haben. Bei der Transformation $z \to x$ gehen diese Schnittpunkte α alle in den einen Punkt A über und es gilt die Formel

$$(F, G)_A = rs + \sum_\alpha (\varphi, \psi)_\alpha. \tag{18}$$

Für den Beweis dieser Formel macht es nichts aus, ob man die Cremonatransformation (15) oder die einfachere Transformation (16) benutzt. Der Beweis wird wohl am einfachsten so geführt, daß man die Kurve F zunächst mit den einzelnen Zweigen $\mathfrak{z}$ der Kurve G im Punkte A schneidet. Die Potenzreihen eines solchen Zweiges $\mathfrak{z}$ können so geschrieben werden:

$$X_1(\tau) = a_1 \tau^v + b_1 \tau^{v+1} + \cdots$$
$$X_2(\tau) = a_2 \tau^v + b_2 \tau^{v+1} + \cdots$$

mit $a_1 \neq 0$. Der Exponent v heißt die *Vielfachheit* des Zweiges $\mathfrak{z}$ im Punkte A. Die Transformation $x \to z$ führt $\mathfrak{z}$ in einen Zweig $\mathfrak{z}'$ in der z-Ebene über, der seinen Anfangspunkt α auf der Achse $z_1 = 0$ hat. Nun soll gezeigt werden

$$(F, \mathfrak{z})_A = rv + (\varphi, \mathfrak{z}')_\alpha. \tag{19}$$

Durch Summation über alle Zweige $\mathfrak{z}$ der Kurve G im Punkte A erhält man aus (19) ohne weiteres (18).

Die Formel (19) ist ein Spezialfall einer allgemeineren Formel für die Schnittmultiplizität einer Hyperfläche F mit einem Kurvenzweig $\mathfrak{z}$ im Raume P^m, die in meiner Arbeit "On infinitely near points" [7] bewiesen wurde. In unserem ebenen Spezialfall verläuft der Beweis so:

Die Reihenentwicklung des transformierten Zweiges $\mathfrak{z}'$ sei

$$\begin{aligned} Z_1(\tau) &= a_1 \tau^v + b_1 \tau^{v+1} + \cdots \\ Z_2(\tau) &= p + q\tau + \cdots. \end{aligned} \tag{20}$$

Durch die Transformation (16) erhält man daraus die Reihenentwicklung des Zweiges $\mathfrak{z}$:

$$\begin{aligned} X_1 &= X_1(\tau) = Z_1(\tau) \\ X_2 &= X_2(\tau) = Z_1(\tau) Z_2(\tau). \end{aligned}$$

Setzt man diese in F ein und beachtet (17), so erhält man

$$F(X_1, X_2) = F(Z_1, Z_1 Z_2)$$
$$= Z_1^r \varphi(Z_1, Z_2) \,. \tag{21}$$

Wenn die Entwicklung von $\varphi(Z_1, Z_2)$ nach Potenzen von τ mit τ^w anfängt, so fängt die Entwicklung von $F(X_1, X_2)$, wie man aus (21) sieht, mit

$$\tau^{rv+w}$$

an. Daraus ergibt sich (19) und daraus weiter (18).

Aus (18) folgt, daß jeder einzelne Term rechts kleiner ist als die linke Seite:

$$(\varphi, \psi)_\alpha < (F, G)_A \,. \tag{22}$$

Das ist alles, was wir für das folgende brauchen.

§ 4. Beweis des linearen Zusammenhangssatzes für $U = P^1$ und $U = P^2$

A. Der Fall $U = P^1$

Eine rationale Abbildung der projektiven Geraden P^1 auf eine Bildvarietät R sei durch

$$\beta \eta_k = F_k(\tau_0, \tau_1) \tag{23}$$

gegeben, wobei die F_k Formen gleichen Grades sind. Ist $D(\tau)$ der größte gemeinsame Teiler der Formen F_k, so kann man $\beta = D(\tau)$ setzen und den Faktor $D(\tau)$ links und rechts wegkürzen; so erhält man

$$\eta_k = f_k(\tau_0, \tau_1) \,. \tag{24}$$

Die Formen f_k haben jetzt keinen gemeinsamen Teiler, also keine gemeinsame Nullstelle. Daher ist jeder Punkt t der projektiven Geraden für die Abbildung regulär und der Bildpunkt y durch

$$y_k = f_k(t_1, t_2) \tag{25}$$

eindeutig bestimmt. Der lineare Zusammenhangssatz ist in diesem Fall trivial.

Die Gleichungen der Korrespondenz K lauten

$$y_i f_k(t) - y_k f_j(t) = 0 \,. \tag{26}$$

Die Bildvarietät R hat die Dimension 1 oder 0. Ist die Dimension 1, so ist R eine rationale Kurve mit der Parameterdarstellung (25). Ist sie Null, so ist R ein einzelner Punkt.

$$B.\ Der\ Fall\ U = P^2$$

Eine rationale Abbildung von P^2 in P^n sei durch

$$\beta \eta_k = F_k(\xi_0, \xi_1, \xi_2) \tag{27}$$

gegeben. Man kann wieder annehmen, daß die Formen F_k keinen gemeinsamen Teiler haben. Zu beweisen ist, daß die Bild-Varietät V_A eines Punktes A von P^2 linear zusammenhängend ist.

Der Punkt A habe die Koordinaten $(1, 0, 0)$. Man kann wieder $x_0 = 1$ setzen und inhomogene Koordinaten x_1, x_2 einführen. Die Formen $F_k(X)$ gehen durch die Substitution $X_0 = 1$ in inhomogene Polynome $F_k(X_1, X_2)$ über. Wir schreiben sie als Summen von homogenen Polynomen mit steigenden Gradzahlen $r, r + 1, \ldots$:

$$F_k = L_k + M_k + \cdots . \tag{28}$$

Um alle Bildpunkte zu erhalten, hat man die Reihenentwicklungen aller Zweige $\mathfrak{z}$, die in A ihren Ursprung haben, in die Polynome F_k einzusetzen. Die Reihenentwicklung eines solchen Zweiges $\mathfrak{z}$ sei durch

$$\begin{aligned}
X_1(\tau) &= a_1 \tau^v + b_1 \tau^{v+1} + \cdots \\
X_2(\tau) &= a_2 \tau^v + b_2 \tau^{v+1} + \cdots
\end{aligned} \tag{29}$$

gegeben, wobei a_1 und a_2 nicht beide Null sind. Das Verhältnis $a_2 : a_1$ bestimmt die *Tangentenrichtung* des Zweiges $\mathfrak{z}$.

Setzt man nun (29) in (28) ein, so erhält man

$$F_k(X(\tau)) = \tau^{rv} L_k(a_1, a_2) + \cdots . \tag{30}$$

Es gibt nur endlich viele Tangentenrichtungen, für die alle $L_k(a_1, a_2)$ Null werden. Wir nennen sie *schwierige Tangentenrichtungen*. Für alle anderen Richtungen ist der Bildpunkt einfach durch

$$y_k = L_k(a_1, a_2) \tag{31}$$

gegeben. Die Gl. (31) bestimmen im Bildraum eine rationale Kurve R oder einen einzelnen Punkt R. Diese Kurve oder dieser Punkt gehört jedenfalls zur Bildvarietät V_A. Alle anderen Teile von V_A rühren von den schwierigen Tangentenrichtungen her.

Mit $2(n + 1)$ unabhängigen Unbestimmten λ_k und μ_k kann man zwei Linearkombinationen der F_k bilden:

$$F_\lambda = \Sigma\ \lambda_k F_k , \tag{32}$$

$$F_\mu = \Sigma\ \mu_k F_k . \tag{33}$$

Da die F_k keinen Faktor gemeinsam haben, haben F_λ und F_μ auch keinen Faktor gemeinsam. Die Zykel F_λ und F_μ haben also im Punkt A eine bestimmte Schnittmultiplizität m. Ist $m = 0$, so sind die F_k nicht alle Null im Punkt A. Der Punkt A ist dann regulär, V_A ist ein einzelner Punkt und der lineare Zusammenhang von V_A ist trivial. Wir nehmen also $m > 0$ an und setzen eine vollständige Induktion nach m an. Für einen bestimmten Wert von m soll die Behauptung, daß V_A linear zusammenhängend ist, bewiesen werden unter der Induktionsvoraussetzung, daß sie für alle kleineren Werte von m richtig ist.

Das Koordinatensystem in der x-Ebene sei so gewählt, daß die Achse $x_1 = 0$ nicht mit einer schwierigen Tangentenrichtung zusammenfällt. Die Gleichungen

$$x_1 = s_1, \quad x_2 = s_1 s_2 \tag{34}$$

definieren wie in § 3 eine rationale Abbildung $s \to x$. Die Zusammensetzung der Abbildung $s \to x$ mit der vorgegebenen rationalen Abbildung $x \to y$ ergibt eine rationale Abbildung $s \to y$. Einem allgemeinen Punkt (S_1, S_2) der s-*Ebene* mit unbestimmten Koordinaten S_1, S_2 entspricht in dieser Abbildung der Punkt η mit Koordinaten

$$\beta \eta_k = F_k(S_1, S_1 S_2) = \Phi_k(S_1, S_2). \tag{35}$$

Wie in § 3 kann man

$$\Phi_k(S_1, S_2) = S_1^r \, \varphi_k(S_1, S_2) \tag{36}$$

setzen, wobei die φ_k nicht alle durch S_1^r teilbar sind. Aus (35) und (36) folgt

$$\beta \eta_k = F_k(S_1, S_1 S_2) = S_1^r \, \varphi_k(S_1, S_2)$$

oder, wenn $\beta = \gamma S_1^r$ gesetzt wird,

$$\gamma \eta_k = \varphi_k(S_1, S_2). \tag{37}$$

Die Abbildung $s \to y$ wird also durch die Polynome φ_k vermittelt.

Multipliziert man (35) und (36) mit λ_k und summiert über k, so erhält man

$$F_\lambda(S_1, S_1 S_2) = \Sigma \lambda_k \Phi_k(S_1, S_2) = S_1^r \Sigma \lambda_k \varphi_k(S_1, S_2)$$

oder, wenn die Summe rechts φ_λ genannt wird,

$$F_\lambda(S_1, S_1 S_2) = S_1^r \, \varphi_\lambda(S_1, S_2)$$

und ebenso

$$F_\mu(S_1, S_1 S_2) = S_1^r \, \varphi_\mu(S_1, S_2).$$

Die Zykel φ_λ und φ_μ sind also die reduzierten Transformierten der Zykel F_λ und F_μ im Sinne von § 3. Also ist die Schnittmultiplizität m' von φ_λ und φ_μ in irgend einem Punkt α der Achse $s_1 = 0$ kleiner als die Schnittmultiplizität m von F_λ und F_μ im Punkte A. Nach der Induktionsvoraussetzung ist also die Bildvarietät W_α des Punktes α in der Abbildung $s \to y$ linear zusammenhängend.

Nun ist es leicht, den linearen Zusammenhang von V_A zu beweisen. V_A ist die Gesamtheit aller Bildpunkte y, die von den einzelnen Zweigen $\mathfrak{z}$ in der x-Ebene mit Anfangspunkt A geliefert werden. Die Zweige mit nicht schwierigen Tangentenrichtungen ergeben Punkte der rationalen Kurve R. Die Zweige $\mathfrak{z}$, die eine bestimmte schwierige Tangentenrichtung haben, gehen bei der Um-

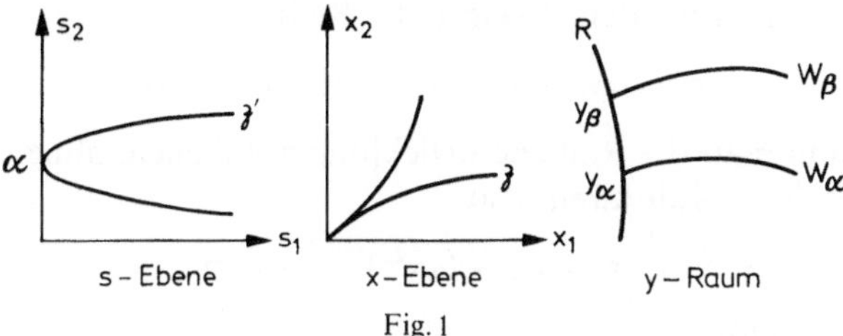

Fig. 1

kehrtransformation $x \to s$ in Zweige $\mathfrak{z}'$ über, die ihren Anfangspunkt je in einem bestimmten Punkt α auf der Achse $s_1 = 0$ haben. Statt auf die Zweige $\mathfrak{z}$ die Transformation $x \to y$ anzuwenden, kann man ebenso gut auf die $\mathfrak{z}'$ die Transformation $s \to y$ anwenden: Das Ergebnis y ist dasselbe. Also bilden die Punkte y, die man aus jenen Zweigen $\mathfrak{z}$ erhält, genau die Bildvarietät W_α. Daher ist V_A die Vereinigung der rationalen Kurve R mit den endlich vielen linear zusammenhängenden Varietäten W_α, die zu den schwierigen Tangentenrichtungen gehören.

Wir zeigen nun, daß R mit jeder Varietät W_α einen Punkt gemeinsam hat. Daraus folgt dann ohne weiteres, daß V_A linear zusammenhängend ist.

Die Achse $s_1 = 0$, ergänzt durch einen unendlich fernen Punkt, heiße g. In der Abbildung $s \to x$ entsprechen den einzelnen Punkten von g Tangentenrichtungen $a_1 : a_2$ im Punkte A. Diesen entsprechen in der Abbildung $x \to y$ wiederum Punkte von R. Also bildet die Abbildung $s \to y$ die Gerade g auf die rationale Kurve R ab.

Nähert man sich nun auf der Geraden g einem Punkte α, so erhält man in der Abbildung $s \to y$ einen Grenzpunkt y_α, der sowohl in R als auch in W_α liegt. Also hat R mit jedem W_α einen Punkt y_α gemeinsam. Da R und alle W_α linear zusammenhängend sind, ist ihre Vereinigung V_A linear zusammenhängend.

§ 5. Beweis des linearen Zusammenhangssatzes für $U = P^m$

Eine rationale Abbildung von P^m in P^n sei durch

$$\beta \eta_k = F_k(\xi_0, \ldots, \xi_n) \tag{38}$$

gegeben. Der Punkt A in P^m habe die Koordinaten $(1, 0, \ldots, 0)$. Wir wollen beweisen, daß die Bildvarietät V_A linear zusammenhängend ist, d. h., daß je zwei Punkte y' und y'' von V_A sich innerhalb V_A durch eine Kette von rationalen Kurven verbinden lassen.

Es gibt nach § 2 in P^m Zweige $\mathfrak{z}'$ und $\mathfrak{z}''$ mit Anfangspunkt A, denen in der Abbildung Zweige in P^n entsprechen, deren Anfangspunkte gerade y' und y'' sind. In der Reihenentwicklung des Zweiges $\mathfrak{z}'$ kann man alle $X_i(\tau)$ durch $X_0(\tau)$ dividieren, so daß nachher $X_0(\tau) = 1$ wird. Schreibt man σ statt τ und x_i'

statt X_i, so erhält man für den Zweig $\mathfrak{z}'$ die Reihen

$$x_i'(\sigma) = a_i\sigma + b_i\sigma^2 + \cdots \quad (i = 1, \ldots, m).$$

Nach § 2 kann man die Reihenentwicklung abbrechen, ohne daß der Bildpunkt y' sich ändert. Man kann also

$$x_i'(\sigma) = a_i\sigma + b_i\sigma^2 + \cdots + e_i\sigma^q \tag{39}$$

annehmen. Ebenso für $\mathfrak{z}''$:

$$x_i''(\tau) = g_i\tau + h_i\tau^2 + \cdots + k_i\tau^r. \tag{40}$$

Dabei sind σ und τ Unbestimmte.

Bildet man jetzt die Summe

$$x_i(\sigma, \tau) = x_i'(\sigma) + x_i''(\tau), \tag{41}$$

so behält diese ihren Sinn, wenn für σ und τ irgendwelche Körperelemente s und t eingesetzt werden, und man erhält eine rationale Abbildung

$$(s, t) \to x$$

der affinen (s, t)-Ebene in den Raum P^m. Alle Punkte der affinen Ebene sind für diese Abbildung regulär. Der s-Achse $(t = 0)$ entspricht in der Abbildung der Zweig $\mathfrak{z}'$, der t-Achse der Zweig $\mathfrak{z}''$.

Setzt man nun die Abbildung $(s, t) \to x$ mit der Abbildung $x \to y$ zusammen, so erhält man eine rationale Abbildung der affinen (s, t)-Ebene in den Raum P^n. Das vollständige Bild W_Q des Punktes $Q(0, 0)$ in dieser Abbildung erhält man, indem man alle Zweige $\mathfrak{z}$, die in Q ihren Anfangspunkt haben, zunächst durch $(s, t) \to x$ in P^m und dann durch $x \to y$ in P^n abbildet; die Anfangspunkte der so erhaltenen Zweige bilden W_Q. Offenbar ist W_Q in V_A enthalten. Nähert man sich dem Punkte Q auf der s-Achse, so erhält man als Bildpunkt im y-Raum den Punkt y'. Nähert man sich auf der t-Achse, so erhält man den Bildpunkt y''. Nach § 4 ist W_Q linear zusammenhängend, also kann man y' mit y'' innerhalb W_Q durch eine Kette von rationalen Kurven miteinander verbinden.

Damit ist bewiesen:

Satz 2. *Bei einer rationalen Abbildung von $U = P^m$ in P^n ist die Bildvarietät V_A eines jeden Punktes A linear zusammenhängend.*

Es ist klar, daß der Beweis auch dann gilt, wenn U der affine Raum A^m ist.

§ 6. Die Eindeutigkeit der Multiplizität im Fall $U = P^m$ oder $U = A^m$

Ein Normalproblem möge durch die Gleichungen

$$G_j(x, y) = 0 \tag{42}$$

definiert werden, wobei der Punkt x den projektiven Raum $U = P^m$ oder den affinen $U = A^m$ durchläuft. Für einen allgemeinen Punkt ξ dieses Raumes habe das Problem endlich viele Lösungen $\eta^{(1)}, \ldots, \eta^{(h)}$. Die Spezialisierung

$\xi \to x$ läßt sich zu einer Spezialisierung

$$(\xi, \eta^{(1)}, \ldots, \eta^{(h)}) \to (x, y^{(1)}, \ldots, y^{(h)}) \tag{43}$$

fortsetzen. Wir wollen beweisen:

Satz 3. *Wenn die Varietät V_x der zum Punkt x gehörigen Lösungen y in zwei fremde Teile M und N zerfällt, so ist die Anzahl der spezialisierten Lösungen $y^{(v)}$, die in M hineinfallen, eindeutig bestimmt.* Man kann diese Anzahl die *Multiplizität* von M nennen.

Zum Beweis bilde man mit Unbestimmten U_i das Produkt

$$P(U) = \gamma \prod_v (U_0 \eta_0^{(v)} + \cdots + U_n \eta_n^{(v)}), \tag{44}$$

wobei γ eine beliebige von Null verschiedene Konstante ist. Wenn die Koordinaten η normiert werden (etwa durch $\eta_s = 1$, wenn η_s die erste von Null verschiedene Koordinate ist), so ist das Produkt rechts in (44) eindeutig bestimmt und symmetrisch in den $\eta^{(1)}, \ldots, \eta^{(h)}$. Sind die $\eta^{(v)}$ separabel über $k(\xi)$, so ist das Produkt rational in den ξ. Sind die $\eta^{(v)}$ nicht separabel, so ist eine q-te Potenz des Produktes rational in den ξ, wobei $q = p^e$ eine Potenz der Charakteristik des Körpers k ist.

Im folgenden werden die Beweise nur für den separablen Fall durchgeführt werden. Die Modifikationen im inseparablen Fall sind trivial: Man braucht nur alle Formeln in eine geeignete p^e-te Potenz zu erheben. Wir nehmen also an, daß das Produkt $P(U)$ rational in den ξ ist. Durch geeignete Wahl von γ kann man sogar erreichen, daß $P(U)$ ganz rational in den ξ wird.

Die Koeffizienten der Form (44) seien $\zeta_0, \ldots, \zeta_N$. Sie sind die Koordinaten des Zykels ζ, der aus den Punkten $\eta^{(1)}, \ldots, \eta^{(h)}$, je einmal gezählt, besteht. Die ζ_i können auch als Koordinaten eines Bildpunktes ζ in einem projektiven Raum P^N aufgefaßt werden.

Vergleicht man die Koeffizienten der Potenzprodukte der U_j links und rechts in (44), so erhält man

$$\zeta_k = \gamma g_k(\eta^{(1)}, \ldots, \eta^{(h)}) . \tag{45}$$

Aus (45) folgt

$$\zeta_j g_k(\eta) - \zeta_k g_j(\eta) = 0 . \tag{46}$$

Aus (46) folgen umgekehrt (45) und (44). Die Gl. (46) drücken also aus, daß der Zykel ζ genau aus den Punkten $\eta^{(1)}, \ldots, \eta^{(h)}$ besteht.

Jede Spezialisierung (43) läßt sich zu einer Spezialisierung

$$(\xi, \eta^{(1)}, \ldots, \eta^{(h)}, \zeta) \to (x, y^{(1)}, \ldots, y^{(h)}, z) \tag{47}$$

fortsetzen. Dabei bleiben die Gl. (46) erhalten, also besteht der Zykel z genau aus den Punkten $y^{(1)}, \ldots, y^{(h)}$. Insbesondere folgt, daß

$$(\xi, \zeta) \to (x, z) \tag{48}$$

eine Spezialisierung ist. Umgekehrt läßt sich jede Spezialisierung (48) zu einer Spezialisierung (47) fortsetzen, also stellt jeder Punkt z, der durch die Spezialisierung (48) erhalten wird, einen Zykel dar, der aus Punkten $y^{(1)}, \ldots, y^{(h)}$ besteht. Mit anderen Worten:

Das Problem, alle Spezialisierungen (43) *zu erhalten, ist genau dasselbe wie das, alle Spezialisierungen* (48) *zu erhalten.*

Wir haben gesehen, daß die Koeffizienten des Produktes (44), also die Koordinaten ζ_k des Zykels ζ, rationale Funktionen der ξ_i sind. Es existiert also eine rationale Abbildung

$$\beta \zeta_k = F_k(\xi) . \tag{49}$$

Die Paare (x, z) dieser Abbildung sind genau die Spezialisierungen des allgemeinen Paares (ξ, η). So wird also das Problem, bei gegebenem x alle spezialisierten Lösungssysteme $y^{(1)}, \ldots, y^{(h)}$ zu erhalten, zurückgeführt auf das Problem, zu einem gegebenen Punkt x alle Bildpunkte z in der rationalen Abbildung (49) zu erhalten. Nach § 5 ist die Gesamtheit W_x dieser Bildpunkte z eine linear zusammenhängende Varietät.

Die Voraussetzung des Satzes 3 besagt, daß die Varietät V_x der zum gegebenen Punkt x gehörigen Lösungen y in zwei disjunkte Teile M und N zerfällt. Gesetzt nun, die Anzahl der Punkte $y^{(v)}$, die in M hineinfällt, wäre nicht eindeutig bestimmt. Dann würde es eine Spezialisierung $y^{(1)}, \ldots, y^{(h)}$ geben, bei der nur r Punkte $y^{(v)}$ in M hineinfallen und die übrigen $h - r$ in N, während bei einer anderen Spezialisierung mindestens $r + 1$ Punkte $y^{(v)}$ in M hineinfallen.

Ich definiere eine Korrespondenz K zwischen $y^{(1)}, \ldots, y^{(h)}$ und z durch die folgenden Gleichungen:

a) die Gleichungen $H_j(x, y^{(1)}, \ldots, y^{(h)}) = 0$, die ausdrücken, daß

$$(\xi, \eta^{(1)}, \ldots, \eta^{(h)}) \to (x, y^{(1)}, \ldots, y^{(h)})$$

eine Spezialisierung ist. In diesen Gleichungen ist x fest; es sind also Gleichungen in $y^{(1)}, \ldots, y^{(h)}$ allein. Unter diesen Gleichungen kommen auch die Gl. (42) mit $y = y^{(1)}$ oder $\ldots$ oder $y = y^{(h)}$ vor;

b) die analog zu (46) gebildeten Gleichungen

$$z_j g_k(y^{(1)}, \ldots, y^{(h)}) - z_k g_j(y^{(1)}, \ldots, y^{(h)}) = 0 , \tag{50}$$

die ausdrücken, daß der Zykel z genau aus den Punkten $y^{(1)}, \ldots, y^{(h)}$ besteht.

Die Korrespondenz K ist die Vereinigung von zwei fremden Teilen K_1 und K_2. Dabei besteht K_1 aus den Systemen $(y^{(1)}, \ldots, y^{(h)}, z)$, bei denen mindestens $r + 1$ Punkte $y^{(v)}$ in M liegen, und K_2 aus den Systemen, bei denen mindestens $n - r$ Punkte $y^{(v)}$ in N liegen. Daß K_1 und K_2 fremd sind, ist klar. Wir haben noch zu zeigen, daß K_1 und K_2 Korrespondenzen sind, d. h. daß sie durch algebraische Gleichungen definiert werden können.

Wir wählen eine Kombination κ von $r + 1$ Punkten $y^{(v)}$ und nehmen zu den Gleichungen a) und b) noch die Gleichungen hinzu, die besagen, daß diese $r + 1$ Punkte zu M gehören. So erhält man zu jeder Kombination κ eine Korrespondenz $K_1^{(\kappa)}$. Die Vereinigung dieser $K_1^{(\kappa)}$ ist K_1. Analog schließt man für K_2. Also hat man in der Tat eine Zerlegung von K in zwei fremde Teilkorrespondenzen K_1 und K_2.

K, K_1 und K_2 sind Korrespondenzen zwischen dem h-fach projektiven Raum $P^{n,n,\cdots,n}$ der Punktsysteme $(y^{(1)}, \ldots, y^{(h)})$ und dem projektiven Raum P^N der Punkte z. Jede solche Korrespondenz hat eine Urvarietät in $P^{n,\cdots,n}$ und eine Bildvarietät in P^N. Die zu K bzw. K_1 oder K_2 gehörige Bildvarietät W bzw. W_1 oder W_2 besteht aus allen Punkten z von P^N, zu denen Systeme $(y^{(1)}, \ldots, y^{(h)}, z)$ von K bzw. K_1 oder K_2 gehören. Da K die Vereinigung von K_1 und K_2 ist, ist W die Vereinigung von W_1 und W_2. Diese sind zueinander fremd, denn ein Zykel z aus nur h Punkten kann unmöglich $r+1$ Punkte in M und $h-r$ Punkte in N enthalten. Also zerfällt W in fremde Teile W_1 und W_2.

Andererseits besteht W genau aus den Punkten z, die man durch die Spezialisierungen (48) erhält. Jede solche Spezialisierung läßt sich nämlich, wie oben bemerkt wurde, zu einer Spezialisierung (47) fortsetzen. Also ist W genau die vorhin mit W_x bezeichnete Bildvarietät des Punktes x in der rationalen Abbildung (49). Diese ist aber zusammenhängend, also kann sie nicht in W_1 und W_2 zerfallen.

Damit ist Satz 3 bewiesen.

Wenn V_x in maximal zusammenhängende Teile $M_1, \ldots, M_t$ zerfällt, so hat jeder dieser Teile M_i nach Satz 3 eine bestimmte Multiplizität μ_i. Die Summe dieser Multiplizitäten ist gleich der Anzahl der Lösungen im allgemeinen Fall:

$$h = \mu_1 + \cdots + \mu_t .$$

Diese Aussage nennt man „das Prinzip der Erhaltung der Anzahl".

Als Spezialfall erhält man aus Satz 3:

Satz 4. *Die Multiplizität einer isolierten Lösung y ist eindeutig bestimmt.*

Wenn das Normalproblem insbesondere darin besteht, daß eine d-dimensionale irreduzible Varietät V mit d Hyperebenen geschnitten wird, die als Spezialisierungen von allgemeinen Hyperebenen aufgefaßt werden, so erhält jeder isolierte Schnittpunkt y nach Satz 4 eine eindeutig bestimmte Multiplizität. Ist ein Punkt A gegeben, so kann man d möglichst allgemeine Hyperebenen durch A legen und sie mit U schneiden. Ist dann die Multiplizität des Schnittpunktes A gleich Eins, so heißt A ein *einfacher Punkt* von V.

§ 7. Schnittmultiplizitäten

Wenn zwei irreduzible Varietäten V^r und V^{n-r} auf der irreduziblen Varietät W^n einen isolierten Schnittpunkt A haben, der ein einfacher Punkt von W^n ist, so kann man die Schnittmultiplizität von A als Schnittpunkt von V^r und V^{n-r} nach Severi und van der Waerden [8] oder nach Weil [2] definieren. Die erstere Definition wurde ursprünglich nur für den Fall gegeben, daß V^r und V^{n-r} nur endlich viele Schnittpunkte haben, aber auf Grund des allgemeinen Begriffes der Spezialisierungsmultiplizität, der hier in § 6 erklärt wurde, kann die Definition ohne weiteres auf den Fall eines isolierten Schnittpunktes ausgedehnt werden. Die Definition von Weil war von Anfang an auf den allgemeinen Fall eines isolierten Schnittpunktes zugeschnitten.

Severi und van der Waerden gehen in zwei Schritten vor. Zunächst wird angenommen, daß V^r und V^{n-r} im projektiven Raum P^n liegen. Dann wird V^r durch eine projektive Transformation mit unbestimmten Koeffizienten τ_{ik} in eine allgemeine Lage zu V^{n-r} gebracht. Sind

$$F_\nu(x_0, \ldots, x_n) = 0$$

die Gleichungen von V^r, so sind

$$F_\nu(\Sigma\, \tau_{ik} x_k) = 0$$

die Gleichungen der transformierten Varietät $(V^r)^T$. Diese schneidet V^{n-r} in endlich vielen Punkten. Wird die Matrix $T = (\tau_{ik})$ zur Einheitsmatrix spezialisiert, so erhält der isolierte Schnittpunkt P eine bestimmte Multiplizität. Diese wird als Schnittmultiplizität des Schnittpunktes A definiert.

Zweitens seien V^r und V^{n-r} Varietäten auf W^n, wobei W^n in einen projektiven Raum P^N eingebettet ist. Verbindet man die Punkte von V^r durch Geraden mit den Punkten eines allgemeinen linearen Teilraumes L^{N-n-1} von P_N, so erhält man einen projizierenden Kegel K^{N+r-n}. Die Multiplizität von P als Schnittpunkt von K^{N+r-n} mit V^{n-r} wird nun als Schnittmultiplizität von A als Schnittpunkt von V^r und V^{n-r} definiert.

Weil geht auch in zwei Schritten vor. Zunächst definiert er die Schnittmultiplizität eines isolierten Schnittpunktes von V^r mit einem linearen Teilraum L^{n-r} im affinen Raum A^n, indem er L^{n-r} als Spezialisierung eines allgemeinen linearen Teilraumes auffaßt. Ist nun zweitens ein isolierter Schnittpunkt A von V^r und V^{n-r} in W^n gegeben, wobei W_n im affinen Raum A^N liegt und A ein einfacher Punkt von W^n ist, so bildet Weil das Produkt $V^r \times V^{n-r}$ in $A^N \times A^N$. Der Punkt $A \times A$ ist ein isolierter Schnittpunkt von $V^r \times V^{n-r}$ mit der Diagonale Δ von $A^N \times A^N$. Diese Diagonale ist ein linearer Raum in $A^N \times A^N$, gegeben durch die Gleichungen

$$X_k - X'_k = 0 \quad (k = 1, \ldots, N)\,.$$

Aus diesen N Gleichungen bildet Weil n Linearkombinationen

$$F_i(X - X') = 0 \quad (i = 1, \ldots, n)\,, \tag{51}$$

wobei die Linearformen F_i so gewählt werden, daß der lineare Teilraum L^{N-n} von A^N, der durch die Gleichungen $F_i(X - P) = 0$ definiert wird, mit dem Tangentialraum von W^n im Punkte A nur A gemeinsam hat. Ein solches System von n Linearformen F_i nennt Weil "a uniformizing set of linear forms for U^n at A". Sind die Linearformen F_i so gewählt, so definieren die Gl. (51) einen linearen Teilraum in $A^N \times A^N$, der mit $V^r \times V^{n-r}$ den isolierten Schnittpunkt $A \times A$ hat. Die Multiplizität dieses Schnittpunktes wird als Schnittmultiplizität von A als Schnittpunkt von V^r mit V^{n-r} definiert.

Leung [4] hat bewiesen, daß die Definition von Severi und van der Waerden mit der von Weil äquivalent ist.

Eine andere Definition der Schnittmultiplizität wurde von Chevalley [9] gegeben. Samuel [10] hat bewiesen, daß die Definition von Chevalley mit der von Weil äquivalent ist.

§ 8. Der lineare Zusammenhangssatz für einfache Punkte auf beliebigen Varietäten U

Durch eine Parallelprojektion kann der Satz vom linearen Zusammenhang für einfache Punkte x auf U auf den Spezialfall $U = P^m$ zurückgeführt werden. Die Methode ist dieselbe, die in einer früheren Arbeit [11] zum Beweis der Eindeutigkeit der Spezialisierungsmultiplizitäten angewandt wurde.

Der Punkt x habe die homogenen Koordinaten

$$x_0 = 1,\ x_1 = 0,\ \ldots,\ x_N = 0.$$

Für einen allgemeinen Punkt ξ von U gilt $\xi_0 \neq 0$; man kann also $\xi_0 = 1$ setzen und inhomogene Koordinaten $\xi_1, \ldots, \xi_N$ einführen. Eine rationale Abbildung $U \to V$ sei durch

$$\beta\,\eta_k = F_k(\xi_1, \ldots, \xi_N) \tag{52}$$

gegeben. Wir haben zu beweisen, daß die Bildvarietät V_x des einfachen Punktes x linear zusammenhängend ist.

Der Grundkörper k sei vollkommen. Adjungiert man N^2 Unbestimmte u_{ik}, so erhält man einen neuen Grundkörper

$$K = k(u_{ik}).$$

Durch die lineare Koordinatentransformation

$$\xi_i^* = \Sigma\, u_{ik}\xi_k$$

erreicht man, daß $\xi_1^*, \ldots, \xi_m^*$ algebraisch unabhängig über K sind und alle ξ_i^* separable Funktionen von $\xi_1^*, \ldots, \xi_m^*$ werden. Für den Beweis siehe etwa [12], § 6. Jetzt kann man den ganzen affinen Raum A^N und insbesondere die Varietät U auf den Teilraum A^m, der von den ersten m Koordinatenachsen aufgespannt wird, projizieren, indem man die ersten m Koordinaten

$$\tau_1 = \xi_1^*,\ \ldots,\ \tau_m = \xi_m^*$$

beibehält und die übrigen ξ_i^* durch Null ersetzt oder besser ganz wegläßt. Die Projektion ist also durch die Formeln

$$\tau_i = \sum_1^N u_{ik}\xi_k \qquad (i = 1, \ldots, m) \tag{53}$$

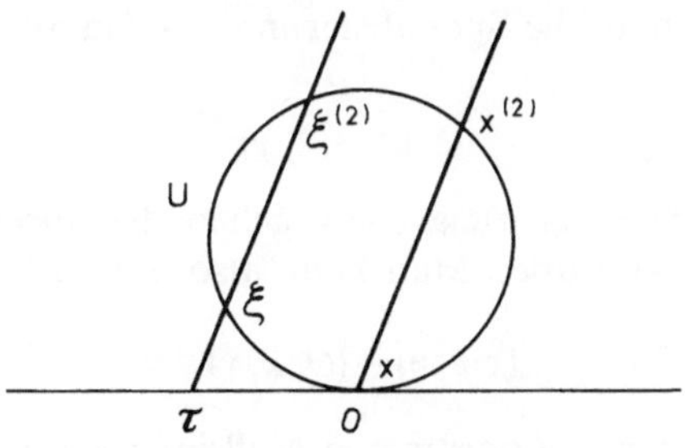

Fig. 2

definiert. Die τ_i sind algebraisch unabhängig über K, können also auch als unabhängige Unbestimmte aufgefaßt werden. Die ζ_k sind lineare Funktionen von den ξ_i^*, also separable algebraische Funktionen von $\tau_1, \ldots, \tau_m$.

Jetzt suchen wir bei gegebenen τ diejenigen Punkte X von U, die bei der Projektion den gleichen Punkt τ ergeben. Sie müssen die Gleichungen von U erfüllen und außerdem die linearen Gleichungen

$$\Sigma\, u_{ik}X_k = \tau_i \tag{54}$$

oder homogen geschrieben

$$\Sigma\, u_{ik}X_k - \tau_i X_0 = 0\,. \tag{55}$$

Unendlich ferne Punkte, die (55) erfüllen und auf U liegen, gibt es nicht, denn der $(m-1)$-dimensionale Durchschnitt von U mit der unendlich fernen Hyperebene $X_0 = 0$ hat mit den m allgemeinen Hyperebenen $\Sigma\, u_{ik}X_k = 0$ keine Punkte gemeinsam. Wir können also in (55) wieder $X_0 = 1$ setzen, und zur inhomogenen Gleichungsform (54) zurückkehren.

Jede Lösung X von (54), die in U liegt, hat den maximalen Transzendenzgrad m über K, denn im Körper $K(X)$ liegen nach (54) die m unabhängigen Körperelemente $\tau_1, \ldots, \tau_m$. Also sind die X allgemeine Punkte von U über K. Es gibt also für jeden Punkt X einen Isomorphismus über K, der ξ in X überführt. Wegen (53) und (54) läßt dieser Isomorphismus die Elemente τ_i fest, also sind ξ und X konjugiert über $K(\tau)$. Es gibt also nur endlich viele Punkte X, nämlich die zu ξ konjugierten Punkte

$$\xi = \xi^{(1)}, \xi^{(2)}, \ldots, \xi^{(g)}\,.$$

Die Anzahl g ist der Grad von U: die Anzahl der Schnittpunkte von U mit m allgemeinen Hyperebenen (55). Alle symmetrischen Funktionen von $\xi^{(1)}, \ldots, \xi^{(g)}$ sind rational in den τ_i.

Bei der Abbildung (52) haben die Punkte $\xi = \xi^{(1)}, \ldots, \xi^{(g)}$ bestimmte Bildpunkte $\eta = \eta^{(1)}, \ldots, \eta^{(g)}$. Alle symmetrischen Funktionen von $\eta^{(1)}, \ldots, \eta^{(g)}$, insbesondere die Koordinaten ζ_k des aus diesen Punkten gebildeten Zykels ζ, sind rationale Funktionen von $\tau_1, \ldots, \tau_m$:

$$\gamma \zeta_k = G_k(\tau_1, \ldots, \tau_m)\,. \tag{56}$$

Um alle Bildpunkte y des einfachen Punktes $x = (0, \ldots, 0)$ in der Abbildung (52) zu erhalten, muß man die Spezialisierung $\xi \to x$ in allen möglichen Weisen zu Spezialisierungen

$$(\xi, \eta) \to (x, y) \tag{57}$$

fortsetzen. Bei der Spezialisierung $\xi \to x$ gehen die durch (53) definierten τ_i selbstverständlich in Null über. Man kann also nur so fortsetzen:

$$(\tau; \xi, \eta) \to (O, x, y)\,. \tag{58}$$

Dabei ist O der Punkt mit Koordinaten Null im τ-Raum.

Sodann kann man (58) zu

$$(\tau, \xi, \xi^{(2)}, \ldots, \xi^{(g)}; \eta, \eta^{(2)}, \ldots, \eta^{(g)}, \zeta)$$
$$\to (O, x, x^{(2)}, \ldots, x^{(g)}; y, y^{(2)}, \ldots, y^{(g)}, z) \tag{59}$$

fortsetzen. Die Gleichungen, die ausdrücken, daß der Zykel ζ aus den Punkten $\eta = \eta^{(1)}, \ldots, \eta^{(g)}$ besteht, bleiben bei der Spezialisierung erhalten, also besteht der Zykel z aus den Punkten $y = y^{(1)}, \ldots, y^{(g)}$. Der Punkt $\eta^{(v)}$ ist Bildpunkt von $\xi^{(v)}$ in der Abbildung (52), also ist $y^{(v)}$ Bildpunkt von $x^{(v)}$ in derselben Abbildung. Ferner ist ζ Bildpunkt von τ in der Abbildung (56), also ist z Bildpunkt von O in eben dieser Abbildung. Die Punkte $x^{(1)}, \ldots, x^{(g)}$ entstehen durch Spezialisierung aus $\xi^{(1)}, \ldots, \xi^{(g)}$, also sind sie die Schnittpunkte von U mit dem linearen Raum

$$\Sigma\, u_{ik} X_k = 0 \tag{60}$$

mit den richtigen Spezialisierungsmultiplizitäten. Da x ein einfacher Punkt von U ist, kommt x unter den Schnittpunkten $x^{(1)}, \ldots, x^{(g)}$ nur einmal vor, d. h. $x^{(2)}, \ldots, x^{(g)}$ sind von $x^{(1)} = x$ verschieden. Nun wird behauptet:

Die Punkte $x^{(2)}, \ldots, x^{(g)}$ sind für die Abbildung (52) regulär.

Beweis. Die nicht regulären Punkte bilden auf U eine Teilvarietät von höchstens der Dimension $(m - 1)$. Schneidet man diese nacheinander mit den m durch x gehenden Hyperebenen (60), deren Koeffizienten u_{ik} unabhängige Unbestimmte sind, so erniedrigt sich bei den ersten $m - 1$ Schritten die Dimension jedesmal um 1. Nach $m - 1$ Schritten erhält man endlich viele Schnittpunkte $x, x', x'', \ldots$. Nimmt man noch die m-te Hyperebene hinzu, so bleibt nur noch der Punkt x übrig. Die von x verschiedenen Punkte $x^{(2)}, \ldots, x^{(g)}$ sind also regulär und ihre Bildpunkte $y^{(2)}, \ldots, y^{(g)}$ eindeutig bestimmt. Nur der eine Bildpunkt y kann variieren, und zwar durchläuft er genau die Bildvarietät V_x des Punktes x. Daraus folgt unmittelbar:

Zu jedem Punkt y von V_x gehört ein bestimmter Zykel

$$z = y + y^{(2)} + \cdots + y^{(g)}, \tag{61}$$

so daß der zugehörige Punkt z in der Bildvarietät W_O des Punktes O in der rationalen Abbildung (56) liegt.

Das Umgekehrte gilt aber auch:

Zu jedem Punkt z von W_O gehört ein Zykel z, der genau die Form (61) hat, wobei y in V_x liegt.

Beweis. Jede Spezialisierung $(\tau, \zeta) \to (O, z)$ läßt sich zu einer Spezialisierung (59) fortsetzen. Dabei ist es möglich, daß nicht $\xi = \xi^{(1)}$, sondern ein anderes $\xi^{(v)}$ zu x spezialisiert wird. Da aber die $\xi^{(v)}$ alle zu ξ konjugiert sind, kann man durch einen Automorphismus des Körpers

$$K(\xi^{(1)}, \ldots, \xi^{(n)})$$

$\xi^{(v)}$ in ξ überführen und so erreichen, daß ξ bei der Spezialisierung in x und die übrigen $\xi^{(v)}$ in irgendeiner Reihenfolge in $x^{(2)}, \ldots, x^{(g)}$ übergehen. Dann gehen auch $\eta^{(2)}, \ldots, \eta^{(g)}$ in die eindeutig bestimmten Punkte $y^{(2)}, \ldots, y^{(g)}$ über, und der Zykel z hat die Form (61).

Durch (61) ist also eine eineindeutige Abbildung zwischen V_x und W_O definiert: Jedem y in V_x entspricht ein z in W_O und umgekehrt.

Diese Abbildung ist eine Projektivität.

Beweis. Die Koordinaten z_i des Zykels z sind nach § 6 die Koeffizienten des Produktes

$$P(U) = \gamma(\Sigma\, U_k y_k) \cdot \prod_2^g (\Sigma\, U_k y_k^{(v)}),$$

also sind die z_i lineare homogene Funktionen von den y_k. Die Abbildung $y \to z$ ist also eine Projektivität.

Nun ist W_O linear zusammenhängend, also ist auch V_x linear zusammenhängend, was zu beweisen war.

Literatur

1. Waerden, B. L. van der: Der Multiplizitätsbegriff der algebraischen Geometrie. Math. Ann. **97**, 756 (1927).
2. Weil, A.: Foundations of algebraic geometry. Amer. Math. Soc. Colloquium publications, Vol. 29. First edition, 1946. Second edition, 1962.
3. Northcott, D.: Specializations over a local domain. Proc. London Math. Soc. **1** (3) (1951).
4. Leung, K.-T.: Die Multiplizitäten in der algebraischen Geometrie. Math. Ann. **135**, 170 (1958).
5. Zariski, O.: Theory and applications of holomorphic functions on algebraic varieties. Memoirs Amer. Math. Soc. **5** (1951).
6. Chow, W.-L.: On the connectedness theorem in algebraic geometry. Amer. J. of Math. **81**, 1033 (1959).
7. Waerden, B. L. van der: Infinitely near points. Proceedings Akad. Amsterdam **53**, 401 (1950).
8. — Zur algebraischen Geometrie 14. Math. Ann. **115**, 621 (1938).
9. Chevalley, C.: Intersection of algebraic and algebroid varieties. Trans. Amer. Math. Soc. **57**, 1 (1945).
10. Samuel, P.: La notion de multiplicité. Journal de Math. **30**, 159 (1951).
11. Waerden, B. L. van der: Zur algebraischen Geometrie 6, § 3. Math. Ann. **110**, 144 (1934).
12. — Verallgemeinerung des Bézoutschen Theorems. Math. Ann. **99**, 497 (1928).

(Eingegangen am 20. August 1970)

*Offprint from "Archive for History of Exact Sciences", Volume 7, Number 3, 1971,
P. 171—180 — © by Springer-Verlag 1971, Printed in Germany*

The Foundation of Algebraic Geometry
from Severi to André Weil

B. L. VAN DER WAERDEN

From Max Noether to Severi

Algebraic geometry was created by MAX NOETHER. The Italian school, headed by CORRADO SEGRE, CASTELNUOVO, ENRIQUES and SEVERI, erected an admirable structure, but its logical foundation was shaky. The notions were not well-defined, the proofs were insufficient. And yet, as BERNARD SHAW puts it: "There is an Olympian ring in it. It must be true, for it is fine art."

Severi's Paper on the Conservation of Number

A first step towards a rigid foundation was taken by FRANCESCO SEVERI in 1912 in a paper "Il principio della conservazione del numero" [1]. SEVERI considers a correspondence between varieties U and V, *i.e.* a set of pairs of points (x, y), x in U, y in V, defined by homogeneous equations $H(x, y) = 0$. He supposes that U is irreducible and that to a generic point ξ of U corresponds a finite number of points $\eta^{(1)}, \ldots, \eta^{(h)}$ of V. If ξ tends to x, the points $\eta^{(\nu)}$ tend to limit points $y^{(1)}, \ldots, y^{(h)}$. If μ of the points $\eta^{(\nu)}$ tend to one and the same limit point y, this limit point is said to have *multiplicity* μ. Assuming the number of solutions of the equations $H(x, y) = 0$ for a given x to be finite, SEVERI states first, that the multiplicities are uniquely defined. While he states this, he does not prove it. Second, if the given correspondence is irreducible, every solution y of the equations $H(x, y) = 0$ occurs at least once among the $y^{(\nu)}$. Finally: the sum of the multiplicities of all solutions y for a given x is equal to the number of solutions of the set $H(\xi, \eta) = 0$ for a generic ξ. This is the *Principle of Conservation of Number*, first enunciated in a crude form by H. SCHUBERT [2]. Counterexamples to SCHUBERT's original statement were given by G. KOHN [3] and K. ROHN [4]. KOHN's counterexamples incited SEVERI to introduce the condition that the correspondence be irreducible.

In a later paper [29], SEVERI admitted that his first assertion, saying that the multiplicities are unique, required the additional assumption: x is a simple point of U. If this assumption is made, SEVERI's three assertions are indeed correct, but the algebraic tools needed to prove them were not yet available in 1912, when SEVERI wrote his earlier paper. Anyhow, SEVERI was the first to give an exact definition of "multiplicity" and to formulate exact assertions.

Algebraic Tools: From Dedekind to Emmy Noether

The algebraic tools needed for a rigorous foundation of algebraic geometry were: Theory of Ideals, Elimination Theory, and Theory of Fields. They were developed in the schools of Dedekind, of Kronecker, and of Hilbert. A most important paper of Dedekind & Weber [5] in which Dedekind's Theory of Ideals was applied to fields of algebraic functions, appeared as early as 1882. Elimination theory was developed by Kronecker and his school [6]. Systems of resultants were studied by Mertens [14] and Hurwitz [7]. Most important work on the theory of Polynomial Ideals was done by Lasker [8], the famous chess champion, who had got his problem from Hilbert, and by Macauly [9], a schoolmaster who lived near Cambridge, England, but who was nearly unknown to the Cambridge mathematicians when I visited Cambridge in 1933. I guess the importance of Macaulay's work was known only in Göttingen. Finally, we must mention the fundamental paper of Steinitz [10]: "Algebraische Theorie der Körper", which appeared in 1910.

When I came to Göttingen in 1924 and showed Emmy Noether some work I had done on generalizations of Max Noether's "fundamental theorem", she said "What you have done is all right, as far as it goes, but Lasker and Macaulay have obtained much more general results." She told me to study the paper of Steinitz and Macaulay's tract on Polynomial Ideals, and she gave me some of her papers on Ideal Theory [11] and on Hentzelt's Elimination Theory [12].

Generic Points

Thus, armed with the powerful tools of Modern Algebra, I returned to my main problem: to give Algebraic Geometry a solid foundation. I asked myself: What do the Italian geometers mean by a generic point on a variety (punto generico), a generic plane in 3-space, *etc.*? Obviously, a generic point is supposed not to have certain undesirable properties. For instance, a generic plane is not tangent to a given curve, it does not pass through a given point, *etc.* I asked: is it possible to find, on a given variety U, a point ξ not having any special properties except those which hold for all points of U? Of course, I restricted myself to algebraic properties, which can be expressed by algebraic equations.

If U is the whole space, it is easy to construct such a point ξ. One just takes as coordinates of ξ indeterminates. If an equation $f(X) = 0$ with coefficients from the ground field holds for indeterminates $X_1, \ldots, X_m$, it holds for all special values x' as well.—Now let U be any irreducible variety. Can one find a point ξ on U which is "generic" in the sense that if an equation $F = 0$ with constant coefficients holds for ξ it holds for all points of U? Emmy Noether's paper [11] on Hentzelt's elimination theory showed me the way. In order to understand the fundamental ideas of this paper, we have to go back to Kronecker's elimination theory.

Kronecker had developed a method to find all solutions of a set of algebraic equations by successive eliminations [6]. Using this method, he had proved: First, every variety is a union of irreducible varieties. Second, after a suitable linear transformation of coordinates, all points of an irreducible variety U of dimension d can be obtained as follows: the first d coordinates $x_1, \ldots, x_d$ are arbitrary, and the others are algebraic functions of them.

Emmy Noether [12] had obtained the same results anew by a more elegant elimination method due to her pupil Hentzelt, who had died in the first World War. She worked out Hentzelt's results and added new ideas of her own. One of these ideas was to replace the coordinates $x_1, \ldots, x_d$ by indeterminates $\xi_1, \ldots, \xi_d$ and to determine the other ξ_i as algebraic functions of these indeterminates in an algebraic extension field $k(\xi)$. This field she called the *Nullstellenkörper* of the prime ideal $\mathfrak{p}$ belonging to the variety.

When I studied Emmy Noether's paper, I saw that the point ξ with co-ordinates $\xi_1, \ldots, \xi_m$ was just the generic point I was looking for. I also saw that Emmy Noether's Nullstellenkörper was isomorphic to the quotient field of the residue class ring $\mathfrak{o}/\mathfrak{p}$, where $\mathfrak{o}$ is the polynomial ring $k[X]$. Hence it was not necessary to go through Hentzelt's elimination procedure; one could start with any prime ideal $\mathfrak{p} \neq \mathfrak{o}$, construct the residue class ring $\mathfrak{o}/\mathfrak{p}$ and its quotient field $k(\xi)$, and thus find a generic point ξ of the variety of $\mathfrak{p}$.

I wrote a paper [13] based upon this simple idea and showed it Emmy Noether. She at once accepted it for the *Mathematische Annalen*, without telling me that she had presented the same idea in a course of lectures just before I came to Göttingen. I heard it later from Grell, who had attended her course.

Specializations

The next problem I studied was the definition of multiplicity. Let us recall that Severi had considered a correspondence between U and V, defined by a set of homogeneous equations

$$(1) \qquad\qquad H(x, y) = 0.$$

Severi's assumptions are

1) U is irreducible.

2) If ξ is a generic point of U, the set of equations

$$(2) \qquad\qquad H(\xi, \eta) = 0$$

has a finite number of solutions $\eta^{(1)}, \ldots, \eta^{(h)}$.

3) For the given point x, the set of equations (1) has a finite number of solutions.

Severi now constructs specialized solutions $y^{(1)}, \ldots, y^{(h)}$ by a passage to the limit:

$$(3) \qquad\qquad (\xi, \eta^{(1)}, \ldots, \eta^{(h)}) \rightarrow (x, y^{(1)}, \ldots, y^{(h)}).$$

If the ground field k is a field without topology, such a passage to the limit makes no sense. Therefore, I introduced the notion of *specialization* or, as I first called it, *relationstreue Spezialisierung*. The set $(x, y^{(1)}, \ldots)$ is called a specialization of $(\xi, \eta^{(1)}, \ldots)$, if all homogeneous equations $F(\xi, \eta^{(1)}, \ldots) = 0$ remain valid for $(x, y^{(1)}, \ldots)$.

I now had to prove the existence and uniqueness of the specialization (3) under appropriate conditions. This I did by means of elimination theory.

The Existence of Extensions of Specializations

Mertens had already constructed, for any set of homogeneous equations $F_j(y) = 0$, a set of resultants $R_1, \ldots, R_s$ depending only on the coefficients of the forms F_i, such that the equations have a non-zero solution if and only if all resultants R_j are zero. In a paper presented to the Amsterdam Academy in 1926 [15], I gave a simpler derivation, based upon Hilbert's Nullstellensatz.

No matter whether one uses Mertens' resultants or mine, it is easy to see that every specialization $\xi \to x$ can be extended to a specialization

$$(\xi, \eta^{(1)}, \ldots, \eta^{(h)}) \to (x, y^{(1)}, \ldots, y^{(h)}).$$

Later on Chevalley proved the possibility of extending specializations without making use of elimination theory. André Weil included Chevalley's proof in his book [16], expressing the hope that this device "finally eliminates from algebraic geometry the last traces of elimination theory". Obviously Weil and Chevalley do not like Elimination Theory.

Uniqueness of Specialization Multiplicities

More difficult was the proof of the uniqueness of the specialization (3). In 1927, in a paper "Der Multiplizitätsbegriff der algebraischen Geometrie" [17], I made the following assumptions:

First, the coordinates $\xi_1, \ldots, \xi_m$ are independent variables.

Secondly, the equations (1) are assumed to have, for a given x, a finite number of solutions only.

From these hypotheses I proved that the specialized solutions $y^{(1)}, \ldots, y^{(h)}$ are uniquely determined but for their order. Hence the multiplicity μ of any solution y can be defined as the number of times it appears among the $y^{(\nu)}$. Obviously, the sum of the multiplicities of all solutions y is equal to h. This is the Principle of Conservation of Number. Moreover, if the correspondence (2) is irreducible, every solution of the specialized problem (1) occurs at least once among the $y^{(\nu)}$. Thus all assertions made in Severi's paper of 1912 [1] had been proved rigorously, under appropriate assumptions, by 1927.

In a later paper of mine [18] the assumption that the ξ_i be independent variables (which implies that the variety U is the whole affine or projective space) was replaced by the weaker assumption that x be a simple point of U. As we shall see later, André Weil replaced my second assumption, which says that the specialized problem (1) has a finite number of solutions, by the weaker assumption that one solution y be isolated. The assumptions were weakened still more by Northcott [19] and Leung [20].

Intersection Multiplicities

My next problem was, to define *intersection multiplicities* and to generalize Bézout's theorem on the number of points of intersection of two plane curves.

Intersection of Hypersurfaces

The case of the intersection of n forms or hypersurfaces in P^n is very easy. The multiplicities can be defined as exponents in the factorization of the u-resultant of the forms, *i.e.* of the resultant of the n forms plus one generic linear form

$\sum u_k y_k$. All this is explained on one or two pages in § 7 of my paper "Multiplizitätsbegriff" [17].

Intersection of a Curve and a Hypersurface

Next consider the intersection of an irreducible curve C with a form F. (A hypersurface, *i.e.*, a cycle of dimension $n-1$, will be called a form F.) How can we define the multiplicities of the points of intersection?

The problem can be solved by several methods. First one can use the classical theory of algebraic functions. The ratios ξ_i/ξ_0 of the homogeneous coordinates of a variable point ξ of C are algebraic functions of one complex variable z, univalent on a Riemann surface. To every point on the closed Riemann surface corresponds a point on the curve C. Vice versa, to every point on the curve corresponds at least one point on the Riemann Surface. Consider the rational function

$$F(\xi_0, \ldots, \xi_n)/L(\xi)^g,$$

L being a generic linear form and g the degree of F. The poles of this meromorphic function correspond to the points of intersection of L and g, each pole having order g. The zeros correspond to the points of intersection of F and C. Now define the *multiplicity* of any point of intersection to be the sum of the orders of the corresponding zeros on the Riemann surface. The total sum of the orders of all zeros is equal to the sum of the orders of all poles, hence the sum of the multiplicities of the meeting points of C and F is equal to the product of the degrees of C and F. This generalizes BÉZOUT's theorem. The idea of this definition and proof can be found in papers of the French geometer HALPHEN.

This method of proof works just as well for an arbitrary ground field, for one can use, instead of classical function theory, the arithmetical theory of DEDEKIND & WEBER [5].

Even simpler is the following, second definition, which was systematically used in my series of papers "Zur algebraischen Geometrie", beginning in 1933 [21]. Consider the form F as a specialization of a generic form F^* with indeterminate coefficients, which meets the curve C in the points $\eta^{(1)}, \ldots, \eta^{(h)}$. The specialization $F^* \to F$ can be extended to a specialization

$$(F^*, \eta^{(1)}, \ldots, \eta^{(h)}) \to (F, y^{(1)}, \ldots, y^{(h)}).$$

The $y^{(\nu)}$ are the points of intersection of F and C, and their intersection multiplicities can be defined to be equal to their specialization multiplicities.

A third possibility is offered by the theory of polynomial ideals. Introduce non-homogeneous coordinates. Let $\mathfrak{p}$ be the prime ideal belonging to the curve. The ideal $(F, \mathfrak{p})$ is an intersection of zero-dimensional primary ideals $\mathfrak{q}$ corresponding to the single points of the meet of F and C. For every $\mathfrak{q}$, the residue class ring $\mathfrak{o}/\mathfrak{q}$ has a finite rank. This rank can be defined to be the multiplicity of the point of intersection.

All three definitions are equivalent. For a proof see, *e.g.*, LEUNG's paper [20].

Intersection of Two Varieties in P^n

Much more difficult is the case of an intersection of two varieties A and B of arbitrary dimensions r and s in a projective space P^n. The general case can easily be reduced to the case $r + s = n$, hence we shall suppose A and B to be varieties of dimensions d and $n - d$ in P^n, for instance two surfaces in 4-space, which meet in a finite number of points.

Lefschetz' Topological Definition

Lefschetz [22] gave in 1924 a topological definition of the intersection multiplicity, valid for the complex ground field. He considers the surfaces A and B as four-dimensional cycles in the complex projective space P^4. This space is an 8-dimensional orientable manifold. The space itself and the cycles A and B can be oriented in a fixed, canonical way. If y is a point of intersection and if the varieties have simple points and no common tangent at y, their topological intersection multiplicity, defined by simplicial approximation, is always $+1$. For the general case, in which there may be common tangents, I proved that the topological intersection multiplicity, or *index* of an isolated point of intersection is always positive. If this index is defined to be the intersection multiplicity, a perfectly satisfactory theory is obtained [23], and Schubert's "Calculus of Enumerative Geometry" [2] can be justified.

Applying a Projective Transformation

For an arbitrary ground field, this method does not work. I therefore proposed in 1928 [24] to bring A and B into a generic relative position by applying to one of them a projective transformation T with indeterminate coefficients. The transformed variety TA intersects B in a finite number of points. If T is specialized to the identity, the points of intersection of TA and B specialize to points of intersection of A and B. If A and B meet in a finite number of points, each of these appears with a certain specialization multiplicity, which may be defined to be the intersection multiplicity. In the complex field case, this definition is equivalent to that of Lefschetz. By a method due to the Dutch geometer Schaake, I proved the generalized theorem of Bézout.

In my paper of 1928, the proofs were very complicated, but in a later paper [25] I gave a simple proof based on the same idea.

A and B on a Variety U: Severi's Definitions

At the Zürich International Congress in 1932 I met Severi, and I asked him whether he could give me a good algebraic definition of the multiplicity of a point of intersection of two varieties A and B, of dimensions d and $n - d$, on a variety U of dimension n, on which the point in question is simple. The next day he gave me the answer, and he published it in the *Hamburger Abhandlungen* in 1933 [26]. He gave several equivalent definitions; I shall explain one of them for the case of two curves A and B lying on a surface U in 3-space and meeting in a simple point y of U.

Let S be a generic point in 3-space. Connecting S with A, one obtains a cone K. The point y has, as a point of intersection of the curve B with the cone K, a certain multiplicity μ. This is defined to be the multiplicity of y as a point of intersection of A and B on U.

This definition can easily be extended to intersections of varieties A and B of arbitrary dimensions r and s on a variety U of dimension n. If $r+s$ exceeds n, the normal dimension of the intersection is $r+s-n$. If a component C of the intersection has just this dimension, it is called a *proper component*. If all components are proper, each of them has, in SEVERI's theory, a well-defined multiplicity, and one can define an *intersection cycle* $A \cdot B$ as the formal sum of the components C, counted with their multiplicities μ:

$$A \cdot B = \sum \mu C.$$

Cycles and Their Coordinates

In explaining SEVERI's results, I have used the expressions *cycle* and *intersection cycle*, defining a cycle to be a formal sum of irreducible components C multiplied by integers μ.

To be sure, these expressions do not occur in SEVERI's paper. In SEVERI's papers (and in mine too) the same word "variety" (Varietà, in German, Mannigfaltigkeit) was used for two different notions, *viz.*

1) a point set in affine or projective space, defined by algebraic equations,

2) a formal sum of irreducible varieties C of the same dimension d with integer coefficients μ.

In the present paper, the word "variety" will only be used in the sense 1), whereas the formal sums 2) will be called *cycles*, following A. WEIL [16].

If the coefficients μ are arbitrary integers, the cycle will be called a *virtual cycle* (SEVERI: Varietà virtuale). The virtual cycles of any dimension d form an additive group, the free generators of the group being the irreducible varieties. If the integers μ are non-negative, we have a *positive cycle* (Varietà effettiva). In the sequel only positive cycles will be considered.

Varieties of cycles, e.g. congruences and complexes of lines, varieties of conics, *etc.* have been objects of investigation already in the 19th century. A variety of lines in 3-space is defined by a set of homogeneous equations in the PLÜCKER coordinates, and a linear system of conics by linear equations in the coefficients of a conic.

Linear systems of plane curves and their birational transformations were studied by CASTELNUOVO in a classical paper [27]. The theory was generalized to linear systems of curves C^1 on a surface V^2, and to linear systems of cycles C^{r-1} on a variety V^r, by CASTELNUOVO, ENRIQUES, and SEVERI. An excellent exposition of these classical theories was given by ZARISKI [28].

The generalization to non-linear systems of curves on a surface was inaugurated by SEVERI [29] in 1903; for an account of this theory see Chapter V of ZARISKI's report [28].

In 1932, SEVERI opened a new field of research by considering rational and algebraic systems of cycles C^d on a variety C^r [29]. A complete exposition of this theory was given by SEVERI in three volumes [30].

In all these theories, a correct definition of the notion "variety of cycles" (sistema di varietà) was missing. It was first given by CHOW & VAN DER WAERDEN in 1936 [31]. Our idea was, to assign to every cycle C^d a form $F(u)$ in $u^{(0)}, u^{(1)},$

..., $u^{(d)}$, called the *associated form* (zugeordnete Form, or Cayley-form) of the cycle, and to use the coefficients of this form as coordinates (Chow-coordinates) of the cycle. Varieties of cycles are now defined by homogeneous equations in these coordinates. The main theorem, proved in our joint paper [31], was: The totality of all cycles C^d in P^n of given dimension d an degree g is a variety of cycles, *i.e.* it can be defined by homogeneous equations in the coordinates of the cycles. The proof of this theorem is due to Chow.

The general theory of Varieties of Cycles was further developed in my paper, "Zur algebraischen Geometrie 14" [25]. In this paper, I showed that Severi's definition of the intersection cycle $A \cdot B$ has all desirable properties, including the commutative and associative laws for intersection cycles. Also: If A varies in a variety of cycles and if B is fixed, the intersection cycle $A \cdot B$ varies in a variety of cycles. Just so if A and B both vary in varieties of cycles.

The intersection theory developed in "Zur algebraischen Geometrie 14" was a global theory. The first to develop a *local* algebraic theory of intersections was André Weil, in his book "Foundations" [16]. To understand his line of thought, we must first return to the notion of *specialization multiplicity*.

Weil's Specialization Multiplicity

Weil considers a specialization of a pair of points in affine spaces:

$$(4) \qquad (\xi, \eta) \to (x, y')$$

and makes the following assumptions:

1) $\xi_1, \ldots, \xi_m$ are independent variables,

2) the η are algebraic functions of the ξ,

3) y' is an isolated specialization over the specialization of ξ to x. This means that if we consider all equations $H(\xi, \eta) = 0$ which hold for ξ and η, then the specialized set of equations

$$(5) \qquad H(x, y) = 0$$

is supposed to define, for given x, a variety in which y' is an isolated point. Weil does not suppose, as I had done, that the set (5) has only a finite number of solutions.

Weil now considers the conjugates $\eta^{(v)}$ of η and proves (Chapter III, § 3, Proposition 7) that there exists a unique integer μ, called the *specialization multiplicity* of y', such that y' appears exactly μ times in any specialization

$$(\xi, \eta^{(1)}, \ldots, \eta^{(h)}) \to (x, y^{(1)}, \ldots, y^{(h)}).$$

The proof is given by means of the analytic theory of specializations, which is explained in Chapter III of Weil's book. It seems that Weil developed this analytic theory mainly or exclusively for the purpose of proving the uniqueness of the multiplicity μ, for on p. 61 (first edition) he writes:

> The reader may now forget the whole of the contents of §§ 1–3 of this chapter, except prop. 7 of § 3, which ... will form the corner-stone for our theory of multiplicities in algebraic geometry.

Weil's Intersection Multiplicities

Weil's theory of intersection multiplicities proceeds in two steps. First, Weil considers two varieties A and B in affine space, one of which, say B, is a *linear* subspace. Let C be a *proper* component of the intersection, *i.e.* a component of dimension $d = r + s - n$. It is easy to reduce d to zero by intersecting all varieties with a generic set of d linear forms. Hence we may suppose d to be zero, and C to be an isolated point of the intersection of A and B. Now the linear variety B can be obtained from a generic linear variety by specialization. It follows that the intersection multiplicity can be defined as a specialization multiplicity.

The second, decisive step is taken in Chapter 6 of Weil's book. Weil's idea is, to reduce the general case of an intersection $A \cdot B$ to the special case in which B is linear. Let A and B be two subvarieties of an n-dimensional variety U in the affine space S^N, and let C be a proper component of their intersection. Suppose a generic point of C is simple on U. Weil now intersects the product variety $A \times B$ with the diagonal Δ of the product space $S^N \times S^N$. This diagonal is a linear subspace, defined by N linear equations $x_i - y_i = 0$. The number of equations may be too large; therefore Weil forms n generic linear combinations $F_j(x - y) = 0$. They define a linear subspace L in $S^N \times S^N$. The diagonal Δ_C of $C \times C$ is contained in $A \times B$ and in L, hence in their intersection. Weil now proves that Δ_C is a proper component of the intersection of $A \times B$ with L. As such, it has a definite multiplicity μ, because L is linear. This number μ is defined to be the multiplicity of C as a proper component of the intersection $A \cdot B$.

My time is up. Further important investigations on intersection multiplicities are due to Samuel, Chevalley and Serre. Completely new points of view were introduced by Weil, by Zariski, by Chow and in the school of Grothendieck. However, in this lecture I have had to restrict myself to just one line of development, that from Severi to André Weil.

The foregoing is an elaboration of a lecture delivered at Nice on September 5, 1970 at the International Congress of Mathematicians to the Section on the History of Science.

References

1. Severi, F., Il Principio della Conservazione del Numero. Rendiconti Circolo Mat. Palermo **33**, 313 (1912).
2. Schubert, H., Kalcül der abzählenden Geometrie. Leipzig 1879.
3. Kohn, G., Über das Prinzip der Erhaltung der Anzahl. Archiv der Math. und Physik (3) **4**, 312 (1903).
4. Rohn, K., Zusatz zu E. Study, Das Prinzip der Erhaltung der Anzahl. Berichte sächs. Akad. Leipzig **68**, 92 (1916).
5. Dedekind, R., & H. Weber, Theorie der algebraischen Funktionen einer Veränderlichen. Journal f. reine u. angew. Math. **92**, 181 (1882).
6. König, J., Einleitung in die allgemeine Theorie der algebraischen Größen. Leipzig: Teubner 1903.
7. Hurwitz, A., Über die Trägheitsformen eines algebraischen Moduls. Annali di Mat. pura ed applic. (3) **20**, 113 (1913).
8. Lasker, E., Zur Theorie der Moduln und Ideale. Math. Annalen **60**, 20 (1905).
9. Macaulay, F. S., Algebraic theory of modular systems. Cambridge Tracts **19** (1916).
10. Steinitz, E., Algebraische Theorie der Körper. Journal f. reine u. angew. Math. **137**, 167 (1910).

11. NOETHER, E., Idealtheorie in Ringbereichen. Math. Annalen **83**, 24 (1921).
12. NOETHER, E., Eliminationstheorie und allgemeine Idealtheorie. Math. Annalen **90**, 229 (1923).
13. VAN DER WAERDEN, B. L., Zur Nullstellentheorie der Polynomideale. Math. Annalen **96**, 183 (1926).
14. MERTENS, F., Zur Theorie der Elimination. Sitzungsber. Akad. Wien **108**, 1173 und 1344 (1899).
15. VAN DER WAERDEN, B. L., Ein algebraisches Kriterium für die Lösbarkeit homogener Gleichungen. Proc. Acad. Amsterdam **29**, 142 (1926).
16. WEIL, A., Foundations of algebraic geometry (1st. ed., 1946). Amer. Math. Soc. Colloquium Publications **29**.
17. VAN DER WAERDEN, B. L., Der Multiplizitätsbegriff der algebraischen Geometrie. Math. Annalen **97**, 756 (1927).
18. VAN DER WAERDEN, B. L., ZAG 6. Math. Annalen **110**, 134 (1934).
19. NORTHCOTT, D., Specializations over a local domain. Proc. London Math. Soc. (3) **1** (1951).
20. LEUNG, K.-T., Die Multiplizitäten in der algebraischen Geometrie. Math. Ann. **135**, 170 (1958).
21. VAN DER WAERDEN, B. L., ZAG 1, Math. Annalen **108** (1933) up to ZAG 13, Math. Annalen **115** (1938). With ZAG 14 [25] a new development begins.
22. LEFSCHETZ, S., L'Analysis situs et la géométrie algébrique. Collection Borel 1924.
23. VAN DER WAERDEN, B. L., Topologische Begründung des Kalküls der abzählenden Geometrie. Math. Annalen **102**, 337 (1930).
24. VAN DER WAERDEN, B. L., Eine Verallgemeinerung des Bézoutschen Theorems. Math. Ann. **99**, 497 (1928).
25. VAN DER WAERDEN, B. L., ZAG 14. Math. Annalen **115**, 621 (1938).
26. SEVERI, F., Über die Grundlagen der algebraischen Geometrie. Abh. Math. Sem. Hamburg **9**, 335 (1933).
27. CASTELNUOVO, G., Ricerche generali sopra i sistemi lineari di curve piane. Mem. Accad. Sci. Torino, 2nd series, **42** (1892).
28. ZARISKI, O., Algebraic Surfaces. Ergebnisse der Math. III, 5 (1935).
29. SEVERI, F., Un nouvo campo di ricerche nella geometria sopra una superficiee sopra una varietà algebrica. Mem. Accad. Ital. Mat. **3**, No. 5 (1932).
30. SEVERI, F., Vol. I (1942): Serie, sistemi d'equivalenza e correspondenze algebriche sulle varietà algebriche. Vol. II (1958) and III (1959): Geometria dei sistemi algebrici sopra una superficie e sopra una varietà algebrica.
31. CHOW, W.-L. & VAN DER WAERDEN, ZAG 9. Math. Annalen **113**, 692 (1937).

(Received October 26, 1970)

Die Grundlehren der mathematischen Wissenschaften in Einzeldarstellungen mit besonderer Berücksichtigung der Anwendungsgebiete

Eine Auswahl

162. Nevanlinna: Analytic Functions. DM 76,— ; US $28.20
163. Stoer/Witzgall: Convexity and Optimization in Finite Dimensions I. DM 54,— ;
     US $20.00
164. Sario/Nakai: Classification Theory of Riemann Surfaces. DM 98,— ; US $36.30
165. Mitrinović/Vasić: Analytic Inequalities. DM 88,— ; US $32.60
166. Grothendieck/Dieudonné: Eléments de Géométrie Algébrique I. DM 84,— ;
     US $31.10
167. Chandrasekharan: Arithmetical Functions. DM 58,— ; US $21.50
168. Palamodov: Linear Differential Operators with Constant Coefficients.
     DM 98,— ; US $36.30
170. Lions: Optimal Control Systems Governed by Partial Differential Equations.
     DM 78,— ; US $28.90
171. Singer: Best Approximation in Normed Linear Spaces by Elements of Linear
     Subspaces. DM 60,— ; US $22.20
172. Bühlmann: Mathematical Methods in Risk Theory. DM 52,— ; US $19.30
173 F. Maeda/S. Maeda: Theory of Symmetric Lattices. DM 48,— ; US $17.80
174. Stiefel/Scheifele: Linear and Regular Celestial Mechanics. Perturbed Two-body
     Motion— Numerical Methods— Canonical Theory. DM 68,— ; US $25.20
175. Larsen: An Introduction of the Theory of Multipliers. DM 84,— ; US $31.10
176. Grauert/Remmert: Analytische Stellenalgebren. DM 64,— ; US $23.70
177. Flügge: Practical Quantum Mechanics I. DM 70,— ; US $25.90
178. Flügge: Practical Quantum Mechanics II. DM 60,— ; US $22.20
179. Giraud: Cohomologie non abélienne. DM 109,— ; US $40.40
180. Landkoff: Foundations of Modern Potential Theory. DM 88,— ; US $32.60
181. Lions/Magenes: Non-Homogeneous Boundary Value Problems and Appli-
     cations I. DM 78,— ; US $28.90
182. Lions/Magenes: Non-Homogeneous Boundary Value Problems and Appli-
     cations II. DM 58,— ; US $21.50
183. Lions/Magenes: Non-Homogeneous Boundary Value Problems and Appli-
     cations III. DM 78,— ; US $28.90
184. Rosenblatt: Markov Processes. Structure and Asymptotic Behavior. DM 68,— ;
     US $25.20
185. Rubinowicz: Sommerfeldsche Polynommethode. DM 56,— ; US $20.80
186. Wilkinson/Reinsch: Handbook for Automatic Computation II. Linear Algebra.
     DM 72,— ; US $26.70
187. Siegel/Moser: Lectures on Celestial Mechanics. DM 78,— ; US $28.90
188. Warner: Harmonic Analysis on Semi-Simple Lie Groups I. DM 98,— ;
     US $36.30
189. Warner: Harmonic Analysis on Semi-Simple Lie Groups II. DM 98,— ;
     US $36.30
190. Faith: Algebra: Rings, Modules, and Categories I. DM 54,— ; US $19.95
191. Faith: Algebra: Rings, Modules, and Categories II. In preparation.
192. Maltsev: Algebraic Systems. DM 88,— ; US $32.60
193. Pólya/Szegö: Problems and Theorems in Analysis. Vol. 1. DM 98,— ; US $36.30
194. Igusa: Theta Functions. DM 64,— ; US $23.70
195. Berberian: Baer *-Rings. DM 76,— ; US $28.20
196. Athreya/Ney: Branching Processes. DM 76,— ; US $28.20
197. Benz: Vorlesungen über Geometrie der Algebren. DM 88,— ; US $32.60
198. Gaal: Linear Analysis and Representation Theory. DM 124,— ; US $45.90
200. Dold: Lectures on Algebraic Topology. DM 68,— ; US $25.20

Preisänderungen vorbehalten